Bischöfliches Hilfswerk Misereor e.V. (Hrsg.)

Sabine Ferenschild, Thomas Hax-Schoppenhorst

Weltkursbuch – Globale Auswirkungen eines „Zukunftsfähigen Deutschlands"

Hinweise und Tips für unser alltägliches Handeln

Mit Illustrationen von Gerhard Mester

Springer Basel AG

Die Deutsche Bibliothek – CIP-Einheitsaufnahme

Ferenschild, Sabine:
Weltkursbuch – Globale Auswirkungen eines „Zukunftsfähigen
Deutschlands" : Hinweise und Tips für unser alltägliches Handeln /
Sabine Ferenschild ; Thomas Hax-Schoppenhorst. Misereor (Hrsg.). –

ISBN 978-3-7643-5827-3   ISBN 978-3-0348-5091-9 (eBook)
DOI 10.1007/978-3-0348-5091-9

© 1998 Springer Basel AG
Ursprünglich erschienen bei Birkhäuser Verlag 1998

Außenlektorat: Dr. Stefan Breuer, Misereor
Umschlaggestaltung: Matlik & Schelenz, D-55268 Nieder-Olm
Satz und Layout: Bardo Petry
Gedruckt auf säurefreiem Papier, hergestellt aus chlorfrei gebleichtem Zellstoff.∞

ISBN 978-3-7643-5827-3

9 8 7 6 5 4 3 2 1

Inhaltsverzeichnis

Für
Prälat Norbert Herkenrath
(† 7. Mai 1997)

MISEREOR soll die Armen der Dritten Welt unterstützen – warum mischt es sich dann in die Diskussionen um ein zukunftsfähiges Deutschland ein?

Die Kritik ist schnell und plakativ formuliert: Misereor ist für die Armen der Dritten Welt da. Diesen notleidenden Menschen soll das Werk konkret helfen. Wenn Misereor sich statt dessen mit Fragen eines zukunftsfähigen Deutschlands beschäftigt, gerät es auf Abwege, verfehlt es seinen Auftrag.

Diese schlagwortartigen Formulierungen enthalten eine gefährliche Mischung aus Richtigem und Falschem. Richtig ist, daß Misereor einzig dafür da ist, den Armen in der Dritten Welt zu helfen. Falsch ist, daß die Fragen um ein zukunftsfähiges Deutschland nichts mit dieser Aufgabe zu tun haben. Das wird klar, wenn man die plakativen Formulierungen einmal hinter sich läßt und genauer fragt: Wie sieht eigentlich eine Hilfe für die Armen aus, die ihnen wirklich und auf Dauer hilft?

Die Antwort hat zwei Stoßrichtungen: Zum einen geht es darum, ihnen unmittelbar materielle und personelle Unterstützung zu geben. Zum anderen ist es aber ebenso wichtig, sich für eine Beseitigung der Ursachen der Armut einzusetzen.

Schon bei der Gründung von Misereor hat Kardinal Frings diesen Sachverhalt sehr genau beschrieben. Er sagte im August 1958: „Die Rentenreform 1957 hat mehr Menschen wirtschaftlich geholfen als alle Elisabethen- und Vinzenzvereine zusammengenommen." Deshalb müsse es die Aufgabe eines Werkes wie Misereor sein, den Armen direkt zu helfen und zugleich darauf einzuwirken, daß sich die Rahmenbedingungen für die Armen verbessern. Beides darf nicht gegeneinander ausgespielt werden, denn beides ist das beste, was man für die Armen tun kann.

Nun gibt es eine Reihe von Strukturen, durch die wir – „wir" als die deutsche Gesellschaft – mehr profitieren als die armen Länder, obwohl wir doch ohnehin schon die bessere Lebenssituation haben. Wir schotten unsere Märkte gegen unerwünschte Konkurrenz ab, verlangen aber von den armen Ländern die Öffnung ihrer Märkte für unsere Produkte. Deutlich ist dieses Ungleichgewicht zu unseren Gunsten und zu Lasten der Dritten Welt auch auf dem Gebiet der Umweltbelastungen. Die Industrieländer produzieren 80 Prozent der Schadstoffe, die zu Veränderungen des Weltklimas führen, deren Folgen wiederum die armen Länder noch schlimmer heimsuchen werden als uns. Auch unsere jetzige Wirtschaftsweise ist so umweltbelastend, daß die ganze Welt schon längst zusammengebrochen wäre, wenn alle sich so verhielten.

Wenn die Armen der Dritten Welt ihre Armut überwinden wollen, wird das nur möglich sein, wenn sie die Umwelt mehr belasten als bisher. Die Erde kann das nur dann verkraften, wenn wir im gleichen Zuge die Umweltbelastungen bei uns reduzieren. In diesem Sinne schafft eine die Umwelt weniger belastende Wirtschaftsweise in unserem Land überhaupt erst den Raum, den die Armen brauchen, um ihre Armut nachhaltig überwinden zu können. Das ist eine Einsicht, mit der wir bei unserer alltäglichen Arbeit in der Dritten Welt immer wieder konfrontiert werden. Was aber folgt daraus? Was muß bei uns selbst konkret verändert werden, damit die Armen der Dritten Welt größere Lebenschancen erhalten? Das sind schwierige Fragen, auf die es keine Patentantworten gibt.

Um hier ein Stück klarer zu sehen, haben wir die Studie „Zukunftsfähiges Deutschland" in Auftrag gegeben. Sie unterbreitet Überlegungen, wie Deutschland sich verändern müßte, wenn auch die Bedürfnisse der Armen aus der Dritten Welt berücksichtigt werden. Sie will Diskussionsanstöße geben.

Prälat Norbert Herkenrath († 7. Mai 1997) im April 1996
Hauptgeschäftsführer des Bischöflichen Hilfswerkes Misereor e.V.

Nachhaltige Entwicklung zielt auf eine Entwicklung, „die den Bedürfnissen der Gegenwart Rechnung trägt, ohne die Möglichkeiten künftiger Generationen zu beschränken, ihren eigenen Bedürfnissen Rechnung zu tragen".
Mit dieser Formulierung leitete die von Gro Harlem Brundtland geleitete UN-Kommission für Umwelt und Entwicklung vor 10 Jahren eine neue Phase in der entwicklungspolitischen und ökologischen Diskussion ein: Indem die Interessen der zukünftigen Generationen ins Spiel aktueller Politik gebracht wurden, hob die Brundtland-Kommission die „Gerechtigkeit (…) entlang der Zeitachse" (Sachs 1997b, S. 27) hervor. Sie vernachlässigte allerdings die Forderung nach Gerechtigkeit in der Gegenwart, denn:
„Welche und wessen Bedürfnisse sollen befriedigt werden? In einer geteilten Welt sind das Kernfragen, die darüber entscheiden, ob die vertretbare Entwicklung integraler Bestandteil eines demokratischen Projektes sein kann oder letztlich zur Vertiefung der sozialen Polarisierung führt. Ist sie darauf gerichtet, den Bedarf an Wasser, Land und wirtschaftlicher Sicherheit zu befriedigen, oder dient sie den Bedürfnissen nach Flugreisen und Bankkonten? Richtet sie sich auf die Bedürfnisse des Überlebens oder des Luxus? Handelt es sich bei den angesprochenen Bedürfnissen um die Bedürfnisse einer globalen Klasse von Konsumenten oder die der riesigen Zahl der Besitzlosen? Die Brundtland-Kommission ließ diese Fragen unbeantwortet. Das erleichterte mit Sicherheit die Akzeptanz des Konzepts der ‚nachhaltigen Entwicklung' in den Kreisen von Privileg und Macht, verschleierte aber die Tatsache, daß es ohne Beschränkung von Reichtum keine Nachhaltigkeit geben kann. Mit anderen Worten: größere Gerechtigkeit innerhalb einer Generation ist eine Voraussetzung für die Herstellung der Gerechtigkeit zwischen den Generationen." (Sachs 1997b, S. 27)

Die Unbestimmtheit der Formulierung ließ die Brundtland-Definition einer nachhaltigen Entwicklung schnell in aller Munde sein – nahezu jede gesellschaftliche Gruppe konnte ihre eigenen Interessen in diese Definition hineininterpretieren.
Mit der Studie „Zukunftsfähiges Deutschland", erstellt vom Wuppertal Institut für Klima, Umwelt, Energie im Auftrag von Misereor und BUND, sollten die Anliegen nachhaltiger Entwicklung heruntergebuchstabiert werden auf die in Deutschland notwendigen Strukturanpassungen. Mit der Wahl des Begriffs „zukunftsfähig" (neben „nachhaltig" eine zweite mögliche Übersetzung des englischen Begriffs „sustainable") suchten sich Autoren und Auftraggeber von der Beliebigkeit der „nachhaltigen Entwicklung" zu lösen. Mit dem Begriff „Zukunftsfähigkeit" wollten sie über die umweltpolitische Diskussion hinausweisen und den Aspekt der Gerechtigkeit in den Begriff aufnehmen:
„Zukunftsfähigkeit ist im Kern ein normatives Konzept und verlangt Werturteile. Wer diese Werturteile nicht teilt, wird zu anderen Ergebnissen kommen als diese Studie. Die erste, grundlegende Entscheidung heißt: Künftige Generationen sollen gleiche Lebenschancen haben. Jede Generation hat die Erde treuhänderisch zu nutzen und nachfolgenden Generationen eine möglichst intakte Natur zu hinterlassen. Und die zweite Wertentscheidung: Jeder Mensch

hat das gleiche Recht auf eine intakte Umwelt und damit umgekehrt auch das gleiche Recht, globale Ressourcen in Anspruch zu nehmen, solange die Natur dadurch nicht übernutzt wird."
(Zukunftsfähiges Deutschland 1997, S. 7)

Umwelt und Entwicklung – zwei Seiten einer Medaille

Die Zusammenhänge zwischen der weltweiten Armutsproblematik und der Zerstörung unserer natürlichen Lebensgrundlagen sind unübersehbar:

- Die Ursachen sind teilweise deckungsgleich. So trägt die Verschuldungskrise nicht nur zur Verelendung in vielen Ländern des Südens, sondern auch zum ökologischen Raubbau an den natürlichen Gütern der verschuldeten Länder bei.
- Zwischen der Armuts- und der Umweltproblematik besteht ein „positiver Rückkopplungseffekt": Die Ökologiefrage wird durch die Folgen der Verelendung noch verschärft.
- Eine gesellschaftliche Lebensweise ist nur dann „nachhaltig", wenn sie universalisierbar ist, wenn sie also von allen Menschen gelebt werden könnte, ohne die globale Ökologie zu gefährden. Dies ist bei der kapitalistischen Lebens- und Wirtschaftsweise eindeutig nicht der Fall: „Beispiele hierfür sind die chemieintensive Landwirtschaft, die automobile Gesellschaft und die fleischhaltige Ernährung. Diese Bereiche der Entwicklung sind strukturell oligarchisch, sie können nicht weltweit verallgemeinert werden, ohne die Lebensmöglichkeiten aller aufs Spiel zu setzen." (Sachs 1997b, S. 31)
- Die Auswirkungen der durch unser Wirtschafts- und Lebensmodell produzierten ökologischen Veränderungen gefährden bereits jetzt unmittelbar die Lebens- und Überlebenschancen vieler Menschen im Süden: Beispiele hierfür sind die Bedrohung der Inselstaaten durch ein Ansteigen des Meeresspiegels infolge der Erderwärmung, die Zerstörung kleinbäuerlicher Lebensformen im Nordosten Brasiliens durch die Anlegung von Exportplantagen oder die zunehmenden, ungezählten Umweltflüchtlinge weltweit.
- Während eine Minderheit das „Existenzmaximum" längst überschritten hat, nimmt die Zahl der Menschen unterhalb der Armutsgrenze oder des „Existenzminimums" stetig zu. „Dafür verantwortlich ist eine Minderheit, die bereits alles besitzt, was es für ein Leben in materieller Sicherheit braucht. Wenn alle Menschen der Erde so wie diese Minderheit produzieren, wohnen, essen, reisen, einkaufen und wegwerfen wollten, dann würden wir fünf Planeten brauchen. Zwischen Armut und materiellem Überfluss gibt es Raum für viele unterschiedliche Lebensweisen. Innerhalb dieses Raumes gilt es, eine Existenz aufzubauen, die den Menschen und der Natur weltweit eine Chance lässt. ,Existenzmaximum' nennen wir die Wohlstandsgrenze, die eine zukunftsfähige Entwicklung zulässt." (Sax u.a. 1997, S. 7)

Der anstehende Wandel
Die Zusammenhänge zwischen der Zerstörung unserer natürlichen Lebensgrundlagen und der weltweiten Armutsproblematik vor Augen, stellten sich die Autoren der Studie „Zukunftsfähiges Deutschland" der Frage, „wie groß der Handlungsrahmen für die wirtschaftliche und soziale Entwicklung Deutschlands ist, wenn die Lebenschancen der Menschen in den Ländern des Südens verbessert und die Lebensgrundlagen künftiger Generationen erhalten werden sollen". (Bosse-Brekenfeld 1995, S. 19)

Der notwendige Wandel, den wir im Sinne einer nachhaltigen Entwicklung zu vollziehen haben, ist radikal: Deutschland sollte seinen Verbrauch an Energie und Rohstoffen und seine Emissionen mittelfristig bis zum Jahr 2010 um durchschnittlich 30 Prozent reduzieren. Bis zum Jahr 2050 müßten die durchschnittlichen Verbrauchs- und Emissionswerte um 80–90 Prozent gesenkt werden, damit jeder Mensch auf der Erde über ausreichende natürliche Bedingungen für ein menschenwürdiges Leben verfügen kann.

Klingen diese Ziele auch radikal, so drücken sie doch nur Mindestwerte aus: Diese Ziele müssen erreicht werden, um an der Katastrophe „gerade noch mal so vorbeizuschlittern". Davon sind die Autoren der Studie überzeugt. Und sie sind auch überzeugt davon, daß der ökologische Wandel machbar ist. Um diesen zu beschreiben, anschaulich und allen gesellschaftlichen Gruppen (Politik, Wirtschaft, KonsumentInnen) „schmackhaft" zu machen, formulieren sie in verschiedenen Leitbildern konkrete Utopien: vom rechten Maß für Raum und Zeit; von einer grünen Marktagenda; von den zyklischen Produktionsprozessen; vom „gut leben statt viel haben"; von einer lernfähigen Infrastruktur; von der Regeneration von Land und Landwirtschaft; von der Stadt als Lebensraum und schließlich auch von internationaler Gerechtigkeit und globaler Nachbarschaft. Diese Leitbilder bieten eine positive Skizzierung dessen, was Lebensqualität in einer ökologisch orientierten Gesellschaft und Wirtschaft bedeuten kann. Sie wollen Mut machen zur ökologischen Wende.

Umweltpolitische Ziele eines zukunftsfähigen Deutschlands

Umweltindikator	Mittelfristiges Umweltziel (2010)	Langfristiges Umweltziel (2050)
RESSOURCENENTNAHME		
Energie		
Primärenergieverbrauch	mindestens – 30%	mindestens – 50%
fossile Brennstoffe	– 25%	– 80–90%
Kernenergie	– 100%	
erneuerbare Energie	+ 3–5% pro Jahr	
Energieproduktivität	+ 3–5% pro Jahr	
Material		
nichterneuerbare Rohstoffe	– 25%	– 80–90%
Materialproduktivität	+ 4–6% pro Jahr	
Fläche		
Siedlungs- und Verkehrsfläche	– absolute Stabilisierung	
	– jährl. Neubelegung: – 100%	
Landwirtschaft	– flächendeckende Umstellung auf ökologischen Landbau	
	– Regionalisierung der Nährstoffkreisläufe	
Waldwirtschaft	– flächendeckende Umstellung auf naturnahen Waldbau	
	– verstärkte Nutzung heimischer Hölzer	
Stoffabgaben / Emissionen		
Kohlendioxid (CO_2)	– 35%	– 80–90%
Schwefeldioxid (SO_2)	– 80–90%	
Stickoxide (NO_x)	– 80% bis 2005	
Ammoniak (NH_3)	– 80–90%	
flüchtige organische Verbindungen (VOC)	– 80% bis 2005	
synthetischer Stickstoffdünger	– 100%	
Biozide in der Landwirtschaft	– 100%	
Bodenerosion	– 80–90%	

(Quelle: Zukunftsfähiges Deutschland 1997, S. 10)

Diffuse Maßhalteappelle?

Die Studie „Zukunftsfähiges Deutschland" hat in den letzten Jahren große Resonanz gefunden. In einem breiten Diskussionsprozeß, an dem sich sowohl kleinere Kirchengemeinden als auch bundesweite Interessensgruppen (wie zum Beispiel der Bauernverband) beteiligten, wurde die Studie zum Teil positiv bewertet. Sie hat aber auch Kritik aus allen politischen Lagern hervorgerufen:
* Sie sei zu radikal in ihren Zielen, vor allem den Umbau der Landwirtschaft betreffend.
* Sie sei in Teilen wenig griffig, da sie keine quantitativen Vorgaben über das Wieviel von Welthandel, Devisen-Wirtschaft, regionalem oder lokalem Markt mache. (Bosse-Brekenfeld 1995, S. 22)

- Sie sei auf dem sozialen Auge blind und setze zwischen den Zeilen auf einen zweiten Arbeitsmarkt.
- Obwohl der von den Autoren gewählte Begriff „Zukunftsfähigkeit" abgrenzen sollte gegen beliebige Verwendbarkeit, stelle sich die Frage, ob die Studie nicht gerade durch ihren appellativen Charakter beliebig bleibe: Wo liegen die Grenzen einer Studie, „die sich appellativ an unterschiedliche, ja völlig verschiedene Akteursgruppen wendet, ohne auch nur ansatzweise danach zu fragen, wodurch denn deren gesellschaftliches Handeln strukturiert wird?" Ökonomische Funktionsprinzipien kämen ebensowenig vor wie die Rolle sozialer Bewegungen; die AutorInnen setzten lediglich auf individuelle Verhaltensänderungen und die ökologische Marktmacht der VerbraucherInnen. (Falk 1995, S. 4)

Diese Kritikpunkte, exemplarisch für viele, sollen hier weder bestätigt noch entkräftet werden. Die genannte Kritik ist im Zusammenhang mit dem vorliegenden Weltkursbuch vor allem deshalb interessant, weil sie zu einem breiten „Begleitprogramm" zur ursprünglichen Studie beigetragen hat. Sowohl der BUND als auch Misereor haben in den letzten zwei Jahren verschiedene Publikationen herausgebracht, die die Studie konkretisieren sollten und zum Teil auf bestimmte Zielgruppen zugeschnitten waren. Das nun vorliegende „Weltkursbuch" ist Teil dieses Begleitprogramms zur Studie mit der spezifischen Zielgruppe der privaten Haushalte bzw. Verbraucher und Verbraucherinnen.

Umweltbewußtsein contra Umweltverhalten?

Widersprüchlich ist das Verhältnis der westeuropäischen Verbraucher und Verbraucherinnen zur Ökologie: Das Umweltbewußtsein scheint allenthalben, besonders in Deutschland, zuzunehmen. Eine Umfrage der Universität München in den Städten Bern und München ergab, daß 80 Prozent der Befragten der Aussage zustimmten: „Wenn wir so weitermachen wie bisher, steuern wir auf eine Umweltkatastrophe zu"; 75 Prozent meinten, daß die Politik sich nicht genügend im Umweltschutz engagiere, und immerhin noch 70 Prozent hatten den Eindruck, daß die Medien nicht hinreichend über Umweltprobleme berichteten. (Preisendörfer 1993, S. 48)

Trotz solcher Umfrageergebnisse, die ein hohes Umweltbewußtsein signalisieren, entscheiden sich immer mehr Bürger und Bürgerinnen, „billiger und praktischer" zu kaufen:

- Preiswerte Rohstoffe ermöglichen billige Dosenverpackungen. Trotz der deutschen Verpackungsverordnung von 1991, die eine Quote von 72 Prozent Mehrwegverpackungen für Getränke vorschreibt, fällt deren Anteil kontinuierlich. Mit 72,02 Prozent Mehrwegverpackungen näherte sich die Quote 1997 der Schallgrenze, bei deren Unterschreiten ein Dosenpfand in Höhe von 50 Pfennig fällig wird (vgl. Rhein-Zeitung, 2.9.1997).
- Stand-by-Schaltungen an immer mehr elektrischen Geräten verschaffen mehr Bequemlichkeit; das lästige Aufstehen zum An- oder Ausschalten des Fernsehers entfällt. Dieser Stromverbrauch ohne Nutzung schluckt jährlich 20,5 Milliarden Kilowatt Strom. Zum Vergleich: Die Stadt Berlin verbraucht im Laufe eines Jahres 14 Milliarden Kilowattstunden. Fernsehgeräte, Stereoanlagen, Computer und Fotokopierer sind die größten Stand-by-Stromverschwender – so stellte eine Studie fest, die vom Umweltbundesamt und dem Bundesumweltministerium in Auftrag gegeben wurde (vgl. Frankfurter Rundschau, 4.9.1997).

Dankbar nehmen die Verbraucher und Verbraucherinnen in der Regel neue „Errungenschaften" der Wirtschaft an:

*   sei es das 25. neuentwickelte Deodorant, das neben seinesgleichen im Ladenregal steht und aufgrund intensiver Werbung seine KäuferInnen findet;
*   sei es das Ticket für einen innerdeutschen Flug, das weniger als 100 Mark kostet und mit dem die Menschen von Pkw und Bahn weg ins Flugzeug gelockt werden sollen;
*   sei es der noch schnellere, noch leistungsstärkere Computer, der zum Ausrangieren des (oft weniger als ein Jahr) alten Modells verleitet.

Das verbreitete Wissen darum, daß wir bei unveränderter Fortdauer unseres Lebens- und Wirtschaftsmodells auf eine globale ökologische Krise zusteuern, bewirkte bisher weder eine grundsätzliche Umorientierung in Wirtschaft und Politik noch eine konsequente Verhaltensänderung auf der Seite der KonsumentInnen. Wir scheinen uns noch in einer Phase zu befinden, in der eine Studie der nächsten folgt, die ökologischen Probleme (mit mehr oder weniger blinden Flecken) bis ins Detail analysiert und in ihren Zusammenhängen dargestellt werden – der Alltag des Wirtschaftens und Lebens aber seinen mehr oder weniger gewohnt-unökologischen Gang geht.

Mehrere Aspekte machen ein solch unverändertes Alltagsverhalten der Bevölkerung plausibel:

*   Es ist schwer und manchmal auch mühsam, liebgewonnene Gewohnheiten zu verändern, auch wenn sie als unökologisch erkannt werden.
*   „Ökologische Korrektheit" (Warsewa 1997) entwickelt sich zwar zur Verhaltensnorm immer weiterer Bevölkerungsteile, doch ist es schwierig zu entscheiden, was im konkreten Alltagshandeln unter Umweltgesichtspunkten „richtig" oder „falsch" ist und wie man sich also im konkreten Fall „ökologisch korrekt" zu verhalten hat.
*   Der individuell mögliche Beitrag zur Ökologie erscheint als klein und unbedeutend im Vergleich zu den noch ungenutzten Möglichkeiten von Politik, Energie- oder Autokonzernen.
*   Die globale ökologische Problematik ist so komplex, daß sie schnell das Gefühl hervorrufen kann: „Was kann ich schon machen!"
*   Mit zunehmenden sozialen und ökonomischen Problemen droht die Ökologie gerade erst gewonnenes Terrain im Alltagshandeln wieder zu verlieren: Denn „Bio"-Produkte kosten in der Regel mehr als konventionelle Produkte. Dieser Faktor gewinnt in einer Zweidrittelgesellschaft zunehmend an Gewicht.
*   Wer sein individuelles Konsumverhalten im Sinne eines ökologischen Lebensstils zu verändern sucht, kann an Grenzen stoßen. Schnell folgt dann der Vorwurf der Inkonsequenz oder der Doppelmoral: „Nur ökologisch angebaute Lebensmittel kaufen, aber mit dem Auto zur Arbeit fahren!" oder „Auf Flugreisen verzichten, aber allein in einer großen Wohnung leben!"

Diese Gründe, die einem „nachhaltigen, verallgemeinerungsfähigen" Lebensstil im Wege stehen, haben reale Ursachen und Zusammenhänge: Das eigene Leben zu „ökologisieren" kostet Zeit. Viele alltägliche Handlungen müssen neu durchdacht und entschieden werden. Wissen über Produktionswege, Arbeitsbedingungen, Gütesiegel und vieles mehr muß erworben werden: Sagt das Siegel „handgepflückt" etwas über die ökologische Qualität eines Kleidungsstücks aus? Welche Wege hat die Milch, die ich täglich trinke, zurückgelegt? „Man löst sein hohes Umweltbewußtsein bevorzugt in Bereichen ein, die nicht mit allzu großen Verhaltenszumutungen und Unbequemlichkeiten verbunden sind. Die hohe Umweltmoral wird in Bereichen ausgelebt und kommt bei Verhaltensweisen zum Tragen, die eher Alibi-Charakter haben."(Preisendörfer 1993, S. 49)

Zudem stößt die umweltbewußte Veränderung des persönlichen Konsumverhaltens in den Strukturen der Industriegesellschaft auf Grenzen: Viele Menschen können angesichts eines schlecht ausgebauten Nahverkehrs nicht ganz auf das Auto verzichten. Bekleidung, die ökologisch und ohne Ausbeutung hergestellt wurde, findet man kaum in unseren Boutiquen und Kaufhausfilialen.

Systembedingte Grenzen lassen individuelle Verhaltensänderungen aber nicht sinnlos werden. Das private Umweltengagement in Form eines ökologischen Alltagsverhaltens ergänzt durch öffentliches Engagement hat seinerseits durchaus Chancen, diese vorgegebenen wirtschaftlichen und politischen Grenzen in Richtung eines nachhaltigen Lebensstils zu weiten oder gar zu sprengen. Dies zeigten unter anderem der Shell-Boykott, der eine Reaktion auf die von Shell geplante Versenkung der Ölplattform Brent Spar in der Nordsee darstellte, sowie die weltweiten Reaktionen auf die französischen Atomtests auf Mururoa:

„Shell ist in die Knie gezwungen worden, weil viele bei Aral tankten, die hinterher trotz gestärkten Ökobewußtseins weiter über die Autobahn rasten. Der französische Präsident Chirac geriet ins Schwitzen, weil die Japaner keinen Champagner mehr trinken und eine ‚Friedensflotte' nach Mururoa segelt. Das Verblüffende daran ist: Im ganz normalen Alltagshandeln liegen also Chancen der politischen Mitwirkung. Diese Formen der Partizipation wirken überdies direkt, also unter Umgehung von Parteien, Parlamenten und Regierungen; sie führen schließlich zur individuellen Beteiligung an globalen politischen Entscheidungen. Hier zeigt sich in ersten Umrissen eine neue Konstellation transnationaler Politik." (Beck, DIE ZEIT, 8.9.1995)

Vielleicht ist die Ahnung einer „neuen Konstellation transnationaler Politik", die Ulrich Beck bereits 1995 kundtat, zu optimistisch und seine angeführten Beispiele zu fragwürdig. Doch zeigen sie, daß profitorientierte Wirtschaft und auf Machterhalt bedachte Politik durchaus von einer „dritten Kraft", den VerbraucherInnen, beeinflußbar sind. Diese „dritte Kraft" muß kein unschuldiger Umweltengel sein, um Einfluß auf Politik und Wirtschaft zu nehmen. Wichtiger sind der Mut zum Angriff auf die bestehenden Strukturen und die Lust an der Veränderung. Eine zukunftsfähige Gesellschaft werden wir nur, wenn wir unsere Gesellschaft zukunftsfähig machen – auch gegen Widerstände.

Der Blick auf die Haushalte

Das Weltkursbuch möchte einen Beitrag zur Zukunftsfähigkeit unserer Gesellschaft leisten. Bisher kennen nur ungefähr elf Prozent der Deutschen den Begriff „nachhaltige/zukunftsfähige Entwicklung" (Deller/Spangenberg 1997, S. 23). Durch die Konkretisierung von Nachhaltigkeits- und Zukunftsfähigkeitskonzepten für den konsumtiven Bereich möchte dieses Buch dazu beitragen, daß diese Prozentzahl steigt. Es richtet sich an die Verbraucher und Verbraucherinnen, an Familien, an junge und alte Menschen. Für diese Leserinnen und Leser will es Hintergründe und Zusammenhänge der ökologischen Problematik und einer nachhaltigen Entwicklung erläutern, reflektieren und auch veranschaulichen. Dabei knüpft es an die in der Studie „Zukunftsfähiges Deutschland" benannten acht Bedarfsfelder, die den konsumtiven Bereich bilden, an. Wirtschaftliche und politische Strukturen spielen in dem Maße eine Rolle, in dem sie das Alltagshandeln betreffen und/oder begrenzen. Sie stehen also nicht im Vordergrund der Überlegungen.

Die acht Bedarfsfelder

Das Weltkursbuch konkretisiert die in der Studie nur kurz angerissenen acht Bedarfsfelder:

- Wohnen
- Ernährung
- Bekleidung
- Gesundheit
- Bildung
- Freizeit
- Gesellschaftliches Zusammenleben
- Verkehr (in der Studie kein eigenes Bedarfsfeld)

Es widmet sich in dem Zusammenhang nicht primär der technischen Machbarkeit einer ökologischen Wende. Es will vielmehr der Diskussion um eine zukunftsfähige Lebensweise die notwendige soziale und entwicklungspolitische Komponente geben. Die einzelnen Kapitel orientieren sich deshalb an folgenden Leitfragen:

- Wie sieht die gegenwärtige soziale und ökologische Situation im Norden und im Süden aus?
- Welche Folgen hat die jeweilige Lebensweise für die regionale und globale Umwelt?
- Welche Folgen hätte eine unveränderte Lebensweise im Norden für den Süden und für die globale Ökologie?
- Welche Änderungen können zu einer zukunftsfähigen Entwicklung führen?

Konkrete, politische Forderungen unter ökologischer und entwicklungspolitischer Perspektive werden genauso benannt wie Leitmotive eines zukunftsfähigen Konsums und Beispiele konkreter Umsetzung. Wesentlich ist hierbei die Verzahnung von privatem und öffentlichem zukunftsfähigem Verhalten („Boykott und Protest") sowie der Verweis auf entsprechende Initiativen und Kampagnen, Literatur und Medien.

Die einzelnen Kapitel sind nach einem Bausteinprinzip konstruiert; zahlreiche Fakten, Statements, Fallbeispiele und literarische Texte stehen schlaglichtartig im Raum – auf diese Weise entsteht ein Mosaik der Wirklichkeiten in Nord und Süd. Die Informationen aus den sogenannten Entwicklungsländern und aus den Industrieländern bleiben nicht unverbunden nebeneinander stehen. Der Blick auf den Norden und den Süden öffnet die Perspektive für das Gemeinsame der ökologischen und sozialen Probleme und ist als Plädoyer zu verstehen, die Spaltung im Geiste, im Herzen und in der Realität endgültig aufzugeben.

Das Weltkursbuch will Nachdenklichkeit erzeugen, Informationen liefern, zu einem zukunftsfähigen Verhalten anregen und zugleich Lesevergnügen bieten. Wir hoffen sehr, daß es diese Anliegen auch erreicht.

Sabine Ferenschild, Thomas Hax-Schoppenhorst
November 1997

Wohnen – ein Grundrecht zwischen Überfluß und Mangel

Eine angesehene britische Nichtregierungsorganisation, die Building and Social Housing Foundation, verleiht seit 1995 jährlich einen Preis (World Habitat Award) an Menschen und Initiativen, die sich um die Verbesserung des weltweiten Wohnproblems bemühen. Im Jahr 1997 gab es mehrere Preisträger und Preisträgerinnen. Zu ihnen gehören:

1. Das Eltern-Kind-Zentrum in Stuttgart West

Seit zehn Jahren ist es ein Treffpunkt von Frauen und Kindern. Um das Nachbarschafts-Café gruppieren sich Secondhand-Laden, Nähstube, Bücherei, Wäschedienst, Kinderbetreuung, Ernährungsberatung, Hausaufgabenhilfe, Schreibbüro und Computer-Laden. Absicht des Zentrums ist es, den Familien in den Vorstädten aus der Isolation zu helfen, die Frauen zu motivieren, sich nachbarschaftlich zu engagieren, Alt und Jung zueinander zu bringen. Hier finden Kinder andere Kinder, Mütter Hilfe und die Gelegenheit, selbst aktiv mitzuwirken.

2. Das Reformprogramm des Bürgermeisters von Zhongshan

Zhongshan ist eine Stadt nahe Hongkong mit 1,25 Millionen Einwohnern. Der Bürgermeister hat 1986 ein Reformprogramm aufgelegt, das die Lebensqualität in der Stadt mittlerweile erheblich verbessert hat. Durch ein ausgeklügeltes Finanzierungsmodell konnte die durchschnittliche Wohnfläche pro Haushalt von 7,3 Quadratmetern auf 20,2 Quadratmeter mehr als verdoppelt werden, insgesamt entstanden sieben Millionen Quadratmeter Wohnfläche. Zugleich ist die Stadt grüner geworden. Ein Drittel der Gesamtfläche nehmen Wiesen und Parks ein.

3. Der Südafrikanische Obdachlosenverband

Er leistete Pionierarbeit in der Frauenförderung und für Hilfe zur Selbsthilfe der armen Stadtbevölkerung. Die Menschen lernen in einem Ansparprojekt, wie sie Geld mobilisieren können, um das eigene Haus erschwinglich zu machen. Eine Arbeitsgruppe hilft, günstiges Bauland zu finden. Rund 85 Prozent der SparerInnen des Obdachlosenverbandes sind Frauen. Über 35 000 Familien beteiligen sich an dem Sparprogramm, mehr als 10 000 konnten inzwischen ihre eigenen Häuser aufbauen.
(nach: Frankfurter Rundschau, 7.10.1997)

Die Unterschiedlichkeit der drei ausgezeichneten Gruppen und Initiativen verweist auf die Vielschichtigkeit des weltweiten Wohnproblems:
Überkonsum im Norden steht eine Unterversorgung im Süden gegenüber: Sind die Menschen in den alten Bundesländern bei mehr als 37 Quadratmetern Wohnfläche pro Kopf angekommen, Tendenz steigend, so ermöglicht es erst ein aufwendiges Reformprogramm im chinesischen Zhongshan, die durchschnittliche Wohnfläche pro Haushalt auf 20 Quadratmeter anzuheben. Besitzen immer mehr Menschen im Süden als Obdachlose und Flüchtlinge nicht einmal die bescheidenste Unterkunft, so haben die meisten Menschen in West-

europa wenigstens ein Dach über dem Kopf – häufig aber um den Preis der Isolation in tristen Vororten, Hochhäusern oder Plattenbauten.

Fallbeispiel

Stadtleben in China – Wohnsituation heute

China ist mit ca. 1,1 Milliarden Menschen nicht nur das bevölkerungsreichste Land der Welt, es konzentrieren sich auch 90 Prozent der Bevölkerung auf nur 1/5 der chinesischen Landfläche. Das hat zur Folge, daß jedem Stadtbewohner im Durchschnitt 4–10 qm Bodenfläche zur Verfügung stehen, in Shanghai müssen mehrere Millionen Haushalte mit weniger als zwei qm pro Kopf zurechtkommen. In Ein- oder Zwei-Zimmer-Wohnungen leben meist 6 bis 10 Personen verschiedener Generationen. Die Küche wird oft von mehreren Großfamilien geteilt, Toiletten gibt es etagen- oder hausweise, in vielen Fällen müssen die Bewohner sogar auf öffentliche Toiletten ausweichen. Badezimmer fehlen oft völlig.

(Wohnung + Gesundheit 12/1996, Nr. 81, S. 18)

Produktgruppen	Problemaspekte
Baustoffe	
Mörtel und Putz	Bindemittel, Zusätze
Holzwerkstoffe	Holzschutzmittel, Formaldehyd, Icocyanate
Metalle	Korrosionsschutz mit Blei oder Zinkchromat
Wärmedämmstoffe	Bindemittel, Flammschutzmittel, Klebstoffe, FCKW,
Wandbauplatten und Verkleidungen	Feinstfaserstäube
Dichtungsmassen	Leime, Holzschutzmittel, Beschichtungen, Stäube, Klebstoffe, Bindemittel
Bodenbeläge	Weichmacher, PCB
Farben, Lacke und Oberflächenschutz	Klebstoffe, Lösemittel, Weichmacher, organische Substanzen, Bindemittel, Lösemittel, Pigmente, Hilfsstoffe, Formaldehyd, Abbeizer
Einrichtungsgegenstände	
Möbel	Formaldehyd, Textilhilfsstoffe, PCP, Oberflächenbehandlung, Kunststoffhilfsstoffe
Tapeten	Kleister, Formaldehyd, Weichmacher, Fungizide
Heimtextilien	Textilhilfsstoffe
Elektrogeräte	Elektrosmog, Ozon, Schwermetalle, Kunststoffhilfsstoffe
Gebrauchsgegenstände / Konsumprodukte	
Haushaltsprodukte	Möbelpolitur, Putzmittel, Raumerfrischer, Spraytreibmittel, Insektenspray
Büromaterialien	Klebstoffe, Lösemittel, Reinigungsmittel, Batterien

(nach: Stiftung Verbraucherinstitut 1995, S. 14)

Erläuterungen:

a. PCP – Pentachlorphenol: Holzschutzmittel, stark gesundheitsgefährdend; deshalb ist der Einsatz seit 1990 in der Bundesrepublik verboten

b. PCB – polychlorierte Biphenyle: Weichmacher für Dichtungsmassen, Kondensatoren in Leuchtstoffröhren, Flammschutzmittel: können Leber- und Nierenschäden verursachen, Verdacht auf krebserregende Wirkung

Ökologisch betrachtet ist die westliche beziehungsweise „nördliche" Form des Wohnens nicht tragbar:

Denn die größten Stoffströme im privaten Konsum werden für die Bedarfsfelder Wohnen, Ernährung und Freizeit in Bewegung gesetzt. Im Bereich des Wohnens verbrauchen die Deutschen mehr als 15 Tonnen Material pro Kopf und Jahr. Dies entspricht 29 Prozent der gesamten Materialentnahme des konsumtiven Bereichs. Das Wohnen ist zudem für 32 Prozent des Primärenergieverbrauchs verantwortlich; davon fallen knapp 20 Prozent für die Erstellung und Instandhaltung der Gebäude und knapp 70 Prozent für den direkten Einsatz von Energieträgern im Haushalt an (zu 80,7 Prozent für Raumwärme).

11,3 Prozent der bundesweiten Fläche waren 1993 von Siedlung und Verkehr belegt (Verdopplung zwischen 1950 und 1993): „Eine der treibenden Kräfte für die stetige Ausweitung der Siedlungsflächen ist das ungebremste Wachstum der Ansprüche an Wohnfläche und Baulandgröße. Lag die mittlere Wohnfläche pro Person 1950 noch bei 15 Quadratmetern, so liegt sie heute im früheren Bundesgebiet bei mehr als 37 Quadratmetern. In Neubausiedlungen ist die vorwiegend praktizierte Bauweise die des freistehenden Einfamilienhauses. In solchen Siedlungen werden rund 200 Quadratmeter Nettowohnbauland je Einwohner beansprucht – ungefähr das Dreifache dessen, was bei einer flächensparenden, verdichteten Einfamilienhausbauweise benötigt wird. Es ist nicht zuletzt diesem Trend zu größerer Wohnfläche und freistehenden Häusern zuzuschreiben, daß der Energieverbrauch in den privaten Haushalten trotz besserer Heiz- und Dämmtechnik in den letzten 20 Jahren nicht zurückgegangen ist." (Zukunftsfähiges Deutschland 1997, S. 112)

Doch ist nicht nur der Energieverbrauch der privaten Haushalte ökologisch problematisch. Sowohl Baustoffe als auch Einrichtungs- und Gebrauchsgegenstände weisen jeweils spezifische Problembereiche auf, die im Falle von Renovierung oder Umzug/-bau zu bedenken sind.

Unter Berücksichtigung der Tatsache, daß zum Beispiel in der Schweiz die Bauwirtschaft mit jährlichen Investitionen von über 50 Milliarden Franken einer der wichtigsten Sektoren der Volkswirtschaft ist, läßt sich die Dimension der Umweltbelastungen durch Produktion, Transport, Entsorgung von Baumaterialien und Einrichtungen vorstellen. Die folgenden Seiten versuchen, unseren Wohngewohnheiten, ihren sozialen und ökologischen Dimensionen an einigen Beispielen nachzugehen. Verbunden werden sie mit den Problemen weltweiter Stadtentwicklung und Entsorgungsprobleme.

Wohnen, ein Grundbedürfnis

Artikel 25 der Allgemeinen Erklärung der Menschenrechte der Vereinten Nationen hebt die Bedeutung des Wohnens als unbestrittenes Grundbedürfnis der Menschen hervor. Es heißt dort:
„Jeder Mensch hat Anspruch auf eine Lebenshaltung, die seine und seiner Familie Gesundheit und Wohlbefinden, einschließlich Nahrung, Kleidung, Wohnung, ärztliche Betreuung und der notwendigen Leistungen der sozialen Fürsorge, gewährleistet (...).“
Wenn die Wohnung des Menschen sein Wohlbefinden gewährleisten soll, dann muß sie mehr als bloße Unterkunft, mehr als nur ein Dach über dem Kopf sein. Sie muß neben dem Schutz vor der Witterung auch soziale Bedürfnisse erfüllen, die genauso elementar sind wie Essen und Kleidung. Geborgenheit und Geselligkeit, Alleinsein und Ruhe finden in ihr Raum. „Eine ausreichende Wohnraumversorgung ist eine unabdingbare Voraussetzung für Selbstverwirklichung, Lebensglück und Wohlbefinden.“ (Hanesch 1994, S. 161f.)
Die Realität weltweit, aber auch in Deutschland spricht allerdings eine andere Sprache als die Menschenrechtserklärung der Vereinten Nationen. Obwohl der Pro-Kopf-Verbrauch an Wohnfläche Mitte der neunziger Jahre auf ca. 37 Quadratmeter gestiegen ist, läßt sich vor allem bei den unteren Einkommensschichten eine Wohnraumunterversorgung feststellen. In den deutschen Ballungszentren bringt das untere Zehntel der EinkommensbezieherInnen ungefähr 38 Prozent des verfügbaren Einkommens für die Finanzierung der Wohnung auf. Die oberen zehn Prozent der EinkommensbezieherInnen geben für ihre qualitativ weit besseren Wohnungen lediglich 15 Prozent des jeweils verfügbaren Einkommens aus. Die täglichen Folgen dieser angespannten Wohnungslage sind Mietschulden, Räumungsklagen sowie Einweisungen in Obdachlosenasyle: „Die als vorübergehende Notmaßnahme gedachten Einweisungen erweisen sich zunehmend als dauerhafte Deklassierung der Betroffenen. Ca. 150 000 Menschen sind ganz ohne Wohnung: Ihnen wird der Schutz, den Wohnung bedeutet, letztlich von einer Gesellschaft vorenthalten, in der es einen bislang nicht gekannten Wohnkomfort gibt.“ (Huster 1993, S. 45) Weltweit hatten 1992 mindestens eine Milliarde Menschen, also ungefähr 20 Prozent der Weltbevölkerung, keinen Zugang zu einer sicheren und gesunden Wohnung. (Agenda 21, Kap. 7)

Als ausreichend läßt sich der Wohnraum dann bezeichnen, wenn die Wohnung mindestens einen Raum pro Person bietet, wobei die Küche nicht mitgerechnet wird. Kleinkinder unter sechs Jahren berücksichtigt diese Standarddefinition ausreichenden Wohnraums nicht. Die Wohnung erfüllt gängige Standards, wenn sie die Möglichkeit, einen Herd oder elektrische Geräte anzuschließen, sowie Wasserversorgung, Heizung und Toilette bietet. In Ostdeutschland nimmt die Wohnraumunterversorgung seit 1990 kontinuierlich ab (von

Im Januar
Jede Nacht
wenn ich nach Hause zurückkehre
stolpere ich über menschliche Bündel
Hindernisse für den Galopp der Welt;
unter Decken aus Zeitung
widerstehen sie dem Regen
und dem kalten Blick öffentlicher Beleuchtung.
Es ist Januar.

Träume und Leiber
hingeworfen auf dem Gehsteig
der Straße des 31. März.
Schlafstatt von Abfallmenschen
mit täglichen Übungen
im Aufschub des Todes
wie Flüge bei Schlechtwetter.

Sag mir, Merkur
planetarischer Bote
ist Leben nur Abhängigkeit
von guten Beziehungen zur Polizei
wie beim verbotenen Glücksspiel?
Oder Vertrauen auf den Riecher des Straßenkehrers
der menschliche Ausdünstung
vom Fäulnisgeruch des Abfalls
unterscheiden dürfte.
(...)
Jede Nacht
in meiner Hängematte schaukelnd
träume ich eine Welt
in der wir mit den Maiskolben
auch die Bündel im Rinnstein entblättern;
ich erfinde mit leiser Stimme
den Gesang eines Kontinents
ohne menschlichen Ausschuß
wo alle notwendig sind.

(Süß 1985, S. 11f.)

"Das untere Drittel der Einwohner in den größeren westlichen Industrienationen ist nicht in der Lage, sich aus eigenen Mitteln preiswerten und menschenwürdigen Wohnraum zu beschaffen. Die Wohnungspolitik der letzten 10 Jahre hat in katastrophaler Weise Mittel für den sozialen Wohnungsbau reduziert und somit die Zuspitzung auf dem Wohnungsmarkt mitverschuldet." (Huster 1993, S. 148)

Sozialer Wohnungsbau in Deutschland
Bewilligung von Fördergeldern für Wohnungen

Jahr	Anzahl in Tausend
1980	97 000
1982	100 000
1984	80 000
1986	52 000
1988	39 000
1990	91 000
1992	108 000
1994	162 000
1996	121 000

(Frankfurter Rundschau, 27.10.1997, Quelle: imu)

19,4 Prozent der Befragten 1990 auf 15,8 Prozent bereits zwei Jahre später), in Westdeutschland bleibt die Wohnraumunterversorgung mit ungefähr zehn Prozent konstant hoch. Im Gegensatz zur Wohnraumversorgung stellt die Ausstattung des Wohnraumes in Westdeutschland kaum noch ein Problem dar. Lediglich zwei Prozent sind nach den oben genannten Standards mangelhaft ausgestattet. In Ostdeutschland waren hingegen im Jahr 1992 noch 13,4 Prozent aller Wohnungen unterausgestattet. Die Menschen, die besonders von einer Unterversorgung mit Wohnraum betroffen sind, sind Paare mit zwei oder mehr Kindern. Bereits ab zwei Kindern steigt das Risiko der Wohnraumunterversorgung überproportional. Von einer schlechten Ausstattung des Wohnraums sind dagegen vor allem Ein-Personen-Haushalte, in Ostdeutschland auch verwitwete und ältere Menschen betroffen. (Hanesch 1994, S. 163f.)

Menschen, die über ein geringes Einkommen verfügen, das sie zu großen Teilen für Mietkosten ausgeben müssen, haben relativ wenig Entscheidungsmöglichkeiten bezüglich ihrer Wohnausstattung. Sie leben eventuell "umweltgerecht", weil sie aufgrund niedriger Wohnfläche einen geringeren Heizenergieverbrauch haben. Sie besitzen eventuell auch weniger energieschluckende Elektrogeräte als finanziell besser gestellte Haushalte. Doch sind die unteren Einkommensgruppen auf preiswerte Wohnausstattung wie auch andere preiswerte Konsumgüter angewiesen. Ein niedriger Preis aber bürgt viel zu oft für schlechte Qualität, so daß die Lebensdauer solcher Niedrigpreis-Produkte, vom Möbelstück bis zum Porzellan, meist sehr gering ist.

Fallbeispiel

Arme Kinder im reichen Land

Armut wird gern in Betonklötze verpackt. Am liebsten an die Peripherie der Städte. Dort, wo es nicht so stört. Sozialen Brennpunkt nennt man das. Wer hier aufwächst, hat wenig Aussichten auf ein gutes Leben. "Viele unserer ehemaligen Kinder", erzählt die Leiterin der Kindertagesstätte (Kita) in Sossenheim, einem Stadtteil der Bankenstadt Frankfurt am Main, "bleiben auch später von der Sozialhilfe abhängig. Viele, die hier aufgewachsen sind, kommen aus dem Teufelskreislauf nicht raus". Sossenheim, weit genug weg von den Großbanken und den teuren Geschäften der City, ist ein gespaltener Stadtteil, hier der gewachsene Ortskern mit den Fachwerkhäusern der Alteingesessenen, dort, durch die Siegener Straße getrennt, die sogenannte Tatzelwurmsiedlung, Hochhäuser mit Sozialwohnungen. Die Kita mit 105 Plätzen, davon 63 im Hortbereich, liegt in der Tatzelwurmsiedlung. 80 der betreuten Kinder erhalten Jugendhilfe, bei den restlichen liegt das Einkommen der Eltern knapp über dem Berechnungsmaßstab für die Jugendhilfeunterstützung. (...) Bei einem Elternbesuch stellt die Erzieherin der Kita oft fest, daß kein Spielzeug vorhanden und keine Bücher im Haus sind. Oder daß es kein Geld für Fahrräder oder Rollschuhe gibt. (...) Ortswechsel zur Nachbarstadt Offenbach in den Stadtteil Waldhof, einen der sozialen Brennpunkte der Lederwarenstadt. Hauptsächlich sozial schwache Familien wohnen hier, neben den deutschen sehr viele ausländische und Aussiedlerfamilien, alleinerziehende Mütter auch, die arbeitslos sind, keine Berufsbildung haben und oft kaum deutsch sprechen. (...) In der örtlichen Grundschule schildert eine Pädagogin Eindrücke von ihren Elternbesuchen: "Sehr viele meiner Schüler haben keinen eigenen Arbeitsbereich, leben in beengten Wohnverhältnissen, oft läuft der Fernseher den ganzen Tag. Häufig teilen sich mehrere Geschwister ein Zimmer, so daß es für die Kinder nicht möglich ist, sich zurückzuziehen. Wohl deshalb haben sie mittags keine Lust, nach Hause zu gehen." Man müsse sie buchstäblich "rauskehren". Zu Hause erwarte sie ja nichts.
Zurück nach Frankfurt, an die Albert-Schweitzer-Schule am Frankfurter Berg. Kinder aus 35 Nationen sind hier vertreten, etwa 30 bis 40 Prozent der Kinder kommen aus sozial benachteiligten Familien. Bei den meisten sozial schwächer gestellten Eltern herrsche Gleichgültigkeit gegenüber ihren Kindern, so ein Pädagoge der Schule. Die Clique im Hochhausbereich ersetze den Kindern oft Wärme und Zuwendung, die sie zu Hause entbehren. Im Falle eines kleinen sechsjährigen Jungen sei die Mutter arbeitslos, der Vater sei fast immer abwesend, arbeite in Schicht, "und wenn er zu Hause ist, darf sein Schlafen nicht gestört werden, müssen die Kinder ruhig vor der Glotze sitzen".
(nach: Haas-Rietschel 1997, S. 6–10)

Wer keine Hilfe weiß
Wie soll die Stimme, die aus den Häusern kommt
Die der Gerechtigkeit sein
Wenn auf den Höfen die Obdachlosen liegen?

Wie soll der kein Schwindler sein, der den Hungernden
Anderes lehrt, als wie man den Hunger abschafft?

Wer den Hungernden kein Brot gibt
Der will die Gewalttat

Wer im Nachen
Keinen Platz für die Versinkenden hat
Der hat kein Mitleid

Wer keine Hilfe weiß
Der schweige.

(Bertolt Brecht, 1981, S. 364)

Wohnformen

Die Befriedigung des Grundbedürfnisses Wohnen hängt jedoch nicht nur von den jeweiligen finanziellen Rahmenbedingungen ab. Unterschiedliche Gesellschaften und Kulturen entfalteten verschiedene Wohnformen, die sich in der Form und dem Material der Häuser, in der Form des Zusammenlebens von Mensch und Tier sowie des zwischenmenschlichen Zusammenlebens und vielem anderem mehr unterschieden. Viele Kulturen schufen den Bedingungen ihrer Umwelt angepaßte Wohn- und Lebensformen, bauten aus regional vorhandenen Materialien ihre Häuser. Sie suchten sich günstige Lagen an natürlich vorhandenen Verkehrswegen für ihre Siedlungen und Städte aus. Je nach Bevölkerungsdichte und Wirtschaftsweise belasteten die Menschen auch in früheren Zeiten ihre Umwelt. Man denke nur an die bereits im alten Griechenland abgeholzten Wälder oder die Färbereien des Mittelalters, die eine enorme Gewässerbelastung darstellten.

Aus der Form des Wohnens lassen sich Rückschlüsse auf das soziale Netz und die Wirtschaftsweise ziehen: In Gesellschaften, in denen die Großfamilie die Basis der wirtschaftlichen Sicherheit bildet, leben größere Familieneinheiten zusammen und bilden eine Einheit von Wohnen und Wirtschaften. Beispiele hierfür sind frühe bäuerliche Haushalte, aber auch die Handwerkerfamilien des europäischen Mittelalters, die mit verschiedenen Generationen, Gesellen und Lehrlingen eine „Familieneinheit" bildeten. Erst mit der Trennung der Räume – Haushalt und Erwerbsarbeit – bildete sich allmählich die (westeuropäische) Kleinfamilie heraus, die sich mit Hilfe einer geschlechtsspezifischen Arbeitsteilung das Überleben sicherte. Soziale Schichten, in denen bis zum Ende des 19. Jahrhunderts dieses Modell durchgesetzt war, sind das Bürgertum sowie die FabrikarbeiterInnenschaft. Für beide Schichten brachte die Trennung der Räume spezifische Armutsprobleme: Das Kleinbürgertum gestattet lediglich dem Mann Erwerbsarbeit. Da das Einkommen häufig nicht ausreichte, um mehrere Personen zu ernähren, blieb der Familie lediglich die Wahl zwischen verdeckter Armut oder „heimlicher" Erwerbsarbeit der Frau, meist in Heimarbeit. Die Fabrikarbeiterinnen und -arbeiter verloren mit Beginn der

Industrialisierung zunehmend ihre Subsistenzmöglichkeiten, das heißt die Ergänzung ihres Gelderwerbs durch landwirtschaftlichen Eigenanbau. Die Arbeiterinnen und Arbeiter zogen in den Einzugsbereich der Fabriken, lebten in Kleinstwohnungen und konnten von ihrem Lohn oft nicht einmal das Existenzminimum erwirtschaften.

Wenn es auch heute noch (oder wieder) Armut unter den Arbeiterinnen und Arbeitern Westeuropas gibt, so hat sich doch das unbeschreibliche Elend in den Süden verlagert. Dort zogen große Teile der Bevölkerung in die Regionen der nachholenden Industrialisierung. Die Folgen waren nicht nur eine beschleunigte Verstädterung, die in nur wenigen Jahrzehnten Groß- und Megastädte wachsen ließ. Die Folgen waren auch die Ausbreitung von Elendsvierteln und Elendsgürteln rund um die prosperierenden Südstädte. Wer nicht bei Verwandten oder in Fabrikschlafsälen (vor allem im asiatischen Raum verbreitet) unterkam, zog in die Peripherien der Städte:

„FAVELA ist ein unübersetzbares brasilianisches Wort. Man könnte es einfach als Synonym für Armut und Elend setzen (...). Eine Favela auf einem Hügel, am Flußufer, in der Ebene, ist immer gleich häßlich (...). Die Häuser sind keine Häuser, sondern dunkle, schmutzige Hütten, aus alten Brettern errichtet, mit Blech, Wellblech, Pappe bedeckt. Die meisten bestehen aus einem einzigen, wenige Quadratmeter großen Raum, in dem Männer, Frauen, Kinder und Haustiere zusammenleben. Es sind entsetzliche Stätten mit dunklen und verschlammten Straßen. (...) In Brasilien heißen diese traurigen Menschenansammlungen Favelas; aber mit einigen Varianten, was ihr Äußeres angeht, gibt es sie in beinahe der ganzen Welt (...): die Keller in Harlem, New York, Soho in London, die Hog-Sties in New Orleans, die Elendsstätten in Buenos Aires, die Ban-Lieux in Paris und Marseille. Die Ursachen des sozialen Zerfalls mögen in diesem oder jenem Lande verschieden sein. Aber die Folgen sind die gleichen. (...) QUARTO DE DESPEJO, (...) ist ein Bild, das Carolina de Jesus geschaffen hat, um die Favela zu definieren. Es bedeutet: der Ort, wohin man die Dinge wirft, die zu nichts taugen, die Rumpelkammer eines Hauses. Für die Autorin ist die Favela die Rumpelkammer der Stadt, der Ort, wohin man nicht nur Dinge, sondern auch Menschen wirft."
(de Jesus 1983, S. 15f.)

Begegnung mit anderen Kulturen

Einen Blick auf eine andere Kultur zu werfen, ohne diese mit der eigenen Kultur als „Maß aller Dinge" zu vergleichen, ist gar nicht so einfach. Diese „andere Kultur" läßt sich auch in der eigenen Gesellschaft entdecken. Die kulturellen Unterschiede zwischen verschiedenen sozialen Schichten einer Gesellschaft können größer sein als zum Beispiel zwischen der bürgerlichen Schicht Westeuropas und Lateinamerikas. Zwei Beispiele belegen dieses „Betrachten" einer anderen Kultur: Christoph Kolumbus führte während seiner ersten Reise in die Neue Welt ein Bordbuch, in dem er ausführlich seine Erfahrungen während dieser Reise notierte. Er ist dabei durchweg von einer großen Faszination für die überwältigende Natur erfüllt und zudem bemüht, an vielen Stellen Hinweise auf die vermuteten Reichtümer der Neuen Welt einfließen zu lassen. Am 29. Oktober 1492 schreibt er in sein Tagebuch:

„Ich setzte zwei Boote aus, die eine dieser Siedlungen auskundschaften sollten. (...) Meiner Meinung nach waren diese Wohnplätze bedeutend schöner als alle jene, die wir bisher gesehen hatten, und müssen meiner Schätzung nach ein immer besseres Aussehen haben, je mehr wir uns dem Festland nähern. Diese

Behausungen waren in Hüttenform gebaut, sehr geräumig und erweckten den Eindruck eines militärischen Feldlagers. Allein sie waren nicht reihenweise angeordnet, so daß sie keine Straßen bildeten, sondern wuchsen bald hier, bald dort aus dem Boden. Im Innern sind sie fein säuberlich ausgekehrt; ihre Einrichtungsgegenstände sind reich verziert. Man fand viele Plastiken, weibliche Gestalten darstellend, und zahlreiche Gesichtsmasken, die wundervoll ausgearbeitet waren. Ich weiß nicht recht, ob die Inselbewohner diese Gegenstände als Zierat oder zu religiösen Kulthandlungen verwendeten. In jenen Behausungen gab es auch Hunde, die niemals bellten; ferner wilde und gezähmte Vögel, erstaunlich gut verfertigte Netze, Waffen und Fischergeräte. Niemand wagte es, etwas davon zu berühren. Ich bin der Meinung, daß die Bewohner dieses ganzen Küstenstreifens sicher Fischer sind, die ihren Fischfang ins Innere der Insel befördern (...). Das Wasser der Flüsse ist an ihren Mündungen gesalzen. Die Indianer hatten in ihren Behausungen Süßwasser; doch kamen wir nicht darauf, woher sie es schöpften." (Christoph Kolumbus Bordbuch 1981, S. 82ff.)
Obwohl Kolumbus in einem sehr freundlichen Ton von den „Behausungen" der „Inselbewohner" spricht, fällt doch auf, daß er von „Wohnplätzen" statt von „Dorf" oder „Stadt" und von „Behausungen in Hüttenform" statt von „Häusern" spricht. Die Netze sind „erstaunlich" gut verfertigt. In diesen und anderen Notizen des Kolumbus erkannte Tzvetan Todorov, französischer Wissenschaftler, die Nicht-Wahrnehmung anderer Kulturen als Grundprinzip. Kolumbus' Äußerungen führten Todorov zu der Schlußfolgerung: „Colón hat Amerika entdeckt, nicht aber die Amerikaner." (Todorov 1985, S. 65) Daß Kolumbus am Beginn der Neuzeit stand (wenn auch noch als „mittelalterlicher" Mensch), macht diese Interpretation besonders interessant. Mit Kolumbus wird sozusagen deutlich, wie „Europa" der „Welt" begegnet: Entweder wird die „Welt" an meinen eigenen Kategorien gemessen, ich kann kein „Anderssein" anerkennen; oder aber – und diesen Weg schlug Kolumbus in seiner späteren Phase ein – die „Anderen" werden zwar als unterschiedlich zur eigenen Kultur erkannt, aber sofort als „schlechter", „unterentwickelter" eingeordnet – woraus sich unmittelbar eine Legitimation des eigenen Herrschaftsanspruchs ergibt.

Ein zweites Beispiel läßt sich der bürgerlich-katholischen, sozial-engagierten Literatur des 19. Jahrhunderts entnehmen:
„Treten wir in die Wohnung eines Fabrikarbeiters ein, so bietet sich uns ein Bild der vollständigsten Unordnung dar. Halbnackte Kinder tummeln sich entweder auf dem Boden der Stube oder vor der Thüre herum. Die rohen Wände der Stube sind schwarz, und alles starrt von Schmutz. Auf dem Boden liegt ein Haufe Ofenasche, daneben in einer Ecke der kleine Kartoffelvorrath, dazwischen ein kleiner Wasserbottich, worin die schon geschälten Kartoffeln liegen. Auf dem schmutzigen Tische steht eine Schüssel mit schmutzigem Waschwasser neben einem Stück Kamm und ausgekämmten Haaren. Neben der Waschschüssel liegt Brod und Kaffeedüte, ungespülte Löffel, Gabeln, Tassen und Teller in buntestem Durcheinander. Auf den Stühlen fahren Kleider und Lumpen herum. Werfen wir einen Blick durch die offenstehende Thür der Schlafkammer, dann sehen wir auf ein sogenanntes Bett, auf dem alles durcheinander liegt, und das auch vor Abend nicht gemacht wird. Alles das ist nun auf den denkbar engsten Raum zusammengedrängt, und dazwischen bewegt sich die Arbeiterin, in ihrem eigenen Äeußeren mit dem der Wohnung übereinstimmend."
(Norrenberg 1881, S. 27)

Kaplan Peter Norrenberg, der diese Betrachtung des Haushalts einer Fabrik-arbeiterin verfaßte, drückt mit seinen Zeilen mehr als das materielle Elend der Fabrikarbeiterinnen aus. Schmutz, Durcheinander und mangelnde Pflege scheinen ihn stärker beeindruckt zu haben als die große Armut der Arbeiterinnen und Arbeiter. Er mißt mit dem Blick des Bürgertums eine andere soziale Schicht und kommt zwischen den Zeilen zu dem Schluß: „Wenn sie schon arm sind, dann sollen sie wenigstens sauber sein – so wie wir!"

Die Dinge des Lebens

Kämpft eine Mehrheit der Menschen vor allem im Süden unseres Planeten heute darum, die zum Überleben notwendigsten Dinge zu erwerben, so kann sich eine vor allem im Norden lebende Minderheit kaum vor dem unüberschaubaren Angebot an Waren retten: Während eine Familie im Süden manchmal mit nur 100 „Dingen" des täglichen Lebens zurechtkommen muß, besitzt jeder Deutsche und jede Deutsche ungefähr 10 000 Dinge. (Wohnung + Gesundheit, 12/95, S. 54) Wer kennt sie nicht – die übervollen Bücherregale, die aus allen Nähten platzenden Kleiderschränke, die Küchenschränke, die beim Öffnen ihren hochgestapelten und kompliziert verschachtelten Inhalt ausspucken, und nicht zuletzt die Keller und Dachböden, in denen so manches noch vor kurzem „gute Stück" als Gerümpel landet? Wie klein oder groß unsere Wohnfläche auch ist – im Laufe der Zeit wird sie meist voll und eng. Trotz einer Wohnfläche, die in den neunziger Jahren bei ungefähr 37 Quadratmetern pro bundesdeutschen Kopf angekommen ist, scheint der Bedarf nach mehr Wohnfläche zuzunehmen – und dies nicht nur bei den Menschen, die sowieso beengter als der Durchschnitt leben. Der Trend zum Bau freistehender Einfamilienhäuser belegt dies.

Doch ist es nicht nur der Wunsch nach Luxus oder der zunehmende Anteil von Single-Haushalten (1989 lag er bei 35 Prozent aller bundesdeutschen Haushalte), der den Wohnflächenverbrauch in die Höhe treibt. Die Dinge, mit denen wir unseren Alltag gestalten und unser Leben schmücken, tragen das Ihre dazu bei. Wer einmal mit seiner oder ihrer Familie eine 90 Quadratmeter große Wohnung bezogen hat, kann sich schon bald nicht mehr vorstellen, wie alle Möbel, Bücher, Kleider und Haushaltsgeräte in die alte, kleinere

„Zumindest im Konsumgüterbereich erscheint (…) ein Großteil der ‚Innovationen' der letzten 30 Jahre als durchaus fragwürdige Neuerung. Gab es zunächst noch einen immerhin wahrnehmbaren, wenn auch zweifelhaften Gewinn an ‚Komfort' (durch Elektronik) und ‚Pflegeleichtigkeit' (durch Chemie), so ist der ‚Fortschritt' bei Konsumgütern inzwischen zur nervtötenden Landplage geworden, der die Produkte nur noch ‚witziger', ‚farbiger' oder eben – ‚Innovation' als Selbstzweck – nur irgendwie ‚neuer' macht. Unter technischen Gesichtspunkten steht dem ein dramatischer Verlust an Qualität, Funktionssicherheit, Reparierbarkeit und Langlebigkeit und unter kulturellen Gesichtspunkten ein – vielleicht ebenso dramatischer – Verlust an ‚Geschichtlichkeit' gegenüber. (Es ist ja merkwürdig: Wohl kaum eine Generation hat den ‚Alltagsgeräten' der Vergangenheit dermaßen entschieden den Laufpaß gegeben, um ihnen dann – den Verlust an Kontinuität doch wohl ‚irgendwie' schmerzlich empfindend – in sentimentalem Eifer auf Trödelmärkten, in ‚Antique-Shops' hinterherzurennen.) Inzwischen dreht sich das Karussell der Moden und Trends immer schneller; dem Verbraucher, soweit er kritisch, qualitäts- und umweltbedacht (oder auch nur ein wenig ruhebedürftig) ist, wird schwindlig dabei, und die Suche nach den wenigen Nadeln im Heu wird immer strapaziöser."
(Manufactum, Informationen für neue Kunden, Winter 1997)

„Das Versprechen der Waren, alle Wünsche zu erfüllen, findet seine Grenzen nicht nur in dem unumstößlichen Gesetz, daß bezahlt werden muß. Die Dinge, selbst die schönsten und teuersten, können auch nicht alle Sehnsüchte stillen. So leben wir heute in einer Warenfülle, die noch vor gut dreißig Jahren unvorstellbar gewesen ist, und sind so hungrig wie zuvor. Man fällt daher der glitzernden Oberfläche anheim, wenn man eine Geschichte des Konsums allein als Geschichte der Warenwelt schreibt. Um wieviel spannender wäre es, nach den Wünschen und Träumen zu fragen, die mit Konsum befriedigt werden sollen, aber nicht in Waren aufgehen? Vielleicht muß man sich die Geschichte des Konsums als eine immerwährende Jagd nach Glück vorstellen."
(DIE ZEIT, 17.10.1997, S. 41)

Pablo Neruda, Ode an die Dinge

Ich liebe die Dinge über alles,
alles.
Ich mag die Zangen,
die Scheren,
ich schwärme
für Tassen,
Serviettenringe,
Suppenschüsseln –
vom Hut
ganz zu schweigen.

Ich liebe
alle Dinge,
nicht nur
die höherstehenden,
sondern
auch
die un-
end-
lich
kleinen,
den Fingerhut,
Sporen,
Teller,
Vasen.

Bei meiner Seele,
ist der Planet
schön,
voller Pfeifen, die
von Händen
durch den Rauch
geführt werden,
voller Schlüssel,
voller Salzfässer,
voll von
allem,
was Menschenhand erschaffen, allen Dingen:
den Rundungen am Schuh,
den Geweben,
der zweiten,
diesmal unblutigen
Geburt des Goldes,
den Brillen,
den Nägeln,
den Besen,
den Uhren, den Kompassen,
dem Kleingeld, der weichen
Weichheit der Stühle.

Ah, soviel
reine
Dinge
hat der Mensch
entworfen,
aus Wolle,
aus Holz,
aus Glas,
aus Stricken –
Tische,
wunderbare Tische,
Schiffe, Leitern.

Ich liebe
alle
Dinge,
nicht weil sie
brennen
oder duften,
sondern,
ich weiß nicht warum,
weil
dieser Ozean dir gehört,
mir gehört:
Die Knöpfe,
die Räder,
die kleinen
vergessenen
Schätze,
die Fächer,
in deren Federn
die Liebe ihre
Orangenblüten
wehte,
Gläser, Messer,
Scheren –
auf allem
findet sich,
am Griff, am Rand,
eine Fingerspur,
die Spur einer entrückten, ins vergessenste Vergessen versunkenen Hand.

Ich gehe durch Häuser,
Straßen,
Fahrstühle
und berühre dabei Dinge,
erkenne Gegenstände,
die ich insgeheim begehre:
mal weil sie läuten,
mal weil sie
so weich sind

wie die Weichheit einer Hüfte,
dann wieder, weil sie wie tiefes Wasser
gefärbt oder dick wie Samt sind.
O unumkehrbarer
Strom der Dinge,
keiner kann sagen,
ich hätte nur
die Fische
geliebt
oder die Gewächse des Urwalds und der Wiesen,
ich hätte
nur geliebt,
was hüpft, klettert, überlebt und seufzt. –
Falsch:
Mir sagten viele Dinge
vieles.
Nicht nur sie rührten mich
oder meine Hand rührte sie an,
sondern so dicht
liefen sie
neben meinem Dasein her,
daß sie mit mir da waren,
und so sehr da für mich waren,
daß sie ein halbes Leben mit mir lebten
und dereinst auch einen halben Tod mit mir sterben.

(Pablo Neruda, zit. nach: Steffen 1996, S. 78–81;
© Luchterhand Literaturverlag, München)

Wohnung passen konnten. Und trotzdem ist die neue Wohnung in der Regel nicht lange weniger voll als die alte.

Das Bedürfnis nach Behaglichkeit in den eigenen vier Wänden hängt sicher mit der Dauer unseres Aufenthaltes in Innenräumen zusammen. In kalten und gemäßigten Klimazonen wie in Westeuropa beträgt diese Dauer bis zu 90 Prozent des Tages. Von diesem Zeitanteil hält sich der Durchschnitt der MitteleuropäerInnen mehr als 50 Prozent im privaten Zuhause auf.

Der Wunsch nach Behaglichkeit wird allerdings beeinflußt durch den immer schnelleren Wandel der Modetrends, die auch vor im Prinzip langlebigen Gebrauchsartikeln wie Möbeln nicht haltmachen. Mode in Form von Tapetenwechsel, einer neuen Couchgarnitur oder auch „nur" einer schicken Kaffeekanne trägt maßgeblich dazu bei, daß die Gebrauchsdauer von immer mehr Produkten kürzer ist als deren eigentliche Lebensdauer. Indem sich immer mehr Menschen dem schnellen Modewandel unterwerfen, beugen sie sich zum einen einer übermäßigen Wachstumsorientierung unserer Wirtschaft, der angesichts von Marktsättigung in vielen Bereichen bereits in den siebziger Jahren „geplanter Verschleiß" der Produkte vorgeworfen wurde. Zum anderen tragen die VerbraucherInnen durch ihre Begeisterung für modische Trends zur Legitimation und Ankurbelung einer maßlosen Verbrauchsgüterproduktion bei.

Elektrogeräte statt Hausarbeit?

Ein paar Fragen vorweg:
• Wissen Sie eigentlich, wieviel Energie Sie monatlich oder im ganzen Jahr verbrauchen?
• Wissen Sie, ob dieser Verbrauch durchschnittlich ist, den Durchschnitt übersteigt oder deutlich darunter liegt?
• Berechnen Sie einmal Ihren Energieverbrauch im letzten Jahr anhand der Strom- und Heizkostenrechnung (beziehungsweise Ihrer Nebenkostenabrechnung).
• Halten Sie es für möglich, 30 Prozent Ihres Energieverbrauchs bis zum Jahr 2000 einzusparen?
„30 Prozent Energieeinsparungen bedeuten rund tausend Kilogramm weniger Kohlendioxid pro Haushalt und Jahr, soviel etwa, wie durch das Verbrennen von 400 Liter Öl freigesetzt wird. (...) Diese Einsparungen bedeuten auch weniger Luftverschmutzung und Gesundheitsgefährdung – und langfristig natürlich auch einen Gewinn für unser Portemonnaie ..."
(Das GAP-Handbuch, S. 57)
Broschüren mit Vorschlägen zur Senkung des Energieverbrauchs geben mittlerweile viele Städte und Verbraucherzentralen heraus. Aber auch ein Blick in das GAP-(Global Action Plan-) Handbuch von 1994 lohnt sich. In einem Sieben-Monats-Programm gibt das Handbuch konkrete Anleitungen für einen umweltfreundlichen Haushalt (siehe Literatur).

Wir lieben unsere Hausgeräte dafür, daß sie uns die Hausarbeit verkürzen und erleichtern. Elektrische Geräte scheinen dies eher zu ermöglichen als mechanische, manuell betriebene. Dementsprechend boomte in den letzten Jahrzehnten der Absatz elektrischer Haushaltsgeräte in einem nie erahnten Ausmaße. Die Tabellen auf Seite 31 zeigen eine hochgradige Versorgung bundesdeutscher Haushalte mit Kühlschränken, Waschmaschinen, Staubsaugern und elektrischen Nähmaschinen an. Aber auch Kleingeräte wie Handküchenmaschinen, Kaffeemaschinen, Toaster, Waffeleisen oder Allesschneider finden rasanten Absatz.

In den alten Bundesländern besitzt jeder Haushalt zehn bis fünfzehn elektrische Kleingeräte für die Küche. Hinzuzuzählen sind vermutlich noch zahlreiche defekte Exemplare an Toastern und anderen Geräten, die in den diversen Kellern und Abstellräumen ihr Zwischenlager gefunden haben. Viele sogenannte elektrische „Kleingeräte" sind allerdings gar nicht so klein. Genügend Raum auf Arbeitsplatten bieten die wenigsten Küchen, so verschwindet der größte Teil dieser Küchenfreunde in den entsprechenden Schränken. Ob geschenkt oder selbstgekauft – irgendwann dienten vermutlich alle einmal der Arbeitserleichterung oder dem Vorsatz der gesunden Ernährung. Doch – mal ehrlich: Gesunde oder gar Vollwert-Ernährung bedeutet auch mit der Hilfe elektrischer Geräte mehr Arbeit als „konventionelle" Ernährung. Und so mancher Arbeitsgang in der Küche läßt sich sicher mit manuell betriebenen Geräten – zum Beispiel einem Brotmesser statt einer Brotschneidemaschine, oder einem Sahneshaker statt eines elektrischen Mixers – ebensogut erledigen.

Die Nutzung aller elektrischen Küchengeräte, ob klein oder groß, schwankt zwischen zu geringer Auslastung und leichtfertiger Nutzung. Geschirr und Wäsche werden heutzutage sorgloser gewechselt und häufiger gereinigt als in der „maschinenlosen" Zeit: Wer wäscht heutzutage noch einzelne Flecken auf einer Hose per Hand aus? Wer nutzt ein Glas oder eine Tasse den ganzen Tag über? Zudem hat der Einsatz von Maschinen in der Hausarbeit das Anspruchsniveau deutlich erhöht. „Die verschärften Hygienestandards können nicht nur die gewonnene Arbeitszeit, sondern auch die Einsparungen an Energie, Wasser und Chemikalien aufzehren." (Steffen [Hrsg.] 1996, S. 60) Mittlerweile stehen die Elektrogeräte an dritter Stelle der Verbrauchszahlen in den privaten Haushalten – nach Heizung und Warmwasserbereitung. (Stiftung Verbraucherinstitut 1995)

Das Fernsehimperium

„Seit dem 1991 gefaßten Beschluß der Regierung in Ruanda, ein eigenes TV-System aufzubauen, gibt es kein TV-freies Land mehr. (...) Grenzüberschreitend, global, international: Eine erste historische Phase der Ausdehnung des Massenmediums Fernsehen nähert sich ihrem Ende. Dabei gibt es nach wie vor ansteigende regionale Diskrepanzen bei der Haushaltssättigung mit TV-Geräten. Mitte der 80er Jahre gab es pro 1000 Einwohner z. B. 6,7 Geräte in Afghanistan, 164 in Chile, 385 in Italien, 394 in Bahrain, 585 in Japan und 813 in den USA." (Becker 1995, S. 6)

Energiebilanz TV-Gerät

Bildröhre	= 50 kg Erdöl*
Gehäuse	= 20 kg Erdöl*
Chassis	= 10 kg Erdöl*
Herstellung	= 20 kg Erdöl*
Gesamt	**=100 kg Erdöl**
Betrieb (10 Jahre)	= 500 kg Erdöl

Gesamtenergie
1/6 Herstellung, 5/6 Betrieb
*Werte beruhen auf Angaben der Rohstoffindustrie
(aus: Stiftung Verbraucherinstitut 1995 nach Quellen von Loewe-Opta)

„Bis zum 1. Weltkrieg wurden viele Dinge des täglichen Bedarfs noch im städtischen oder ländlichen Haushalt hergestellt. Dann erfolgte die von der Industrie gesteuerte Kommerzialisierung der Hauswirtschaft. Sie erfolgte (...) nicht etwa, um die Frauen von der lästigen Hausarbeit zu befreien, wie viele bis heute glauben, sondern um die Expansion des Marktes in diesen Bereichen zu fördern. Frauen wurden durch die neue

Hauswirtschaftswissenschaft zu einer Rationalisierung und Professionalisierung der Hausarbeit einerseits und andererseits zum Kauf moderner Küchengeräte und chemischer Reinigungsmittel animiert."
(Mies 1995, S. 338)

Handlungsfeld „Energie und Verkehr"
Als Gesamtpaket für eine „strukturelle Ökologisierung" des Handlungsfeldes Energie fordert das Institut für Entwicklung und Frieden an der Universität Duisburg die Umsetzung folgender Leitprojekte von der deutschen Politik:
Globale Ebene: Verabschiedung eines CO_2-Reduktionsprotokolls mit international handelbaren Emissionszertifikaten; beruhend auf dem Konzept der gleichen Nutzung des Umweltraums soll jede Nation entsprechend ihrer Bevölkerungszahl das Recht auf eine gewisse insgesamt reduzierte Emissionsquote erhalten.
Europäische Union: Einführung einer Energiesteuer/CO_2-Abgabe, um die CO_2-Emissionen auf das vorgegebene nationale Mengenziel zurückzuführen; Einführung einer Kerosinsteuer auf den internationalen Flugverkehr.
Nationale Ebene: Ökologische Reform des Energiewirtschaftsgesetzes. Hierdurch können Spielräume für erneuerbare Energien und Kraft-Wärme-Kopplung vergrößert und die Eigenständigkeit der kommunalen Stromversorgung gestärkt werden. Neuausrichtung der Förderpolitik, damit eine radikale Steigerung der Energieproduktivität erreicht wird.
Landesebene: Förderung von regenerativen Energien und Einsparenergien durch Ausweitung finanzieller Förderprogramme. Maßnahmen in der Raumordnung und Entwicklungsplanung, besonders im Hinblick auf die Nutzung von Windenergie, Photovoltaik und Biomasse.
Kommunen: Energieeinsparprogramme für öffentliche Gebäude; Umstellung der Flächennutzungs- und Bebauungsplanung nach ökologischen Kriterien.

(Fues 1997, S. 15f.)

Die verstärkte Anwendung umweltfreundlicher, handbetriebener Geräte erfordert oft gewisse Kenntnisse und Geschicklichkeit – eine Kompetenz also, die so gar nicht dem Klischee der Hausarbeit als „ungelernter Arbeit" entspricht.

Dieses Vorurteil, Hausarbeit sei eine ungelernte Tätigkeit, für die keine besonderen Kompetenzen erforderlich seien, ist Bestandteil einer bürgerlichen Geschlechtsrollenideologie. Diese suchte die Frauen aller Schichten aus dem Erwerbsleben zu drängen und auf die Haushalte zu begrenzen. „Arbeit" gehörte nicht zum idealen Frauenleben, sie mußte deshalb unsichtbar werden. Die Technisierung der Haushalte trug ihren Teil dazu bei, die geleistete Arbeit und die erzielten Arbeitsergebnisse und -kompetenzen voneinander zu trennen.

„Wer überflüssigen Stauraum hat, die Anschaffungskosten nicht scheut, auf Sicherheit und gute Arbeitsergebnisse nicht so angewiesen ist und das Versprechen auf Arbeitszeitersparnis ohnehin nicht ernst nimmt, der soll diese Geräte ruhig kaufen."

Tips und Tricks

1. Von Gerät zu Gerät sollten Sie abwägen:
- ob wirklich Zeitersparnis möglich ist,
- ob eine Arbeitserleichterung eintritt,
- und nicht zuletzt ob die Erleichterungen in einem akzeptablen Verhältnis zu Energie- und Ressourcenverbrauch stehen.

2. Elektrische Großgeräte sollten niedrige Verbrauchszahlen aufweisen, umweltfreundlich produziert und recyclingfreundlich konstruiert sein. Sie sollten sparsam angewendet werden und ihr Produktionsaufwand sollte in einem vernünftigen Verhältnis zu ihrem Gebrauchswert stehen.
Auf den Kauf elektrischer Haushaltskleingeräte sollten Sie weitgehend verzichten zugunsten multifunktionaler manueller Technik.

3. Selbst bei scheinbarer Energiespartechnik sollten Sie überlegen, ob Sie das neue Gerät wirklich benötigen. Denn in jedem Produkt steckt ein großer Anteil der sogenannten „grauen Energie". Damit ist die Energie gemeint, die zur Herstellung des jeweiligen Produktes verbraucht wurde. Eine Mikrowelle zum Beispiel ist nicht nur wegen der Arbeitserleichterung sehr beliebt, sondern kann kleine Portionen energiesparend aufwärmen. Zur Herstellung einer Mikrowelle wird jedoch so viel Energie benötigt, daß diese „graue Energie" erst nach ungefähr sechs Jahren Gebrauch mit täglichem Aufwärmen in der Mikrowelle statt auf dem konventionellen Herd durch die dabei gewonnene Energieeinsparung aufgewogen wird. Und bei größeren Portionen verbraucht die Mikrowelle sogar mehr Energie als der herkömmliche Herd.

4. Die Herstellung und Weiterentwicklung manuell betriebener Geräte durch die Industrie könnte auch durch die Stiftung Warentest gefördert werden, indem sie manuell betriebene Geräte verstärkt in ihre Testreihen aufnimmt. Schreiben Sie der Stiftung Warentest doch einmal diese Anregung!

Ausstattung der privaten Haushalte mit langlebigen Gebrauchsgütern 1962–1993
(Prozentzahlen bezogen auf die Haushalte insgesamt)

(aus: Steffen 1996, S. 56)

	1962	1973	1983	1993
Kühlschrank	51,8	93,0	99,1	100,0
Gefrierschrank, -truhe	2,7	28,0	48,8	53,8
Geschirrspülmaschine	0,2	7,0	23,5	39,7
Nähmaschine elektrisch	10,1	37,0	52,0	63,8
Nähmaschine mechanisch	47,0	29,0	17,5	–
Heimbügler	1,1	10,0	14,8	14,6
Waschmaschine elektrisch mit eingebauter Schleuder (1983 auch ohne Schleuder)	8,6	59,0	82,5	88,8
Waschmaschine ohne Schleuder	25,5	16,0	–	–
Wäscheschleuder	26,6	32,0	23,6	–
Staubsauger	64,7	91,0	95,8	(nicht erfasst)
Wäschetrockner	–	–	–	22,1
Mikrowellengerät	–	–	–	36,8

Kleingeräte zur Nahrungszubereitung – Marktentwicklung in den alten Bundesländern

(aus: Steffen 1996, S. 61)

	Marktsättigung in Prozent				Inlandsabsatz in Tsd. Stück		
	1980	1985	1988	1992	1985	1988	1992
Hand-Küchenmaschinen	82	83	86	90	1700	1840	2600
Kaffeemaschinen	75	82	85	88	5150	6200	7940
Toaster	73	82	84	90	1650	1860	3115
Waffeleisen	38	45	47	47	540	530	500
Allesschneider	35	42	43	51	780	785	1100
Elektromesser	34	43	45	45	510	460	500
Eierkocher	30	40	42	43	800	800	900
Universalzerkleinerer	21	25	25	26	310	195	430
Friteuse	15	26	30	32	590	510	850
Zitruspressen u. Entsafter	27	33	36	39	395	435	720
Folienschweißgeräte	10	22	24	24	400	220	300

„Was wir der Spülmaschine (…) ankreiden, sind ihre diktatorischen Neigungen: Porzellan-Dekore z. B. zwingt sie unnachgiebig unter den Schutz von Glasuren und hat damit ein ganzes Kunstgewerbe brotlos und die Welt um einige schöne Dinge (handdekoriertes Porzellan) ärmer gemacht. An Messern duldet sie keine Holzhefte, und die Klingen müssen – obwohl funktionell häufig widersinnig – immer aus Edelstahl sein. Überhaupt ist sie die eifrigste Förderin von Kunststoff einer- und Edelstahl 18/10 andererseits; sie erspart den Entwicklern von Küchengeräten die Qual der Wahl des besten aus unterschiedlichen Materialien: Für alles, was nicht völlig sicher davor ist, jemals einer Spülmaschine einverleibt zu werden, bleibt eh nur Edelstahl rostfrei oder Kunststoff. Auch wer der Spülmaschine ansonsten als der Erlöserin von schwerster Küchen-Fron zu huldigen bereit ist, kann nicht leugnen, daß sie eine große Gleichmacherin ist; sie schlägt alles über einen Leisten, und der ist aus der schlichten Frage geformt: Was hält mich aus? Sie ebnet Unterschiede ein und trägt zum Verschwinden so manchen guten Dinges bei, dessen einziger Fehler es ist, nicht für das Überleben im Sturzbach gebaut und demnach nicht ‚spülmaschinenfest‘ zu sein." Nehmen Sie deshalb den Hinweis „nicht spülmaschinengeeignet" nicht immer nur als Warnzeichen, „sondern auch als Gütesiegel für ein noch unangepaßtes Ding, das die Pflege von Hand verlangt … aber eben auch verdient."
(Manufactum, Informationen für neue Kunden, Winter 1997)

Elektrogeräte – Produktion und Entsorgung

Wichtige Rohstoffe für die Herstellung von Elektrogeräten sind Mineralöl (als Grundstoff von Kunststoffen und -harzen und organischen Lösungsmitteln) und Metalle und Edelmetalle.

1. Die Gewinnung, der Transport oder die küstennahe Verarbeitung von Mineralöl führen immer wieder zu großflächigen und häufig zu kleinräumigen Ölbelastungen der Meere (zum Beispiel Tankerunfälle, Reinigung der Schiffe). Folgen dieser Meeresverschmutzung sind:

- die Schädigung oder der Tod von Meeres- und Küstentieren;
- Verlust der Nahrungsgrundlage einer Vielzahl von Meeresorganismen;
- Reduzierung der Selbstreinigungskräfte von Meeresgewässern bei permanenter Belastung;
- ökonomische Belastung der KüstenbewohnerInnen zum Beispiel durch Rückgang von Meerestierbeständen.

2. Auch Metalle, zum Beispiel Bauxit (der Rohstoff der Aluminiumerzeugung), sind ein wichtiger Grundstoff der Herstellung von Elektrogeräten. Folgen der Bauxitgewinnung und -verarbeitung sind:

- Zerstörung großflächiger Landschaften durch Tagebau;
- große Abfallmengen beim Aufbereitungsprozeß des Bauxits zu Aluminium (1,5 Tonnen Rotschlamm aus Eisen-, Titanoxiden sowie Kieselsäuren pro Tonne Aluminium);
- hoher Flächenverbrauch für die Abfalldeponien;
- dadurch bedingt Zerstörung der Lebensräume von Menschen, Tieren und Pflanzen im Bereich des gesamten Abbau-, Produktions- und Deponiegebiets;
- Beeinträchtigung von Grund- und Trinkwasser;
- hoher Energiebedarf im Aufbereitungsprozeß (circa 14 000 kWh/t Aluminium);
- Bau von Stauseen zur Deckung des immensen Energiebedarfs und dadurch Zerstörung des ökologischen und sozialen Gefüges der jeweiligen Region.

1996 fielen in Deutschland etwa 1,5 Millionen Tonnen Elektronikschrott an, etwa 120 000 Tonnen davon waren Computerschrott, mit steigender Tendenz (Malley 1996, S. 49). So vielfältig wie die ökologischen und sozialen Probleme im Herstellungsprozeß von Elektrogeräten sind auch die Probleme bei Abfallbeseitigung und Recycling:

- Bauteile wie auch Farben und Lacke enthalten toxische Substanzen, die auf Deponien in Gewässer oder durch die Müllverbrennung in die Luft gelangen können; aus bromhaltigen Flammschutzmitteln und PCBs können Dioxine entstehen. Für Blei und Barium aus Fernseh- und Computermonitoren ist noch keine umweltverträgliche Form der Beseitigung gefunden worden. Ein besonderer Problemfall ist die Entsorgung von Fluorchlorkohlenwasserstoffen (FCKW) aus Kühlgeräten. Bei Freisetzung trägt FCKW zum Abbau der Ozonschicht bei.

- Ein stoffliches Recycling von Elektrogeräten stößt an Grenzen: Werden mit Schwermetallen oder bromhaltigen Flammschutzmitteln vergiftete Produkte zu Alltagsprodukten wie Müllbehältern oder Parkbänken recycelt, so tauchen hochgiftige Stoffe auf einmal in Bereichen auf, wo sie nicht zu erwarten sind. Die entsprechende Vorsicht ist deshalb ebenfalls nicht zu erwarten. Darüber hinaus könnten schadstoffhaltige Recyclingprodukte im Straßenbau oder in Lärmschutzwällen zu den Altlasten von morgen führen.

(nach: Stiftung Verbraucherinstitut 1995, S. 24–27)

Tips und Tricks

1. Wenn Sie selbst keine Expertin / kein Experte sind, so wenden Sie sich mit Ihren Fragen nach der Umweltverträglichkeit eines bestimmten Produktes doch an eine Verbraucherberatungsstelle oder die Verbraucherinitiative. Dort sitzen Experten und Expertinnen, die Ihre Fragen detailliert beantworten können.
2. Geben Sie beim Kauf eines Produktes oder bei der Renovierung Ihrer Wohnung / Ihres Hauses dem Kriterium der „Langlebigkeit" eine zentrale Position. Ein praktisches Beispiel hierfür sind die langlebigen Energiesparlampen. Aber auch Vorhänge sollten Sie so kaufen, daß Sie Ihnen ein Leben lang gefallen.
3. Fragen Sie beim Kauf nach Reparaturmöglichkeiten und Ersatzteilen des entsprechenden Produktes und auch nach Rücknahme des „verbrauchten" Produktes.
4. Schauen Sie sich doch einmal auf dem Secondhand-Markt um, ob das von Ihnen benötigte Produkt nicht auch gebraucht zu bekommen ist.
5. Fragen Sie bei Ihrem Fachhändler, ob er oder sie Elektrogeräte verleiht. Viele Elektrogeräte werden so selten genutzt, daß ein Erwerb von befristeten Nutzungsrechten sinnvoller ist als der Erwerb von Besitz.

> „Der Kauf von Nutzungsrechten – das Mieten und Leasing – statt des Besitzens von Produkten und die Gemeinschaftsnutzung kann zu einem intensiveren Gebrauch langlebiger Güter führen. Im Bereich von Innenraumprodukten ist eine zeitlich geteilte Nutzung vor allem bei Elektrogeräten, aber auch in gewissem Rahmen bei Möbeln oder langlebigen Bodenbelägen vorstellbar."
> (Stiftung Verbraucherinstitut 1995, S. 32)

Fallbeispiel

Das Lieblingsglas muß nicht gleich in den Müll.
Die Stadt gibt einen Reparaturführer mit 200 Adressen heraus: Handwerker, die gegen „Ex und Hopp" arbeiten

Das alte Radio gibt den Geist auf, der Fußball läßt Luft, der Bandschleifer versagt den Dienst, der Reißverschluß der teuren Lederjacke klemmt – was tun? „Wegschmeißen! Neu kaufen!" flüstern die Verkaufsstrategen ein. Doch wenn das Herz dran hängt: Wo findet man noch jemanden, der ein olles Radio repariert, einen Fußball flickt, einen Reißverschluß austauscht? Die Stadt Frankfurt gibt jetzt erstmals einen „Reparaturführer" heraus, der am 28. Oktober erscheint. Darin sind rund 200 Handwerksbetriebe aufgeführt, die die guten alten Lieblingsstücke noch einmal herrichten. (...)
(Frankfurter Rundschau, 24.9.1997)

Gibt es auch in Ihrer Stadt einen solchen Reparaturführer? Fragen Sie bei der Stadt oder dem städtischen Entsorgungszentrum nach.

Fallbeispiel

Eine öffentliche Toilette für 800 Einwohner

Es sind die Entwicklungsländer, die von einer ungebremsten und ungesteuerten Stadtentwicklung am meisten betroffen sind: 1950 lagen noch 56 der rund 90 Millionenstädte der Welt in den Industrieländern. Heute liegen 213 der 325 Millionenstädte in den Entwicklungsländern, womit sich die Zahl versechsfacht hat. Aber nicht nur die Metropolen wachsen so rasant: Es leben rund 45 Prozent der Erdbevölkerung in Städten mit mehr als 100 000 Einwohnern. Dies allein wäre kein Grund zur Klage. Aber die Städte sind mit diesem rasanten Wachstum überfordert und kommen nicht nach, eine angemessene Infrastruktur, ausreichenden Wohnraum und genügend Arbeitsplätze für die Bevölkerung zur Verfügung zu stellen. So leben in vielen Ländern bis zu 50 Prozent der städtischen Bevölkerung in Elendsvierteln. Inzwischen sind es nicht mehr nur die Allerärmsten, die auf eine Hütte im Slum verwiesen sind, sondern auch die untere Mittelschicht vieler Städte kann sich formellen und legalen Wohnraum in den Großstädten nicht mehr leisten. Alleine in Bombay, das mit etwa 16 Mio. Einwohnern eine der größten Metropolen der Entwicklungsländer ist, rechnet man mit rund 8 Mio. Slumbewohnern. Die meisten davon leben in ungenehmigten und illegalen Hüttensiedlungen, in denen es weder Wasserver- und -entsorgung noch Müllabfuhr, noch irgendeine andere städtische Infrastruktur gibt. (…) Im größten Slum Bombays, Dharavi, sieht es so aus, daß eine öffentliche Toilette für rund 800 Einwohner installiert wird. Pfiffige Slumbewohner haben daher auch ausgerechnet, wie häufig im Monat sie das Örtchen aufsuchen könnten, wenn jeder nur fünf Minuten dort verweilen dürfte. Die Folgen sind überall zu sehen und zu riechen. Auch die Einwohnerdichte von Dharavi, die jenseits der 170 000 E/qkm in maximal zweistöckigen Gebäuden liegt, ist mit europäischen Vorstellungen nicht mehr zu fassen. Die jedem Einwohner zur Verfügung stehende Quadratmeterzahl ist dann geringer als die zulässige Mindestgröße in indischen Gefängnissen.

(aus: Stadtentwicklung, in: Contacts 4/1996, hg. v. Arbeitsgemeinschaft für Entwicklungshilfe, Köln 1996)

Zum Vergleich: In Los Angeles leben auf rund 30 000 Quadratkilometern 15 Millionen Menschen, Nordrhein-Westfalen hat bei 34 000 Quadratkilometern Fläche 17 Millionen EinwohnerInnen.

Die Stadt und kein Ende

Megastädte oder „Die Abschaffung Bangkoks"

Schon heute lebt die Hälfte der Weltbevölkerung in Städten, bis 2025 werden es wahrscheinlich zwei Drittel sein, so der Welt-Habitat-Tag in Bonn Anfang Oktober 1997. Doch ist der weltweite Verstädterungsprozeß noch sehr ungleich vorangeschritten: Industrialisierte Länder sind im Durchschnitt zu 72 Prozent „verstädtert", weniger industrialisierte kommen gerade auf 34 Prozent. In der Region Asien-Pazifik liegt der Urbanisierungsgrad bei 30 Prozent, in Lateinamerika bei 72 Prozent und in Afrika bei ungefähr 33 Prozent. In einer Reihe asiatischer Länder hat sich die Wachstumsrate der Verstädterung in den letzten Jahren sogar abgeschwächt. Dennoch sind es gerade die Länder des Südens, in denen Megastädte rasant zunehmen und deren zunehmende Urbanisierung zu einer zunehmenden Belastung für die Umwelt werden. Als Megastädte gelten jene urbanen Räume, der Einwohnerschaft mindestens acht bis zehn Millionen Menschen beträgt. Derzeit existieren 14 dieser Megastädte, in den nächsten 20 Jahren wird sich ihre Zahl vermutlich auf 27, erhöht haben. Die Mehrzahl der Megastädte, nämlich 14 von 27 wird in Asien liegen. Natürlich kennzeichnen Umweltbelastungen auch den Verstädterungs- und Industrialisierungsprozeß im Norden. Doch ist das „Entwicklungsmuster" des Urbanisierungsprozesses vor allem in den boomenden asiatischen Ökonomien der achtziger Jahre ein anderes: Innerhalb weniger Jahre entstanden um wenige regionale Enklaven, meist mit den Hauptstädten identisch, riesige Industriegürtel. Im nationalen Durchschnitt blieben die Umweltbelastungen gering, in diesen Enklaven wurden jedoch bald höhere Verschmutzungswerte erreicht als jemals in den Industrieländern. Die rasante Industrialisierung führte zur Produktion von (ökologisch bedenklichen) Stoffen, bevor diese überhaupt durch ein staatliches Regulationssystem erfaßt wurden.

Aufgrund der enormen ökologischen Probleme der Urbanisierung schlug bereits Mitte der achtziger Jahre Thailands damals wohl bekanntester Umweltschützer, Nart Tuntawiroon, vor, die thailändische Hauptstadt Bangkok kurzerhand abzuschaffen und die damals dort lebenden 60 Prozent der städtischen Bevölkerung auf das Land zu verteilen. Dieser Vorschlag entstand im Zusammenhang mit Überlegungen zur gesamten Entwicklung Thailands. Tuntawiroon unterstrich seine Forderung mit der Begründung, daß eine Anhebung der Lebensqualität im thailändischen Stadium der Urbanisierung große Mittel aus dem gesamten Land in Bangkok konzentrieren würde. Der Versuch, die Bangkoker Lebensqualität zu heben, würde einen verstärkten Zustrom der ländlichen Bevölkerung nach sich ziehen und über kurz oder lang die Lebensqualität wieder verschlechtern. Ein Teufelskreislauf? (nach: Sander 1995, S. 25)

Fallbeispiel

Müll

Abfälle haben in vielen asiatischen Ländern eine äußerst geringe Priorität. Die Art der Abfallbeseitigung richtet sich zumeist nach den finanziellen Möglichkeiten der Städte. So wird der eingesammelte Müll in Singapur verbrannt, während der in Bombay, Colombo, Manila, Kuala Lumpur und Peking gesammelte Müll zu 100 Prozent auf Mülldeponien gebracht wird, die jedoch zumeist nicht gegenüber der Umgebung abgegrenzt sind. Was die Raten der Müllerfassung angeht, differieren die einzelnen Länder erheblich. Werden in Jakarta nur 25 Prozent des Mülls gesammelt, so sind es in Bangkok immerhin etwa 80 Prozent.
Sondermüll stellt die sich industrialisierenden Länder Asiens vor besondere Probleme. Sondermüll der petrochemischen Industrie oder der High-Tech-Firmen wird zumeist auf normalen Hausmülldeponien „entsorgt". (Sander 1995, S. 27)

Heißt die Zukunft Mexico City?
Mexico City ist die „Stadt der Städte". Mexico City wird vermutlich bereits um die Jahrtausendwende 25 bis 30 Millionen EinwohnerInnen zählen. Täglich sollen ungefähr 4 000 Menschen in diese größte Stadt der Welt strömen – in der Hoffnung auf Arbeit und ein menschenwürdiges Leben.
„Man muß nicht weiter als bis nach Mexico City schauen, um festzustellen, daß eine der größten Metropolen der Welt gelernt hat, auch ohne funktionierendes Schulsystem zurechtzukommen, jedoch mit einer korrupten und aggressiven Polizei und einer Stadtregierung, die kaum jemand ernst nimmt, mit Millionen Menschen, die nur notdürftig behaust sind, doppelt so vielen Arbeitslosen wie in Los Angeles, mit Stacheldraht und Wachleuten rund um die reichen Enklaven und sogar mit einer fortwährenden ‚lautlosen Rebellion' der Straßenkriminellen."
(Cooper, der Überblick 1/1995, S. 16)

Soziale Brennpunkte, in denen oft mehr als die Hälfte der Bevölkerung der Megastädte leben, existieren auch in den Städten des Nordens. Grund hierfür ist neben der verfehlten wirtschaftlichen Entwicklung eine sozialunverträgliche Stadtentwicklung, die zu einer Splittung der Wohnräume nach sozialen Lagen beitrug. Benachteiligte Stadträume („soziale Brennpunkte") kennzeichnet eine hohe Konzentration einkommensschwacher Menschen bei:
- schlechter Wohnausstattung
- unzureichender Infrastruktur
- hoher Immissionsbelastung
- schlechter Erreichbarkeit oder an Hauptverkehrswegen gelegen
- schlechtem Image
- sozialer Ausgrenzung und dementsprechend mangelnder politischer und sozialer Teilnahme

Die Krise der Produktivwirtschaft und die Erfolge des Kapitalsektors haben Stadtplaner und Politiker veranlaßt, Teile dieses spekulativen Kapitals in die eigene Stadt zu holen. Städte haben sich dadurch selbst zu Wirtschaftsstandorten reduziert. Hinweise hierfür sind die Werbung mit „weichen Standortfaktoren", die Attraktivität und Lebensqualität der betreffenden Stadt für das gehobene Personal bedeuten, sowie die Aufwertung der Messe-, Hotel-, zentralen Einkaufs- und der Flughafenzonen. Vernachlässigt wurden die Wohngebiete der lokalen Bevölkerung.
(nach: Dangschat 1997, S. 180f.)

Fallbeispiel

Umweltverbrauch einer europäischen Stadt

„Eine europäische Stadt mit einer Million Einwohnern verbraucht im Durchschnitt pro Tag 11 500 Tonnen Erdöl, 320 000 Tonnen Wasser und 2000 Tonnen Nahrungsmittel. Gleichzeitig bläst sie 1500 Tonnen Schadstoffe in die Luft, produziert 300 000 Tonnen Abwasser und 1600 Tonnen Abfälle. Nicht mit aufgezählt sind die steigende Anzahl der versiegelten Flächen, das wachsende Verkehrsaufkommen und die weiter sich ausdehnende Zersiedlung des Umlandes.

Städte und Gemeinden beziehen ihre Produkte des täglichen Konsums aus allen Teilen der Welt. Sie erzwingen durch ihren Verbrauch den Anbau von Monokulturen in den Ländern des Südens und verhindern so deren eigenständige Entwicklung. Darüber hinaus erzeugen sie über ihre weltweiten Handelsbeziehungen einen gewaltigen Transportaufwand und enorme Umweltbelastungen, um Nahrungsmittel und Konsumgüter vor Ort zum Verkauf anbieten zu können. Gleichzeitig emittieren sie ihre Schadstoffe weit über ihre Grenzen hinaus in Gewässer, Boden und Luft und verfrachten ihre Abfälle bis nach Fern-Ost."

(Misereor 1997b, S. 58)

Lebenswerte Orte, aber wie?

Die Städte wachsen – im Norden wie im Süden. Mit den Städten wachsen ihre Armuts- und Reichtumsprobleme. Während die Armen mit weltweit schwindenden Arbeitsplätzen in den informellen Sektor (Straßenverkauf, Schuhputzen und vieles mehr) oder in die Straßenkriminalität abwandern, schützen sich die Reichen mit hohen Mauern, Stacheldraht und Sicherheitspersonal. Die soziale Spaltung ist vielleicht nirgends sichtbarer als in diesen Großstädten. Stefan Reimers, Direktor des Diakonischen Werkes in Hamburg, reagierte auf die zunehmende Armut zum einen mit Hilfe zur Selbsthilfe, zum anderen mit klaren politischen Forderungen. Für die Zeitschrift „der überblick" schrieb er:

„Es war vor einigen Jahren in New York. Als Teilnehmer einer deutschen Delegation war ich in die Wohnung eines der größten Spielzeugproduzenten der Welt eingeladen. Wohnung ist untertrieben, denn unser Gastgeber hatte in der vornehmen 5th Avenue Wohnungen mehrerer Häuser miteinander verbinden lassen. Ein kleiner Palast auf einer Ebene. Die Einrichtung und die Bewirtung waren entsprechend ausgewählt. Nach interessanten Gesprächen waren wir sehr angeregt und gut gelaunt auf dem Heimweg zu unserem Hotel. Plötzlich kam uns eine gebückte, armselig gekleidete Frau entgegen. Sie hatte Mühe, einen kleinen Handwagen hinter sich herzuziehen, der offensichtlich ihre ganze Habe barg, einen schäbigen Koffer, nicht mehr von Schlössern zusammengehalten, sondern mit einer Wäscheleine verschnürt. Sie schimpfte und redete wirr, während sie sich mühte, den Handwagen den steilen Kantstein hinaufzuziehen. Mich hat dieses Erlebnis sehr getroffen: der extreme Gegensatz von ausgesuchter Schönheit und äußerster Zerbrechlichkeit des Lebens." Wenn auch noch nicht im Maße amerikanischer Großstädte, so stellt Stefan Reimers doch auch in Hamburg seit Beginn der achtziger Jahre das Zunehmen sozialer Gegensätze fest. Wirtschaftsmagazine betonten die Spitzenstellung Hamburgs in den sogenannten weichen Standortfaktoren (Lebens- und Wohnqualität, Kultur- und Freizeitmöglichkeiten), während zugleich schon Anfang der achtziger Jahre 100 000 Menschen arbeitslos waren. War diese Zahl bis Anfang 1995 auf ungefähr 78 000 gesunken, so stieg im gleichen Zeitraum die Zahl der Menschen, die von Sozialhilfe lebten, von 90 000 auf 180 000 Menschen. Gründe für die zunehmende Armut sieht Stefan Reimers in der Abkoppelung des Wirtschaftswachstums von der Beschäftigungsquote sowie in der Attraktivität Hamburgs für Zuwanderung aus Osteuropa: „Hamburg, das Tor zur Welt, verbindet uns auch mit der Armut der Welt." Auf Drängen verschiedener Hamburger Wohlfahrtsverbände wurde deshalb im April 1995 der erste „Hamburger Armutsbericht" veröffentlicht.

„Was können Kirche und Diakonie darüber hinaus tun? Im Blick auf unsere Arbeit sehe ich zwei Möglichkeiten: Exemplarisch handeln und den Stummen eine Stimme geben. (…) Bei mir meldet sich stets, wenn ich an einem Bettler vorbeigehe, ein unbehagliches Gefühl, egal, ob ich ihm etwas gegeben habe oder nicht. (...) Mit Betroffenen in einen Austausch treten, in dem mein Gegenüber etwas von seiner eigenen Situation deutlich machen kann, das ist etwas anderes, als Kleingeld in eine Dose zu werfen. Aus einer Idee wurde eine Zeitung: Inzwischen (1995) erscheint ,Hinz und Kunzt' vierzehntägig. Die Zeitung hat mehr erreicht, als wir zu hoffen wagten: Mehr als 700 wohnungslose Menschen können ihre karge Sozialhilfe von 521 DM um durchschnittlich 222 DM aufbessern. 40 von ihnen konnten Wohnung, Arbeit oder Therapieplatz vermittelt werden. Die Zahl bettelnder Menschen in Hamburg hat sichtbar abgenommen.

Hunderttausende kurze Gespräche hat der Verkauf dieser Zeitung angestiftet, und wenn es nur ein bedauerndes ,Ich hab' schon eine' ist. Aus dem Wegsehen ist ein interessiertes Nachfragen geworden. Geschmunzelt habe ich im ersten Jahr vielfach über Dialoge zwischen Hinz- und Künztlern und ihren Kunden. Vor einiger Zeit erzählte mir eine Frau, daß ihr beim Bezahlen plötzlich klar wurde: ,Hoppla, nun kann ich mir keine Tasse Kaffee mehr kaufen.' – ,Macht nichts', meinte der Verkäufer, ,dann lade ich Sie eben ein.' Sprach's und tat's".
(Reimers 1995, S. 44f.)

Das exemplarische Handeln ergänzt Stefan Reimers durch politische Forderungen nach einer gerechteren Bemessung der Sozialhilfe sowie nach der Erstellung eines Reichtumsberichts: „Es ist ja wichtig, die Armut nicht isoliert zu sehen, sondern gleichzeitig den Massen-Reichtum in unserer Gesellschaft wahrzunehmen."

Wohnen und Wirtschaften lassen sich nicht trennen

Die lange Zeit dominierende Tendenz, das Leben nach Funktionsräumen zu trennen, bildet weder sozial noch ökologisch eine Perspektive: Die Menschen müssen ihrer Alltagsbeschäftigung in räumlicher Nähe nachgehen können.

> **Fallbeispiel**
>
> **Vieles aus Pappe, aber nicht aus Pappe – Das erste deutsche Recycling-Kaufhaus**
> Restaurierte Möbel, reparierte Fahrräder, Schränke und Sofas aus den siebziger Jahren, aber auch ökologische Babykleidung, Vollwert- und Bioprodukte zum Teil direkt vom Hersteller – dies alles und noch viel mehr können interessierte KundInnen seit Anfang September 1997 im „Markthaus", dem ersten deutschen Recycling-Kaufhaus in Neckarau/Mannheim, erwerben. Das Konzept könnte wegweisend sein: Gebrauchte, reparierte und neue Produkte werden kombiniert mit verschiedenen Dienstleistungen wie Beratung in Umweltfragen und zum Konsumgüter-Sharing. Getragen wird das Projekt vom Mannheimer Arbeitsamt und zwei örtlichen Beschäftigungsinitiativen, dem unabhängigen Verein „Biotopia" und dem Gemeinschaftswerk „Arbeit und Umwelt", das aus der Arbeiterwohlfahrt hervorgegangen ist. 45 Beschäftigte, die vorher arbeitslos waren, arbeiten seit September im „Markthaus".
> Sollte das „Markthaus" sich nach der Anfangsphase etablieren, so wäre es hoffentlich Anreiz für andere Kommunen und Initiativen, ein vergleichbares Projekt auf die Beine zu stellen.

Ideal wäre es, wenn sich Arbeitsplätze, Schulen, Ärzte, Einkaufsmöglichkeiten und Orte der Geselligkeit in Fuß- oder Fahrradnähe vom Wohnort befänden beziehungsweise mit dem öffentlichen Nahverkehr erreichbar wären. Die zugrundeliegenden räumlichen Ordnungsprinzipien einer nachhaltigen Stadtplanung sind Dichte der bewohnten Fläche und Mischung der Funktionsräume sowie der sozialen Gruppen: Die Verflechtung von Wohnen und Arbeit, Versorgung und Freizeit in einem Stadtviertel, das von verschiedenen Einkommensgruppen, Haushaltstypen und Lebensstilformen bewohnt wird, ergäbe mit Sicherheit ein lebendigeres Stadtviertel und -leben als die gegenwärtigen getrennten Schlaf- und Arbeitsorte. Städte mit mehreren kleinen Zentren anstelle eines riesengroßen in der „Stadtmitte" bieten ihren BewohnerInnen ein „reicheres" Leben. Würde zudem weitgehend der Autoverkehr aus den Straßen verbannt, könnten Straßen und Plätze wieder Orte der Begegnung und der Erholung werden, Zonen des Übergangs zwischen Öffentlich und Privat.

Die lokale Agenda 21

„Nach der Intention der Lokalen Agenda 21 geht es unter dem Aspekt des sozialen Ausgleichs vor allem um einen Abbau der ungleichen Lebens- und Partizipationschancen zwischen Armen und Wohlhabenden. Eine Zunahme an Gerechtigkeit hat sich daher an der Wahrung der Interessen der Einkommens- und Artikulationsschwachen zu orientieren. Es geht hier also um eine Stadtentwicklung der Rücksichtnahme auf jene, die sich aus eigener Kraft nur unzureichend gegen Veränderungen wehren können und die in Gefahr stehen, in die städtischen Räume abgedrängt zu werden, die sie zusätzlich benachteiligen. Damit ist an erster Stelle das ‚Recht auf Immobilität' verbunden, d. h. der Schutz dieser Menschen vor Verdrängung und Vertreibung aus ihren angestammten Wohnungen, ihren vertrauten Quartieren und damit aus dem Alltag, der Bestandteil dieser Menschen ist. Sozialverträglichkeit heißt also, daß Mechanismen geschaffen und ausgebaut werden müssen, den Menschen diesen preiswerten Wohnraum zu erhalten, in dem sie leben und in dem sie weiterleben wollen." (Dangschat 1997, S. 180)

Der Prozeß zur lokalen Agenda 21, der von der Konferenz für Umwelt und Entwicklung (Rio de Janeiro 1992) angestoßen wurde, könnte ein Schritt zu einer nachhaltigen Stadtentwicklung sein. Die Akteure und Akteurinnen dieses Prozesses sind die Kommunen, die dort lebenden Menschen und ihre Vereine, Initiativen und Gemeinden. Diese sollten (bis ursprünglich 1996) eine Vorstellung entwickeln, wie ihre Kommune „zukunftsfähig" gestaltet werden könnte. In vielen Kommunen ist dieser Prozeß mittlerweile in Gang gekommen. Runde Tische haben sich gebildet und diskutieren im Dialog mit politischen Entscheidungsträgern ihre Vorstellungen von einer lebenswerten Stadt. Nach einer ausführlichen Konsultationsphase ist die Aufstellung eines Aktionsprogramms sowie dessen anschließende Umsetzung vorgesehen.
Erkundigen Sie sich doch einmal, ob es eine Initiative zur lokalen Agenda 21 auch in ihrer Kommune gibt und wie weit diese fortgeschritten ist. Vielleicht sehen Sie Möglichkeiten zur Mitarbeit?!
(siehe auch Kapitel 5 „Bildung")

Ernährung – am Tisch der Weltgemeinschaft

Zur Welternährungslage

Nahrung steht in den einzelnen Regionen der Welt in sehr unterschiedlichem Ausmaße zur Verfügung. Eine der größten Krisenregionen liegt in Afrika südlich der Sahara, wo immer mehr Menschen nicht genug zu essen haben. Es wäre allerdings verkürzt, die Ursache für Hunger ausschließlich auf das Bevölkerungswachstum zurückzuführen; es ist vielmehr erforderlich, das Problem der Nahrungsversorgung im Rahmen der Gesamtentwicklung eines Landes bzw. einer Region zu sehen. Neben dem Ziel, alle Menschen in der Welt ausreichend zu ernähren, dürfen die Bemühungen um eine menschenwürdige Existenz im allgemeinen nicht vernachlässigt werden; hierzu gehören vor allem das Recht auf Bildung und Arbeit, auf eine intakte Gesundheitsversorgung und auf ausreichenden Wohnraum.

85 Prozent der Nahrungsenergie werden weltweit durch pflanzliche Lebensmittel geliefert, wobei diese von nur wenigen Pflanzenarten zur Verfügung gestellt werden. Neben Getreide (Reis, Weizen, Mais und Hirse) sind hier Wurzel- und Knollenfrüchte (Kartoffeln, Süßkartoffeln und Maniok) sowie Hülsenfrüchte (Bohnen und Erdnüsse usw.) zu nennen. In vielen ländlichen Regionen müssen die Menschen mit einem oder zwei dieser Grundnahrungsmittel leben. Getreide liefert weltweit mehr als die Hälfte der verbrauchten Nahrungsenergie; es deckt circa 50 Prozent des konsumierten Proteins. Im Getreide sind jedoch einige bedeutende Aminosäuren (zum Beispiel Lysin) nicht in einer solchen Menge enthalten, wie sie für die Ernährung des Menschen wichtig sind. Der gleichzeitige Verzehr von Getreide und Hülsenfrüchten (in denen Lysin in hoher Konzentration vorkommt) kann die Wertigkeit des aufgenommenen Proteins erheblich verbessern. Kartoffeln, Maniok und Bananen sind zwar gute Energielieferanten, da der Proteingehalt hier jedoch mit durchschnittlich ein bis zwei Prozent recht gering ist, kommt ihnen bei der Proteinversorgung nur eine untergeordnete Rolle zu. Der Proteingehalt bei Hülsenfrüchten liegt hingegen zwischen 20 und 30 Prozent, bei Sojabohnen sogar bei 40 Prozent. Nüsse und Samen können aufgrund ihres hohen Fettgehalts in einigen Regionen der Erde die Energiedichte von Mahlzeiten erhöhen.

Klima, Bodenbeschaffenheit und Höhenlage haben ursprünglich Ernährungsweise und Nahrungsmuster der Menschen entscheidend bestimmt. Das Ernährungsverhalten hat sich gerade in den letzten Jahrzehnten durch die Öffnung des Weltmarktes beträchtlich gewandelt. Vor allem in den Städten der Entwicklungsländer hat die Bedeutung regional typischer Grundnahrungsmittel abgenommen. Tierische Produkte, Nudeln, Weizenbrot und Fertigprodukte sind an ihre Stelle getreten. Man kann davon ausgehen, daß sich zum Beispiel die Fleischnachfrage in den Entwicklungsländern bis zum Jahre 2020 verdoppeln oder sogar verdreifachen wird. Schon jetzt wird mehr als ein Drittel der gesamten Getreideproduktion als Futtermittel eingesetzt. Wenn auch die Landbevölkerung derzeit noch ihren Bedarf an Nahrungsenergie über Grundnahrungsmittel deckt, so wirkt sich das Konsumverhalten der Städter zunehmend auf die ländlichen Regionen aus.

Der Nordosten Brasiliens
Quer durch die Caatinga, in alle Richtungen, zogen unzählige Trupps von Bauern. Menschen, die, vertrieben vom Großgrundbesitz und von der Dürre, arbeitslos geworden auf den Fazendas, verstoßen aus ihren Hütten, unterwegs waren in den Bundesstaat São Paulo, auf der Suche nach dem Dorado ihrer Sehnsüchte. Aus allen Gegenden des Nordostens kamen sie, auf einer Reise des Schreckens durchquerten sie die Caatinga, bahnten sie sich den Weg durch die Dornen, ungeachtet der verräterischen Schlangen, sie besiegten den Durst und den Hunger, die Füße in Ledersandalen, die Hände zerschrammt, die Gesichter zerkratzt, die Herzen in Verzweiflung. Der unaufhörliche Zug Tausender und Tausender. Ein Zug, der vor langer Zeit begonnen; wer weiß, wann er sein Ende haben würde, denn Jahr für Jahr schnürten ihres Lands beraubte Kolonen, die ausgebeuteten Knechte, Opfer der Dürre und der Herren Obersten, ihre Bündel, nahmen ihre Kinder bei der Hand, und mit letzten Kräften traten sie die Reise an. Und während die einen Richtung Juázeiro oder Montes Claros zogen, fluteten ihnen die enttäuschten Rückkehrer von São Paulo her entgegen. Es war schwer zu erkennen, wenn nicht unmöglich, wessen Elend größer war, ob das der eben erst Aufgebrochenen oder das der Rückkehrer. Es grassierten Hunger und Krankheit, die Toten blieben am Wegrand liegen, düngten die Erde der Caatinga, (...). Vielköpfige Familien machten sich auf, und wenn sie Pirapora erreichten, hatten Krankheiten und Hunger die Hälfte von ihnen getötet.
(Amado 1985, S. 49–50)

Fallbeispiel

Hungerkatastrophen gestern und heute

310	England	40 000 Tote
1064–72	Ägypten	7 Jahre ungenügendes Nilwasser
1600	Rußland	500 000 Tote
1660	Indien	2 Jahre kein Regen
1677	Indien	Überschwemmungen
1769	Frankreich	5 Prozent der Bevölkerung starben
1769–70	Indien	10 Millionen Tote
1837–38	Nordwestind.	800 000 Tote
1846–47	Irland	2–3 Millionen Tote
1866	Indien, Bengalen	1 Million Tote
1869	Indien	1,5 Millionen Tote
1876–78	Indien	5 Millionen Tote
1876–79	Nordchina	9–13 Millionen Tote
1888–92	Äthiopien	Opfer: Ein Drittel der Bevölkerung
1920–21	Nordchina	500 000 Tote
	Rußland	Trockenheit, Millionen Tote
1929	China	2 Millionen Tote
1930	Rußland	3 Millionen Verhungerte
1943	Bengalen	1,5–3 Millionen Tote
1946–48	China	30 Millionen Menschen von Hungersnot betroffen
1966–70	Biafra	2 Millionen Tote durch Krieg, Hunger und Krankheiten
1974	Bangladesch	100 000 Tote
1973–74	Sahel	Dürre
1983	Bolivien	1,6 Millionen Betroffene
1983–84	Sahel	Dürre
1984/85	Äthiopien	Dürre und Hungersnot
1992	östliches und südl. Afrika	Dürre, Bürgerkriege
1993	Ostafrika	Krieg, Massenflucht, Millionen von Hunger bedroht
1995/96	östliches und südl. Afrika	Krieg und Dürren, 20 Millionen Menschen bedroht

(Quelle: Oltersdorf/ Weingärtner 1996, S. 13)

Durch die Nahrung nimmt der Körper die energieliefernden Nährstoffe Kohlenhydrate, Fette und Proteine sowie Nährstoffe auf, die keine Energie liefern, wie Vitamine, Mineralstoffe, Spurenelemente, Wasser. Nur bei einer optimalen Menge und Zusammensetzung können Wachstum und Entwicklung normal verlaufen, sind Gesundheit und Leistungsfähigkeit gewährleistet.

Weltlandwirtschaft bis zum Jahre 2010

Die Welternährungsorganisation (FAO) geht davon aus, daß im Jahre 2010 voraussichtlich sieben Milliarden Menschen auf der Erde leben werden (heute sind es 5,7 Milliarden). Hierbei entfallen neun Zehntel des Weltbevölkerungswachstums auf die Entwicklungsländer, wobei im afrikanischen Raum besonders hohe Zuwachsraten zu verzeichnen sein werden.

Global wird die Erzeugung von Nahrungsmitteln jährlich um 1,8 Prozent zunehmen (in den vergangenen zwanzig Jahren waren es 2,3 Prozent). Generell wird es dabei bleiben, daß dem ärmsten Teil der Weltbevölkerung auch weiterhin die Kaufkraft fehlen wird, um durch höhere Nachfrage eine Steigerung der Produktion anzuregen.

Pro Kopf gibt es heute 18 Prozent mehr Nahrungsmittel als vor dreißig Jahren; hierbei ist der Tisch allerdings regional sehr unterschiedlich gedeckt: Während Amerikaner und Europäer im Schnitt über 3600 bzw. 3500 Kalorien pro Tag verfügen, so sind es für die Afrikaner südlich der Sahara 2100 Kalorien pro Kopf.

Weihnachtsspeck?
Nur was schmeckt, macht schlank
Lust statt Kalorien
Diät als Verführung
Diät der vollen Teller
Diät bleibt Eßkultur
Kein Genuß, kein Erfolg
Schlankheit durch Fülle
Diät: Ein Genußartikel!

Bandnudeln mit Tatarsauce (466 Kalorien)
Kalbsfilet mit Spinat (310 Kalorien)
Grünkohleintopf (338 Kalorien)
Seezunge mit Joghurt-Hollandaise (390 Kalorien)
Rouladen in Steinpilzsauce (335 Kalorien)
Kalbsklößchen in Zitronen-Kapern-Sauce (412 Kalorien)
Tatar auf Chicoree (330 Kalorien)
Lammrücken mit Rosmarin (444 Kalorien)
Kartoffelsalat mit Hummer (371 Kalorien)
Gnocchi auf Gemüsesugo (361 Kalorien)
Thymianrisotto mit Hühnerleber (378 Kalorien)

(Überschriften und Rezeptempfehlungen einer deutschen Feinschmeckerzeitung zu den Tagen nach dem Fest)

Die Zahl der Unterernährten wird von heute 800 Millionen auf ungefähr 650 Millionen im Jahre 2010 zurückgehen. Die Geißel der Unterernährung wird ihren Schwerpunkt in Afrika südlich der Sahara finden, wo zukünftig 300 Millionen Menschen ohne ausreichende Nahrung sein werden; heute sind es 175 Millionen.

Die Netto-Getreideimporte der Entwicklungsländer, so die FAO, werden auf 160 Millionen Tonnen (heute 90 Millionen) steigen. Der Konflikt zwischen Umwelt und Entwicklung wird sich zukünftig verschärfen, da die Knappheit an Wasser und Boden zunimmt. Weitere 90 Millionen Hektar Land werden neu in Nutzung genommen werden, womit die Flächenausdehnung klar erkennbar an ihre Grenzen stößt. Damit kommt es zu einer Zunahme der Bodenerosion, und auch die Vernichtung der tropischen Regenwälder wird andauern. Zwei Drittel der Mehrproduktion von Nahrung müssen – ohne die Umwelt zu schädigen – aus höheren Erträgen kommen. Schätzungsweise 1,2 Milliarden Menschen werden im Jahr 2010 Arbeit und Einkommen in der Landwirtschaft suchen, womit dem ländlichen Raum in der Bewältigung von Hunger und Armut eine Schlüsselrolle zukommt.

Die hier skizzierten, von der FAO im Jahre 1995 vorgenommenen recht optimistischen Prognosen wurden allerdings schon ein Jahr danach von Schreckensmeldungen relativiert, Dürren und Überschwemmungen in China, Produktionseinbußen in den USA (dem weltgrößten Erzeugerland von Getreide), Mißernten in Rußland und Australien sowie der von der Europäischen Union (EU) geförderte Abbau der Überschußproduktion ließen die Getreidevorräte auf den tiefsten Stand seit 20 Jahren schrumpfen und zur gleichen Zeit die Getreidepreise explodieren – die globale Ernährungskrise war wieder greifbar nahe. Kritiker, die die Grenzen des Wachstums längst erreicht sehen, wenden zudem ein:

. eine Ertragssteigerung ist schlecht möglich, da die Kulturflächen kaum noch ausgeweitet werden können;

. Produktionszuwachs wird heute schon zu einem hohen Teil nur noch durch die agro-industrielle Intensivierung (Chemisierung der Landwirtschaft) erreicht (Details weiter unten);

. durch Bodenerosion, Versumpfung und Versalzung von bewässertem Land, Versteppung und Verwüstung gehen bereits Jahr für Jahr 14 Millionen Tonnen Getreide verloren; um 85 bis 90 Millionen weitere Menschen auf dieser Erde ernähren zu können, müßte die weltweite Getreideproduktion um 28 Millionen Tonnen gesteigert werden;

. 17 Prozent der Böden sind schon weltweit erheblich geschädigt; jährlich gehen sechs Millionen Hektar für die landwirtschaftliche Nutzung verloren;

. die Hauptursache für die Verletzung der Haut der Erde (Degradation) ist in der Überweidung (Viehherden) zu suchen;

. Monokulturen schädigen aufgrund der ununterbrochenen Fruchtfolge die Böden;

. Ertragssteigerung durch künstliche Bewässerung führt zur Versalzung der Böden (zwei Drittel der Weltproduktion von Weizen und Reis kommen von bewässerten Feldern);

. weltweit sind derzeit bereits 30 Prozent der bewässerten Flächen, 47 Prozent des unbewässerten Ackerlandes von Verödung und Verwüstung betroffen.

Das Land gehört allen

Eines Tages entstand Leben
auf der Erde.
Das Leben war durch eine
Nabelschnur verbunden
mit der Erde.
Die Erde war groß, und das Leben war klein.
So war's am Anfang.
Das Leben wurde größer,
und die Erde wurde enger.
Eingezäunt, wurde sie Privateigentum,
nicht mehr allen gehörend,
nicht mehr Gemeingut.
Sie wurde zum Glück der einen
und zum Unglück der anderen.
Die Erde wurde Anlaß für Aufstände,
für Revolutionen und Veränderungen.
Das Land und der Zaun.
Das Land und der Großgrundbesitzer.
Das Land und der Mensch ohne Land.
Und der Tod.

Viele Reformen gab es,
um das Land zu verteilen,
damit es vielen oder allen gehöre.
Aber das geschah nicht überall.
Die Demokratie machte Halt an den Zäunen
und verletzte sich am Stacheldraht.
Die Welt ist offensichtlich im Rückstand.
Wo Reform ist, da ist Fortschritt.
Aber bis heute siegt der Zaun.
Was von Anfang an für alle war,
das ist in der Hand von wenigen.

In Brasilien, wohl eingezäunt,
ist das Land der Brennpunkt der Geschichte.
Die Parzellen, die demokratisch verteilt
wurden, haben Leid und Blut gekostet.
Das Land wurde Anlaß
zu Ausschluß und Apartheid.
Es entstanden Villen und Slums.

Aber die Erde ist so groß,
das Land so fruchtbar,
daß die Zäune erzittern
und die Grenzen fallen,
daß die Geschichte sich wandelt.
Ja, es kommt die Zeit, anders zu denken:
Das Land gehört allen, nicht nur wenigen.
Es darf nicht zur Waffe des Egoismus werden.
Das Land will erzeugen, nähren,

Trügerische Statistiken

Tabellen und Schaubilder, die auf den ersten Blick auf eine Verbesserung der Welternährungslage schließen lassen könnten, verbergen die krassen Widersprüche zwischen Hunger und Überfluß in allen Regionen der Welt. So hat zum Beispiel Indien es erreicht, in der Zeit von 1970 bis 1990 die Selbstversorgerquote (gemeint ist die Selbstversorgungsfähigkeit in Prozent des Bedarfs) von 98 Prozent auf 106 Prozent zu steigern und zum Weizenexporteur zu avancieren, jedoch gehören die Hungernden des Landes, die kein Geld haben, sich Reis, Mais oder Weizen zu kaufen, immer noch zum Alltagsbild. In 75 Ländern wurde Ende der achtziger Jahre weniger Nahrung produziert als zu Beginn des Jahrzehnts!

Die Schattenseiten der Grünen Revolution

Zu Beginn der sechziger Jahre erregten Pflanzenzüchtungsversuche der Rockefeller-Stiftung in Mexiko weltweites Aufsehen. Es war gelungen, Weizensaatgut zu züchten, das bemerkenswerte Erträge erreichen konnte. Mittlerweile wird diese Art Saatgut in fast allen Staaten der Welt eingesetzt; zum Teil erfolgte eine Kreuzung mit einheimischen Sorten, um die ökologische Anpassungsfähigkeit zu verbessern. In Asien wurde auch Hochertragssaatgut für Reis gezüchtet. Heute gibt es eine beträchtliche Anzahl weiterer Getreidesorten und auch für Hülsenfrüchte und Gemüse Hochleistungssaaten. Lange Zeit wurde mit dieser Leistung die Hoffnung verbunden, den Nahrungsmittelbedarf der Zukunft durch Produktivitäts- und Effizienzsteigerung sichern zu können. Die Grüne Revolution hielt in fast allen Ländern der Dritten Welt Einzug. In der Zwischenzeit sind die Grenzen und Probleme dieser Denkweise sehr deutlich geworden:

a) Hochertragssorten sind so gezüchtet, daß sie schnell auf große Mengen von künstlichen, löslichen Düngemitteln reagieren. Da die Ertragssteigerung oberstes Gebot war, ging oft die früher gegebene Krankheits- und Schädlingsresistenz verloren; der Einsatz von Agrochemikalien schnellte in die Höhe.

b) Im Regelfall können sich nur reiche Landwirte Agrochemikalien leisten; sie erzielen auch höhere Erträge pro Flächeneinheit, die ärmeren Bauern halten jedoch ihr bisheriges Produktionsniveau bei. Die Nettopreise für Nahrungsmittel fallen, so daß die ärmeren Kleinbauern für ihre Erzeugnisse noch weniger erhalten als zuvor.

c) Die Gewinne der reichen Landwirte steigen, so daß sie in der Lage sind, noch mehr Land zu kaufen. Die Anbauflächen stammen oft von Kleinbauern, die im Wettbewerb nicht mithalten konnten. Gutes Agrarland ist im Besitz weniger Menschen. In Brasilien und andernorts führt dieser Umstand immer wieder zu blutigen Landkonflikten.

d) Besitzer größerer Betriebe zeigen nicht unbedingt ein Interesse an der Versorgung der eigenen Region. In den letzten Jahrzehnten sind die beträchtlichsten Gewinne beim Export von Cash Crops wie Kaffee, Tee, Soja (Viehfutter), Kakao, Rindfleisch und Tabak erzielt worden. So kommt es zu Exporten aus Regionen, in denen die Bevölkerung Hunger leidet.

e) Hochertragssorten sind nur für den Einsatz auf besten Böden geeignet – ärmere Kleinbauern müssen auf qualitativ minderwertigere Flächen ausweichen.

f) Während Kleinbauern eine Vielzahl unterschiedlicher Feldfrüchte kultivieren (zum Eigenverbrauch oder zur Vermarktung), wurde durch die Grüne Revolution der Anbau von Monokulturen dramatisch verstärkt.

g) Durch den hochgradigen Einsatz von Agrochemikalien kam es in den letzten Jahren immer wieder speziell in den Entwicklungsländern zu Vergiftungen durch Pestizide; auch die Wasserverschmutzung durch Düngemittel ist beachtlich.

Körperliche Qual

Chronischer Hunger verursacht ständige körperliche Qual. Dauerhafter Nahrungsmangel führt zur Selbstverzehrung des Körpers: Zunächst werden die Fettreserven verbraucht, dann die Skelettmuskeln, die Knochen werden brüchig. Wenn Eiweiß, Vitamine, Mineralstoffe knapp werden, verliert der Körper seinen Schutz gegen Infektionskrankheiten. Verhungern heißt auch, an einer leichten Krankheit zu sterben, weil die Abwehrkräfte verbraucht sind. Verhungern heißt, daß zuletzt lebenswichtige Organe – Herz, Gehirn, Rückenmark – aufgezehrt werden. (...) Hunger ist ein Gefühl, das nur die Armen kennen. Wer arm ist, hungert, weil er/sie keinen Zugang zu Nahrung hat: weil der Acker nichts oder zu wenig hergibt, weil sie/er keine Arbeit hat und kein Geld verdient, um Nahrung zu kaufen. Ganz einfach. Wer arm ist, hat keinen Zugang zu Bildung und Ausbildung und somit auf legalem Wege keine Chance, an die Fleischtöpfe zu kommen, die in der „Dritten Welt" sehr hoch hängen. Wer arm ist, hat kein politisches Gewicht und nimmt am Wirtschaftsleben bestenfalls am äußersten Rande teil. Wer arm ist und chronischen Hunger leidet, wird körperlich und geistig auf das Minimum des Überlebenskampfes reduziert. Und dennoch gibt es unter der Masse der ausgehungerten, ausgebeuteten, unterdrückten Armen auch dies: Den Hunger nach Gerechtigkeit, nach Ausbildung, Arbeit, Anerkennung, Würde. Diesen Hunger zu stillen, hat die Politik selten ernsthaft versucht.

(Grän in: Deutsche Welthungerhilfe 1993, S. 27–28)

Arbeit geben und Leben schaffen.
Es will allen gehören und allen dienen.
Diese Charta unterschrieben alle,
die die Welt verändern
und die Demokratie aufs Land
pflanzen wollen.
Noch in diesem Jahrhundert.
Wir haben schon zu lange gewartet.
(Betinho in: Franziskaner Mission 3/1997,
Umschlagseite)

Aufschrei der Betroffenen

Der Schweizer Publizist Al Imfeld hat als langjähriger Beobachter Gemeinsamkeiten von Hungerkatastrophen in der Welt herausgearbeitet. Er stellt fest:

- Jede Hungersnot hätte vermieden werden können.
- In jedem Krisengebiet hatten die Reichen immer genug, nie war also die gesamte Bevölkerung betroffen.
- Zu Zeiten größter Not wurden bislang aus dem jeweiligen Hungergebiet immer noch Nahrungsmittel exportiert.
- In den Nachbarländern der betroffenen Gebiete gab es meist Überschüsse, die aus fragwürdigen politischen bzw. wirtschaftlichen Motiven nicht herbeigeschafft wurden.
- Hungersnöte nahmen grundsätzlich mit der Zunahme der Industrialisierung zu, die Landwirtschaft wurde immer verwundbarer.
- Hungersnöte sind auch eine Konsequenz aus zunehmender Nationalstaatlichkeit.
- Hungersnöte sind als Symptom von politisch, menschlich und sozial nicht bewältigten Verteilungsproblemen zu verstehen.
- Hungersnöte sind immer Machtprobleme.
- Hunger wurde und wird als Waffe eingesetzt.
- Hungersnöte sind Zeichen einer materiellen und geistigen Entwurzelung.

Sorgen der Satten

Nach der jetzigen Mode
sind meine Stiefel
drei Zentimeter zu kurz.
Unser neues Auto
wird vier Wochen später
geliefert.
Die Preise
für Zigaretten und Alkohol
steigen.
Fünfzig Pfennig Lohnerhöhung
pro Stunde
verlangt unsre Putzfrau
(unverschämt!).
Im Ferienort
bekommen wir nur noch
ein Zimmer ohne Dusche
und ohne WC.
Mein Fußballverein
steigt ab.
Der nächste Laden
führt nur
fünf Sorten Brot.
Vierzehn Tage
soll die Reparatur
des Fernsehers dauern.
Meine Freundin
will nicht mehr
die Pille schlucken.
Schon wieder
blieb die Schlankheitskur
ohne Erfolg.
Und das ist nicht alles.
(Peikert-Flaspöhler 1982)

Lebensmittelüberschüsse der EU erzeugen Hunger

Die moderne Landwirtschaft Europas und Nordamerikas ist in der Krise. Die Agrarpolitik verschlingt riesige Mengen an öffentlichen Subventionen. Eine Lösung für die Umwelt- und Überschußprobleme und das Sterben von Bauernhöfen wird damit aber keineswegs bewirkt.

Damit Europas Bauern bei großen Produktmengen durch fallende Preise nicht zu hohe Einkommensverluste hinnehmen müssen, werden ihnen Abnahmepreise für ihre Produkte garantiert. Bei angemessenen Preisen, die durch die hohen Produktionskosten bedingt sind, wäre die Ware nicht mehr absetzbar; aus diesem Grund gibt es auch beim Verkauf Zuschüsse – 48 von 100 DM beim Verkauf von landwirtschaftlichen Erzeugnissen sind Zuschüsse für Produktion und Vermarktung (Preisausgleich). Bei einer solchen Wirtschaftsweise wird letztendlich mehr produziert, als dies ohne Zuschüsse möglich wäre. So entstehen die bekannten Butterberge, Getreideberge und Rindfleischberge, da die Überschüsse für teures Geld gelagert werden müssen. 25 Millionen Tonnen Getreide (knapp ein Siebtel der gesamten Weltgetreideproduktion des Jahres) lagerten allein 1993 in Europa. Da die Produkte in der Herstellung teurer als im Weltmarktdurchschnitt sind, werden sie durch weitere Zuschüsse verbilligt, bis sie auf dem Weltmarkt Abnehmer finden. Diese Entwicklung ist aber zum Nachteil derer, die kostendeckend verkaufen müssen!

Die reichen Agrarexportnationen (EU, USA, Kanada) finden in den Entwicklungsländern attraktive Absatzmärkte, da dort durch die Vernachlässigung des Agrarsektors oft die Nachfrage das inländische Angebot weit übersteigt. Wenn in den Entwicklungsländern subventionierte Agrarexporte aus der EU zumeist wesentlich billiger verkauft werden als die vor Ort produzierten Agrarprodukte, schränkt die Importkonkurrenz die Vermarktungsmöglichkeiten der Landwirte ein und läßt einen höheren Selbstversorgungsgrad aus inländischer Agrarproduktion nicht zu. Besonders die marktorientierten bäuerlichen Haushalte, die mehr produzieren, als sie für die Versorgung ihrer Familien benötigen, erleiden durch den preisruinösen Wettbewerb erhebliche Einkommensverluste. In Afrika konkurriert sogar importiertes Getreide aus der EU mit traditionellen Grobgetreidearten wie Hirse, Sorghum oder Mais und kann diese verdrängen.

Fallbeispiel
Namibia

Die Landwirtschaft Namibias, die Existenzgrundlage für einen Großteil der namibischen Bevölkerung, beruht zu über 80 Prozent auf den Einnahmen aus der Rindfleischproduktion. Über 70 Prozent der Exporte an Lebendvieh und verarbeiteten Fleischprodukten aus Namibia gehen direkt auf den südafrikanischen Markt. 1996 erlitt der namibische Rindfleischsektor allein in seinen Exporten an Lebendvieh nach Südafrika einen Verlust von umgerechnet 120 Millionen DM, denn das subventionierte EU-Rindfleisch unterbot die Preise in Südafrika zum Teil um mehr als die Hälfte. (…)

Besonders einschneidend sind die Auswirkungen für die kommunalen Rinderhalter und die Herero-Kälberzüchter in Namibia. Sie waren während der Apartheid aus veterinär-hygienischen Gründen nicht in der Lage, ihre Tiere südlich der Demarkationslinie zu vermarkten. Auch mit der politischen Wende vollzieht sich die Öffnung nur langsam. Dennoch hatte die Rindervermarktung der kommunalen Halter seit 1993 zweistellige Wachstumsraten zu verzeichnen. (…)

Die neuen Marktverbindungen zwischen Namibia und Südafrika haben große politische Bedeutung für die Aussöhnung zwischen afrikanischen Ethnien und den weißen Siedlern (Rancher). Das Qualitätssortiment C-3, das die schwarzen Rindermäster anbieten und das ausschließlich als Dosenfleisch nach Südafrika geht, steht allerdings in direkter Konkurrenz zu dem gelieferten EU-Tiefkühlfleisch, das zu 80 Prozent in den südafrikanischen Fleischfabriken verarbeitet wird. Die Subventionen für die Rindfleischexporte der EU nach Südafrika sind dadurch noch über die reinen Marktstörungseffekte hinaus eine brisante politische Störung des Integrations- und Friedensprozesses im südlichen Afrika.

Fallbeispiel Senegal

Die EU exportiert allein in die frankophonen Länder Westafrikas jährlich jeweils circa 40 000 t Milchpulver bzw. gesüßte Kondensmilch. Zwar sind in diesen Ländern die Produktionskosten der Milcherzeugung durch geringe Milchleistung, ein unzureichendes Sammelsystem und schlechte Kühlungsmöglichkeiten sehr hoch, doch sind subventionierte Importe von Milchprodukten ein weiteres Hindernis für einen Aufschwung der lokalen Milchproduktion. In Senegal kostet selbst nach einer 50prozentigen Abwertung der Währung der Liter Milch aus subventioniertem EU-Milchpulver nur 160 FCFA im Vergleich zu 350–400 FCFA für einen Liter Milch aus lokaler Produktion. Der Anteil der EU-Exportsubventionen am Preis des importierten Milchpulvers beträgt 58 Prozent.

Fallbeispiel Fischereiabkommen

Die EU hat mit 16 AKP-Staaten Fischereiabkommen abgeschlossen, um die Fischversorgung ihrer Bevölkerung zu sichern, die eigenen Fischbestände und die europäische Fischindustrie zu schützen. Nur noch ein Viertel des deutschen Fischkonsums wird aus eigenem Fang gedeckt, auch die anderen EU-Staaten müssen mehr als die Hälfte ihres Fischbedarfs einführen. Der Grund hierfür liegt nicht nur in dem deutlich gestiegenen Verzehr, sondern auch in der Überfischung der europäischen Gewässer. Derzeit sind in der EU die Fangkapazitäten um 40 Prozent zu hoch, da die Fischereiflotten nicht im gleichen Maßstab wie die Fangmengen abgebaut werden. (…) Die Notwendigkeit zur Reduzierung der Flottengröße als Antwort auf die Krise in den EU-Fischfanggründen intensivierte die Nachfrage nach Drittlandgewässern erheblich. (…) Mehr als die Hälfte aller Gelder der EU für Fischereipolitik wird inzwischen für den Ankauf der Fischfangquoten von anderen Staaten verwendet. Diese Gelder gehen aber in den Küstenstaaten Afrikas nicht an die geschädigten Kleinfischer. Im Falle Senegal wird gerade ein Prozent der Kompensationen zur Förderung der traditionellen Fischerei verwandt. Die Proteinversorgung in Senegal besteht zu über 75 Prozent aus Fisch. Die zunehmende Fischknappheit verteuert den Fisch und gefährdet letztlich die Versorgung der Bevölkerung mit tierischem Eiweiß.

Fallbeispiel Tomatenkonzentrat

Die südlichen EU-Länder sind bedeutende Produzenten von Tomatenkonzentrat. Die EU subventioniert den Tomatenanbau, da die Produktionskosten in den Mittelmeerländern zweimal so hoch sind wie in den wichtigsten Konkurrenzländern USA und Türkei. Dies führt zu Überschüssen, so daß 20–25 Prozent der EU-Produktion exportiert werden. Die Länder West- und Zentralafrikas importieren 80 Prozent des Bedarfs an Tomatenkonzentrat ausschließlich aus der EU (überwiegend aus Italien). Dieses Tomatenkonzentrat ist zum Beispiel in Senegal mit 550 FCFA/kg wesentlich billiger als lokal erzeugtes mit 900 FCFA/kg. (…) Die lokale Verarbeitungsindustrie für Tomatenkonzentrat in Afrika hat durch die Importkonkurrenz erhebliche Absatzprobleme. Dies reduziert die Einkommensmöglichkeiten der kleinbäuerlichen Betriebe, die mit bewässertem Tomatenanbau während der Trockenzeit freie Arbeitskapazitäten nutzen könnten.

(Deutsche Welthungerhilfe/terre des hommes, Die Wirklichkeit der Entwicklungshilfe, Bericht 1996/97, in: Frankfurter Rundschau vom 5. September 1997, S. 18)

Auswirkungen auf Frauen und Kinder

Zwei Drittel der weltweit 1,3 Milliarden Menschen, die in Armut leben, sind Frauen; die Mehrzahl hiervon lebt auf dem Land. Zwischen 60 und 80 Prozent der Grundnahrungsmittel werden in Afrika, Asien und Lateinamerika von Frauen produziert. In der Landwirtschaft sind Frauen für den Anbau und die Verarbeitung von Grundnahrungsmitteln zuständig, sie pflegen die Gärten, versorgen Kleintiere, holen Wasser und Feuerholz.

Frauen tragen also die entscheidende Last bei der Ernährungssicherung für ihre Familien. Jede dritte Frau muß ohne männliche Hilfe auskommen, da die Männer oft auf der Suche nach bezahlter Arbeit in die Städte abwandern. Die Überschwemmung lokaler Märkte durch subventionierte EU-Agrarprodukte bedingt reduzierte Vermarktungsmöglichkeiten und geringere Marktpreise; durch diese Konkurrenz der Billigimporte erhöht sich aber die Arbeitsbelastung, und der Anteil unbezahlter Frauenarbeit steigt.

Alltag einer Frau in Afrika	
5.00	Aufstehen, waschen, frühstücken, auf die Felder gehen …
6.00 –15.00	Feldarbeit …
Bis 16.00	Heimweg mit Brennholzsammeln …
Bis 17.00	Essensvorbereitung (Körner in einem Mörser zermahlen) …
Bis 18.00	Wasserholen …
19.00	Kochen und Essen …
20.00	Kinder waschen und Geschirr spülen …
21.00	Wäsche waschen …
22.00	Schlafen gehen.

Wessen Früchte?

*Ein Mann ging mit einem
Korb Kürbisse zum Markt,
um sie dort zu verkaufen.
Auf dem Weg fragte ihn jemand:
„Wessen Früchte verkaufst du da?"*
*„Meine natürlich",
antwortete der Bauer.*
„Wer hat sie ausgesät?"
„Meine Frau".
*„Wer hat sie gegossen
und das Unkraut gejätet?"*
„Sie, wer sonst?"
*„Und wer hat
die Früchte geerntet?"*
*„Nun,
sie macht all diese Arbeiten!"*
*„Ja, warum sind dies dann
deine Kürbisse?"*
*„Nun,
sie ist meine Frau!"*
*(Eine Geschichte aus Bangladesch, in: Nord-Süd-
Blätter Nr. 2/1994)*

Ausblick

Hunger hat viele Gesichter. Wir bekommen in den Industrienationen davon wenig mit. Erst wenn im Fernsehen die Bilder von Verhungernden zu sehen sind, wenn die Zeitungen opulent aus den Flüchtlingslagern der Welt berichten, geraten wir ins Grübeln. Noch immer neigen wir dazu, Hunger als Naturkatastrophe anzusehen, bei der der Mensch eine eher passive Rolle spielt. Der Mensch aber ist Gestalter seiner Umwelt, und somit ist er auch am Zustandekommen von skandalösen Nahrungsmittelengpässen aktiv beteiligt.

Hunger ist zumeist lautlos und unsichtbar, er ist in düstere Hütten und auf triste Hinterhöfe verbannt. Das Interesse der Weltöffentlichkeit ist von kurzer Dauer; Journalisten und Fernsehteams verschwinden so schnell wieder, wie sie aufgetaucht sind – ohne zu berücksichtigen, daß Hunger eine lange Vorgeschichte hat, daß er nicht wie ein Unwetter hereinbricht. Millionen von Menschen gehen Abend für Abend ein Leben lang hungrig ins Bett, doch dieser Sachverhalt ist nicht explosiv genug für Schlagzeilen und Meldungen. Hunger bedeutet, daß Menschen nicht ausreichend zu essen haben; Hunger bedeutet nicht, daß nicht genügend Nahrungsmittel vorhanden sind. Hunger entsteht auch nicht unbedingt dort, wo die Menschen dann tatsächlich hungern, denn oft genug ist Hunger der einen die Folge von Luxus, vom Wohlstand der anderen. Wir werden uns mit dem Gedanken endgültig vertraut machen müssen, daß unser Wohlergehen nicht selten in erschütternder Weise mit dem Elend in der Welt verbunden ist.

Auch in den reichsten Ländern der Erde müssen Menschen hungern. So geht man zum Beispiel davon aus, daß allein 20 Millionen US-Bürger pro Monat mindestens für einige Tage nichts zu essen kaufen können. Auch bei uns in der Bundesrepublik gibt es mehr und mehr Menschen, die an den Rand gedrängt wurden: arbeitslos, wohnungslos, hoffnungslos. Noch kann man von Hunger bei uns nicht sprechen, aber die Sozialhilfesätze sind schon so knapp bemessen, daß die Finanzierung einer ausgewogenen Ernährung zumindest schwieriger wird. Es gibt über sieben Millionen Arme in Deutschland, die Tendenz ist steigend.

Für die aber, die es sich noch leisten können, sind die Tische reichhaltigst gedeckt. Köstliche und exotische Nahrungsmittel bereichern unsere Speisepläne; aus den ehemaligen Kolonialwaren sind Allerweltsprodukte geworden, die wir im ganzen Jahr konsumieren können. Im Karussell des Weltagrarmarktes sind die Böden der Armen in den Dienst der Küche der Reichen gestellt worden. Das internationale „Tischlein-Deck-Dich" ist jedoch zu einem schwerwiegenden Problem geworden: Erzeugung und Verarbeitung, Zubereitung und Transport verbrauchen viel Energie. Neuseeländische Äpfel reisen 15 000 Kilometer, dann erst landen sie in unseren Obstschalen; chilenische Himbeeren und südafrikanische Äpfel absolvieren kerosinfressende Weltreisen, Containerschiffe legen 13 000 Kilometer zurück, um Pouletbrüstchen von Brasilien nach Europa zu bringen. Der Weltmarkt ist zum Tummelplatz für Luxusgüter geworden, und die Länder der Dritten Welt können sich kaum wehren: Sie benötigen die Deviseneinnahmen zum großen Teil für Zinszahlungen an die Kreditgeber aus den Industrieländern bzw. zur Abzahlung ihrer Schulden und sind somit vom Export abhängig.

„Zucker macht hungrig"

Auf den Philippinen erhält ein Plantagenarbeiter einen Lohn in Höhe von ungefähr 4,00 DM, wenn er stolze 10 Tonnen Zucker auf einen Lkw auflädt. Trotz dieses extrem niedrigen Lohns ist der philippinische Zucker gegenüber dem Zucker der EU auf dem Weltmarkt nicht konkurrenzfähig. Von der gesamten Welterzeugung (114 Millionen Tonnen im Jahr) werden 60–70 Prozent aus Zuckerrohr und 30–40 Prozent aus Zuckerrüben hergestellt. Die Besonderheit von Zucker besteht also auch darin, daß Entwicklungsländer und Industrieländer in direkter Konkurrenz produzieren. In der EU wird erheblich mehr Zucker produziert als verbraucht. In den letzten zehn Jahren lagen die Überschüsse zwischen 30 und 40 Prozent. Damit die Landwirte der EU auch in Zukunft noch Zucker produzieren können, wird der Zuckerrübenanbau durch staatlich garantierte Abnahmepreise gefördert; nur durch Dumping ist es also möglich, daß trotz der enormen Produktionskosten die EU zu den größten Zuckerexporteuren der Welt gehört. Der Weltzuckerpreis ist von großen Schwankungen gekennzeichnet; er gilt als der instabilste überhaupt. Die Importe der wichtigsten Ausfuhrländer sanken in den letzten Jahren drastisch, was u. a. mit dem zunehmenden Einsatz von Zuckerersatzstoffen in Verbindung zu bringen ist, die mit Hilfe von Bio- und Gentechnologie (siehe weiter unten) hergestellt werden. In den Entwicklungsländern wird Zucker auf Plantagen angebaut, die bereits von den Kolonialherren errichtet wurden. Viele dieser Länder (so zum Beispiel Kuba, Mauritius, Haiti und die Dominikanische Republik) sind in einem hohen Maße vom Zucker abhängig. Die Weltmarktpolitik der EU ist für sie zu einem unkalkulierbaren Risiko geworden.

Die Begegnung von Lukanga Mukara mit dem weißen Zucker auf seiner Forschungsreise durch Deutschland

Besonders witzig kommen sich die Wasungu vor, wenn sie zählen können, wie schnell die Menschen sterben, wenn man ihnen die Nahrung verschlechtert, viele in eine Hütte einsperrt oder zwingt, ununterbrochen dieselbe Sache zu machen. So zeigte mir Karl in einem schönen Buche an Zahlen, daß den gelehrten Wasungu ein großer Spaß gelungen sei. Vor 50 Jahren hatten alle Wasungu noch im Alter sehr schöne Zähne. Das sah ich selbst, als der Schädel eines alten Mannes aus einem Grabe genommen wurde, das weg mußte, weil ein Weg nicht so gerade war, wie er bei den Wasungu sein muß. Früher also standen, ebenso wie heute, Rüben mit süßem Saft auf den Feldern, und die Menschen kochten diesen Saft ein. Dann sah er braun aus und floß langsam wie Honig. Da bemühten sich die Leute vom Schlage Karls, diesen Saft durch Maschinen, die nur sie haben durften, zu verändern. Sie machten feste, weiße Körner daraus, die wie Quarzsand aussahen. Nun wurde ein großer Lärm gemacht, daß das gelungen sei, mehrere Karle durften sich „Herr Ober" nennen und ein glänzendes Stück Messing über der Brustwarze befestigen, so daß die Menschen glauben mußten, das, was erfunden sei, sei was sehr viel Besseres und mache sie glücklicher, wenn sie es kauften. So gelang es den Karlen, dem Volk abzugewöhnen, das zu essen, was kostenlos auf den Feldern wächst, und sie zu veranlassen, die Rüben an ein großes Haus abzuliefern, wo Feuer, Dampf, Rauch, verschiedener Radau und Gestank gemacht wurde, wo sich Räder drehten und angeschrieben stand „Eintritt verboten". Diese ganze Sache wurde abends dann schön beleuchtet, und in einem kleineren Raum wurde viel Papier beschrieben. Mehrere Karle wurden sehr dick, trugen schöne Kleider und hatten immer große Rauchrollen im Mund, viele andere Menschen wurden blaß und sahen dreckig aus. Die weißen Körner aber wurden sehr teuer verkauft. Jetzt wurden neue Zahlenkarle angestellt, die aufschreiben mußten, wie das dumme Volk jährlich mehr weiße Körner aß, wieviel Zähne deshalb verfaulten, wieviel Zahnzieher beschäftigt wurden und wieviel schneller die Menschen jetzt starben. Wenn jetzt einige Menschen sagten: wir wollen die weißen Körner nicht mehr herstellen, sondern wieder Rübensaft essen lassen, dann sagten die Zahnflicker: „Wozu sind wir denn da; wir müssen doch zu tun haben." Und sie zeigten, wie groß ihr Geschick war, Zähne mit Gold zu füllen und ganze Gebisse aus Gold und Stein zu machen. Und die Karle, die die weißen Körner machen lassen und dadurch reicher werden, ließen schreiben, das weiße Zeug wäre gesund; denn nach Versuchen eines weißen Oberklugen, mit mehreren Metallstücken über den Brustwarzen, ginge es im Bauche des Menschen sofort ins Blut. Das glaubten denn alle Wasungu, die nicht Ober heißen, nichts Geheimes haben dürfen und keine Metallstücke auf der Brust tragen.   (Paasche 1993, S. 65ff.)

Fallbeispiel Zucker

Zucker beherrscht unseren Alltag. Tausende von Eigenschaften werden ihm nachgesagt. Gute und böse:

Zucker fördert Diabetes …

Der Körper braucht keinen Zucker …

Zucker ist ein Produkt des Wohlstandes …

Zucker ist Liebesersatz …

Zucker fördert Einseitigkeit und ist ein Produkt aus Monokulturen …

Zucker gehört in den Clan von Alkohol, Nikotin, Schlafmitteln und Drogen …

Zucker macht dick …

Zucker ist Energie …

Zucker stimuliert das Gehirn …

Zucker fördert Verstopfung …

Zucker ist ein kostbares Nahrungsmittel …

Zucker gehört zum Notvorrat …

Zucker macht hungrig …

Zucker macht süchtig …

Zucker enthält bloß leere Kalorien …

Zucker ist eine Negativspeise …

Zucker verursacht Karies …

Zucker hat langfristig stets verheerende Folgen gezeigt:

Zucker muß gebändigt und entkolonisiert werden …

Die Schlagworte zeigen, daß wir alle mit dem Schicksal Zucker verstrickt sind. Zucker ist zum Problem geworden:

- in der Ernährung,
- in der Medizin,
- in der Psychologie,
- in der Pädagogik,
- in der Wirtschaft,
- in der Umwelt,
- in der Landwirtschaft,
- im sozialen Bereich,
- selbst in der Religion,
- in der Kultur,
- in der Werbung,
- für die Konsumenten,
- für die Bauern,
- für die Zuckerarbeiter,
- für die Produzenten,
- für die Medien,

kurz: für alle und alles. Zucker macht allen Sorgen.

(Imfeld 1983, S. 9–10)

Im Bereich der Wirtschaft und Politik bedingt der internationale Zuckerhandel Sklaverei, Monokulturen, Protektionismus, Überschüsse, Spannungen, Zersetzung der Marktwirtschaft und der Nationalstaaten. In sozialer und kultureller Hinsicht führt er zur Verarmung der Zuckerrohrarbeiter, zu Alkoholismus (Rum), Eigenständigkeitsverlust und zu Spannungen zwischen Nord und Süd. Aus gesundheitlichen und umweltpolitischen Überlegungen ist einzuwenden, daß Zuckermonokulturen vielerorts Wälder verdrängt und Böden ausgelaugt haben, und Mediziner führen an, daß Zucker Karies, Diabetes, Fettsucht, unter Umständen sogar Krebs hervorrufen kann. Kein leichtes Leben haben auch die in der Erziehung Verantwortlichen, denn Zucker ist zum Lockvogel schlechthin in der Kinderwelt geworden. Zucker ist demnach ein unsoziales Produkt, eine süße Nebensache, für die Millionen bitter zahlen müssen.

Fallbeispiel Orangensaft

In kaum einem anderen Land wird so viel Orangensaft getrunken wie in Deutschland. Im Jahre 1993 betrug der Pro-Kopf-Verbrauch stolze 21 Liter, das ist Weltspitze. Immerhin 90 Prozent des Orangensaftes und der entsprechenden Mischgetränke stammen aus Brasilien. Für jeden Liter Orangensaft werden 22 Liter Wasser (Bewässerung, Waschen, Erstellen des Konzentrats) aufgebracht; somit summiert sich der Wasserverbrauch auf 29 Milliarden Liter! Für Plantagenwirtschaft, Sortierarbeiten, Pressen der Früchte, Einfrierprozesse und Transport (12 000 Kilometer) werden umgerechnet 0,4 Liter Kraftstoff pro Liter Orangensaft aufgewendet. Für jeden Liter muß in Brasilien gut ein Quadratmeter landwirtschaftliche Fläche veranschlagt werden; im Jahr 1990 wurden auf diese Weise in Brasilien 150 000 Hektar in den Dienst unserer Kehlen gestellt. Auf den Plantagen plagen sich oft Kinder und Jugendliche ab (35 Prozent aller Arbeitenden), deren Gesundheit gefährdet wird und die um einen Schulbesuch betrogen werden.

25 Kilo schwere Säcke

Und so tragen die Kinder ebenso wie die Erwachsenen die um die 25 Kilo schweren Säcke und Kisten mit Orangen zu den Lastwagen, sammeln ebenso bis zu einer Tonne Zitrusfrüchte am Tag. Manche wissen schon früh, was das bedeutet. „Wenn ich Orangen pflücke, trage ich nicht den vollen Sack", sagt der zwölfjährige Marcos José Aroeira, „weil ich glaube, daß ich davon bucklig werde. So trage ich nur den halben Sack, um nicht am Abend schon krank zu sein. Ich beginne früh, richte die Kisten her, nehme einen Sack und fange an zu sammeln. Wenn ich müde werde, setze ich mich ein wenig hin. Ich arbeite langsam. Ich sammele die Orangen, die unter den Bäumen liegen. Danach stelle ich die Leiter auf und pflücke die Orangen, die oben sind. Manchmal komme ich völlig zerkratzt und von Bienen zerstochen heraus. Immerhin bin ich noch nie von der Leiter gefallen."

Wer jedoch unter dem Akkordarbeitsvertrag seines Vaters arbeitet, verdient mit langsamer Arbeit nicht viel. Flinke, schnelle Heranwachsende sind gefragt, die am Abend und an den Wochenenden vollkommen geschafft und müde heimkehren.

(Dritte Welt Haus Bielefeld 1995, S. 13)

Firmennamen der größten deutschen Produzenten
- Stute GmbH, Paderborn
- Dittmeyer, Schwalbach
- Wesergold Getränke GmbH, Rinteln
- Krings Fruchtsaft AG, Mönchengladbach
- Emig GmbH, Rellingen
- Eckes-Granini AG, Nieder-Olm

Fallbeispiel Fleisch

12 Staaten in Europa mit 344 Millionen Menschen verbrauchten im Jahre 1990 den weitaus größten Teil des Getreides nicht für eine direkte Ernährung, sondern zum Füttern ihres Viehs; lediglich 30 Prozent wurden direkt als Brot, Müsli oder Kuchen verzehrt, 59 Prozent wanderten in die Futtertröge von Rindern, Schweinen oder Geflügel.

> Eine Mahlzeit
> ohne ein gutes
> Stück Fleisch ist
> keine Mahlzeit!
> (Stammtischweisheit)

Europäisches Vieh frißt eine Getreidemenge, die um zwei Drittel größer ist als jene, die in Schwarzafrika als direkte Nahrung zur Verfügung steht; dort wurden im Jahre 1990 für 488 Millionen Menschen 86 Prozent der zur Verfügung stehenden 63 Millionen Tonnen als direkte Nahrung genutzt. 175 Millionen Menschen sind nach Angaben der FAO chronisch unterernährt.

Es ist schockierend: Die EU erzeugt Millionen Tonnen Überschüsse an Getreide, das zu Dumpingpreisen auf den Weltmarkt geworfen wird, und gleichzeitig werden Jahr für Jahr Maniok, Soja, Futtererbsen, Sesam, Sonnenblumenkerne, Erdnüsse und so weiter in den Futtertrögen der EU-Bauern verfüttert. Drei Viertel des in der EU verfütterten Erdnußschrotes stammen aus der Sahelzone – vor allem aus dem Senegal und dem Sudan. In Brasilien werden derzeit 62 250 Quadratkilometer Ackerfläche belegt, um Soja nach Deutschland importieren zu können (die Gesamtimporte liegen bei 12,8 Millionen Tonnen).

Umweltbelastung durch Fleischproduktion

- Die Experten der Weltklimakonferenz ordnen der Landwirtschaft neun Prozent des von den Menschen bewirkten Treibhauseffektes zu. Im Vordergrund steht Methan, das zur Zeit zweitwichtigste Treibhausgas. Würde die gesamte Menschheit die Ernährungspraktiken der Europäer und Amerikaner kopieren, würden wir uns binnen kürzester Zeit in die totale Klimakatastrophe „hineinfressen".
- Die Stickstoffdüngung der Futterkulturen verursacht Emissionen von Lachgas (ein Treibhausgas, dessen Wirksamkeit pro Molekül auf das 150fache von Kohlendioxid geschätzt wird); so trägt die Viehwirtschaft auch zum Treibhausklima bei.
- Durch Brandrodung in den tropischen Regenwäldern (zur Erweiterung des Angebots an Weideflächen) werden Milliarden Tonnen Kohlenstoff freigesetzt. Die Kohlenstoffe verbinden sich in der Atmosphäre mit Sauerstoff zum Treibhausgas Nummer eins – dem Kohlendioxid.

Fallbeispiel Kakao

Mit dem 16. Jahrhundert begann die Kakaobohne ihren Siegeszug durch Europa. Kakao wurde zum Modegetränk und zur Lieblingsnascherei. Der Kakaobaum gehört zu den anspruchsvollsten Kulturpflanzen überhaupt. Neben gleichmäßiger Temperatur (zwischen 25 und 28 Grad Celsius) benötigt er sehr hohe Luftfeuchtigkeit und bis zu 2000 mm Niederschlag pro Jahr.

Die Ernte ist sehr zeitraubend und überaus arbeitsintensiv; die Bäume müssen ständig wegen des unterschiedlichen Reifegrades kontrolliert und abgeerntet werden. Die Arbeit der Kakaobauern und -bäuerinnen ist sehr schwer, ungesund und gefährlich. Im asiatischen Raum wird die Ernte überwiegend von Frauen eingebracht. In der Erntezeit kommt es häufig zu Bissen durch Insekten oder Schlangen; Rücken- und Beinverletzungen durch das Schleppen der schweren Kakaoschoten und Bohnensäcke gehören zum Alltag.

Auch der Kakaomarkt gehört zu den instabilsten Märkten der Welt. Seit Ende der siebziger Jahre sind die Preise immer weiter in den Keller gegangen – mit verheerenden Folgen für die Entwicklungsländer. So mußten sie 1985 für einen Lastwagen 7,5 Tonnen Kakao aufbringen, im Jahre 1992 waren es bereits 36,7 Tonnen. Viele Länder stecken in der Verschuldungsfalle und bleiben gezwungen, auch noch bei fallenden Preisen mehr Kakao zu produzieren, um Devisen zu erwirtschaften. Abgesehen von Brasilien und der Elfenbeinküste findet die Verarbeitung von Kakao außerhalb der Lieferländer statt. Nur drei Prozent des in Afrika produzierten Kakaos wird dort auch konsumiert. Die meisten Menschen, die auf den Kakaoplantagen der Welt arbeiten, haben noch nie ein Stück Schokolade gesehen – geschweige denn gegessen.

Die EU erhebt für Kakaobohnen einen Zollsatz von drei Prozent, für Kakaobutter zwölf Prozent und für Kakaopulver 16 Prozent! Das würde bedeuten, daß eine zum Beispiel in der Elfenbeinküste hergestellte Tafel Schokolade durch die hohen Zölle unbezahlbar bzw. nicht zu verkaufen wäre. Die Kakaobohne wechselt vom Anbauland bis zum Käufer manchmal bis zu 16mal den Besitzer. Einer der bedeutenden Orte dieses komplizierten Geschäfts ist die Börse (Hamburg, London, New York). Die USA, die Bundesrepublik Deutschland und die Niederlande gehören zu den wichtigsten Verarbeitern von Rohkakao. Vom Preis einer Tafel Schokolade ab Fabrik entfällt ein knappes Viertel auf den Rohstoff Kakao. Die Kakaobauern erhalten lediglich vier bis fünf Prozent des Endpreises. Namhafte Konzerne in diesem Geschäft sind: Nestlé/Rowntree (Schweiz), Mars (USA), Philipp Morris (USA), Cadbury (Großbritannien) und Hershey (USA)

Wenn wir von einer 100-g-Tafel Schokolade ausgehen, die in den meisten Fällen aus 18 Stücken besteht, so entfallen

- auf den Kakaobauern   1 Stück,
- auf den Handel   5 Stücke,
- auf die Schokoladenfirma   7 Stücke und
- auf Rohstoffe/Verpackung   5 Stücke

Ich weiß es noch wie heute...
Also wenn man esu die Bilder sieht,
manchmal,
im Azvent zum Beispiel,
do hängen die jo überall:
die Nejerköpp mit den Hungeräugelchen, ne,
also wenn man die do esu sieht,
do muß ich immer an früher denken.
Die schlechte Zeit,
wissen Sie noch?
Also ich weiß es noch wie heute, ne.
Wat haben mir do jehungert!
Dat wor unwahrscheinlich, wor dat.
Dat man dat überhaupts überlebt hat
is quasi dat reinste Wunder.
Also in den Städten.
Weil:
die om Land,
in der Eifel zum Beispiel,
die hatten jo satt ze essen, ne.
Aber in der Stadt: unwahrscheinlich!
Die Kinder mit den dicken Bäuchen
vor lauter Hunger, ne,
un unsereins och nix im Balg.
Also da is jo esu mancher
zum Mörder geworden, ne,
nur wejen Stück Brot oder wat.
Und wenn man dann in der ärgsten Not
einmal in die Eifel jegangen is,
für Stückchen Butter oder wat Milch un Eier
wejen der Kinder, ne,
wie hier: dä Fritz, uns Onkel, ne:
hat sich der letzte Teppich,
„echt Orient", hat er für uns jesacht,
über die Schulter geworfen
un ab noh Flerzheim, ne,
und wat meinen Sie, wat do wor?
„Wat wollt Ihr für der Teppich?" fragt der Bauer.
„Wat Milch, Eier, wenn et jeht: bißje Fleisch."
(...)
„Zwei Eier höchstens", meint der Bauer.
(...)
Ich meine:
wer denkt schon jern an die schlechte Zeit zurück?
(K. Beikircher in: Deutsche Welthungerhilfe 1993, S. 178–179)

Quadratisch, praktisch, voller Zucker
Werfen wir einen Blick auf die Werbung für Süßigkeiten und Schoko-
riegel. Systematisch wird bei diesen Produkten suggeriert, sie seien
gesund („XX Sport") und gut für Kinder (was ist eine „Erwachsenen-
schokolade"?). Es ist auffällig, daß bei vielen dieser überzuckerten
Produkte bei der Aufzählung der Zutaten nicht der Hinweis fehlt:
„Und mit dem Besten von der Milch." Einige Hersteller nehmen die
Milch schon in den Namen auf. (…) 82 Prozent der Produkte, für die
speziell auf Kinder ausgerichtete Werbung betrieben wird, sind Nahrungsmittel, in der Hauptsache Süßwaren. Das kann nicht verwundern, schließlich wollen die Anbieter an das jährlich wachsende Taschengeld der jungen Konsumenten. Gelder für ernährungsbezogene
Aufklärungs- und Bildungsarbeit fließen da eher spärlich...
(Deutsche Welthungerhilfe 1996)

Im Jahre 1996 gab es in Europa eine heftige Debatte um die Frage, ob Schokolade noch ihren Namen verdient, wenn die Kakaomasse mit Palmöl oder
anderen billigen Pflanzenfetten gestreckt wird. Nach dreijähriger Diskussion
hatte sich die EU-Kommission dafür entschieden. Ein solcher Beschluß trug
bzw. trägt jedoch zur Vernichtung der Lebensgrundlage von mehr als 300 000
Kakaobauern (vor allem in Afrika) bei, die von diesen Deviseneinnahmen
extrem abhängig sind (43,7 Prozent der Exporterlöse Ghanas, 30 Prozent der
Elfenbeinküste und 20 Prozent Ghanas). Die Novellierung der Richtlinie, die
jetzt noch den Ersatz von Kakaobutter bei der Schokoladenherstellung verbie-
tet, muß mittelfristig zwangsläufig zu einem Absinken der Nachfrage führen.

Zu viel, zu fett, zu süß, zu schnell, zu weit

Die Entwicklungen auf dem Weltmarkt blieben und bleiben nicht ohne Auswirkungen auf die Ernährungsgewohnheiten in Europa. In den letzten 200
Jahren ist der Verbrauch von Getreide auf unter 30 Prozent des früheren Wertes gesunken, der Konsum von Ballaststoffen sank auf unter 25 Prozent des
früheren Verbrauchs, und bei den Kohlenhydraten sank der Anteil an der
Gesamtenergiezufuhr in Höhe von 80 Prozent auf 45 Prozent. Drastisch an-
gestiegen ist hingegen die Verwendung von isoliertem Zucker (elf Prozent der
Gesamtenergiezufuhr), von Fetten (36 Prozent der Gesamtenergiezufuhr) und
von Proteinen tierischer Herkunft (von unter 20 Prozent auf über 65 Prozent
der Gesamtenergiezufuhr). Der Verzehr ballaststoffloser Lebensmittel stieg
auf das Fünffache, Alkohol macht etwa fünf Prozent der Gesamtenergiezufuhr
aus. Unsere Nahrung ist generell zu fett, zu salzig und zu süß; oft mangelt es
ihr an Vitaminen und Mineralstoffen. Wir räumen einer Mahlzeit nicht mehr
den Stellenwert ein, der ihr im Grunde gebührt; jeder zweite Erwachsene nimmt
heute eine der täglichen Mahlzeiten in einem Fast-food-Restaurant ein, Kinder verprassen ihr halbes Taschengeld in solchen Bulettentempeln, und im
Zeitalter der Mikrowelle ist es zum beliebten Ritual geworden, ein Fertigge-
richt in Sekundenschnelle zuzubereiten. Die Folgen sind ernährungsbedingte
Krankheiten wie Herz- und Kreislauferkrankungen, Bluthochdruck, Zucker-
krankheit, Krebs, Leberzirrhose, Karies und Allergien.

Phantasielosigkeit?

Selbst wenn ein gewisses Umweltbewußtsein bei allen Verantwortlichen vorhanden wäre, bedeutet allein die Masse der Waren einer Fast-food-Kette, der dafür notwendige Aufwand für Herstellung und Verpackung, Transport und Wiederaufbereitung zum Verzehr einen erheblichen Eingriff in das ökologische System. So ist ein enormer Energieaufwand allein für die Schockkühlung der Hackfleisch-patties oder für die Pommes frites nötig, ganz abgesehen vom Energieaufwand für Kaltlagerung und Transport. (...) Selbstverständlich können Ernährungsgewohnheiten einer ganzen Nation nicht im Handumdrehen verändert werden. Die Vielfalt des Lebensmittelangebotes ist ja durchaus verlockend, garantiert sie uns doch das ganze Jahr über einen abwechslungsreichen Speisezettel. Wie abfällig würden wir urteilen, wenn in der Gastronomie oder der Gemeinschaftsverpflegung von den zahlreichen Möglichkeiten, Kartoffeln anzubieten, nur noch die Pellkartoffel überlebte?

Dennoch mag die Frage erlaubt sein, ob nicht die Vielfalt des Angebots gleichzeitig auch Ausdruck von Armut ist. Denn wer macht sich heute schon noch die Mühe, über ein phantasievolles, schmackhaftes Essen nachzudenken? Bedeutet nicht der Griff zum Hersteller X oder Y nicht nur Arbeitserleichterung, sondern auch Phantasielosigkeit? Haben wir schon verlernt, wie die Lebensmittel wirklich riechen und schmecken, so daß immer etwas „fehlt", wenn der Hilfsstoff außen vor bleibt?

Industriell vorgefertigte Produkte sind aus unserer Ernährung nicht mehr wegzudenken. Dort, wo in Massen produziert wird, sparen sie Arbeitskräfte ein und senken somit die Personalkosten im Bereich der Nahrungszubereitung. Es gilt darauf hinzuwirken, daß die Hersteller dieser Produkte verantwortlich handeln. Das bedeutet in vielen Fällen, sehr intensiv und gründlich über neue und umweltverträgliche Verpackungsmöglichkeiten nachzudenken. Es bedeutet aber auch, den Produktionsprozeß von Beginn an kritisch unter die Lupe zu nehmen und ökologisch sinnvoller zu gestalten. Die Verbraucher ihrerseits sollten ernsthaft darüber nachdenken, ob nicht manches Mal weniger mehr ist.

(Arens-Azevedo/Hamm 1992, S. 76–77)

Der unglaubliche Weg eines Fruchtjoghurts

Einem Fruchtjoghurt in den Kühlregalen der Lebensmittelmärkte sieht man den Aufwand nicht an: Bis alle Zutaten für einen Joghurt der Marke „Landliebe" in der Fabrik sind, fahren Lkw durch halb Europa – 9000 Kilometer! Hier die Stationen im Detail:

- Ein Züchter aus Niebüll/Schleswig-Holstein liefert die Rohbakterien. Von hier werden sie per Pkw zu einer ebenfalls in Niebüll ansässigen Firma gebracht, wo sie auf einer Nährsubstanz aus Tomatenmark und Milch gedeihen, bis sie nach Stuttgart transportiert werden – 917 Kilometer.
- Die Verpackung setzt sich zusammen aus einer Pappkiste, Steige genannt, die aus Bad Rappenau bezogen wird (55 Kilometer) und deren Komponenten (Top, Welle, Kraft) aus Aalen, Köln und Obergrünburg in Österreich kommen (1042 Kilometer). Den Steigenleim aus Kunstharz liefert eine Lüneburger Firma (659 Kilometer), die den Grundstoff aus Hamburg bezieht (75 Kilometer). Zur Verpackung gehören außerdem: eine polsternde Zwischenlage aus Pappe (Herkunftsorte sind Varel und Ludwigsburg; Distanz = 647 Kilometer) und eine Kunststoffolie, die aus französischem Granulat gezogen wird (406 Kilometer) – 2884 Kilometer.

Fallbeispiel

Tiefkühlkost auf weiten Wegen
Die Stationen eines tiefgekühlten Gerichts:
- Anlieferung der verschiedenen Zutaten (hierbei kommt das Rindfleisch in vielen Fällen aus Südamerika);
- Garen des Gerichts in großen Kesseln;
- Abfüllen in Plastikschalen, anschließend erfolgt das Verschweißen und Abdeckeln bzw. Etikettieren;
- Schockgefrieren;
- Tiefkühllagerung bei minus 18 Grad Celsius (drei bis zwölf Monate);
- Entfernung und Beseitigung der Verpackung;
- Erhitzen des Gerichts.

Guten Appetit?

- In der Region um Offenau und Heilbronn wird der Zucker aus Rüben gewonnen. Die durchschnittliche Entfernung von den Anbaugebieten zur Raffinerie beträgt 35 Kilometer; von der Raffinerie in Offenau zur Süd-milch-Zentrale in Stuttgart sind es 72 Kilometer – 107 Kilometer.
- In polnischen Plantagen werden die Erdbeeren gepflückt; diese landen zunächst in Aachen (800 Kilometer). Dort werden die Früchte zubereitet und dann nach Stuttgart transportiert (446 Kilometer) – 1246 Kilometer.
- Das Glas wird in Bayern hergestellt. Teils mit der Bahn, teils mit dem Lkw werden als Zutaten Altglasscherben aus der Region, Quarzsand aus Frechen, Soda aus Solingen, Kalk aus Huettlingen, Filterstaub aus Essen und Zinkselenit aus Düsseldorf ins bayrische Neuburg zu einer der größten Glasverarbeitungen Deutschlands verfrachtet; 546 Lkw-Kilometer müssen gefahren werden. Von Neuburg geht es wieder nach Stuttgart (260 Kilometer) – 806 Kilometer.
- Die Milch kommt von 5930 Bauernhöfen in der Umgebung von Stuttgart und Heilbronn. 44 Tanklastwagen fahren jeden Morgen 400 000 Liter in die Verarbeitungszentrale nach Stuttgart. Die durchschnittliche Distanz zwischen Lieferant und Hersteller beträgt 36 Kilometer.
- Das Etikett liefert eine Firma in Kulmbach (314 Kilometer); ihr Papier bezieht sie aus dem niedersächsischen Uetersen (634 Kilometer). Den Etikettenleim, bestehend aus Mais- und Weizenpulver aus holländischen und belgischen EG-Beständen (220 Kilometer), schickt eine Düsseldorfer Firma nach Stuttgart (419 Kilometer) – 1587 Kilometer.
- Aluminium für die Deckel wird im rheinischen Grevenbroich aus Bauxit und Rohaluminium hergestellt, von dort nach Weiden bei Kulmbach geliefert (560 Kilometer), dort zu Aludeckeln verarbeitet, die wiederum ihren Weg über 304 Kilometer nach Stuttgart nehmen – 864 Kilometer.

(Quelle: ZEITmagazin vom 29.1.1993)

An dieser Stelle sei noch einmal das oben genannte Beispiel der Pouletbrüstchen, die in der Schweiz verkauft werden, angeführt. Die brasilianischen Aufzucht- und Verarbeitungsbetriebe liegen bis zu 100 Kilometer auseinander. Eine solche Strecke werden die Hähnchen mit kleinen Lieferwagen transportiert. Schwere 40-Tonnen-Lastwagen legen 300 Kilometer bis zum Hafen zurück. Ein Kühlschiff absolviert 12 000 Kilometer zwischen São Paulo und Antwerpen. Vierzigtonner erledigen den Transport nach Basel (650 Kilometer), 28-Tonner bewerkstelligen die Feinverteilung in der Schweiz. So beträgt die Gesamtstrecke 13 200 Kilometer. Für jedes Kilogramm Fleisch, das diesen Weg zurückgelegt hat, wurden 17 Megajoule Energie verbraucht. Für die Aufzucht der Hühner müssen pro Kilogramm noch einmal 65 Megajoule Energie veranschlagt werden. Verarbeitung, Verpackung und Lagerung schlagen mit 10 Megajoule zu Buche. So kommt man auf 91,5 Megajoule Energie für ein Kilogramm Fleisch; das entspricht der Energie von 2,2 Litern Heizöl.

> **80 Prozent Treibstoff gespart**
> Die Fachhochschule Fulda errechnete, daß bei einer Portion Rinderhüftfleisch aus der Rhön mit regionalen Beilagen gegenüber einem argentinischen Rumpsteak mit Beilagen 80 Prozent Treibstoff durch die viel kürzeren Transportwege eingespart wird.

Nachhaltige Landwirtschaft und neues Konsumverhalten zur langfristigen Sicherung der Welternährung

In der Diskussion um neue Wege gehen die Meinungen der Experten auseinander. Die einen setzen auf einen neuen technologischen Durchbruch (hier werden vor allem Hoffnungen in die Möglichkeiten der Gentechnologie gesetzt), die anderen hoffen hingegen weniger auf technische Lösungen, sie plädieren für strukturelle Veränderungen in den Landwirtschaften der Entwicklungsländer und der Industrienationen, und sie setzen sich für einen gerechteren Welthandel ein.

Gentechnologie – Segen oder Fluch?

Durch die Industrialisierung und die veränderte Lebensweise sind die Ansprüche an Lebensmittel in den vergangenen Jahrzehnten stetig gewachsen. Sie sollen nicht nur appetitlich schmecken, lange haltbar bleiben und dazu noch gut und vor allem frisch aussehen, selbst nach einem langen Transport um die halbe Welt. So haben wir uns daran gewöhnt, daß nur noch selten Nahrungsmittel in ihrer vollen Ursprünglichkeit auf unsere Tische gelangen. Je intensiver Lebensmittel bearbeitet wurden (Farb-, Aroma- und Konservierungsstoffe), desto problematischer wird es für die Verbraucher, überhaupt noch nachzuvollziehen, was nun wirklich in der Nahrung steckt. Gleichzeitig sind die Konsumenten kritischer geworden, da Geschmacksverluste, Nährwertdefizite, Aromaschwankungen und Pestizidrückstände Kritik aufkommen ließen. Nun sehen die Gen-Ingenieure ihre Chance!

Was leistet Gentechnologie?

Mit der Gentechnologie ist es möglich, Erbinformationen – also bestimmte Eigenschaften – von einem Organismus auf einen beliebigen anderen zu übertragen. So wird es möglich, daß Bakterien Stoffe produzieren, die natürlicherweise in Zellen von Pflanzen (zum Beispiel Süßstoff Thaumatin oder Vanille) oder in tierischen Zellen (zum Beispiel Käselab) gebildet werden. Außerdem ist es möglich, Tieren oder Pflanzen neue, aus anderen Organismen stammende Eigenschaften einzubauen (beschleunigtes Wachstum, längere Haltbarkeit, Resistenz gegen Krankheiten und Schädlinge usw.). Vor allem die Enzyme spielen eine große Rolle bei der Herstellung neuer Lebensmittel (Food Design), da sich die Lebensmittelindustrie hier neue Impulse für einen gesättigten Markt erhofft. Durch Gentechnologie können Organismen zusammengebaut und optimiert werden; Tomaten verlieren ihre Gammelgene, Kartoffeln ihre Blau-Stellen.

Welche Pflanzen werden bereits genmanipuliert?

Äpfel, Baumwolle, Birnen, Erdnüsse, Kaffee, Kakao, Mais, Meerrettich, Raps, Reis, Roggen, Rüben, Sellerie, Soja, Sonnenblumen, Spargel, Tabak, Tomaten, Walnüsse, Weizen, Zuckerrüben – bei diesen Nutzpflanzen hat es schon Manipulationen gegeben.

Welche Risiken sind mit der Gentechnologie verbunden?

Genmanipulierte Organismen haben eine hohe Risikoqualität, denn sie leben, sie vermehren sich, sie können sich auf andere Organismen übertragen; im Schadenfall können sie nicht mehr zurückgeholt werden.
Es gibt begründeten Verdacht, daß neu eingesetzte Gene Veränderungen in der räumlich-zeitlichen Steuerung des Stoffwechsels bewirken, so daß zum

Beispiel Gifte auch in bisher ungiftigen Pflanzenteilen konzentriert auftreten können.

Ist die Gentechnologie ein Mittel gegen den Welthunger?

Mit gentechnologischen Methoden sollen traditionelle Drittweltprodukte in den Laboratorien der reichen Länder hergestellt werden können; so würden die wichtigsten Exportprodukte von Entwicklungsländern vom Markt verdrängt. Der Dritten Welt droht also ein weiterer wirtschaftlicher Abstieg, wenn mancher Rohstoff billiger als auf den Plantagen gewonnen werden kann.

Mit dem Einbau von Kälteresistenzgenen soll zum Beispiel zukünftig Kakao auch außerhalb der Tropen angebaut werden können; das Gen für den Süßstoff Taumathin soll den Kakao süß machen, damit bei der Schokoladenproduktion der Zucker eingespart werden kann; mit gentechnischen Enzymen wird bereits versucht, durch billige Fette und Öle Kakaobutter zu ersetzen!

Wie können sich Verbraucherinnen und Verbraucher verhalten?

Wer gentechnologischen Eingriffen kritisch gegenübersteht, sollte sich vor allem für eine Kennzeichnungspflicht einsetzen und Umweltverträglichkeits- und Gesundheitsprüfungen fordern. Der Bund für Umwelt und Naturschutz (BUND) macht sich für Gesetzesänderungen auf EG-Ebene stark.

Die Position deutscher Nichtregierungsorganisationen zum Welternährungsgipfel 1996

- Das Recht auf Nahrung macht Agrarreformen und Mindestlohngesetzgebung zu staatlichen Pflichtaufgaben. Staaten müssen durch Sozialmaßnahmen die Ernährung der Menschen sichern, die kurz- oder langfristig nicht aus eigener Kraft für ihre Ernährungssicherung sorgen können.
- Ernährungssicherheit beginnt mit der rechtlichen und politischen Absicherung in der Nahrungsmittelerzeugung tätiger Menschen, wie Bäuerinnen und Bauern, Landarbeiterinnen und Landarbeiter, Fischerinnen und Fischer. Ihre politische Beteiligung entscheidet darüber, ob Strategien zur Ernährungssicherheit Erfolg haben.
- Nahrungsmittelexporte in Länder, die ihren Bedarf eigenständig nicht decken können, dürfen deren interne Nahrungsproduktion nicht gefährden. Das Dumping von Nahrungsmitteln und deren Verkauf unter den Produktionskosten des Exportlandes hat in vielen Ländern die Bemühungen zur Ernährungssicherung untergraben und ist einzustellen. Der internationale Handel kann für die nationale Ernährungssicherung nur ergänzende Funktion übernehmen.
- Eine nachhaltige Ernährungssicherung kann nur eine standortgerechte Landwirtschaft mit möglichst geringem Einsatz eingeführter Betriebsmittel leisten, weil sie die Ernährungsgrundlagen auf Dauer erhält. Der Vorteil einer solchen – meist bäuerlichen – Landwirtschaft liegt in dem Bestreben, die Substanz des Hofes über Generationen zu erhalten und sich nicht nur nach kurzfristigen finanziellen Interessen zu richten.
- Bei der Ernährung sind Produkte aus der eigenen Region zu bevorzugen. Eine Dezentralisierung der Märkte und eine Verkürzung der Vermarktungswege ist aber nur möglich, wenn die sozialen und ökologischen Kosten in die Preisbildung einbezogen werden, was zum Beispiel die Einführung einer Energiesteuer vorsieht.

Die Liberalisierung auf dem Agrarsektor ist nachhaltiger Ernährungssicherheit abträglich. Sie macht sie abhängig von kommerziellen Interessen und ökologisch unsinnigen Transport- und Verarbeitungsprozessen. Der weltweit vorherrschende und politisch gewollte Trend, die Agrarstrukturen zu reformieren und an ausschließlich ökonomische Belange anzupassen, ist einer bäuerlichen Landwirtschaft höchst abträglich und muß korrigiert werden. Agrarpolitik sollte uneingeschränkt die Möglichkeit haben und davon Gebrauch machen, unter den gegebenen ökonomischen Bedingungen weltweit nicht konkurrenzfähige Standorte zu schützen und eine ökologisch, kulturell und sozial verträgliche Eigenversorgung sicherzustellen.
(Quelle: Positionspapier der Nichtregierungsorganisationen)

Nachhaltiges Wirtschaften

Die Industrialisierung der Landwirtschaft ist mitverantwortlich für den bedenklichen Zustand der Umwelt und der Welternährungssituation. In der aktuellen umwelt- und entwicklungspolitischen Debatte gewinnt ein Gegenmodell an Bedeutung: nachhaltiges Wirtschaften als eine grundsätzliche Um- und Neuorientierung ganzer Gesellschafts- und Wirtschaftssysteme – für eine stärkere Berücksichtigung sozialer, ökologischer und ökonomischer Ansprüche gegenwärtiger und zukünftiger Generationen. Der Landwirtschaft, besonders stark mit Natur und Umwelt verbunden, kommt bei der Umsetzung einer zukunftsfähigen Gesellschaft zentrale Bedeutung zu.

Nachhaltige Landwirtschaft bedeutet:

* keine industrielle Massenproduktion, sondern flächendeckende, extensive und ökologische Kreislaufwirtschaft, die langfristig die Versorgung mit Nahrungsmitteln sichert
* Berücksichtigung natürlicher Standortbedingungen
* Vermeidung von Schadstoff- und Abfalleinträgen in Grundwasser und Gewässer
* artgerechte und flächengebundene Viehhaltung
* Förderung der Artenvielfalt bei Pflanzen und Tieren
* Förderung eigener Energiegewinnung
* generelle Optimierung des Energieeinsatzes unter starker Berücksichtigung ökologischer Kriterien

Der ökologische, standortgerechte Landbau kann in diesem Zusammenhang ein wichtiges Leitbild sein. (...) Im ökologischen Landbau finden bis zu sechs Menschen auf hundert Hektar Arbeit, während in der konventionellen Landwirtschaft angestrebt wird, mit einer bis einer drittel Arbeitskraft je hundert Hektar auszukommen.

(Aktion „Brot für die Welt" 1996, Faltblatt)

Ernährung soll wieder Spaß machen
Wir wollen, daß Lebensmittel in unserem Bewußtsein wieder zum Leben erwachen. Wir wollen, daß Ernährung wieder Spaß macht, wir wollen, daß wir bei jedem Bissen wieder an gesunde Landschaft und blühende Kulturen in allen Teilen der Welt denken können, wir wollen die Nahrungsmittel wieder zum Leben erwecken.
(Geleitwort zur Kampagne BEISSREIN des BUND)

Die erste Fair-Trade-Schokolade der Welt

Mascao ist eine Produktentwicklung der Schweizer Fair-Handels-Organisation OS3, die sie 1991 auf dem Schweizer Markt einführte. In Deutschland wird die Schokolade von der Gesellschaft zur Förderung der Partnerschaft mit der Dritten Welt mbH (gepa) vertrieben. Die beteiligten Kakao- und Zuckerproduzenten erhalten einen stabilen, über dem Weltmarkt liegenden Preis. Der bolivianische Genossenschaftsverband El Ceibo liefert das Kakaopulver aus ökologischem und konventionellem Anbau, von der philippinischen gemeinnützigen Vermarktungsorganisation Alter Trade Corporation (ATC) stammt der unraffinierte Zucker. Die für El Ceibo tätigen indianischen Kleinbauern wären ohne Rückhalt einer Organisation den Zwischenhändlern ausgeliefert, die ihnen viel zu niedrige Preise zahlen. Die philippinische ATC wurde 1987 auf der Zuckerinsel Negros gegründet. Sie gehört zu einem Zusammenschluß von zahlreichen Basisorganisationen und hat in diesem Rahmen die Vermarktung der von ihren Mitgliedern erzeugten landwirtschaftlichen Produkte übernommen, darunter auch Zucker. Die gepa übernimmt bis heute Verteilerfunktionen für das Netzwerk der European Fair Trade Association. Die gepa unterstützt in der Aufbauphase unerfahrene Produzentenorganisationen, setzt auf langfristige Geschäftsbeziehungen und läßt die Produkte so weit wie möglich im Ursprungsland verarbeiten und verpacken; die gepa fördert ökologische Produktion und honoriert die Umstellung darauf mit einem Zuschlag.

Beim Einkauf ein Stück die Welt fair-ändern

Zu einer ungewöhnlichen Aktion rief TRANSFAIR e. V. im Sommer 1996 auf, indem man an den warmen Sommertagen bereits an Weihnachten denken sollte – es wurde zu fairen Weihnachten aufgerufen. Alle lokalen Gruppen sollten mitmachen. Fairer Lohn für harte Arbeit – mit diesem Ansatz hat TRANSFAIR in den wenigen Jahren seines Bestehens schon beachtliche Erfolge erzielt. Heute stehen 35 Mitgliedsorganisationen hinter TRANSFAIR, u. a. Brot für die Welt, Misereor, die Friedrich-Ebert-Stiftung, die Verbraucherinitiative und andere. TRANSFAIR vergibt ein Gütesiegel für fair gehandelte Produkte. Die Produzenten müssen Kleinbauern bzw. Organisationen von Kleinbauern sein; die Kleinbauern dürfen keine ständigen LohnarbeiterInnen beschäftigen. Die Importeure dürfen nur von Genossenschaften kaufen, die im Produzentenregister vermerkt sind. Abnahmeverträge müssen über einen Erntezyklus gehen, Vorauszahlungen bis zu 60 Prozent der gekauften Produkte müssen geleistet werden, Mindestpreise müssen garantiert werden, der Zwischenhandel wird erfolgreich ausgeschaltet. Auf dem Kaffeesektor werden mittlerweile 60 verschiedene Sorten angeboten, in den Einzelhandelsgeschäften hat TRANSFAIR einen Marktanteil von vier Prozent. Drei Dutzend große und kleine Röster bieten heute TRANSFAIR-Kaffee an, unter ihnen Darboven, Neuteboom, Schirmer, Union-Kaffee und natürlich auch die gepa.

Recht auf Differenz
Globalisierung, die sicherlich
ihre Vorteile hat und die in den Bereichen
der Transport- und Informationstechnologie
bereits Realität ist, wird niemals zukunftsfähig sein, wenn
sie nicht im Einklang steht mit den Gedanken
der Partnerschaft, dem Recht auf Differenz
und der Selbstbestimmung.
(A. Traoré am 12.7.1995 in Stuttgart)

Gut Ding will Weile haben
Bei der Ernährung sollten wir uns nach Möglichkeit wieder auf die Jahresrhythmen ausrichten, denn Essen, jede Frucht, jedes Tier, jedes Reifen und jedes Wachstum haben und brauchen ihre Zeit – auch der Mensch. Gerichte, deren Zutaten in der Zeit liegen, sparen Energie, Kosten und Transportwege – sie sind ein Beitrag zum Klimaschutz und reduzieren die Exportorientierung in den Ländern der Dritten Welt.

Vollwertkost und Fast food im Energievergleich

Stationen der Vollwert-Ernährung
a) Vom ökologisch kontrollierten Anbau bei artgerechter Tierhaltung über
b) kurze Transportwege zu
c) einer kurzfristigen Lagerung, wobei wenig später
d) die schonende Vor- und Zubereitung erfolgt; dann
e) folgt der Verzehr (nach Möglichkeit hoher Rohkostanteil).

Stationen des Fast food
a) Von der konventionellen Massentierhaltung bzw. vom chemieintensiven Landbau über
b) lange Transportwege zur
c) industriellen Produktion;
d) Vor- und Zubereitung nach standardisierten Rezepten und anschließend
e) aufwendige Verpackung, die nach dem
f) Verzehr
g) nicht minder aufwendig beseitigt werden muß!

Die Kunst des Wartens

Noch vor 100 bis 150 Jahren wurden ungefähr 95 Prozent der Lebensmittel quasi in Sichtweite des Kirchturms erzeugt. Jeder konnte miterleben, wie Pflanzen und Tiere, von denen er lebte, wuchsen und gediehen. (...) Die Kiwi kennt heute jedes Kind, Streuobst hingegen bestenfalls vom Hörensagen. Die Ferne wird entzaubert, das Naheliegende entfremdet. (...) Überdies entwickeln wir uns immer mehr zu situativen Einzelessern, und zwar nicht nur, weil die Zahl der Single-Haushalte und Eigenbrötler wächst. Auch in Familien und sonstigen Bünden fürs Leben wird zunehmend allein gegessen. (...) Ohne die soziale Bindekraft der gemeinsamen Mahlzeit verliert das Essen generell an Bedeutung. (...) Dank unseres saisonbereinigten Lebensstils ist für uns (fast) alles zu jeder Zeit verfügbar – und zwar sofort. Genau hier müßte eine Neuorientierung ansetzen, eine Rekultivierung von Raum und Zeit – und unser selbst. (...) Denn wo sonst, wenn nicht beim Umgang mit Boden, Wasser, Pflanzen und Tieren, beim Kochen und Essen, kann man noch am eigenen Leib erfahren, daß:

- alles, biblisch gesprochen, „seine Zeit" hat und braucht;
- Entstehen und Vergehen, Leben und Tod eine innere und im ganzen fruchtbare, sich selbst regenerierende Einheit bilden;
- Warten nicht zeitlicher Leerlauf bedeuten muß, sondern Voraussetzung allen Gedeihens und Grundlage aller Vorfreude ist;
- Entstehungs- und Reifungsprozesse sich nicht beliebig ohne Qualitätsverlust beschleunigen oder verlangsamen lassen;
- und es bei all unserem Tun auf den richtigen Augenblick und das rechte Zeitmaß ankommt?

(M. Schneider in: DIE ZEIT , 29.12.1995, S. 26)

Die Küche im Dorf lassen

In einer Evangelischen Akademie ist es gelungen, eine konsequente Umstellung auf regionalen Einkauf den Transportaufwand um 88 Prozent zu reduzieren. Mittlerweile kommen zwei Drittel aller Lieferanten aus einem Umkreis von 10 Kilometern.

Menu vor der Umstellung

• Blumenkohlsuppe (Fertigprodukt)	= 120	km
• Kopfsalat (Großhändler)	= 50	km
• Schweinebraten (eingeschweißt)	= 200	km

Das Wiener Kurzstrecken-Frühstück

Eine Umweltinitiative in Österreich führte überzeugend vor Augen, wie sich Kaufentscheidungen der Konsumenten auf Transportwege und Energiebilanzen auswirken. Beim Wiener „Kurzstrecken-Frühstück" wird verglichen, wieviel Straßenkilometer im Vergleich zu der Langstreckenversion eingespart werden. So wurde zum Beispiel Apfelsaft aus der Umgebung der Vorrang gegeben, nicht dem aus der Ferne herangeflogenen Orangensaft. Für ein gängiges Frühstück in Wien ist Käse rund 450 Kilometer unterwegs, ähnlich verhält es sich mit Milch und Eiern. Die Aktion setzte konsequent auf Produkte aus der nächsten Umgebung und gab so ein wichtiges umweltpolitisches Zeichen.

• Soße (Fertigprodukt)	= 120	km
• Spätzle (Fertigprodukt)	= 50	km
• Schokoladencreme (Fertigprodukt mit Milch)	= 170	km
Beschaffungskilometer total	= 710	km pro Menu

Menu heute
• Salatteller (lokaler Gärtner)	= 1,5	km
• Dinkel-Mandelküchle (Erzeugergemeinschaft)	= 80	km
• Gemüseplatte (regionaler Bauer)	= 19	km
• Kräutersoße (lokaler Bauer)	= 3,0	km
• Apfelgrütze mit Zimtsahne (lokaler Anbau; Zimt und Vanille und Zitronensaft nicht gerechnet)	= 1,5	km
Beschaffungskilometer total	= 105	km pro Menu

Es ist deutlich geworden, daß mit unserer Ernährung weltweite Schicksale verbunden sind. Das momentane Konsumprinzip führt lokal und global zu mannigfaltigen Krisen. Es liegt an Verbraucherinnen und Verbrauchern, erste Zeichen zu setzen.

Tips in Kurzform

- Kaufen Sie nach Möglichkeit fair gehandelte Produkte!
- Überlegen Sie im besonderen, ob das Produkt mit Kinderarbeit verbunden sein könnte!
- Vermeiden Sie jedweden Verpackungsmüll!
- Greifen Sie selten auf Fertiggerichte zurück!
- Geben Sie den Mahlzeiten den zeitlichen Rahmen, den sie verdient haben!
- Essen Sie zu möglichst festgesetzten Zeiten!
- Bevorzugen Sie pflanzliche Lebensmittel!
- Verzehren Sie reichlich unerhitzte Frischkost!
- Geben Sie gering verarbeiteten Lebensmitteln den Vorzug!
- Verwenden Sie wenig Fett!
- Meiden Sie Lebensmittelzusatzstoffe!
- Vermeiden Sie Nahrungsmittel aus bestimmten Technologien (Gentechnik)!
- Kaufen Sie zunehmend Erzeugnisse aus ökologischer Landwirtschaft!
- Bevorzugen Sie Erzeugnisse regionaler Herkunft (Saisonprodukte)!
- Halten Sie sich beim Verzehr tierischer Lebensmittel zurück!
- Bevorzugen Sie Vollkornprodukte!
- Stellen Sie Gemüse, Kartoffeln und Obst in den Mittelpunkt der Ernährung!
- Ersetzen Sie tierisches Eiweiß stärker durch pflanzliches Eiweiß!
- Essen Sie langsam und bewußt!
- Verfolgen Sie aufmerksam die Medien mit Blick auf die Welternährungsfrage!

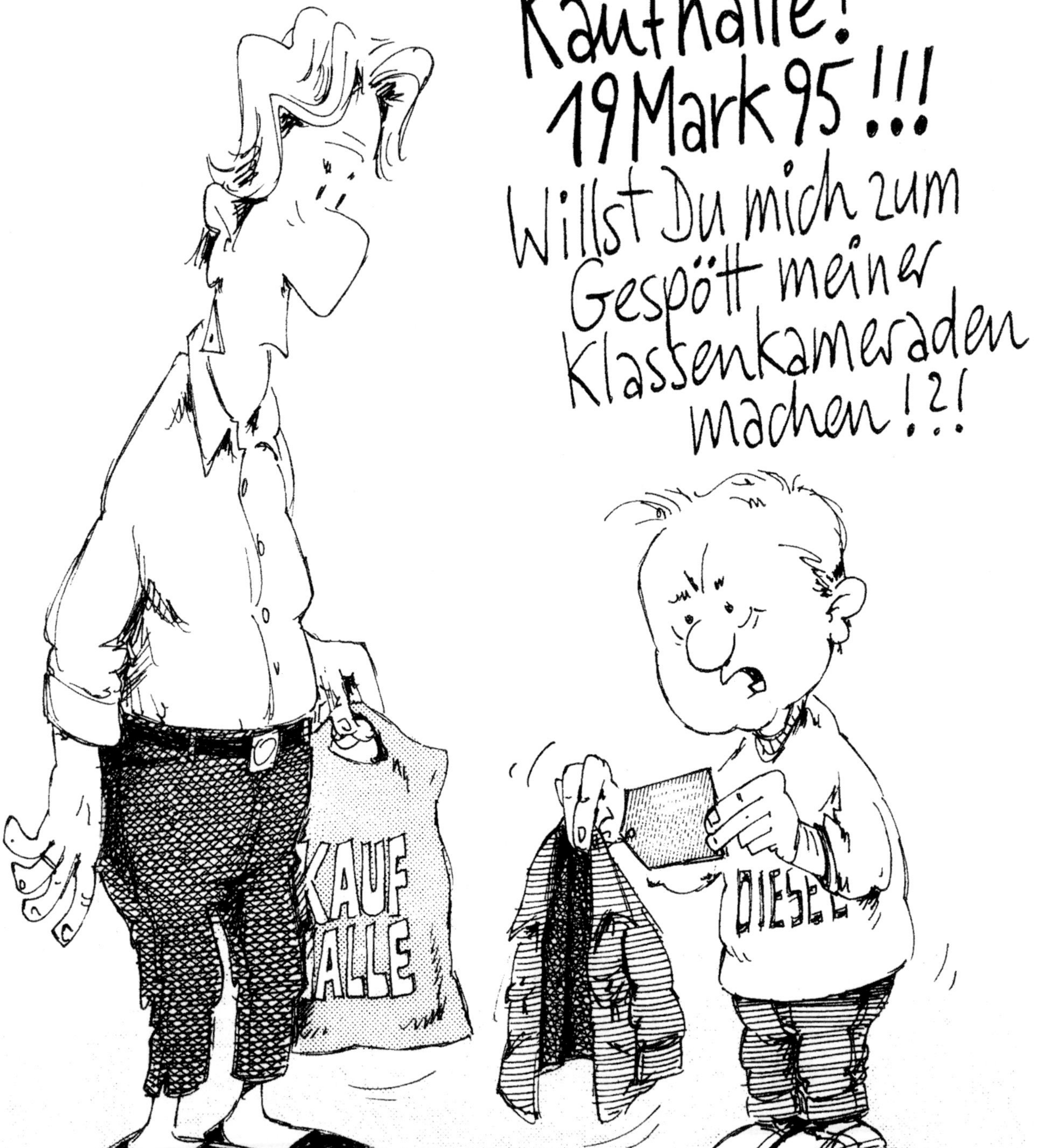
Kaufhalle! 19 Mark 95 !!! Willst Du mich zum Gespött meiner Klassenkameraden machen !?!
KAUF HALLE
DIESEL

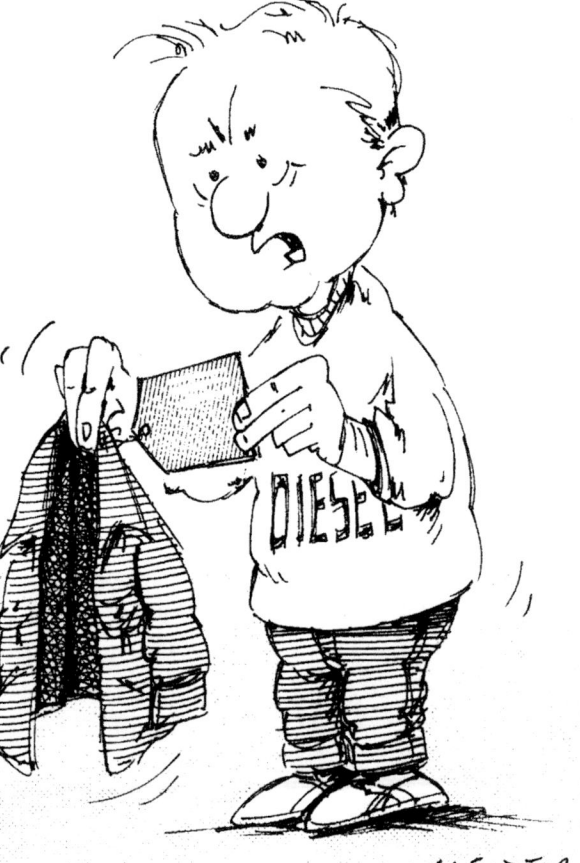

Die Kleidung von morgen – zukunftsfähig oder modern?!

> „Weniger denn je sind in der ‚Erlebnisgesellschaft' (G. Schultze) die Produkte einfach Träger eines instrumentellen Nutzens, sie haben vielmehr eine expressive Funktion. Es zählt, was Waren sagen, nicht was sie bewirken. (...) Waren sind mit Bedeutung aufgeladen; sie stellen ein System von Zeichen dar, mit denen ein Käufer Statements über sich selbst, seine Familie und seine Freunde macht."
> (Zukunftsfähiges Deutschland 1997, S. 209)

Kleidung ist ein wesentlicher Bestandteil dieses Zeichensystems der Erlebnisgesellschaft. Mehr als ihr physischer Gebrauchswert zählt in der modernen Gesellschaft ihre soziale Ausdruckskraft. Das Verlangen nach ständig neuer Kleidung ließ den internationalen Markt für Textilien und Bekleidung auf ein Jahresvolumen von ungefähr 270 Milliarden US-Dollar anwachsen (Hingst/Mackwitz 1996, S. 9). Der Kleiderrausch des Nordens führte zu einem jährlichen Pro-Kopf-Verbrauch von 17–20 Kilogramm Bekleidung in Deutschland. Die Verbrauchszahlen in der Schweiz und in den USA liegen ebenfalls in dieser Größenordnung. Zum Vergleich: In Indien beträgt der jährliche Pro-Kopf-Verbrauch an Bekleidung zwei Kilogramm. Für weite Bevölkerungsschichten bedeutet dies eine Unterversorgung mit Bekleidung.

Innerhalb der einzelnen Bedarfsfelder gehört die „Bekleidung" zu den weniger energie- und materialintensiven: „Nur" sechs bis sieben Prozent des Primärenergieverbrauchs, der Emissionen an Kohlendioxid (CO_2), Schwefeldioxid (SO_2) und Stickoxiden (NO_x) sowie der Materialentnahme pro Kopf und Jahr entfallen auf den Sektor der Bekleidung – so die Ergebnisse der Studie „Zukunftsfähiges Deutschland".

Anders klingt es schon, wenn der Verbrauch in absoluten Zahlen ausgedrückt wird: Pro (bundesdeutschen) Kopf machen die sechs Prozent des gesamten entnommenen Materials ungefähr drei Tonnen Materialentnahme pro Jahr aus, die für unsere Versorgung mit Bekleidung anfallen – in Form von mineralischen und biotischen Rohstoffen, fossilen Energieträgern sowie nicht verwerteter Rohförderung, Bodenaushub und Erosion. Hochgerechnet auf unsere gesamte Bevölkerung kommt da schon einiges zusammen.

Auch wenn die deutsche Textilindustrie seit Jahren schon dahinstirbt, so verbrauchte sie 1986 doch noch ca. 100 000 Tonnen Textilhilfsmittel, 100 000 bis 280 000 Tonnen sonstige Chemikalien und 11 000 Tonnen Farbstoffe (Schätzungen des Umweltbundesamtes). Wie müssen dann erst die vergleichbaren Zahlen für die Länder des Südens aussehen, die von der Textilproduktion (über)leben?

90 Prozent der bei der Textilherstellung verwendeten Chemikalien gelangten ins Abwasser, ca. zehn Prozent der Textilhilfsmittel und Farbstoffe bleiben in der Regel auf der Textilie. Bei Baumwolle kann der Chemikalienanteil bis zu

Fallbeispiel

Energieverbrauch pro kg Textilien

- für Waschen und Bügeln: 885 MJ
- Herstellung der Rohfaser,
  Spinnen, Weben, Veredeln
  u. Transport: 135 MJ
- Vorbehandeln, Färben,
  Ausrüsten von Naturfasern: 10–20 MJ

1 MJ = 106 Joule

„Natürlich Jeans"

„Natürlich Jeans! Oder kann sich einer ein Leben ohne Jeans vorstellen? Jeans sind die edelsten Hosen der Welt. Dafür verzichte ich doch auf die ganzen synthetischen Lappen ... Für Jeans könnte ich überhaupt auf alles verzichten, außer der schönsten Sache vielleicht. Ich meine natürlich echte Jeans. Es gibt ja einen Haufen Plunder, der bloß so tut wie echte Jeans ... Es gibt ja überhaupt nur eine Sorte echte Jeans. Wer echter Jeansträger ist, weiß, welche ich meine. Was nicht heißt, daß jeder, der echte Jeans trägt, auch echter Jeansträger ist ... Die meisten wissen gar nicht, was sie da auf dem Leib haben ... Ich meine, Jeans sind eine Einstellung und keine Hosen."

(Plenzdorf 1973, S. 26f.)

30 Prozent des Gewichtes ausmachen. Was bleibt da vom wohlklingenden Namen „Naturfaser"?

Die Herstellung von Textilien ist energieaufwendig. Doch liegt der Gebrauch der Textilien mit 85 Prozent des Gesamtenergieverbrauchs in der textilen Kette an der Spitze.

Was die Bekleidungsproduktion stärker charakterisiert als die meisten anderen Branchen, ist ihre Globalisierung. Ca. 90 Prozent der in Deutschland verkauften Bekleidung wird jenseits der Grenzen hergestellt, überwiegend in den sogenannten „Entwicklungsländern" Südamerikas und Asiens. Dies heißt natürlich auch, daß die ökologischen Konsequenzen unserer Kleiderlust überwiegend die südlichen Länder belasten. So gehen zum Beispiel 18 Prozent des weltweiten Pestizidverbrauchs in den Baumwollanbau; pro kg Rohbaumwolle werden im Sudan ca. 29 m³ Nilwasser verbraucht. „Nicht nur die Gesundheit des Menschen steht auf dem Spiel, auch die der Ökosphäre: Noch immer sind Landwirtschaft, Chemie und Textilindustrie die größten Verursacher des Wassernotstands." (Hingst/Mackwitz 1996, S. 11)

Doch verursacht die Bekleidungsproduktion nicht nur ökologische Schäden in den Ländern des Südens. Angesichts der harten Konkurrenz auf dem Kleiderweltmarkt sind auch die sozialen Folgeschäden enorm. Textilien und Bekleidung wurden in den letzten Jahrzehnten für die deutsche Bevölkerung relativ immer billiger: Zwischen 1950 und 1990 sank der Anteil am Einkommen von Arbeitern und Angestellten mittlerer Lohnklassen, der für Textilien und Bekleidung ausgegeben wurde, von 10,7 Prozent auf 5,5 Prozent. Und das, obwohl die ständig wechselnden Moden und die übervollen Kleiderschränke in den fünfziger Jahren für die Nachkriegsbevölkerung noch unbekannt waren. Doch warum finden wir in den Geschäften eine Flut von preiswerten Kleidungsstücken, deren Qualität zudem oftmals gar nicht so schlecht ist? Auf wessen Kosten sind diese Kleider so billig?

Die folgenden Seiten wollen die unsichtbare „Arbeit hinter der Marke" sichtbar machen. Sie versuchen zu zeigen, daß Kleiderkauf zwar oft ein lustvoller Akt ist. Wer zieht sich nicht gern schön an? Jeder Kleiderkauf kann aber auch ein politisch und sozial-ökologisch bewußter Akt sein: Ich kaufe nicht nur das, was mir gerade gefällt, auch wenn es morgen schon wieder kaputt oder unmodern („sozial kaputt") ist. Sondern ich überlege, was ich brauche, wo ich es kaufe, ob es mir und den ProduzentInnen „gut tut", dieses Kleidungsstück zu kaufen. Und wer über den bewußten Gebrauch der Kleidung hinaus noch politisch aktiv werden will, zum Beispiel in der Kampagne für „saubere" Kleidung, für die oder den finden sich noch zahlreiche Anregungen und weiterführende Tips rund um die „textile Kette".

Kleidung – nicht nur ein Grundbedürfnis

Kleider schützen vor Kälte und Nässe, Sonne, Staub und Insekten. Sich dem Wetter entsprechend zu kleiden ist ein menschliches Grundbedürfnis, wie sich zu ernähren oder ein Dach über dem Kopf zu haben. Im Gegensatz zu vielen Ländern des Südens können bei uns nur wenige Menschen dieses Grundbedürfnis nicht befriedigen. Nur wenige sind so arm, daß sie sich keine ausreichende Kleidung kaufen können – sei es in Kaufhäusern oder Kleiderbörsen. Doch Kleidung ist viel mehr als ein Grundbedürfnis. Die Menschen stellen sich durch und mit ihrer Kleidung dar, bringen sich und das, was sie sein wollen, zum Ausdruck. Kleidung spielt oft eine wesentliche Rolle dabei, wie man von anderen eingeschätzt wird.

Dieser „soziale" Charakter der Bekleidung ist vermutlich so alt wie die Bekleidung selbst. Schon lange und in allen (bekannten) Gesellschaften dient Bekleidung zur Kennzeichnung von Standesunterschieden bzw. zur Symbolisierung der jeweiligen Rolle in der Gesellschaft.

Neu allerdings ist, daß jede/r einzelne eine momentane Stimmung oder ein Lebensgefühl in ständig wechselnder Kleidung ausdrückt. Die Variationen sind zahllos, die Vielfalt der Angebote ist oft erdrückend. Je mehr „Lebensgefühle" von der Bekleidungsbranche in Mode „ausgedrückt" werden, desto schwieriger wird es, sich individuell zu kleiden. Bleibt als individuelle Bekleidung letztlich nur die Verweigerung „moderner" Kleidung?

Männerkleider – Frauenkleider

Mode, wie wir sie heute verstehen, ist noch nicht so alt. Erst die industrielle Revolution und der Aufstieg des Bürgertums im 19. Jahrhundert machten die Mode allmählich zu einem Massenphänomen. Vorher waren Moden streng auf die schmale oberste Gesellschaftsschicht beschränkt. Kleiderverordnungen und Luxusverbote untersagten die Imitation der Bekleidung der Oberschicht. Die Entwicklung der Mode der Oberschichten in den letzten Jahrhunderten sagt einiges aus über Lebensweise und Stellung der Geschlechter in der jeweiligen Zeit: Im frühen Mittelalter waren Männer- und Frauenkleider noch sehr ähnlich. An den Höfen des 16.–18. Jahrhunderts schmückten sich Frauen und Männer mit einer Fülle von wertvollen Stoffen, Spitzen, Federn und Perücken. Der Umschwung setzte mit der Französischen Revolution ein. Die lange Hose, die sich – zusammen mit Hemd und Jacke – seither als Einheitskleidung bei Männern durchgesetzt hat, hat ihren Ursprung in der Arbeitskleidung der untersten Schichten. „Der Bürger an der Macht braucht keine bunte Pracht" – hieß es.

Gerade umgekehrt verlief die Entwicklung bei der Frauenkleidung. Immer breitere Kreise übernahmen die prunkvolle und oft unbequeme Aufmachung der Oberschicht. Ob die Krinoline mit eingenähten Eisenreifen, die Tournure mit ausgestelltem Hinterteil oder die Wespentaille durch rigoroses Einschnüren mit Korsett – die weibliche Silhouette wurde immer wieder nach einem anderen Schönheitsideal geformt.

Kleidung – auch eine Sprache

„Ich bin sportlich und unkompliziert."

„Ihr könnt mich alle."

„Ich habe Geld."

„Ich bin cool."

„Ich bin unkonventionell und will auffallen."

„Ich suche Abenteuer."

„Ich mache Karriere."

„Ich lebe umweltbewußt."

„Ich bin ein Freak."

„Bloß nicht auffallen."

„Die Schöpfungen"

Rom, 18. Februar (kna). Alessandro Maggiolini, Bischof von Como, hat sich über die Mode-Schöpfungen der „Schneider mit den großen Namen" beklagt. In einem Artikel in der jüngsten Ausgabe des „Messagero di Sant'Antonio" beklagt der Kirchenmann, von den Modehäusern gehe ein Trend zur Uniformität aus, dem sich vor allem die Jugendlichen ohne nachzufragen anschlössen. Solche Mode mache anonym, wo doch Gott den Menschen als Individuum geschaffen habe, meint der Bischof. Selbst die Trachten der Nonnen hätten mehr Fantasie und Individualität als die vereinheitlichende Mode der Gegenwart. Maggiolini ruft daher die Katholiken zum „Ungehorsam gegenüber dem Diktat" der großen Modeschöpfer auf.
(Frankfurter Rundschau, 19.2.97)

Die unterschiedliche Entwicklung von Männer- und Frauenmode ist kein Zufall. Sie spiegelt die starrer werdende Rollen- und Arbeitsteilung zwischen den Geschlechtern – quer durch alle gesellschaftlichen Klassen hindurch.

Am meisten veränderten sich die europäischen Frauenkleider in den 20er Jah-ren des 20. Jahrhunderts, als die Frauen die bürgerliche Männerkleidung „er-oberten" und sich in Jackett, Bluse und später in Hosen kleideten. Diese Ver-änderung korrespondierte mit der veränderten, selbständigeren Rolle von Frau-en in der Kriegswirtschaft.

Mode in Massen

Mode ist eine wichtige Antriebskraft für den Konsum. Sie wirkt absatzför-dernd und umsatzsteigernd. Gäbe es keine Mode und würden sich die Leute erst neue Kleider kaufen, wenn die alten abgetragen und kaputt sind, wäre der Umsatz an Textilien und Kleidern sehr viel geringer. Die Bekleidungsindu-strie ist sich der Wichtigkeit des Modewechsels für den Kauf bewußt und setzt ihn auch sehr gezielt zur Umsatzförderung ein. Bereits 1950 formulierte ein US-Industrieller:

„Eine blühende Bekleidungsindustrie ist auf der Grundlage des einfachen Nutzwertes nicht möglich (…). Wir müssen den Verschleiß beschleunigen (…) unsere Aufgabe besteht darin, den Frauen die Freude an dem, was sie haben, zu nehmen (…). Wir müssen sie so unzufrieden machen, daß ihre Männer, wenn sie übermäßig sparsam sind, weder Ruhe noch Frieden finden."
(B. Earle Pucket, Vorstandsvorsitzender der Allied Store Corporation, 1950)

> „Mode ist eine Maßnahme der Industrie, durch die sie sich an der Halt-barkeit ihrer Produkte rächt. Den noch gut wärmenden Mantel macht sie, da sie ihn physisch nicht ruinieren kann, sozial unverwertbar."
> (Günther Amendt, Philosoph)

Kinder als KonsumentInnen

Jahrzehntelang haben Frauen im Mittelpunkt der Modewerbung gestanden. Doch längst haben Kinder und Jugendliche als kaufkräftige Zielgruppe der Werbung aufgeholt. Und mit Erfolg: 25 Prozent der Kinder zwischen sechs und dreizehn Jahren achten beim Kleiderkauf darauf, daß die richtige Marke an den Klamotten klebt. Bei den 12–13jährigen sind es sogar über 40 Prozent – so die Ergebnisse einer Untersuchung des Möllner Inra-Institutes (s. Spiegel-Spezial: Die zweite Haut, Nr. 9/1996, S. 34). Mit immer mehr Geld bezahlen die Kinder und Jugendlichen ihre Modewünsche: Von den rund 19 Milliarden Mark pro Jahr, die die 6–17jährigen „einnehmen", geben sie rund fünf Milli-arden Mark für Kleidung aus. Kein Wunder, daß sich die Mode immer stärker an den Jugendlichen „orientiert".

Kleider machen Leute

Dieses geflügelte Wort ist der Titel einer Novelle des Schweizer Schriftstellers Gottfried Keller, die 1856 erschien. Die Novelle handelt von einem armen Schneidergesellen, der sich nach dem Konkurs seines Meisters auf die Wan-derschaft begibt. Er hat Freude an schöner Kleidung und sieht in seinem mit schwarzem Samt ausgeschlagenen Mantel und seiner Pelzmütze so elegant aus, daß die BürgerInnen einer Kleinstadt ihn für einen Grafen halten. Er wird bewirtet und umschmeichelt! Kleider machen also Leute.

Aber welche Leute machen unsere Kleider? Wer hat sich das schon einmal gefragt? In der Regel kaufen wir in großen Kaufhäusern „von der Stange" – ohne zu wissen, woher unsere Kleidung kommt, was genau in ihr verarbeitet wurde und nicht zuletzt: wer sie produziert hat.

Den „Fragen eines lesenden Arbeiters" von Bertolt Brecht ließe sich so mühelos eine weitere Frage hinzufügen:

In den Kaufhäusern glänzen die neuesten Moden zu immer niedrigeren Preisen. Wir kennen die Marken, doch wer hat sie produziert?

Fragen eines lesenden Arbeiters
Wer baute das siebentorige Theben?
In den Büchern stehen die Namen von Königen.
Haben die Könige die Felsbrocken herbeigeschleppt?
Und das mehrmals zerstörte Babylon –
Wer baute es so viele Male auf?
In welchen Häusern des goldstrahlenden Lima
wohnten die Bauleute?
Wohin gingen an dem Abend,
wo die Chinesische Mauer fertig war,
die Maurer?
Das große Rom ist voll von Triumphbögen.
Wer errichtete sie?
Über wen triumphierten die Cäsaren?
Hatte das vielbesungene Byzanz
nur Paläste für seine Bewohner?
Selbst in dem sagenhaften Atlantis
brüllten in der Nacht,
wo das Meer es verschlang,
die Ersaufenden nach ihren Sklaven.
Der junge Alexander eroberte Indien.
Er allein?
Cäsar schlug die Gallier.
Hatte er nicht wenigstens
einen Koch bei sich?
Philipp von Spanien weinte,
als seine Flotte untergegangen war.
Weinte sonst niemand?
Friedrich der Zweite siegte im Siebenjährigen Krieg.
Wer siegte außer ihm?
Jede Seite ein Sieg.
Wer kochte den Siegesschmaus?
Alle zehn Jahre ein großer Mann.
Wer bezahlte die Spesen?
So viele Berichte, so viele Fragen.
(Bertolt Brecht, 1981, S. 656)

Unsichtbar verborgen hinter dem Glanz und Glimmer der Mode bleibt die Arbeit, die in jedem Kleidungsstück steckt. Wir kaufen in der Regel nach Geschmack und Preis. Unwichtiger ist, ob wir das neue Kleidungsstück wirklich „brauchen". Unwichtig ist in der Regel auch, unter welchen ökologischen und sozialen Bedingungen die Kleidung hergestellt wird. Die folgenden Seiten spüren unserer Kleidung nach: Woher kommt sie? Durch welche Hände, Maschinen und chemische Mittel hindurch findet sie ihren Weg in die hiesigen Bekleidungshäuser?

Die Weltreise unserer Kleidung

Der Weg zum Beispiel einer Jeans vom Baumwollfeld bis in den Kleiderschrank ist lang und verschlungen. In der Regel hat die Jeans bereits Tausende von Kilometern zurückgelegt, bis sie verkauft wird. Der Grund für diesen Transportwahnsinn ist das hohe Lohngefälle zwischen Nord und Süd, Nord und Ost. Die vielen Arbeitsschritte, die nötig sind vom Anbau der Baumwolle bis zur fertigen Jeans, werden eben dort gemacht, wo sie jeweils am billigsten sind. Doch nicht nur Jeans werden so „zerfasert" hergestellt. Auch Blusen, Kinderhosen, T-Shirts und alles, was man/frau in Europa gerne trägt, wird weltweit unter Beteiligung vieler Länder und Arbeiterinnen hergestellt. Am Beispiel eines T-Shirts sieht dies so aus:

27 000 Kilometer Lebensweg eines T-Shirts	
Anbauen der Baumwolle	USA
Spinnen, Weben, Veredeln	Deutschland
Konfektionieren	Tunesien
Verkaufen	Deutschland
Entsorgen	Nigeria
Transportweg	27 000 km
Reduzierung des Weges durch:	
Baumwollanbau in Ägypten	– 9200 km
Entsorgen in Deutschland	– 8200 km
verbliebener Transportweg	9600 km
(aus: Fadenlauf 1997, Folie 5)	

Die textile Kette

Faserproduktion:	Natur, Chemie
Garnherstellung:	Spinnen, Zwirnen
Stoffherstellung:	Weben, Wirken, Stricken
Textilveredlung:	Färben, Drucken, Ausrüsten
Konfektion:	Zuschneiden, Nähen, Bügeln
Vertrieb, Handel:	Marketing, Lager, Verkauf, Versand
Gebrauch	
Entsorgung:	Müll, Altkleidersammlung, Secondhand

Je schneller der Modewechsel im Norden, desto schneller muß die neueste Kollektion im Süden fertiggestellt werden. Die „Modehektik" führt dazu, daß der Transport der Bekleidung nicht mehr nur per Schiff, sondern immer häufiger per Flugzeug durchgeführt wird. Eine Kollektion, die innerhalb von sechs Wochen die unzähligen Arbeitsschritte vom Reißbrett der Designerin bis zum Verkaufsregal „geschafft" haben soll, kann eben nicht per Schiff transportiert werden. Das hohe Transportvolumen im Bekleidungsbereich trägt durch seine CO_2-Emissionen massiv zum Treibhauseffekt der Erde bei. Neben den sozialen Aspekten sollte dies Grund genug für die Anbieter sein umzudenken. Die Tabelle verdeutlicht, daß allein eine Entsorgung des Alttextils in Deutschland die Transportkilometer eines T-Shirts um mehr als 8000 km verkürzen würde.

In acht großen Etappen findet der Lebensweg eines Kleidungsstücks statt. Von der Faserproduktion bis zur Entsorgung sind viele Akteure an diesem Lebensweg beteiligt:
Die Fasern unserer Kleidung sind entweder natürlicher oder chemischer Herkunft. Von den 1994 weltweit 40,5 Millionen Tonnen produzierter Fasern

waren 59 Prozent Chemiefasern, 37 Prozent Baumwolle und 4 Prozent Wolle. Damit überholten die Chemiefasern erstmals die Naturfasern.

Ist Bio-Baumwolle die Lösung?

Die ökologischen Probleme des konventionellen Baumwollanbaus ließen in den achtziger Jahren erste Versuche des Anbaus von Bio-Baumwolle entstehen. Waren es 1990 weltweit nur zehn Tonnen biologisch angebauter Baumwolle, so waren es 1994 schon 6000–8000 Tonnen; 1996 dürften es ca. 10 000 Tonnen gewesen sein. Der Anteil an der globalen Faserproduktion betrug damit aber trotzdem erst 0,01 Prozent.

„So wie in der Lebensmittelproduktion das Ziel die komplette Umstellung auf ökologische Landwirtschaft sein muß, so sollte auch die Textilindustrie die kontinuierliche Umstellung auf Bio-Baumwolle betreiben. Sicher, das ist ein weit gestecktes Ziel. Selbst, wenn es jetzt einen Konsens gäbe, würde der Umstieg 25 bis 30 Jahre dauern, zum einen, weil die Ökosysteme in den Anbaugebieten bereits nachhaltig geschädigt sind, zum andern, weil für widerstandsfähige Pflanzen erst wieder genügend Saatgut herangezüchtet werden müßte." (Hingst/Mackwitz 1996, S. 198f.)

Von Garnen und Stoffen

Die Herstellung von Naturgarn findet nicht ausschließlich dort statt, wo der Rohstoff gewonnen wird: Rohbaumwolle zum Beispiel wird über die großen Häfen umgeschlagen und in alle Welt verschickt. So landet ägyptische Baumwolle unter anderem in den freien Exportzonen Sri Lankas, um dort von Arbeiterinnen versponnen zu werden.

Baumwollanbau – zerstörerischer Giftkreislauf

Zweimal so groß wie die Schweiz war in den dreißiger Jahren der Aralsee – ein Binnenmeer im Süden der ehemaligen Sowjetunion. Doch inzwischen hat sich die Fläche des Sees dramatisch verkleinert: Die Wassermenge ist auf ein Drittel geschrumpft, die früheren Hafenstädte und Fischerdörfer liegen stellenweise ca. 100 km vom jetzigen Ufer entfernt. Der Aralsee war früher der größte Süßwasserspeicher in Mittelasien, ist aber nun versalzen und durch Pestizide vergiftet. Fische? Lange nicht gesehene BewohnerInnen des Aralsees. Diese Veränderungen bleiben nicht ohne Auswirkungen auf die anwohnenden Menschen: 80 Prozent gelten als krank, die Lebenserwartung ist wesentlich niedriger als in anderen GUS-Staaten (20–30 Jahre!), und die Kindersterblichkeit ist zehnmal höher.

Die wichtigste Ursache dieser Öko-Katastrophe läßt sich in der Agrarpolitik unter Stalin erkennen: Riesige Baumwollplantagen wurden in Usbekistan und Turkmenistan angelegt. Für diese Plantagen wurde das Wasser der Flüsse, die den Aralsee speisen, abgeleitet und das restliche Wasser durch die zahlreichen Pestizide aus dem Baumwollanbau vergiftet.

Baumwolle – mehr Chemie als Natur

Die Baumwollproduktion ist heutzutage hochtechnisiert und eine der chemieintensivsten Kulturen überhaupt. Auf ungefähr 2,4 Prozent der weltweiten Anbauflächen wird Baumwolle angebaut. Für diese 2,4 Prozent Ackerfläche werden aber zehn bis zwanzig Prozent der jährlich eingesetzten „Pflanzenschutzmittel" ausgebracht. Hierzu gehören Herbizide gegen Unkraut, Wachstumsregulatoren, Insektizide gegen Schädlinge, Fungizide gegen Pilze und schließlich Entlaubungsmittel, die die maschinelle Ernte möglich machen. Die hochgiftigen „Wirkstoffe" bewirken immer weniger: Der Teufelskreislauf des Pestizideinsatzes produziert mehr und mehr resistente Schädlinge, die wiederum mit stärkeren Pestiziden bekämpft werden sollen.

Im Sudan führte dieser Pestizid-Teufelskreislauf im Verlauf von 40 Jahren zu einer 195fachen Steigerung der Pestizidkosten bei einer 1,04fachen Steigerung des Baumwollertrags (Vergleichsjahre 1945 und 1985).

Zu den ersten Opfern gehören die Arbeiter und Arbeiterinnen

Gravierend sind die Folgen des chemieintensiven Baumwollanbaus nicht nur für das Ökosystem, sondern auch für die Arbeiter und Arbeiterinnen in den Baumwollplantagen. In vielen Ländern des Südens werden nicht einmal die minimalsten Sicherheitsbedingungen eingehalten. Die Weltgesundheitsorganisation (WHO) rechnet mit ungefähr drei Millionen Vergiftungen durch Pestizide pro Jahr, ca. 220 000 Menschen sterben jährlich an den Folgen von Pestizidvergiftungen.

Raus aus dem Teufelskreis

Die Lösung kann hier nur heißen: Ausbrechen aus dem Teufelskreislauf! Einige Länder haben mit dem Anbau von Biobaumwolle begonnen. Entscheidende Faktoren hierbei sind die Wahl resistenter Sorten, die Beachtung natürlichen Fruchtwechsels, organische Düngung mit Mist und Kompost sowie die Verwendung natürlicher Entlaubungsmittel bzw. manueller Ernte. Noch beträgt der Weltmarktanteil von Biobaumwolle weniger als ein Prozent! Doch größere Mengen sind notwendig, um aus dem Pestizid-Teufelskreis auszubrechen. Die Nachfrage der KäuferInnen kann hier ein entscheidender Hebel sein.

(nach: Erklärung von Bern u.a., 1996, S. 82f.)

„Vor einem Jahr hat Shira K. einen Job in einer Spinnerei in der Freien Produktionszone (FPZ) Biyagama nahe Colombo angenommen. (…) In unregelmäßigem Wechsel – einmal Früh-, dann Tag- und schließlich Nachtschicht – schuftet sie im Schnitt 60 bis 70 Stunden wöchentlich. Weit mehr als ein Wochenlohn geht für ihre Bleibe nahe der eingefriedeten Produktionszone drauf; ein Bett in einem Raum, den sie mit sechs anderen Frauen teilt, ebenso wie die Toilette und ein Bad, das den Namen nicht verdient. Bisher hat Shira immer nur gelächelt, wenn ältere Kolleginnen in der Spinnerei über geschwollene Gelenke oder Kopfschmerzen und den ohrenbetäubenden Lärm klagten. Aber seit einiger Zeit kann auch sie sich kaum noch zu einem Schwätzchen aufraffen, wenn der lange Arbeitstag endlich einmal vorbei ist."
(Kleidung aus der Weltfabrik 1996, S. 6)

Ebenso wie die Rohbaumwolle wird auch das Baumwollgarn Teil des internationalen Textilroulettes; auch wenn vor Ort Kapazitäten sind, das Garn weiterzuverarbeiten, wird es zu großen Teilen wieder auf die Reise geschickt – zu einer der zahllosen asiatischen oder mittelamerikanischen Webereien, die unter gleichen sozialen Bedingungen wie zuerst die Spinnereien und später die Bekleidungsfabriken arbeiten lassen.

„Jedes Jahr kurz vor Weihnachten steht Irma quasi auf der Straße. Regelmäßig wird die Textilarbeiterin in der Freien Exportzone von San Bartolo in El Salvador wenige Tage vor dem Fest entlassen. Regelmäßig wird sie in den ersten Januartagen wieder eingestellt – zuletzt für 1 100 Colones im Monat, weniger als der monatliche Mindestlohn von 250,– DM. Jedes Jahr dieselbe Prozedur, denn so muß kein Weihnachtsgeld und keine Betriebszugehörigkeitsprämie gezahlt werden. Irma, die vier Kinder zu versorgen hat und deren Mann arbeitslos ist, macht nun seit Jahren dieses Spielchen zähneknirschend mit. Sie hat erlebt, wie für andere Arbeiterinnen, die auf ihre Rechte pochten, die Werkstore im neuen Jahr geschlossen blieben."
(Freie Produktionszonen – grenzenlose Gewinne 1996, S. 20)

Veredelt und vergiftet

Auf das Weben, Wirken oder Stricken des Stoffes folgt der Schritt der Textilveredlung. Färben, Bedrucken und Ausrüsten des Stoffes zählen zur Textilveredlung. Die Behandlung des Stoffes soll diesen haltbarer und pflegeleichter machen (knitterarm, wasserabweisend, nicht entflammbar und vieles mehr). Diesen Prozeß als „Veredlung" zu bezeichnen ist jedoch Schönfärberei: Denn die bei der Veredlung eingesetzten Chemikalien bleiben zum Teil auf den Textilien, zum Teil fließen sie in das Abwasser am Produktionsort. Besonders belastet wird das Wasser durch das Färben der Stoffe; der jährliche Einsatz an Farbmitteln beträgt weltweit circa 550 000 Tonnen.

Profit ohne Grenzen in der Konfektionierung

In der Bekleidungsbranche zählt meist nur der Preis. Wer am billigsten liefert, erhält den Auftrag. Die Folge sind schlechte Arbeitsbedingungen: kaum soziale Absicherung, kein Kündigungsschutz, überlange Arbeitszeiten in giftigen Dämpfen, Lärm und Gestank, Hungerlöhne. Durch die massive Behinderung gewerkschaftlicher Selbstorganisation, von der auch Yaowapa Donsae aus Bangkok berichtet, besteht für die Arbeiterinnen und Arbeiter in der Bekleidungsbranche kaum eine Hoffnung, aus diesem sozialen Teufelskreis herauszukommen. Vorreiter im sozialen Wettlauf nach unten sind die sogenannten „freien Exportzonen". Immer mehr Länder des Südens richten diese klar abgegrenzten Industriezonen ein, um ausländische Investoren ins Land zu holen.

Was die freien Exportzonen bieten?
– die Befreiung von Zöllen auf Im- und Exporte;
– die Befreiung von Einkommens- und Mehrwertsteuern;
– die Möglichkeit der Nichteinhaltung von Umwelt-, Gesundheits-, Arbeitsrechts- und Arbeitsschutzbestimmungen.

Die freien Exportzonen sind in der Regel garantiert gewerkschaftsfreie Zonen. Länder wie Hongkong oder Singapur sind nahezu eine einzige große freie Exportzone. Tunesien und Mexiko bieten einzelnen Betrieben Vergünstigungen wie in einer freien Exportzone. Ähnlich wie in Mexiko entlang der gesamten Grenze zu den USA sind auch die chinesischen ‚Sonderwirtschaftszonen' riesige, kaum klar abzugrenzende freie Exportzonen. Da die Definitionen und Erscheinungsformen variieren, unterscheiden sich auch die Zahlenangaben über Beschäftigte in den freien Exportzonen.

… öfter mal Schläge auf den Hinterkopf. Das Leben billiger weiblicher Arbeitskräfte in Südostasien (Christa Wichterich)

„Wenn man etwas verhandeln wollte, wurde man gar nicht erst genommen." Also nahm Yaowapa Donsae 1986, was die „Eden"-Fabrik in Bangkok ihr bot: Schlechte Arbeitsbedingungen und eine Bezahlung auf Mindestlohnniveau. Fünf Jahre später aber wollte sie verhandeln und gründete mit anderen Arbeiterinnen eine Betriebsgewerkschaft. Das transnationale Textilunternehmen „Eden Group" belieferte Handelshäuser in Europa und den USA. Heiße Mode wollten sie liefern, Arbeiterinnenrechte aber auf Eis legen. Nach der Gewerkschaftsgründung begann das Unternehmen mit verschiedenen Methoden, die Belegschaft von 4500 Frauen abzubauen. Zunächst schikanierte das Management Gewerkschaftsmitglieder innerhalb der Firma, versetzte sie in immer andere Abteilungen und erhöhte den Leistungsdruck. Die Taktik war erfolgreich: Entnervt kündigte eine Reihe der ArbeiterInnen.

Gleichzeitig vergab „Eden" Teilaufträge an Subunternehmer im informellen Sektor, in „sweatshops" in Hinterhöfen und Kleinstbetrieben. „Outsourcing" heißt diese Auslagerung in Klitschen, Kabuffs und Heimarbeit – die Informalisierung der Beschäftigungsformen, die derzeit eine verbreitete Unternehmensstrategie zur Produktionskostensenkung ist. Arbeits- und Umweltschutzgesetze lassen sich dort leichter umschiffen. Die Frauen werden nur noch in Stoßzeiten abgerufen und nicht mehr dauerhaft beschäftigt. Produktion „just in time", unter Hochdruck, wenn Aufträge mit engen Lieferterminen eingehen. Dafür scheint dann auch kein Vertragsabschluß mehr nötig. Ebenso keine Spur von Gesundheitsversorgung, Mutterschutz und sozialer Absicherung. In dieser Sweatshop-Ökonomie arbeiten immer mehr Kinder und illegale Migrantinnen – in Thailand beispielsweise Frauen aus Burma und Kambodscha. Faustregel ist: Je dezentraler und haushaltsnaher gearbeitet wird, desto niedriger die Löhne, desto unkontrollierbarer die Arbeitsbedingungen und desto weniger die gewerkschaftliche Organisierung. Exportorientierte Produktion in der Bekleidungsbranche hat sich zunehmend zu Unterauftrags- und Zeitarbeitsproduktion entwickelt.

Die Firma „Eden" geriet in Thailand und in Deutschland in die Schlagzeilen, als sich der Verdacht bestätigte, daß Kinder in den Kellern von Subunternehmern mitarbeiten. Daraufhin schloß der Konzern im November 1996 über Nacht seine Tore in Bangkok, das Management machte sich aus dem Staub, und Yaowapa Donsae stand mit ihren Kolleginnen auf der Straße. Die Abfindung, die ihnen nach thailändischem Arbeitsrecht zusteht, wurde nicht gezahlt. Alle Konten der Firma bei thailändischen Banken waren überzogen. (…)

Nach ihrer Zukunft gefragt, verliert Yaowapa Donsae die Fassung. Sie kam vor zehn Jahren nach Bangkok, als der Reisanbau der Eltern in Isaa, im bitterarmen Nordosten des Landes, nicht mehr genug für den Lebensunterhalt der achtköpfigen Familie abwarf. Den Aufenthalt in der Stadt und die Fabrikarbeit plante Yaowapa als Transitstation: Schnell Geld verdienen, dann zurück ins Dorf und eine eigene Existenz aufbauen.

Heute weiß sie, daß sie als billige Arbeitskraft für das thailändische Wirtschaftswunder industriell verheizt wurde. Die Arbeit war hart, und der Lohn von 360 DM reichte bei steigenden Lebenshaltungskosten nicht weit. In Bangkok teilte sie sich ein Zimmer mit drei anderen Arbeiterinnen. Das meiste Geld gab sie für Miete, Essen und die tägliche Fahrt zur Fabrik aus. Nur dreimal im Jahr konnte sie einen halben Monatslohn an ihre Eltern überweisen. Mit ihren 29 Jahren gilt Yaowapa heute bereits als verbraucht und wird wohl kaum einen neuen Fabrikjob finden. „Zehn Jahre habe ich für sie gearbeitet und zum Schluß nur einen Fußtritt bekommen, als wäre ich nichts wert."
(Frankfurter Rundschau, 30.8.1997)

So viele Begriffe – ein „Standard"
Freihandelszone
Außenhandelszone
Industrielle Freizone
Freie Zone
Maquiladora
Exportfreizone
Zollfreie Produktionszone
Exportproduktion Freizone
Freie Produktionszone
Exportproduktionszone
Sonderwirtschaftszone
Steuerfreie Produktionszone
Steuerfreie Handelszone
Investitionsförderungszone
Freie Wirtschaftszone
Privilegierte Exportzone
Industrielle Exportproduktionszone

Schicksalschor
Crimmitschau,
Crimmitschau.
Das Schifflein fliegt, der Webstuhl saust,
Das Lied der Arbeit stöhnt und braust.
Für wen,
Für wen?

Menschen atmen heiß und schwer,
Weben mehr und immer mehr.
Für wen,
Für wen?

Blasse Männer, müde Frau'n
Ruft Fabrik mit Morgengrau'n.
Für wen,
Für wen?

Weben, wirken bis zur Nacht,
Webstuhl fliegt und fliegt mit Macht.
Für wen,
Für wen?

Bitter Hunger ist ihr Gast,
Weben, wirken ohne Rast.
Für wen,
Für wen?

Immer schwerer wird die Fron,
Immer kleiner wird der Lohn.
Für wen,
Für wen?
(aus: 100 Jahre Gewerkschaft Textil-Beklei-
dung 1991, S. 53)

Gerade erhoben, sind die Statistiken oft schon nach wenigen Monaten überholt, da die Betriebe „Unternehmen auf Rädern" gleichen, die von einer freien Exportzone in die nächste wandern.

Was jedoch trotz der teils widersprüchlichen Zahlen und der unterschiedlichen Bezeichnungen die freien Exportzonen miteinander verbindet, ist der soziale Wettlauf nach unten, die Jagd nach Kostenvorteilen auf dem Rücken der ArbeiterInnen.

Ein Blick zurück

Der Name Krimmitschau, der im heutigen Westdeutschland vergessen ist, steht für einen der bedeutendsten Arbeitskämpfe in der Geschichte der deutschen Arbeiterbewegung. Er wurde von August 1903 bis Januar 1904 in der sächsischen Textilindustrie, in Krimmitschau, ausgetragen. Wenn er auch sein Ziel, die Einführung des Zehnstundentages, nicht erreichte, so führte er doch zu einer breiten Solidarisierung der damaligen Bevölkerung mit den Streikenden. Die Krimmitschauer Textilindustrie, vor dem Ersten Weltkrieg weltberühmt für ihre Tuche, brachte nur den Unternehmern Profit. Die Beschäftigten, unter ihnen viele Frauen und Kinder, lebten in Hunger und Existenzangst. Ein Sozialfonds für die Streikenden wurde eingerichtet, der aus dem ganzen Reich Spenden erhielt. Die 22 Streikwochen trugen zu einem in der Bevölkerung langsam erst wachsenden sozialen Bewußtsein bei. Die ausbeuterischen Arbeitsplätze sind heute in den Süden verlagert. Ein Prozeß der Herausbildung eines internationalen sozialen Bewußtseins, der heute zur Solidarisierung mit den Arbeitern und Arbeiterinnen des Südens führt, steht noch aus.

Der Markt – Die Spieler

Die Wege der einzelnen Kleidungsstücke sind zwar lang, doch die Handelskette in der Bekleidungsbranche, also im Bereich der Konfektionierung, ist relativ kurz. Die großen Ladenketten beherrschen die Handelskette. Sie erteilen Bestellungen und bestimmen dabei die Preise eines Marktes, auf dem ein harter Konkurrenzkampf tobt. Fabriken im Süden und im Osten nehmen dadurch Aufträge zu Preisen an, die die Auslagen eigentlich nicht decken. Sie sparen deshalb mit aller Macht an den Arbeitskosten.

Eine willkürliche Fabrik auf den Philippinen. In einer großen Halle sitzen 500 Frauen in langen Reihen an ihren Nähmaschinen. An der Wand warten Kartons auf ihre Verschiffung nach Belgien, Deutschland, in die USA … Es ist acht Uhr abends, und das Tagessoll ist noch nicht erfüllt. „Wenn nicht immer härter, länger und billiger gearbeitet würde, werden wir unsere Kunden verlieren", versichert die Geschäftsführung.

Die Handelskette im Bekleidungsbereich ist sehr übersichtlich: Die großen Ladenketten oder Versandhandelshäuser bestellen in der Regel direkt bei EinkäuferInnen im Süden. Bei kleineren Geschäften ist ein Importeur zwischengeschaltet, der bei den EinkäuferInnen bestellt. Die EinkäuferInnen haben den direkten Kontakt zu den Bekleidungsfabriken. Sie überzeugen sich dort von der Qualität der Produktion (nicht der Produktionsbedingungen!) und erteilen die Aufträge. Hat die Bekleidungsfabrik nicht genügend Kapazitäten, die eingegangenen Aufträge zu erfüllen, so beschäftigt sie neben den eigenen ArbeiterInnen sogenannte „sweatshops".

Der Markt
Deutschland ist innerhalb der EU der wichtigste Bekleidungsmarkt.

Verbrauch von Bekleidung 1993, gemessen an den Verkaufspreisen, einschließlich Mehrwertsteuer in Milliarden DM	
Deutschland	112,7
Frankreich	59,8
Großbritannien	41,6
Belgien	13,9
Niederlande	13,5
(Quelle: OETH Quart. Bull. No. 3/1995)	

Im Jahre 1993 betrug in Deutschland der Umsatz des Textilgewerbes knapp 33 Milliarden DM, des Bekleidungsgewerbes ungefähr 25 Milliarden DM, des Textil-Einzelhandels mehr als 115 Milliarden DM und des Textil-Großhandels 30,6 Milliarden DM (Jahrbuch der Textilindustrie 1995). 40 Prozent aller in Europa verkauften Bekleidung werden importiert. In Deutschland und der Schweiz betrug der Importteil an Bekleidung und Konfektionsware 1991 mehr als 90 Prozent der verkauften Bekleidung.
Die Importquote sieht in der Schweiz genauso aus. Neun von zehn Kleidern stammen aus dem Ausland. Interessant ist die sich seit Anfang der neunziger Jahre andeutende Verschiebung der Herkunft der Kleider: Während im Jahr 1993 die Importe aus dem westlichen Ausland (Deutschland, Italien, Frankreich und Österreich) im Vergleich zum Vorjahr zurückgingen, zum Teil um 8 Prozent, nahmen die Importe aus China und Indien sprunghaft zu: um 22 beziehungsweise 20 Prozent. (TexMix 1995, S. 72)

Die Spieler
Zu den wichtigsten deutschen Bekleidungsverkäufern zählen eine Reihe großer Kaufhäuser, eine Reihe Ladenketten und ein paar Versandhäuser.
1996 gehörten zu den größten Betrieben Metro (Kaufhof, Kaufhalle, Adler), Karstadt, Otto, C&A, Quelle, Woolworth, Peek&Cloppenburg, Aldi und Hennes & Mauritz.
Die drei Größten unter ihnen bestritten 1996 20 Prozent des gesamten Bekleidungshandels, sieben Jahre zuvor waren es erst 14 Prozent. Dies signalisiert den Trend zur Konzentration im Bekleidungsgeschäft: Unterm Strich bestritten 83 Anbieter von Textilien und Bekleidung im Jahr 1996 57 Prozent des Branchenumsatzes von knapp 118 Milliarden Mark. Die restlichen 43 Prozent mußten sich 53 000 Firmen teilen. Zu den unbestrittenen Marktführern gehört seit Jahren der Otto-Versand, das weltgrößte Versandhaus mit weltweit 31 Einkaufsbüros und einer jährlichen Katalogauflage von 250 Millionen Stück. (Musiolek 1997, S. 18)
Während der Fachhandel seit den sechziger Jahren kontinuierlich abnahm und 1995 erstmals unter der 60-Prozent-Marke landete (unter den ersten zehn be-

Die Handelskette

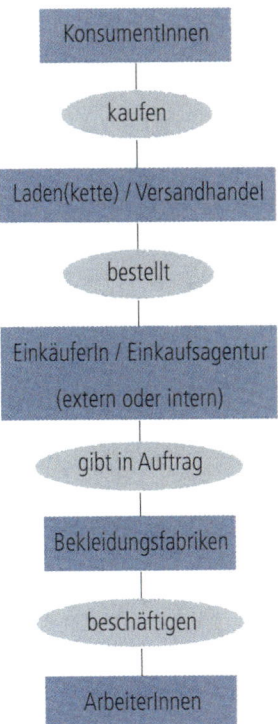

finden sich nur noch drei reine Textiliten – C&A, Peek & Cloppenburg und Hennes & Mauritz), bauten einige Große ihr Geschäft aus: Zu ihnen gehört auch Hennes & Mauritz, die erst 1980 in Schweden ihr erstes Geschäft eröffneten, aber schon 1996 ihren 100. Laden besaßen und erstmals unter den großen zehn des deutschen Bekleidungshandels auftauchten. „Das Erfolgsgeheimnis: H & M hat die Zeichen der Zeit frühzeitig erkannt und die Logistik den rasch wechselnden Kleidungstrends angepaßt." (Kleidung aus der Weltfabrik 1996, S. 12) Im Klartext bedeutet das ständig neue Designs zu niedrigen Preisen. Während die kleineren Bekleidungsgeschäfte oft nicht wissen, wo ihre Ware produziert wurde, haben die „Großen" den Überblick. Denn sie sind, wie die Handelskette oben zeigt, die direkten Kunden der Bekleidungsfabriken der südlichen Länder. Und da sie große Kunden sind, können sie mit den von ihnen gesetzten Bedingungen „Preise machen". Das Lohn- und Sozialdumping nimmt so seinen unheilvollen Anfang. Die Großen im Bekleidungsgeschäft begründen – auf Anfrage – ihr Bemühen um immer preisgünstigere Ware mit dem Wunsch der europäischen VerbraucherInnen nach preiswerter Bekleidung.

Altkleider in Deutschland

Viel zu schnell werden die meisten Kleidungsstücke ausrangiert. Bevor sie völlig abgetragen sind, wandern so manche Jeans – gerade noch heißgeliebt, nun schon „out" – in die Altkleidersammlung. Was für die KonsumentInnen hier seinen Reiz verloren hat, soll dann wenigstens für die „Armen" im Süden oder Osten noch Gutes leisten. Aber tut es das wirklich?

800 000 bis 900 000 Tonnen Alt-Textilien und Alt-Bekleidung werden jährlich in Deutschland ausrangiert. Ungefähr 400 000 Tonnen dieser „alten-neuen" Kleider landen in den kommerziellen und gemeinnützigen Altkleidersammlungen. Durch diese Sammlungen werden Deponien und Müllverbrennungsanlagen entlastet und – oberflächlich betrachtet – die Umwelt geschont.

Die karitativen Organisationen verkaufen die Altkleider in der Regel weiter an kommerzielle Händler, da sie nicht selbst sortieren können. Die Händler und Sortierbetriebe wiederum vermarkten die noch tragbaren Altkleider – die beste Qualität wandert in Secondhand-Läden, die anderen Kleidungsstücke werden in west- und osteuropäische Länder sowie in den Süden verkauft. Ungefähr 30 bis 45 Prozent der 400 000 Tonnen Altkleider pro Jahr werden in afrikanische Staaten weiterverkauft. In vielen afrikanischen Ländern ist die Altkleidung aus Deutschland zur vernichtenden Konkurrenz für heimisches Schneiderhandwerk und lokale Textilindustrie geworden – die Altkleidung ist meist billiger als die einheimischen Produkte, für die wirklich Armen aber immer noch unerschwinglich teuer.

Wohin mit den alten Kleidern?

Umdenken ist gefragt! Die extrem hohe Altkleidermenge ist eine Folge unseres Konsumverhaltens und eine Anfrage an unseren persönlichen Lebensstil. Aber auch die Organisationen, die Altkleider sammeln, sind gefragt: Sie können mit dem Verkauf der gesammelten Altkleider nicht ihre Verantwortung abgeben. Der weitere Weg der Kleidung muß so transparent wie möglich sein und von den sammelnden Organisationen beeinflußt werden.

Sie sollten deshalb Sammlungen bevorzugen, die offenlegen,
- an wen die Kleidung geht,
- wohin gegebenenfalls das Sammelgut verkauft und exportiert wird,
- wie der Erlös verwendet wird.

Der Überblick über den Entsorgungsweg sollte bei den sammelnden Organisationen vorhanden sein und publiziert werden. Dies garantieren vor allem kleinere Sammlungen, die für Bedürftige im lokalen Wohnumfeld sammeln (Kleiderkammern) oder die gezielt die Kleidung in soziale Einrichtungen zum Beispiel im osteuropäischen Raum fahren.

Länderbeispiel Zimbabwe

In den achtziger Jahren hat das südafrikanische Land Zimbabwe erhebliche Anstrengungen unternommen, um die einheimische Textil- und Bekleidungsindustrie auszubauen. Dazu wurden teure Maschinen angeschafft und der Export, besonders nach Europa, kräftig angekurbelt. 40 000 Menschen beschäftigte das Gewerbe. Acht Prozent der gesamten Ausfuhren des Landes bestanden 1992 aus Textilien. Im selben Jahr aber geriet die Branche in eine Krise, denn die Dürre vernichtete die Baumwollernte fast vollständig. Und da die Staudämme schlichtweg leer waren, fiel die Elektrizität der Wasserkraftwerke aus, und die Spinnereien, Webereien und Nähereien standen still. Binnen Jahresfrist wurden 7000 ArbeiterInnen entlassen. Billige Altkleider strömten seit Anfang der neunziger Jahre ins Land. Sie eroberten im Krisenjahr, als die heimische Produktion fast ausfiel, den Binnenmarkt und behaupten bis heute die einmal gewonnene Position. Die Gewerkschaften laufen inzwischen Sturm gegen die abgelegten europäischen und nordamerikanischen Kleider.
(Kleidung aus der Weltfabrik 1996, S. 28)

Afrikanische Kleiderszenen

Auf dem Marktplatz von Sikasso, einer Provinzstadt in Mali, ist die Stoffabteilung recht groß. Bunte Tücher mit großzügigen Mustern hängen an vielen Ständen in mehreren Reihen übereinander. Diese „pagnes" werden um die Hüfte geschlungen und sind das wichtigste Bekleidungsstück der westafrikanischen Frauen. Ein Stoffstück mißt in der Regel etwa 5,5 Meter. Das reicht für ein Hüfttuch, ein Oberteil, ein Kopftuch oder ein Tragetuch für das Baby. Oft kaufen die Frauen aber nur 1,5 Meter für ein Hüfttuch, das dann über ein altes Kleid geschlungen wird. Die Qualität der Stoffe ist sehr unterschiedlich, besonders beliebte Muster kehren immer wieder. Zu besonderen Anlässen wie beispielsweise einer nationalen Frauenkonferenz werden besondere Pagnes bedruckt.
Ein paar Schritte neben der Stoffabteilung des Marktes liegen Unmengen Kleider auf riesigen Plastikplanen auf dem Boden. Altkleider aus Europa werden hier angeboten: Eine gelbe Bluse liegt neben Sommerkleidern aus dem letzten Jahr. Strickmützen, Tennissocken, Jeans, Jeans, Jeans, reklamebedruckte T-Shirts. Die Farben wirken im Vergleich zu den Pagnes sehr blaß. Doch die Altkleider finden Absatz. Der billigste Pagne kostet knapp 10,– DM. Für diesen Preis gibt es auf dem Altkleidermarkt gleich ein fertiges Kleid oder ein Paar Jeans. Vor allem bei den Jungen wird die importierte Altkleidung sehr geschätzt – sie ist „modern" und verkörpert den westlichen Lebensstil.
(nach: Erklärung von Bern u.a. 1996, S. 23)

Aus deutschen Schränken in alle Welt: Die Wege der alten Kleidung

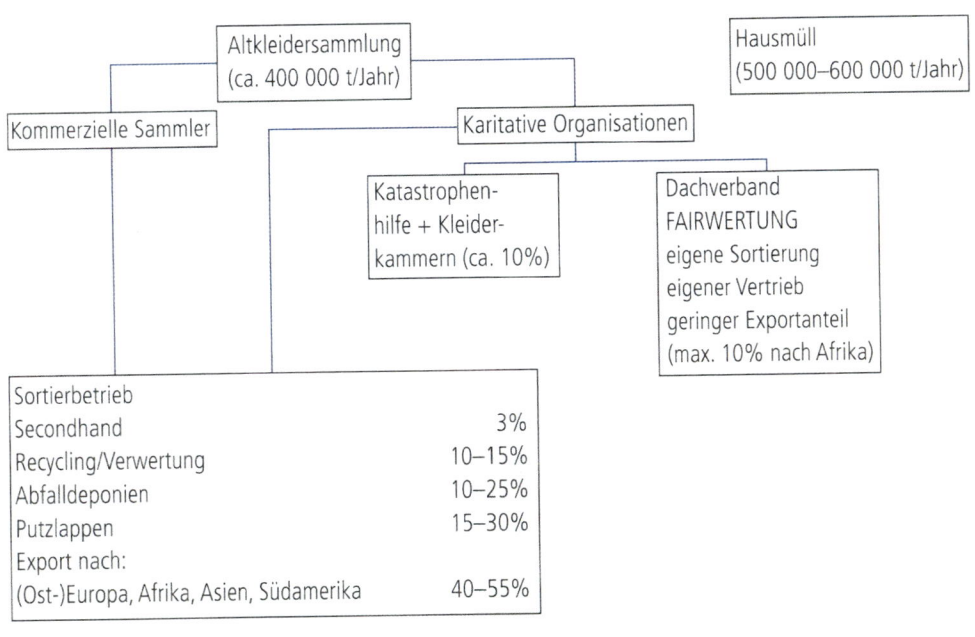

Wenn Sie also auf der Wurfsendung in Ihrem Briefkasten folgenden Satz lesen: „Der Reinerlös aus dieser Sammlung ist für die vielseitigen Aufgaben der … (Name der gemeinnützigen Organisation) bestimmt", dann können Sie davon ausgehen, daß die gesammelten Kleider komplett an einen Händler verkauft werden. Eine andere Variante wäre, daß die gemeinnützige Organisation ihren Namen und ihr Logo an einen Händler „verkauft" hat und die gesamte Sammlung von diesem Händler durchgeführt wird.

Lesen Sie folgendes auf dem Zettel: „Wir sammeln für unsere Kleiderstuben", dann geht zunächst das Brauchbarste in Kleiderkammern, der Rest wird vermutlich ebenfalls an einen Altkleiderhändler verkauft.

Auch die Sammlungen gemeinnütziger Organisationen, die unter dem Dachverband FAIRWERTUNG zusammengeschlossen sind, schließen den Verkauf der Altkleider an kommerzielle Händler ein. Anders ist hier jedoch, daß der Dachverband FAIRWERTUNG die Händler nach bestimmten Kriterien aussucht, die einen eindeutigen Fortschritt im Altkleiderhandel bedeuten.

In der Praxis sehen die Kriterien von FAIRWERTUNG so aus:
Alle Organisationen, die unter FAIRWERTUNG sammeln, sind gemeinnützig; die Erlöse der Altkleidersammlungen kommen der Arbeit der gemeinnützigen Organisationen zugute.

5 Prozent der Sammelmenge (= ca. 10 Prozent der noch tragfähigen Kleidung) werden in guter Qualität von den Organisationen für Kleiderkammern, Katastrophenhilfe und Entwicklungsprojekte zur Verfügung gestellt.

Die Vermarktung der übrigen Kleidung unterliegt folgenden Kriterien und Einschränkungen, u. a.:
• Verkauf von Sammelgut nur an Betriebe, bei denen eine fachgerechte Sortierung gewährleistet ist.
• Begrenzung des Exportes nach Afrika auf 10 Prozent der gesammelten Kleidung (bei Schuhen: 20 Prozent). Für andere Regionen wurden noch keine Quoten festgelegt (Stand: Sommer 1996).
• Kein Export von unsortierter Kleidung (mit Müllanteilen) in osteuropäische oder außereuropäische Länder.

Ein neues Konzept: Fairwertung

Der Dachverband FAIRWERTUNG e. V. wurde im Oktober 1994 von mehreren katholischen Verbänden gegründet, um umwelt- und sozialverträgliche Konzepte für den Umgang mit Altkleidern und Schuhen zu entwickeln.

Der Dachverband FAIRWERTUNG will
- Informations- und Bildungsarbeit leisten;
- Sammlung und Vermarktung von Altkleidern durchsichtig machen;
- durch feste Vereinbarungen mit Händlern und Sortierbetrieben schrittweise Transparenz über den weiteren Weg der Altkleider schaffen;
- durch Zusammenarbeit mit Beschäftigungsinitiativen im Bereich von Sammlung, Sortierung und Weiterverarbeitung die Integration von Arbeitslosen fördern.

Langfristige Ziele sind die Veränderung von Vermarktungswegen, damit entwicklungspolitisch schädliche Exporte reduziert werden, und der Aufbau von Handelsstrukturen über internationale Partnerorganisationen, die die Weitervermarktung von Altkleidern zu sozialen Preisen übernehmen.

Bis zum Sommer 1996 betrug das Sammelaufkommen unter FAIRWERTUNG ca. 10 000 Tonnen pro Jahr. Über 40 Organisationen führten ihre Sammlungen in Verbindung mit dem Dachverband durch. Dazu gehören: Gruppen und Verbände aus dem Bereich der Christlichen Arbeiter-Innenjugend (CAJ); Katholische Arbeitnehmerbewegung (KAB); Katholische Landjugendbewegung (KLJB); Kolping Verbände; Bund der Deutschen katholischen Jugend (BDKJ); Aktion Hoffnung, Stuttgart; von Bodelschwinghsche Anstalten Bethel (stufenweise).

(Auszug aus dem Faltblatt des Dachverbands FAIRWERTUNG)

Der eigene Stil, eine gute Etikette

Zukunftsfähig statt modern – oder: Modern und trotzdem zukunftsfähig?

Durch ständig neue Moden und einen immer neuen „letzten Schrei" werden Kleider – kaum gekauft – schon wieder zu Altkleidern. Wer seinen eigenen Stil findet, ist unabhängiger vom Wechsel der Moden und sieht interessant aus. Abwechslung macht das Leben süß. Aber muß es immer etwas Neues sein? Kleidertauschen mit Freund oder Freundin macht Spaß, Secondhand-Läden, Kleiderbörsen oder Nostalgiemärkte haben immer wieder Schönes aus anderen Kleiderschränken zu bieten. Kleidung, die schon länger in Gebrauch ist, ist bereits so oft gewaschen, daß die meisten Schadstoffe ausgeschwemmt sind.

Natur oder Chemie?

Weder Natur- noch Chemiefasern sind ökologisch unbedenklich: Ausgangsstoffe für Chemiefasern sind nicht nachwachsende Rohstoffe wie Erdöl, Erdgas und Kohle. Naturfasern wie Baumwolle, die bedeutendste Naturfaser mit einem Anteil von 49 Prozent an der Weltproduktion, werden sehr flächenintensiv angebaut und in der konventionellen Produktion mit Chemie verseucht. Eine Antwort auf die Streitfrage „Natur oder Chemie" muß deshalb vielschichtig sein:

- Die ganze Welt in Naturfasern zu kleiden angesichts des hohen Kleiderkonsums im Norden bedeutete eine enorme Vergrößerung der Weideflächen für Schafe und der Baumwollanbauflächen – eine nicht tragbare Lösung.
- Die Umstellung des gesamten Baumwollanbaus auf ökologisch zertifizierten Anbau ist zur Zeit, da die Bio-Baumwolle gerade ein Prozent der gesamten Baumwollproduktion ausmacht, noch illusorisch und wäre außerdem ebenfalls flächenintensiv.
- Der Anteil biologisch schonend hergestellter Naturfasern sollte im Interesse der Ökologie so weit wie möglich gesteigert werden. Diese Steigerung sollte allerdings die Möglichkeiten kleiner Unternehmen im Süden berücksichtigen. Cotton Marketing Board aus Zimbabwe, die Baumwolle unter anderem an Dezign Incorporated in Harare verkauften (ein junges Unternehmen, das für den fairen Handel in der Schweiz und in Deutschland produziert), antwortete auf die Frage nach der ökologischen Qualität der Baumwolle: „Momentan können wir keine Biobaumwolle anbieten. Der Schädlingsbefall in unserem tropischen Klima setzt uns zu sehr unter Druck. Unsere Baumwolle ist aber umweltfreundlich: Es werden, vor allem im kleinbäuerlichen Sektor, keine fossilen Rohstoffe verbraucht, da keine Traktoren, sondern Menschen und Ochsen die Arbeit verrichten. Die Anzahl der Pestizideinsätze ist verglichen mit anderen Ländern gering. Sind sie unumgänglich, erfolgen sie sehr gezielt und in möglichst geringer Dosierung. Die Baumwolle ist handgepflückt, und chemische Entlaubungsmittel sind daher nicht nötig." (TexMix 1996, S. 17)

Ein solches Beispiel belegt, daß es oft nicht nur schwierig ist, die ökologisch korrekte Lösung zu finden, sondern daß auch ökologische Kompromisse zugunsten der Produzenten und Produzentinnen unumgänglich sein können.

Beim Kauf – fragen, fragen, fragen

Berücksichtigen Sie beim Kauf von Kleidern und Heimtextilien glaubwürdige Ökoanbieter und fragen Sie diese, ob ihre umweltfreundlichen Artikel auch sozialen Kriterien standhalten.

Fallbeispiel

Boliviensammlung im Regierungsbezirk Koblenz – ein Beispiel aus der Praxis

Am 15. März führt die Katholische Jugend im Regierungsbezirk Koblenz und in den zum Bistum Trier gehörenden Gemeinden des Regierungsbezirks Rheinhessen-Pfalz die 31. Kleidersammlung zugunsten der Bolivienpartnerschaft durch. Die Sammlung unterliegt den Kriterien des karitativen Dachverbands FAIRWERTUNG.

Das bedeutet, daß höchstens zehn Prozent der gesammelten Kleidungsstücke in Länder der Dritten Welt exportiert werden. Fünf Prozent werden der Caritas für Katastrophenhilfe und Entwicklungsprojekte zur Verfügung gestellt. Negative Auswirkungen in anderen Ländern der Dritten Welt sollen durch die Kontrolle des Dachverbands FairWertung vermieden werden. Die Erlöse aus den Altkleidersammlungen bilden die finanzielle Basis für die Partnerschaft der Katholischen Jugend im Bistum Trier mit Bolivien. Die Verantwortlichen der Bolivienpartnerschaft bitten deshalb um weitere treue Unterstützung. Da es immer wieder zu Diebstählen komme, bittet der BDKJ darum, die Kleidersäcke am 15. März erst ab 9 Uhr auf die Straße zu stellen.
(Paulinus. Kirchenzeitung des Bistums Trier, 16.2.1997)

Beachten sollten Sie hierbei, daß die Anbieter von Ökokollektionen alle vor dem gleichen Problem stehen (und dies mehr oder weniger überzeugend lösen): Ein Kleidungsstück, das in jedem einzelnen Herstellungsschritt ökologischen Kriterien standhalten kann, ist zur Zeit nur schwer herstellbar. Die Ökokollektionen bemühen sich um ökologische Verbesserungen von Teilschritten der Produktion. Kaum einer hat aber die gesamte textile Kette „im Griff". Trotzdem stellen die Ökokollektionen einen Fortschritt gegenüber dem „Normalen" dar.

Studieren Sie beim Einkauf die Etiketten. Fragen Sie nach, woher der Artikel kommt (eine Herkunftsdeklaration ist in Deutschland, im Unterschied zur Materialkennzeichnung, nicht vorgeschrieben) und unter welchen Bedingungen dieser hergestellt wurde. Ständiges Nachfragen bewirkt die Aufmerksamkeit der Läden und Einkaufsabteilungen für soziale Fragen – und vielleicht trägt dies zur Veränderung bei. So hat zum Beispiel C & A Deutschland im Sommer 1997 Handzettel an alle Verkäufer und Verkäuferinnen in sämtlichen deutschen Filialen ausgeteilt, die Hilfen für kritische Fragen enthielten. Dies war eine erste Reaktion auf die Aktionen der Kampagne für „saubere" Kleidung.

Prüfen Sie bei jedem Kleidungsstück das Material und die Verarbeitung, um festzustellen, ob es auch für eine lange Nutzung geeignet ist.

Bei Chemiefaserkleidung sollten Sie sortenreine Fasern und damit recyclingfähige Fasern bevorzugen. Einige Firmen nehmen gebrauchte Chemiefaserkleidung zum Recycling zurück. Bitte fragen Sie beim Kauf danach!

Die „besonderen Eigenschaften" eines Kleidungsstückes wie knitterarm, flammgeschützt, filzfrei und antibakteriell deuten auf problematische Ausrüstung des Stoffes hin.

Auf besonders umweltschädliche Fasern, wie PVC, Cupro, Viskose und Polyacryl, und auf Beschichtungen mit PVC und Teflon sollte man zum Schutz der Umwelt möglichst verzichten.

Selektiver Konsum – Siegel machen's möglich!?

Der Markt für umweltverträglich produzierte Kleidung und Heimtextilien ist in den letzten Jahren stetig gewachsen. Wer es sich leisten kann, wählt zunehmend aus dem breiter werdenden Angebot der Öko-Kleidung. Eine Folge des vielversprechenden Öko-Bekleidungs-Marktes ist die ebenfalls wachsende Flut an Siegeln, die die ökologische Qualität des jeweiligen Kleidungsstückes hervorheben soll.

> „Wer den Kopf über der Warenschwemme halten will, dem bleibt sowieso nichts anderes als selektiver Konsum, und wer Herr seiner Wünsche bleiben will, der wird das Vergnügen entdecken, Kaufoptionen systematisch nicht wahrzunehmen. Bewußt ein Desinteresse für zuviel Konsum zu pflegen, ist eine recht zukunftsfähige Haltung, für einen selbst und auch für die Welt."
> (Sachs 1993, S. 71)

Von dem Stempel „hautverträglich" über „Green Cotton" bis zum „Öko-Tex Standard 100" wird Umweltverträglichkeit versprochen bzw. suggeriert. Es gibt mittlerweile ca. 200 Kollektionen und Kollektionssegmente, die mit Öko- und Naturbegriffen ausgezeichnet sind (Stand: 12/1995). Was steckt hinter den zahlreichen Siegeln? Ein kleiner Blick in den Öko-Siegelwald zeigt, wie schwierig die Suche nach umweltverträglich produzierter Kleidung sein kann.

Ein Einteilungskriterium für Ökolabel ist, in welchem Bereich der Schwerpunkt der Anforderungen liegt:

Schadstoffgehalt – das fertige Produkt soll gesundheitlich unbedenklich sein bzw. nur ein vertretbares Minimum an Schadstoffen enthalten.

Herstellung – der Schwerpunkt liegt in einer umweltfreundlichen Fertigung, d.h. von der Rohstoffgewinnung bis zum fertigen Kleidungsstück

Entsorgung – die Hersteller machen sich auch Gedanken zur Entsorgung bzw. zum Recycling, indem sie beispielsweise abgetragene Modelle aus eigener Herstellung wieder zurücknehmen oder darauf achten, daß die Textilie nichts enthält, was bei der Entsorgung zu ökologischen Problemen führen wird.

Einige Beispiele für Öko-Siegel
Siegel, die den Schadstoffgehalt berücksichtigen
Das Gütezeichen Öko-Tex Standard 100 wird von unabhängigen Prüfinstituten auf Antrag und nach entsprechender Prüfung für textile Produkte vergeben.

Für die Verleihung des Gütezeichens werden die entsprechenden Endprodukte auf Schadstoffe (Formaldehyd, Schwermetalle, Pestizidrückstände) und Farbechtheit untersucht. Ausgezeichnet werden die geprüften Textilien, wenn ihr Schadstoffgehalt unter den festgelegten Grenzwerten liegt.

- Das Gütezeichen Öko-Tex Standard 100 signalisiert also die gesundheitliche Unbedenklichkeit des betreffenden Kleidungsstückes für die KonsumentInnen.
- Das Gütezeichen Öko-Tex Standard 100 sagt aber nicht, daß die Produktion im Hinblick auf ökologischen Anbau und umweltverträgliche Verarbeitung überprüft wurde.

Ebenso wie der Öko-Tex Standard 100 sind auch das österreichische Kennzeichen „Schadstofffrei nach ÖTN" und das Tox-Proof-Zeichen „Tox Proof 100, 500 und 1000" – letzteres überwacht von German Control International, einer Tochter des TÜV Rheinland – Zeichen, die auf einen geringen Schadstoffgehalt des betreffenden Kleidungsstücks verweisen.
Sie geben keine Hinweise auf die ökologische Qualität der Produktion.

Siegel, die zusätzlich die ökologische Qualität der Produktion berücksichtigen und Vorgaben für die Entsorgung machen
Das Eco-Proof-Zeichen, ebenfalls von German Control International vergeben, berücksichtigt neben dem Schadstoffgehalt Aspekte einer umweltverträglichen Produktion und Entsorgung. Bei Baumwolle wird zum Beispiel reduzierte Pestizidanwendung gefordert. Ebenso werden Vorgaben für Transport, Verpackung, Verwertung und Entsorgung gemacht. Ein Warenpaß, der die Entstehungsgeschichte dokumentiert, begleitet das entsprechende Kleidungsstück. Auch Bestimmungen zum Arbeitsschutz und zur Kinderarbeit gehören zur Vorgabe.

Kleider aus Billiglohnländern
Kleider aus dem Süden und dem Osten, die bei einem extrem niedrigen Lohnniveau und miserablen Arbeitsbedingungen produziert wurden, sollten nicht boykottiert werden. Die Arbeitsplätze im Süden sollen ja nicht vernichtet, sondern die Arbeitsbedingungen verbessert werden. Bei den Importkleidern, also dem Gros der hierzulande verkauften Bekleidung, ist jedoch das Fragen besonders wichtig: Wo wird von wem und unter welchen Bedingungen diese Bekleidung hergestellt?

Altkleider
Produzieren Sie durch kluges Kaufen, langes Tragen und Ausbessern defekter Stellen möglichst wenig Altkleider.
Abgelegte, noch gut erhaltene Kleidung könnten Sie Freunden oder Freundinnen als Geschenk anbieten, Kleiderbörsen (im Freundes/Freundinnenkreis) organisieren oder alte Kleider in Sammlungen geben, deren Zielort genau bekannt ist (zum Beispiel ein Waisenhaus in Rumänien). Ansonsten sollten Sie darauf achten, daß die sammelnde Organisation dem Dachverband FAIRWERTUNG angeschlossen ist.

Aus Asien, Afrika, Südamerika
Ein spezielles Tuch, ein traditionelles Kleid, ein handwerkliches Textilkunstwerk aus dem Süden kann in den Weltläden, den Fachgeschäften des Fairen Handels, gekauft werden. Wer sich an einem solchen Stück erfreut, weiß um die hochentwickelten und eigenständigen Textilkulturen der südlichen Länder.

Klamottenrede

Zu Weihnachten bekam ich etwas Geld
soll was kaufen, was mir gefällt.
Ein neues Sweat-Shirt soll es sein,
nicht zu groß und nicht zu klein.
Und weil ich Schwarz als Farbe mag
und ganz gerne Baumwoll trag
werd ich in 'nen Laden gehen.
Um mir Sweat Shirts anzusehn.

Doch vorher steht ein Seminar noch an,
wo ich viel Neues hören kann.
Zum Beispiel wo's um Kleidung geht,
wo gefärbt und wo genäht
zu Niedrigstlöhnen in Peru
arme Frauen schneiden zu,
schwitzen an den Nähmaschinen,
trotzdem zu wenig zu verdienen.
Diskriminierung ausgesetzt
durch Akkordarbeit gehetzt
miese Arbeit wird zur Qual
doch sie haben keine Wahl.
Management aus reichen Ländern
will daran lieber nichts verändern
schwören auf den freien Markt
erzeugt den sozialen Herzinfarkt.
Zonen ohne Menschenrecht
sind für den Profit nicht schlecht.

In Indien auf dem Baumwollfeld
geht es auch ums große Geld.
Damit man große Pflanzen zieht
wird das Feld sehr oft besprüht
mit Pestiziden, DDT,
Herbiziden, PCB.
Für einen gut reißfesten Faden
wird viel Chemie dann aufgetragen,
geschrumpft, gefärbt, gestreckt, gebleicht,
das Gift so ins Gewebe schleicht.
Azofarben, Formaldehyd
die Arbeiter kriegen alles mit
ungeklärt wird abgeleitet
und die Natur so ausgebeutet.
Hautkrankheiten, Allergien,
Krebs und keine Medizin.

Das böse Spiel zieht weite Kreise
begibt sich auf die weite Reise
kommt in Europa bei uns an
Ekzeme sind die Diagnose dann.

Das Gift durch deine Poren dringt
auf Dauer dich mit Krebs bezwingt.
Und es kommt zum bösen Schluß
der gnadenlose Exitus !!!!!!!!

(Der Tod tritt auf.)

Nun steh' ich hier, ich armer Tor,
bin aber schlauer als zuvor.

Was mach ich mit dem Weihnachtsgeld –
wo mir doch so viel gut gefällt!
Wenn ich in einen Jeans-Shop geh'
und all die schönen Sachen seh.
Muß es stets etwas Neues sein?
Fall ich auf die Werbung rein?

Statt am Konsum mich zu berauschen
könnten wir doch mal Klamotten tauschen.
Eine eigene Mode zu begründen
aus Altem Neues zu erfinden.

Das ist unser neuer Trend,
wer den nicht kennt, der hat verpennt!

(Text des Klamottenworkshops des
Oberstufentreffens der Katholischen Studie-
renden Jugend Trier, Januar 1997)

Markenzeichen des Arbeitskreises Naturtextil e. V. (AKN)

Das Markenzeichen Naturtextil des Arbeitskreises Naturtextil e.V. ist das bisher einzige Markenzeichen, welches eine Volldeklaration bietet. Das heißt, es berücksichtigt von der Faserherstellung bis zum fertigen Endprodukt ökologische und soziale Komponenten. Gefordert wird:

Rohstoffe:	Kontrolliert biologischer Anbau Artgerechte Tierhaltung
Rohstoffverarbeitung:	Eingeschränkte Verwendung von Prozeß-Hilfsmitteln Biologisch abbaubare und/oder recyclebare Hilfsstoffe (Schlichtemittel usw.)
Veredlung:	Keine Verwendung synthetischer Farbstoffe Verzicht auf chemisch-synthetische Endausrüstung
Sozialverträglichkeit:	Fairer Handel und Entlohnung Arbeitsrechte für Arbeitskräfte

Menschenwürdige Arbeitsbedingungen
Keine Kinderarbeit
Soziale Sicherheit

Endprodukt:

Frei von Schwermetallen
Frei von Pestizidrückständen
Frei von Formaldehyd
Einhaltung von pH-Werten

(Entsorgung: findet bisher keine Berücksichtigung)

(nach: Faltblatt des AK Naturtextil e.V. von 1997)

Naturtextil

> „Sie als Käuferin oder Käufer von Textilien haben großen Einfluß darauf, daß das Angebot an umweltgerechter und gesunder Kleidung verbessert und vergrößert wird. Achtzig Prozent der hierzulande verkauften Textilien werden importiert. Billigangebote sind nur möglich, weil dafür Menschen und Umwelt besonders in Drittländern ausgebeutet werden. Der Wohlstand unserer Gesellschaft führt uns mittlerweile immer deutlicher seine Kehrseite vor Augen: ökologische und soziale Notstände. Unsere Lebensweise hinterläßt deutliche Spuren in den Naturkreisläufen. So stellt sich uns in allen Lebensbereichen die Frage: ‚Wie können wir unser Handeln noch verantworten? Was können wir inzwischen umweltverträglicher gestalten? Was sollen wir in Zukunft besser ganz unterlassen?‘
> Vor dieser Frage stehen wir auch mit der Art und Weise, wie wir uns kleiden und was wir mit unseren Textilabfällen tun.“
> (Voß 1995, S. 7)

Die Kampagne für „saubere" Kleidung

Neben einem individuell veränderten Konsumverhalten im Bekleidungsbereich gibt es die Möglichkeit, sich auch politisch in das Bekleidungsgeschäft einzumischen. Ein verändertes Konsumverhalten läßt sich über Kampagnen in eine politische Strategie umsetzen. Ein Schritt auf dem Weg „von einer Überflußwirtschaft zu einer Einflußwirtschaft" (Zukunftsfähiges Deutschland 1997, S. 214) wäre damit getan. Die Kampagne für „saubere" Kleidung setzt in diesem Sinne bei der Macht der Verbraucher und Verbraucherinnen an. Sie hat einen Verhaltenskodex entwickelt, mit dessen Unterzeichnung sich die Bekleidungskonzerne zur Einhaltung sozialer Mindeststandards bei der Kleiderproduktion verpflichten. Geschäftsketten werden aufgefordert, diese Charta zu unterzeichnen. Mit der Unterzeichnung verpflichten sie sich, nur Kleidung zu verkaufen, die unter den in der Charta festgelegten Bedingungen erstellt wurde. Der Betrieb erklärt sich außerdem bereit, die Einhaltung der Kriterien von einer unabhängigen Instanz kontrollieren zu lassen.

Die Kampagne für „saubere" Kleidung arbeitet europaweit. Sie ist in den Niederlanden zu Beginn der neunziger Jahre entstanden. Mittlerweile existiert sie außerdem in Frankreich, Spanien, Italien, Belgien, Schweden, England und in

Zu den **TrägerInnen der Kampagne für „saubere" Kleidung** gehören:

- Evangelische Frauenarbeit in Deutschland / Frankfurt
- Christliche Initiative Romero / Münster
- DGB Nord-Süd-Netz / Düsseldorf
- Südwind. Institut für Ökumene und Ökonomie / Siegburg
- Ökumenisches Netz Rhein Mosel Saar / Neuwied
- Terre des Femmes / Tübingen
- Vereinte Evangelische Mission / Wuppertal
- Arbeitskreis Textil des NRO-Frauenforums / Bonn
- Informationsstelle El Salvador / Bonn
- Katholische Arbeitnehmerbewegung / Diözese Trier
- Evangelische Frauenhilfe in Westfalen
- Deutsche Angestelltengewerkschaft - Bundesberufsgruppe Handel und private Dienste
- Gewerkschaft Handel Banken Versicherungen, Hauptvorstand
- Gewerkschaft Textil-Bekleidung, Hauptvorstand

**Das Double Income Projekt (DIP)
in der Schweiz – ein Beispiel dafür, daß es
auch anders geht!**

Die Schweizerische Zentrale für Handelsförderung (Osec) hat die Initiative für die Gründung der DIP-Stiftung ergriffen, die zusammen mit dem schweizerischen Textildetaillistenverband (STDV) im März 1995 unter dem Namen „The Colors of Fair Trade" eine erste Kampagne lanciert hat. Mit seinem Label verspricht DIP, die „sozialverträgliche Textilproduktion in Billiglohnländern zu fördern." Konkret werden bei Importen aus Billiglohnländern die Lohnkosten – die normalerweise zwischen 3 und 10% der Herstellungskosten ausmachen – doppelt kalkuliert. Der „zweite Lohn" wird den ArbeiterInnen nicht direkt ausbezahlt, sondern für die Verbesserung der Arbeitsbedingungen in den Betrieben verwendet: z.B. für ein Tuberkulosebekämpfungsprogramm, eine neue Lüftung oder eine Kantine im Betrieb. Die Produktionsbetriebe werden vom DIP-Stiftungsrat ausgewählt und müssen bestimmte Anforderungen erfüllen (z. B. betreffend Frauen- und Kinderarbeit, soziale Sicherheit). Vorläufig (1996) sind vier Betriebe in Kenya, Indien, Bangladesh und Peru mit dem DIP-Zeichen lizenziert.

(Erklärung von Bern u.a. 1996, S. 97)

**Die Sozialcharta für den Handel
mit Kleidung
Präambel**

Die Zielsetzung der Charta beinhaltet die Verbesserung der Arbeitsverhältnisse und -bedingungen in der Bekleidungsproduktion. Unter Bekleidungsproduktion wird alles verstanden, was nach der Herstellung (einschließlich Färben) des Stoffes erfolgt. Ausgangspunkt ist dabei, daß die Geschäftsketten als Auftraggeber und Einkäufer Verantwortung tragen und mit Hilfe ihrer Geschäftspolitik in der Lage sind, bessere Arbeitsverhältnisse und -bedingungen zu schaffen.

In der Charta sind sieben Bedingungen festgehalten worden, denen die Produktion zu entsprechen hat. Diese basieren auf den Konventionen der ILO (Internationale Arbeitsorganisation der UNO). Es handelt sich dabei um die elementarsten Arbeitsrechte: das Recht auf Organisierung und auf Kollektivverhandlungen, auf einen an-

gemessenen Lohn und auf sichere und gesunde Arbeitsbedingungen sowie die Einhaltung der Konventionen bezüglich der höchstzulässigen Arbeitsdauer, des Mindestalters und der Nichtdiskriminierung.

Kraft Zeichnung erklärt die Geschäftskette, daß die Produktion aller von ihr verkauften Kleider mindestens diesen Bedingungen genügt. (…) Sie erklärt sich bereit, der Kontrolle über die Einhaltung dieser Bedingungen durch eine unabhängige Instanz zuzuarbeiten. Diese Instanz wird unter Aufsicht von VertreterInnen von Geschäftsketten und ArbeitnehmerInnen- und VerbraucherInnen-Organisationen stehen. Sie übt ihre Kontrolle u.a. dadurch aus, daß sie Stichproben durchführt und Beschwerden nachgeht.

Die Geschäftskette

übernimmt die Verantwortung für die Art und Weise, in der die von ihr verkaufte Bekleidung hergestellt wird. Alle verkaufte Kleidung wird gemäß der im Nachstehenden festgelegten Produktionsbedingungen hergestellt. Wenn im weiteren von ArbeiterInnen die Rede ist, sind damit alle gemeint, die in der Bekleidungsproduktion tätig sind, also auch HeimarbeiterInnen, Teilzeit- und SaisonarbeiterInnen sowie ArbeiterInnen, die sich illegal in dem betreffenden Land aufhalten; läßt sich deshalb von einer für diesen Zweck zu gründenden unabhängigen Kontrollinstanz überwachen und unterstützt die Überwachung rückhaltlos, indem sie alle diesbezüglich erbetenen Informationen (sowohl über die Geschäftsführung und die Betriebsergebnisse als auch über Zulieferer und Einkauf) jederzeit zur Verfügung stellt. Außerdem beteiligt sich die Geschäftskette an der Finanzierung der Kontrollinstanz, indem sie jährlich einen bestimmten Prozentsatz des Umsatzes abführt.

Bedingungen hinsichtlich der Produktion:

ArbeiterInnen haben das Recht, sich frei zu organisieren und können sich unabhängigen Gewerkschaften und anderen Interessenverbänden ihrer Wahl anschließen, ohne daß dafür eine vorherige Genehmigung erforderlich wäre.
(ILO-Konvention Nr. 87)
ArbeiterInnen haben das Recht, sich bei Tarifverhandlungen von Organisationen ihrer Wahl vertreten zu lassen. Diese Tarifverhandlungen werden

ohne unzulässige Behinderung der ArbeitnehmerInnen durchgeführt.
(ILO-Konvention Nr. 98)
Die Entlohnung von ArbeiterInnen muß wenigstens deren notwendigsten Lebensbedarf (Nahrung, Kleidung, Wohnraum) und den der unmittelbar von ihnen abhängigen Familienmitglieder decken. Diese Entlohnung genügt mindestens dem gesetzlichen Mindestlohn des jeweiligen Landes.
(ILO-Konvention Nr. 26)
Die Zahl der wöchentlichen Arbeitsstunden und die Regelung hinsichtlich der Bezahlung von Überstunden entsprechen für alle ArbeiterInnen den von der ILO festgelegten Normen.
(ILO-Konvention Nr. 1)
Die Arbeitsbedingungen im Sicherheits- und Gesundheitsbereich genügen den von der ILO festgelegten Normen.
(ILO-Konvention Nr. 155)
Arbeitgeber halten sich an das von der ILO festgelegte Mindestalter für Arbeitskräfte.
(ILO-Konvention Nr. 138)
Arbeitgeber fördern die Gleichbehandlung hinsichtlich der Ausübung und Entlohnung der Arbeitenden. Das heißt, daß sich Arbeitgeber keiner Diskriminierung aufgrund von Rasse, Hautfarbe, Geschlecht, politischer und religiöser Überzeugung, sozialer Herkunft oder des Herkunftslandes schuldig machen dürfen.
(ILO-Konvention Nr. 111)
Schließlich verpflichtet sich die Geschäftskette, beim Zulieferbetrieb zu protestieren, falls Beschwerden über die Verletzung anderer der hier erwähnten ILO-Konventionen vorliegen.
(Totschicke Kleidung 1996, S. 12f.)

Deutschland. In Deutschland beteiligten sich Organisationen aus dem kirchlichen, gewerkschaftlichen und menschenrechtlichen Spektrum. Sie haben sich zum Ziel gesetzt, in den nächsten Jahren durch eine breite VerbraucherInnenbewegung die großen Bekleidungskonzerne zur Unterzeichnung der Sozialcharta zu bewegen. In einem Diskussionsprozeß mit anderen Nichtregierungsorganisationen in Nord und Süd hat die Kampagne für „saubere" Kleidung die Sozialcharta zu einem detailliert ausgearbeiteten Verhaltenskodex weiterentwickelt, der ihnen als Grundlage für die anstehenden Verhandlungen mit den Bekleidungskonzernen dienen wird.

Aktionen im Jahr 1997 ...

Ein Grundlagenpapier für die gemeinsame Arbeit verabschiedete die deutsche Kampagne für „saubere" Kleidung im Oktober 1996. Anfang 1997 startete die Kampagne eine Postkartenaktion an drei führende Bekleidungsunternehmen: den Otto-Versand exemplarisch für den Versandhandel; C&A exemplarisch für eine Filialkette und schließlich Hennes & Mauritz exemplarisch für eine Kette, die gezielt jugendliche Käufer und Käuferinnen mit „heißen" Moden zu billigen Preisen bewirbt. Bis September 1997 wurden 150 000 Postkarten verteilt. Die Flut der Zuschriften ließ alle angeschriebenen Firmen zunächst mit Antwortbriefen reagieren: Beruhigende Argumente wurden vorgetragen, die eigene Firmenpolitik versuchsweise in ein besseres, sozialeres Licht gestellt. Doch es sieht so aus, als wären viele Verbraucher und Verbraucherinnen mit beruhigenden Sätzen nicht mehr zufrieden. Die Nachfragen häufen sich.

Postkartenaktion an Otto, C&A und Hennes & Mauritz

Sehr geehrte Damen und Herren,
Kleidung ist für mich mehr als eine Frage des Geschmacks. Seit dem vergangenen Jahr mehren sich besorgniserregende Berichte über die Arbeitsbedingungen in den Nähfabriken dieser Welt. Vor allem Frauen in den „Billiglohnländern" Südostasiens und Mittelamerikas erleiden unzumutbare Menschen- und Arbeitsrechtsverletzungen. Das ist für mich untragbar. Mir liegen Informationen vor, daß auch einige Ihrer Zulieferbetriebe Näherinnen unter menschenunwürdigen Arbeitsbedingungen beschäftigen.
Ich möchte Sie bitten, mir Auskunft darüber zu erteilen, was Sie grundsätzlich und konkret zur Verbesserung des Arbeitsalltags dieser Frauen unternehmen wollen. Weiterhin würde ich gerne wissen, ob Sie bereit sind, die „Sozialcharta für den Handel mit Kleidung" zu unterzeichnen. Kraft Ihrer Unterschrift würden Sie dafür einstehen, daß Ihr gesamtes Kleidungssortiment sozialverträglich hergestellt wird.
Überzeugen Sie mich! Ich bin gerne bereit, bei Ihnen Kleidung zu kaufen, wenn ich sicher bin, daß diese ohne Ausbeutung von Frauen hergestellt wurde.

Mit freundlichen Grüßen

... und Aktionen im Jahr 1998

Als Folgeaktion der erfolgreichen Postkartenversendung will die Kampagne
im Jahr 1998 eine Unterschriftenaktion starten. Dieser „Appell an den Einzel-
handel" soll dann mit prominenten ErstunterzeichnerInnen und zahllosen
anderen Unterschriften Mitte bis Ende 1998 den Marktführern des Bekleidungshandels überreicht werden. Sollte der öffentliche Druck durch die geplanten
Aktionen noch zunehmen, bestehen Aussichten auf Unterzeichnung des
Verhaltenskodexes durch eines oder mehrere Bekleidungsunternehmen – ein
Schritt Richtung Zukunftsfähigkeit.

„Sauber" heißt sozialverträglich

Es gibt kein Waschmittel, mit dem Menschenrechtsverletzungen weggewaschen
werden können. Die Kampagne für „Saubere" Kleidung richtet sich gegen
schmutzige Geschäfte mit der Armut vor allem von Frauen. Sie will:
- eine Verbesserung der Arbeitsbedingungen in der Bekleidungsindustrie weltweit, insbesondere in der ‚Dritten Welt' erreichen;
- eine breite Öffentlichkeit für die Folgen der zügellosen globalen Marktwirtschaft sensibilisieren;
- in konkreten Fällen von Arbeits- oder Menschenrechtsverletzungen die Beschäftigten durch europäisch abgestimmte Eilaktionen unterstützen.

Was können Sie tun?

- Nutzen Sie Ihre Macht als KonsumentIn.
- Machen Sie den verantwortlichen Ladenketten und Versandhäusern klar,
  daß Sie nur sozial saubere Kleidung kaufen wollen.
- Fragen Sie in den Geschäften Ihres bisherigen Vertrauens und haken Sie
  nach, woher die Kleidung stammt und unter welchen Arbeitsbedingungen
  sie hergestellt wurde.
- Unterstützen Sie die Kampagne aktiv: Durch Ihre Mitarbeit können Sie
  mehr Öffentlichkeit herstellen oder/und durch Ihre Spenden der Kampagne mehr Schubkraft verleihen.

„Saubere Kleidung" – Clean Clothes Campaign. Ein Telefongespräch.

*„Diese komische Kampagne für saubere Kleidung läßt mir keine Ruhe ... Ich
rufe da mal an in Siegburg, bei Südwind, dieser Frau Wick ... Die soll mir mal
sagen, warum die jetzt schon für Waschmittel Kampagnen machen ..."*
Wählt eine Nummer am Telefon, Hörer am Ohr:
*„Ja, hier spricht Frau Schmitz ... Ich würde gerne mit Frau Wick sprechen
über diese Kampagne mit der sauberen Wäsche ... Ja, verbinden Sie ruhig ....
Ja? Frau Wick? Mein Name ist Schmitz, und ich wollte Sie was fragen über
Ihre Wäschekampagne. Soll das für ein Waschmittel sein oder gegen Altkleider,
diese ‚clean clothes' / saubere Kleidung? ... So? Ach! ... gegen unsaubere Methoden? Gegen schlechte Arbeitsbedingungen in der Textilherstellung? Ja, wissen Sie, ich dachte, das wäre wieder so'n Aufruf gegen Altkleider für die Dritte Welt oder so. Sehn Sie, als mein Mann noch lebte und die Kinder noch im
Haus warn, da hab' ich ja noch viele Sachen kaufen müssen und da ist noch
soviel in den Schränken ... Nee, also keine alten Kleider, neue meinen Sie ...
Ja – aber wieso denn gleich 'ne Kampagne? ... So – meistens Frauen ... ja, das
war ja schon immer so ... niedrige Löhne, hmmm, ist ja mit der Arbeit von
Frauen leider immer so gemacht worden. Da haben Sie recht! Ist wirklich 'ne*

monotone Arbeit, immer so die gleichen Handgriffe. Können die sich nicht mal abwechseln, so: die eine mal den Blusenärmel, die andere mal den Kragen nähen? ...? Ach so, zuviel Zeit? ... Ja, ja, Zeit ist Geld und Geld ist wichtiger als Spaß an Arbeit ... Wie, bis zu 12 Stunden an der Nähmaschine? Und das 6 Tage? Das geht ja auf die Gesundheit! ... Auch das noch! Mangelhafte Sicherheitsbedingungen! Und wenn die so wenig verdienen und so viel arbeiten müssen ... Ja, genau! Unterernährung, Übermüdung, Krankheiten, das hab' ich auch gerade gedacht ... Aber die Gewerkschaften! ... Ach so, verboten oder die kriegen Ärger im Betrieb, wenn sie auf ihren Rechten bestehen wollen ... Daß sie dafür wieder Kinder rankriegen! Ist ja wie in der Teppichindustrie, auch hier Kinderarbeit! ... Wieder überwiegend Mädchen! ... So, drei verschiedene Arten von Arbeitsplätzen? ... Einmal Großfabriken, ja natürlich ... ach, wer hätte das gedacht, die Nähstuben kommen wieder ... von der dritten, der Heimarbeit, ja, da habe ich vor Jahren schon einiges gehört ... Aber sagen Sie mal, Frau Wick, Anfang dieses Jahrhunderts, da war doch dieser riesige Streik in New York am 8. März. Das war doch in der Bekleidungsbranche und da haben wir doch heute den Internationalen Frauentag. Und das hat nichts gebracht? ... Ja, und was will jetzt die Kampagne „clean clothes"? ... Ach, warten Sie, ich schreib mir das mal auf."
Greift zum Stift und notiert, während sie den Hörer zwischen Schulter und Kopf einklemmt.
„Ja, ich bin jetzt soweit, ... ja, Bewußtseinsbildung .... hmm, angemessene Löhne, ja hab ich, ... so, kein Überstundenzwang, ... sicher, Recht auf gewerkschaftliche Organisierung .... Moment! ... ja ... keine Diskriminierung ... sichere und gesunde Arbeitsbedingungen, ja ... und keine Kinderarbeit ... – Ja, aber – seien Sie mir nicht böse, Frau Wick, aber werden wir dann überhaupt noch die Blusen, Röcke und so, können wir die dann noch bezahlen? ... Ach so, sie meinen, die Auftraggeber stecken nicht mehr soviel in die eigene Tasche, aber der Kleidungspreis wird sich nicht erhöhen, wenn sie die Arbeiterinnen anständig bezahlen und das alles machen ... ja, genug Spielraum in ihrer Kalkulation ... Gut, aber bringt denn so'ne Kampagne überhaupt was? ... Ach, wieder in Holland den Anfang, ja ... 5 Jahre haben die schon ... aha, wie bei dieser Teppichgeschichte, die haben also schon ein Gütesiegel in Holland für ,clean clothes', ja das ist gut! Und wenn das jetzt europaweit ausgedehnt wird ... Und wie soll das mit der Kampagne weitergehen? Ja, das ist klar, erstmal informieren, sicher ... So? Das finde ich ja gut, wenn Industriearbeiterinnen aus verschiedenen Teilen der Welt nach Deutschland eingeladen werden. Und dann? ... Ja, noch offen, Schritte müssen beraten werden... Und wer arbeitet da mit? Ja, die Evangelische Frauenarbeit in Deutschland ... Wissen Sie, Frau Wick, wo ich jetzt mit Ihnen so darüber gesprochen habe, da hat mich das richtig wütend gemacht! Ich würde da gerne in meiner Frauengruppe was machen. So, Sie haben einen Verteiler mit allen interessierten und aktiven Gruppen und Einzelpersonen. Können Sie mir mal ein paar in meiner Nähe nennen? Ach so, können Sie mir zuschicken! Dann vielen Dank erstmal und auf Wiederhörn."
Legt auf.
(Aus: Arbeitsmappe zum Jahresthema 1996 der Ev. Frauenhilfe in Westfalen e.V.)

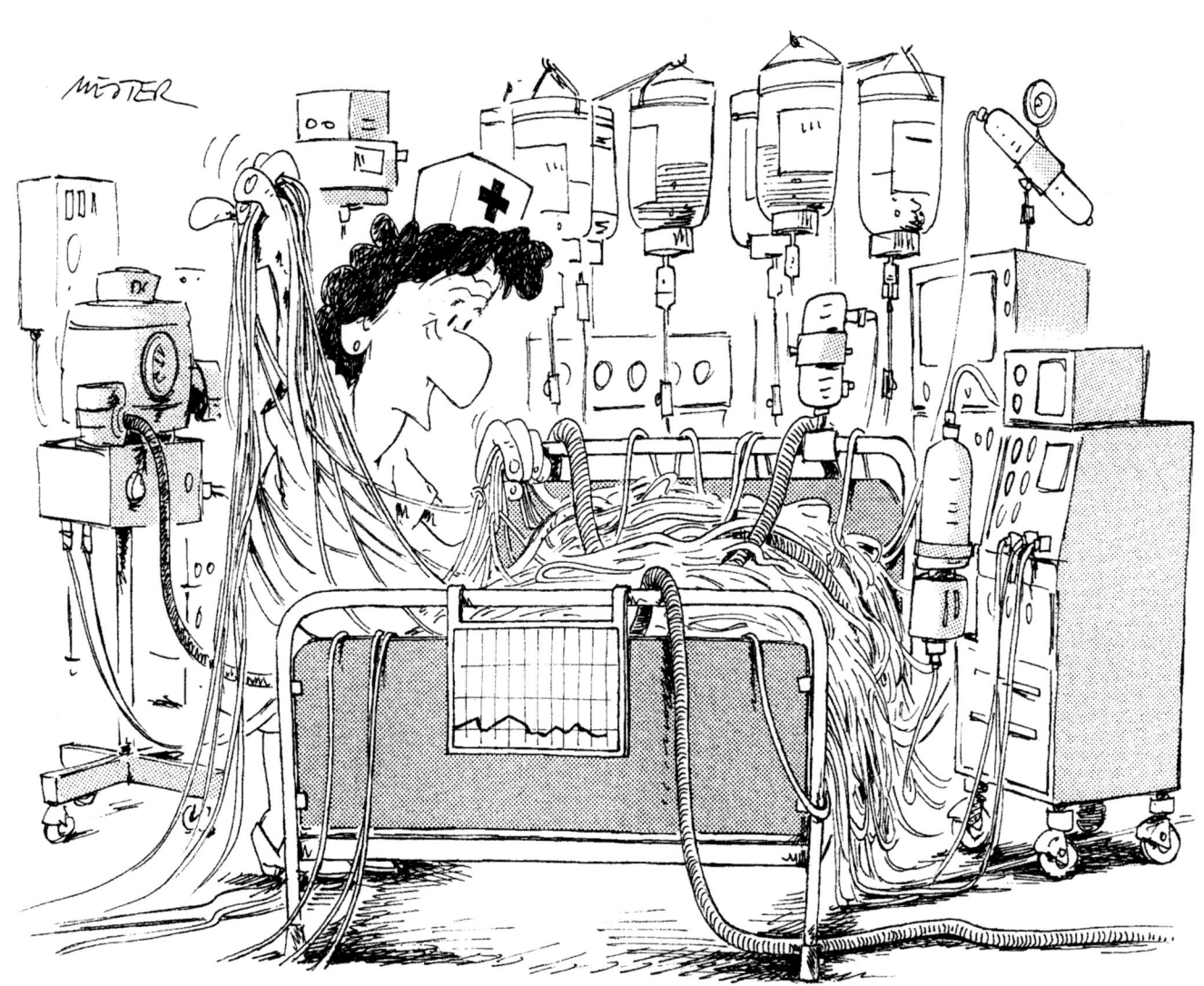

Gesundheit – mehr als die Abwesenheit von Krankheit

Zwischen Übergewicht und Existenzkampf

Marktschreiereien

Gern lassen wir uns durch Broschüren
Ins Wunderreich der Krankheit führen
Und holen uns aus bunten Heften
Die Kenntnis von geheimen Kräften.
Beschlossen liegt der Stein der Weisen
In Büchern, nicht genug zu preisen.
Hört! – Und ihr werdet nicht mehr säumen:
Wie deut ich Zukunft aus den Träumen?
Wie bleib ich trotz zwölf Halben nüchtern?
In einer Stunde nicht mehr schüchtern...
Vorm anderen Geschlecht nicht schaudern!
Sie lernen unbefangen plaudern!
Befreiung vom nervösen Kichern!
Die Kunst sich den Erfolg zu sichern.
Nicht unbeholfen mehr beim Tanzen!
Die Radikalkur gegen Wanzen.
Wie fühle ich mich neugeboren?
Sie brauchen nicht mehr Nase bohren.
Wie kann Millionen ich erlottern?
Das sichre Mittel gegen Stottern.
Nichtraucher werden in drei Tagen.
Antworten auf diskrete Fragen –
Drum macht nur schleunig den Versuch
Und kauft ein solches Wunderbuch!
Ein einziges Rezept daraus
Zahlt hundertfach die Kosten aus.
(Roth 1954, S. 39)

Fallbeispiel

Geldgier

Für im Kern zutreffend halten Krankenkassenverbände die jüngste Ärzte-Kritik des Berliner Ärztekammer-Präsidenten Ellis Huber. (…) Huber hatte erklärt, jeder fünfte Arzt in Deutschland nehme Behandlungen an Patienten vor, für die es keine ausreichende Begründung gebe. Aus Geldgier würden Ärzte gesunde Menschen operieren und unnötige Therapiemaßnahmen anordnen, meinte Huber. Der Schaden für die Versicherten betrage 20 bis 40 Milliarden Mark im Jahr. „Huber legt die Finger in die Wunde – im deutschen Gesundheitssystem stecken Rationalisierungsreserven von mindestens 20 Milliarden Mark", sagte der Sprecher des Bundesverbandes der Innungskrankenkassen (IKK) in Bergisch Gladbach bei Köln, Johannes Beckmann.
(dpa-Meldung vom 23.10.1997)

Arme verkaufen Augen und Haut

Es ist nicht beim Handel mit Nieren geblieben. Jetzt verkaufen die Armen auch ihre Augen und ihre Haut. Dr. O. P. Kulshrestha, Chefarzt in der Calgery-Augenklinik in Jaipur, war schockiert, als ein junger Mann von ihm wissen wollte, an welches Krankenhaus er eines seiner Augen für 10 000 Mark verkaufen könnte (…). Es wurde uns erzählt, daß einige Ärzte in Madras an Augenhornhaut interessiert sind. Sobald ein „Spender" gefunden ist, wird dieser unter dem Vorwand, ein Patient zu sein, in die Klinik aufgenommen. Die skrupellosen Ärzte transplantieren zu einem günstigen Zeitpunkt (wenn möglichst wenige Ärzte und andres Personal anwesend sind). Prabhakaran, ein Organhändler aus Madras, berichtete uns, daß einer seiner Freunde ein Auge für 8000 Mark in Bombay verkauft hat (…). Wir haben auch Shivajiram, einen 24jährigen Maler, kennengelernt. Als er arbeitslos wurde, hat er für 100 Mark ein Stück Hornhaut von seinem Oberschenkel an ein Krankenhaus in Pune verkauft. Wo wird das alles enden?
(India Today vom 31.7.1990)

Gesundheitsversorgung im Vergleich

Ein Mädchen, das heute in einem der reichen Länder der Welt geboren wird, kann durchaus damit rechnen, rund 80 Jahre alt zu werden. In der Kindheit wird es stets ausreichende Nahrung bekommen, die hygienischen Verhältnisse werden in allen Belangen optimal sein; eine schulische Ausbildung und eine umfangreiche gesundheitliche Vorsorge sind beinahe selbstverständlich. So wird das Mädchen zum rechten Zeitpunkt alle notwendigen Impfungen gegen Kinderkrankheiten bekommen. Erst nach dem zwanzigsten Lebensjahr wird es als Frau höchstwahrscheinlich heiraten. Mehr als 65 Prozent der Mädchen werden ein oder zwei Kinder bekommen. Auch diese Geburten wer-

Nachhaltigkeit leben

Die Umweltbelastungen nehmen weltweit zu. Auf der anderen Seite ist die Lebenserwartung – zumindest in den reichen Ländern – aufgrund wissenschaftlicher Leistungen in der modernen Medizin gewachsen. Sind umweltbedingte Erkrankungen da nicht zumutbar?

Über diese Frage müßte man im Grunde ein Buch schreiben: Was wir teilweise als nicht mehr zumutbar empfinden, ist für andere eine Lächerlichkeit. Dort, wo die Menschen im Alltag um die elementarste Lebensgrundlage kämpfen und nicht wissen, wie sie sich am nächsten Tag ernähren können, sind Mangelernährung, bakteriell und anders verschmutztes Trinkwasser sowie Bildungsnotstand und Krieg oder Kriegsangst das Hauptproblem. Und bei uns stellt man sich die Frage, ob die umweltbedingten Erkrankungen zumutbar sind. Ohne genaue Definition umweltmedizinischer Erkrankungen sind diese Fragen nicht beantwortbar. Umweltfaktoren sind Co-Faktoren, die zu alltäglichen leichten bis schwersten Erkrankungen führen können. Die schnelle Zunahme der Krebserkrankungen in den letzten Jahrzehnten, der Allergien, der Depressionen, der Suizide bei Kindern und Jugendlichen sind Erkrankungen, die durch die Umwelt bedingt sind.

Wenn wir heute unser Gesundheitssystem nicht mehr bezahlen können, hat dies unter anderem damit zu tun, daß wir auf der einen Seite einen sehr hohen Anspruch auf Wohlbefinden bis ins höchste Alter haben, auf der anderen Seite alle Risiken eingehen wollen (Rauchen, Autofahren, Fleischessen, Fernsehen, Interkontinentalflüge...).

Es ist nicht damit getan, die Industrie anzuklagen, daß ihre Grenzwerte zu hoch sind. Eine ganzheitliche, vernünftige Umstellung des Lebensstils des einzelnen, aber auch unserer Administration wäre gefordert.

Nachhaltigkeit ist nicht nur ein Schlagwort, sondern müßte gelebt werden.

(G. Baitsch, leitender Arzt in Bad Säckingen, in: Umwelt & Gesundheit 1/97, S. 16)

den in bestens ausgerüsteten Krankenhäusern stattfinden, im Verlauf der Schwangerschaft werden aufmerksame Ärzte mit bester Technologie das Werden des neuen Lebens genau verfolgen und nötigenfalls stützende Maßnahmen ergreifen. Im mittleren Alter wird das größte Risiko für die Frau darin bestehen, eventuell bei einem Autounfall oder bei einem Unfall im Haushalt ums Leben zu kommen. Wenn sie über 60 Jahre alt ist, ist damit zu rechnen, daß Krankheiten wie Krebs oder Erkrankungen des Herz-Kreislauf-Systems sie früher oder später ereilen werden. Aber auch hier wird ein hochentwickeltes Gesundheitssystem dafür sorgen, daß die Krankheit eingedämmt wird oder daß die Frau zumindest noch viele Jahre leben kann. Im Jahr wird sie rund 1000 Dollar an Gesundheitsausgaben verursachen. In den Industrienationen werden pro Jahr ungefähr 15 Millionen Kinder geboren; die meisten von ihnen werden Lebensbedingungen vorfinden, wie sie hier etwas idealtypisch skizziert wurden.

Ein Mädchen, das im gleichen Jahr zum Beispiel in Afrika das Licht der Welt erblickt, kann nur auf eine Lebenserwartung von 43 Jahren blicken. Es ist damit zu rechnen, daß seine Mutter schon zum Zeitpunkt der Schwangerschaft krank ist, so daß das Gesundheitspotential bereits mit der Geburt beeinträchtigt sein wird. Das Geburtsgewicht ist sehr niedrig, Unter- bzw. Fehlernährung in den ersten Monaten und Jahren werden die gesundheitlichen Gefahren steigen lassen. Eines von fünf Mädchen wird schon vor seinem ersten Geburtstag sterben; eines von drei wird den fünften Geburtstag nicht erleben. Impfungen wird das Kind nur in einem unzureichenden Maße bekommen, die Wohnbedingungen werden eher schlecht, die Hygiene wird nicht ausreichend sein. Durchfallerkrankungen, Cholera und Tuberkulose können das Kind unter Umständen schwächen bzw. gefährden. Armut und soziale Konflikte werden von Beginn an den geistig-seelischen Entwicklungsprozeß des Kindes begleiten bzw. beeinträchtigen; allein die Tatsache, daß sie ein Mädchen ist, wird ihr noch viel Kummer bringen, denn diese sind in vielerlei Hinsicht benachteiligt. Sie wird vielleicht schon mit dreizehn Jahren oder wenig später heiraten und nicht selten mehr als zehn Kinder haben, wenn sie nicht zuvor im Wochenbett sterben sollte. Weil es kaum Hebammen gibt, weil so wichtige Impfungen fehlen und weil die Vorbereitung auf die Geburt nicht genügend ist, wird fast ein Drittel der geborenen Kinder sterben. Wegen verseuchten Wassers und Parasiten sind infektiöse Krankheiten eine dauernde Gefahr. Durch die schlechte Ernährung leidet das Mädchen / die Frau an Blutarmut; Darmerkrankungen und Malaria gehören zum Alltag. Die ständige Beanspruchung in der Familie und zudem die harte Arbeit sorgen für Müdigkeit, Infektionen und Fieberschübe – ein umfassender Verschleiß der Gesundheit macht sich früh bemerkbar. Wenn diese Frau ein höheres Alter erreicht, kann sie ähnliche Krankheiten bekommen wie die Frauen in den reichen Ländern, aber sie hat keine Aussichten auf eine umfangreiche medizinische Versorgung bzw. Rehabilitation! Weniger als einen Dollar pro Jahr wird der Staat für ihre Gesundheit ausgeben, und sie wird über kein Geld verfügen, um ihre Behandlung selbst zu bezahlen. Jährlich wachsen etwa 20 Millionen Kinder unter den hier geschilderten Umständen auf.

Globale Trends

- Anfang der neunziger Jahre hatten erst 77 Prozent der Menschen in Entwicklungsländern Zugang zu Gesundheitseinrichtungen, 69 Prozent zu Trinkwasser, 36 Prozent zu hygienischen Sanitäranlagen.

- In Entwicklungsländern sind infektiöse und parasitäre Krankheiten die häufigste Todesursache, an ihnen sterben jährlich 17 Millionen Menschen.
- Der Mißbrauch von Drogen hat sich in den letzten zwei Jahrzehnten globalisiert; Ende 1993 wurde die Gesamtzahl der Drogenkonsumenten (harte Drogen) allein in Deutschland auf 184 000 geschätzt.
- Gefolgt von Frankreich und Spanien, lag Deutschland 1993 mit knapp zwölf Litern auf dem Sektor des Alkoholkonsums an der Spitze (2,5 Millionen Alkoholkranke); der Alkoholkonsum in Afrika und Lateinamerika nimmt drastisch zu.
- In Europa starben nach Schätzungen der Weltgesundheitsorganisation (WHO) 1995 ca. 1,4 Millionen Menschen im Zusammenhang mit Rauchen; in den Entwicklungsländern wird immer noch weniger geraucht als in den Industrienationen, doch ist die Wachstumsrate in den Ländern der Dritten Welt bemerkenswert (40 Prozent aller Zigaretten werden in China geraucht).
- 40 bis 50 Prozent aller Todesfälle in den Industrieländern und Transformationsländern sind auf Herz- und Kreislauferkrankungen zurückzuführen.
- Krebs ist weltweit eine der wesentlichen Todesursachen – schätzungsweise 70 Prozent aller Fälle werden auf Lebens- und Umweltbedingungen zurückgeführt (Magenkrebs und Lungenkrebs sind die häufigsten Krebsarten).
- Ende 1994 waren 13–15 Millionen Erwachsene mit dem HI-Virus infiziert und mindestens zwei Millionen an den Folgen von AIDS gestorben; mittlerweile ist das Ausbreitungstempo in Asien am größten; weil die Behandlung der mit AIDS verbundenen Krankheiten sehr teuer ist, sind die sozioökonomischen Auswirkungen der Seuche immens: Viele Familien in den Entwicklungsländern müssen einen beträchtlichen Teil ihrer Einkommen für die Pflege der Kranken aufbringen, die selber als Ernährer ausfallen.

Fallbeispiel

Krankenkassen geben Alarm

Jedes fünfte kranke Kind kommt wegen einer Allergie zum Kinderarzt. Dies geht aus einer vom Bundesverband der Betriebskrankenkassen gestern in Bonn veröffentlichten Umfrage unter 100 repräsentativ ausgewählten Kinderärzten hervor. Danach werden pro Quartal 1,5 Millionen Kinder wegen Allergien behandelt. (…) Als Gründe für die Allergien nannten 71 Prozent der Kinderärzte Umwelteinflüsse. 44 Prozent sehen in der Vererbung eine Ursache. 29 Prozent nannten auch die ungesunde Ernährung und 18 Prozent die ständige Überreizung mit einer Substanz als Auslöser.
(ap-Meldung vom 1.7.1997)

Wertewandel

Der tiefgreifende Wertewandel, in dem wir uns am Ende des 20. Jahrhunderts befinden, hat alle Lebensbereiche erfaßt und hat Einfluß auf unser Erlebnis und Verständnis von Krankheit und Gesundheit.

In den alten Hochkulturen war Gesundsein immer ein Leben in Mitte und Maß. Dieses Maß war von Wertorientierungen her gesetzt, die dem Leben Sinn und Richtung gaben. In der klassischen Antike, die das arabische und lateinische Mittelalter maßgebend beeinflußte, waren Heil- und Lebenskunde noch eine Einheit. „Im Mittelpunkt aller Programme der älteren Heilkunde stand nicht nur der Kranke, sondern auch der genesende, der wiederhergestellte Kranke und damit sein Ur- und Zielbild: der Gesunde" (Schipperges). Unserer Medizin fehlt ein solches Ur- und Zielbild.

Seit der Mitte des 19. Jahrhunderts beeinflußten und veränderten die sich entwickelnden Naturwissenschaften auch die Medizin und führten zu einer raschen und radikalen Abwendung von den tradierten medizinischen Vorstellungen und Verfahren. War die klassische Medizin an der Gesundheit orientiert, so wurde das medizinische Denken und Handeln nun unter dem Einfluß der Naturwissenschaften von der krankhaften Veränderung geprägt. Gesundheit wurde in negativer Weise definiert als Freisein bzw. Freiwerden von Krankheit.

Ich habe keine Angst vor dem Tod
Ich habe keine Angst mehr vor dem Tod,
ich kenne seinen kalten, dunklen Gang
sehr gut,
der zum Leben führt.

Ich habe Angst vor jenem Leben,
das nicht dem Tode entsteigt,
das die Hände verkrampft
und unsern Gang hemmt.

Ich habe Angst vor meiner Angst,
und noch mehr vor der Angst der andern,
die nicht wissen, wohin sie gehen
und sich weiter an etwas klammern,
das sie für Leben halten
und von dem wir doch wissen,
daß es der Tod ist!

Jeden Tag lebe ich, um den Tod zu töten
jeden Tag sterbe ich, um Leben zu zeugen
und in diesem Tal des Todes
sterbe ich tausendfach
und erstehe ebensooft,
aus der Liebe meines Volkes,
die sich von der Hoffnung nährt!
(Esquivél 1985, S. 43)

Die spektakulären Erfolge der modernen Medizin, die Ausweitung perfekter Medizin-Technik in Diagnostik und Therapie, ein perfektioniertes Krankenversorgungssystem sind Folge und Ergebnis dieser Entwicklung, die nun an ihre Grenzen gekommen ist. Unser Gesundheitssystem muß sich jetzt aus Gründen der Selbsterhaltung auf seinen Namen besinnen, nämlich auf die Gesundheit. (...)
„96 Prozent aller Menschen kommen gesund zur Welt. Diese Gesundheit zu erhalten und zu schützen, sollte erstes Ziel aller ärztlichen Bemühungen sein. In unserer Wirklichkeit aber betreffen 80 Prozent unseres Ausbildungspensums und auch unserer Kosten die diagnostische Technik. 70 Prozent unserer klinischen Kosten wenden wir für Kranke auf, die ein Jahr später nicht mehr leben, dies investieren wir in den Tod" (Grosse-Ruyken).
Das 1995, S. 45

Ungleichheit von Gesundheitsproblemen

Gesundheitliche Probleme können unter zwei sehr unterschiedlichen Bedingungsfeldern auftreten:
a) In Abhängigkeit von ihrer sozialen Lage sind viele Menschen vor Krankheit und Tod sozial ungleich.
b) Auch Menschen vergleichbarer Situation unterscheiden sich mit Blick auf ihre biologisch-genetischen Voraussetzungen, ihre Lebensstile, ihre Interessen und Lebenskonzepte.
Im ersten Fall ist Krankheit gewissermaßen ein extern bedingter Zustand, mit dem sich die Betroffenen arrangieren müssen, soweit es ihre Kräfte ermöglichen; Gesundheit ist somit ein Symbol des Ringens um gerechtere Verteilung. Im zweiten Fall wird Gesundheit zum Indikator für Individualität, wobei gesellschaftliche Wertekonzepte und Moden eine tragende Rolle spielen können. Wir leben also momentan in einer Welt, in der Milliarden im Grunde zu mehr Krankheit als Gesundheit aufgrund der sozialen und wirtschaftlichen Verhältnisse verdammt sind und in der Menschen aus den reicheren Ländern ihr Verständnis von Gesundheit in einem hohen Maße von den Selbstverwirklichungsmöglichkeiten in ihrem von Konsum, Leistungsdruck und Erfolgsdenken geprägten Alltag abhängig machen; daß dieses letztgenannte Lebensprinzip eine Fülle von Erkrankungsmöglichkeiten in sich birgt, wird den meisten nur punktuell bewußt. Durch die globalen Veränderungen steigt momentan auch in den Industrienationen die Zahl derer, die aufgrund ihrer sozialen Lage enorm krankheitsanfällig werden.

Zum Verständnis von Gesundheit und Krankheit

Es gibt keine allgemeingültige bzw. verbindliche Antwort auf die Frage, was nun exakt Kranksein oder Gesundsein ausmacht. Der eigene Standort und die eigene Perspektive werden das Verständnis in dieser Frage deutlich beeinflussen. In medizinisch-biologischer Sicht geht man von einem gesunden Organismus aus, wenn ein geordnetes Zusammenspiel normaler Funktionsabläufe und ein normaler Stoffwechsel gegeben sind. Krankheiten werden als wenig willkommene Abweichungen von diesem Zusammenspiel verstanden. Der körperliche Zustand ist also das ausschlaggebende Kriterium. Des weiteren gibt es psychologische und soziologische Definitionen von Krankheit und Gesundheit, die verstärkt auf die gesellschaftlichen Bedingungsfelder von Kranksein abzielen. Ein Psychologe würde zum Beispiel von gesunden Verhältnissen sprechen, wenn bei dem Patienten Wohlbefinden, eine intakte Bedürfnisbefriedigung und individuelle Selbstverwirklichung gegeben sind. Sigmund Freud bezeichnete einen Menschen als gesund, wenn ihm die Fähigkeit zu lieben geschenkt war und wenn er arbeiten konnte. Einige Soziologen betrachten es als gesund, wenn das Individuum in wirksamer Weise seine ihm aufgetragenen Rollen ausfüllen bzw. ausüben kann, wenn es also Anteil am gesellschaftlichen Leben hat.

Die Weltgesundheitsorganisation stellt drei Aspekte von Gesundheit und Krankheit in den Mittelpunkt ihrer Bemühungen:

Gesundheit ist ein Zustand vollkommenen körperlichen, geistigen und sozialen Wohlbefindens und nicht allein das Fehlen von Krankheit und Gebrechen.

Schockwellen

Der Mediziner Karlheinz Steinmüller vom Sekretariat für Zukunftsforschung in Gelsenkirchen weist mit seinen Arbeiten auf vier Problemfelder, er nennt sie Schockwellen, hin, die in den kommenden drei Jahrzehnten großen Einfluß auf die weltweite Gesundheitsproblematik ausüben werden:

a) Die demographische Schockwelle
Die Weltbevölkerung wird bis zum Jahre 2025 drastisch zunehmen; die UNO geht von knapp 10 Milliarden Menschen aus, andere Schätzungen kommen sogar auf das Doppelte. Viele Länder der Zweidrittelwelt werden in einem verstärkten Maße mit Massenarmut, Hunger, Arbeitslosigkeit, Umweltzerstörung und Auswanderungsbewegungen zu kämpfen haben. Als eine Folge werden die wichtigsten Gesundheitsdienste nur in einem sehr geringen Maße aufrechtzuerhalten sein. Verschärfend wirkt sich hierbei aus, daß das wohlhabende Viertel (1995) – Fünftel (2010) – Sechstel (2025) der Menschheit sich zunehmend gegen die Einwanderung von Armuts-, Kriegs- und Krisenflüchtlingen abschotten wird. Während Gesundheit mehr und mehr zum Luxusgut in den Entwicklungsländern wird, können die meisten Deutschen zum Beispiel immer noch dank medizinischer Rundumversorgung in ihrer konsumorientierten und zumeist kinderfeindlichen Gesellschaft einer höheren Lebenserwartung entgegensehen.

b) Die weltwirtschaftliche Schockwelle
Während – trotz aller Krisendebatten – den Nordamerikanern, den Japanern und der Europäischen Union immer noch ein jährliches Wachstum zwischen drei und sieben Prozent winkt, fällt zum Beispiel Afrika südlich der Sahara aus den globalen Wirtschaftsverflechtungen praktisch ganz heraus. Es ist generell damit zu rechnen, daß die bestehenden Entwicklungsunterschiede zementiert werden!

c) Die technologische Schockwelle
Informations- und Kommunikationstechnologien, Mikrosystem- und Nanotechnologie sowie Biotechnologie (insbesondere ist hier die Gentechnik zu nennen) und neuartige Materialien werden massiv direkte und indirekte Auswirkungen auf alle Bereiche des Gesundheitslebens ausüben. In der Regel ver-

stärken neue Technologien die Entwicklungsunterschiede zwischen reichen und armen Ländern. Rationellere Fertigungsverfahren im Bereich der Medizin-

---

Fallbeispiel

Hochtechnologie

Auf der anderen Seite ist die immer engere Verkopplung von Mensch und Maschine einer der großen Megatrends unserer Kultur und durchzieht das gesamte Berufs- und Alltagsleben. Diese Verkopplung beginnt bei so banalen Dingen wie dem Steuern von Automobilen oder der Arbeit am Computer, setzt sich über Walkman-Hören mit Musik fort, um letztlich bei der buchstäblichen Invasion von Hochtechnologie in den menschlichen Körper zu enden. Welche Gesundheitsrisiken (…) von unserer technogen veränderten Lebensweise ausgehen, läßt sich bislang nur in Einzelfällen abschätzen. In letzter Zeit wurden hier beispielsweise Gehörschäden durch Walkmans und mögliche cancerogene Wirkungen von Radiosmog diskutiert. Ein viel größeres Gewicht besitzen m. E. psychosomatische Störungen, die durch unsere naturferne Lebensweise hervorgerufen werden. Sehschäden durch exzessiven Videospielgebrauch bei Kindern mögen schlimm sein, schlimmer sind psychische Deformationen.
(K. Steinmüller in Hölling/Petersen 1995, S. 21–22)

---

technik oder der pharmazeutischen Produktion werden keineswegs zu einer Verbilligung der Gesundheitsdienstleistungen führen.

d) Die ökologische Schockwelle

Unser derzeitiges Wirtschaftssystem zerstört in wachsendem Maße die natürlichen Lebensgrundlagen der Menschheit. Es ist davon auszugehen, daß auch in den nächsten Jahrzehnten die lebenswichtigen Ressourcen knapper werden, wobei vor allem das schadstoffbelastete Frischwasser auch in Deutschland zu gravierenden Engpässen führen wird. Wenn nicht in absehbarer Zeit ein Wechsel in der Denkweise einsetzt (Übergang zu einer Kreislaufwirtschaft, erkennbare Besinnung auf die Möglichkeiten der erneuerbaren Energien, Erstellung einer ökologisch-ökonomischen Gesamtrechnung in bezug auf jedes Produkt), ist ein solches Wirtschaftssystem auf dem besten Wege, seine eigenen natürlichen Grundlagen zu zerstören: Allein in Europa betragen die wirtschaftlichen Verluste durch Waldschäden 30,4 Milliarden Dollar pro Jahr; jährlich gehen weltweit 24 Milliarden Tonnen Mutterboden verloren – Ressourcenverknappung und Schadstoffbelastung haben direkte Auswirkungen auf den Gesundheitszustand der Bevölkerung. Während in den hochentwickelten Staaten die Umweltbelastung noch in gesetzlichen Grenzen gehalten werden kann, werden andererseits ganze Regionen in der Welt regelrecht unbewohnbar; so gehen Experten davon aus, daß zum Beispiel ein Sechstel der russischen Bevölkerung in ökologischen Krisengebieten lebt (Aralsee…). Wasserverknappung,

---

Fallbeispiel

Medizin-Showmaster

Jede der großen Kulturzonen verfügt über ihre eigene Art von traditioneller Medizin, über ihre eigenen Vorstellungen zur Entstehung von Krankheiten und zur rechten Art, sie zu heilen. Im ländlichen Lateinamerika gibt es die curanderos. In dem von dem amerikanischen Anthropologen Oscar Lewis untersuchten mexikanischen Dorf Tepoztlán waren die curanderos meist Frauen, die für eine Kräuterheilkur bescheidene 25–50 Centavos nahmen. Wer mehr Geld oder schwerere Gebrechen hatte, konnte sich an die mächtigeren und angeseheneren mágicos wenden, deren Dienste zwei- bis zwanzigmal so teuer waren. Ein großer Teil ihrer Künste bestand aus geschickter Show. Don Rosas aus Tepoztlán geleitete seine Patienten in einen kirchenähnlich ausgestatteten Raum, dort zog er sich hinter einen Vorhang zurück und versetzte sich in Trance. So besprach er die Krankheit seiner Patienten und verschrieb ihnen dann irgendeine Behandlung. Ist der Unterschied zwischen der so eingeflößten Ehrfurcht und dem blinden Vertrauen, das westliche Patienten in ihre eigenen Medizin-Showmaster setzen, wirklich so groß? Der Placebo-Effekt wirkt überall auf der Welt mit Macht.
(Harrison 1984, S. 189)

Bodenzerstörung, Hunger und die oft daraus resultierenden bewaffneten Konflikte wirken als Auslöser für Flüchtlingsströme.

Von der Person zum Kunden

Das Wort „Menschenwürde" paßte noch in eine Zeit, in der man vom Patienten zur Person fand, von der Krankheitsgeschichte zur Lebensgeschichte vordrang. Wir sind jedoch inzwischen weiter fortgeschritten, und zwar – mit irgendeiner besonderen Sprungtechnik – von der Person zum Kunden, manchmal auch Nutzer genannt. Der Begriff des „Kunden" ist insofern ein nützlicher, als er die Emotionen von vornherein neutralisiert und befreit von unbequemen Beziehungs- und Begegnungsansprüchen. (…) Der Begriff des Kunden hilft uns z. B., die soziale Misere, will sagen, die Benachteiligung bestimmter Menschen, nicht an das, was man altmodisch Gewissen nennt, herankommen zu lassen. Kunden sind definiert über das, was sie kaufen wollen oder können, nicht über das, was sie sind. Von Kunden kann man erwarten, daß sie sagen, was sie wollen. Jede Ware bitte einzeln benennen, sonst kommt der Verkäufer durcheinander und kann am Abend dem Chefkontrolleur die Abrechnung nicht in voller Transparenz vorlegen. (…) Wer mehr zahlen kann, kann mehr Teile kaufen. So entstehen große oder auch ziemlich kleine Leistungspakete. Über diesen Tatbestand uns aufzuregen, haben wir uns alle schon lange abgewöhnt. Schon vor dem Zusammenbruch des Sozialismus, aber danach mit noch besserem Gewissen. Wer nichts zu brauchen meint, hat selber Schuld. Wer sich im Laden nicht entscheiden kann, wird hinauskomplimentiert. Wer sich nicht benehmen kann, wird herausgeworfen. Was auf der Straße mit ihm wird, ist sein Problem.
(Schernus 1997, S. 5–6)

Innenleben

Es schmilzt uns es blutet es lacht uns im Leibe
Wir tragen es auf der Zunge
Wir schütten es aus
Wir machen ihm Luft
Wir grüßen von ihm
Wir essen es in Aspik

Es ist steinern es ist weich
golden hart brennend gespickt
halb leicht tief gut oder schwer
gebraten gebrochen erweitert verfettet

Wir bringen etwas darüber
und tragen etwas darunter
Wir legen die Hand darauf
Wir schließen etwas darin ein
Wir drücken etwas daran
Wir nehmen uns etwas dazu
Wir haben etwas darauf
Wir hängen es an etwas hin

Es hat Klappen Blätter und Damen
Es hat Fehler Schläge Gründe Beutel und Gruben
Anfälle Kammern und Lüste

Wir lassen uns etwas daran wachsen
und etwas darein schneiden
und etwas daran greifen

Ein Stein fällt uns davon herunter
Wir machen eine Mördergrube daraus
Wir haben es auf dem rechten Fleck
(H. M. Enzensberger 1981, S. 135)

Praxisaufgabe nach zwölf Jahren

Die Praxis von Frau Dr. Beate Evers liegt in einem Stadtteil von Stolberg, in dem Menschen wohnen, die nicht gerade vom Glück verwöhnt werden: Alte, Arbeitslose, Ausländer. Über 50 Prozent der Patienten der Ärztin haben aufgrund einer psychischen Störung bzw. wegen der persönlichen Belastungen Beschwerden: Die Ursachen für Kopfschmerzen, Magenbrennen und Herzrasen sind immer häufiger im seelischen Bereich zu suchen. Aus dieser Erkenntnis zog die zweifach promovierte Ärztin und Biologin Beate Evers die Konsequenzen und bemühte sich um zusätzliche Qualifikationen bzw. Fortbildungen; seit dem 1. Juli 1997 darf sie als Fachärztin für Psychotherapeutische Medizin praktizieren. In ihrer bisherigen Praxis konnte die engagierte Ärztin immer wieder die Erfahrung machen, wie wichtig es ist, das Wechselspiel zwischen Körper und Seele, zwischen privaten bzw. beruflichen Ereignissen und körperlichen Mißempfindungen exakt zu beobachten. Vor allem Patienten mit heftigen Angstsymptomen hatte sie wiederholt helfen können: Durch intensive Gespräche bekamen die Betroffenen einen Blick dafür, ihre körperlichen Sensationen wie Herzklopfen, Schweißausbrüche, Schwindel, Muskelkrämpfe als Ausdruck seelischer Vorgänge zu sehen; sie horchten mit der Zeit mehr in sich hinein… Mit der intensiven Zuwendung durch Gespräche kam Beate Evers jedoch in einen Konflikt: Weil sie den Abrechnungspunkt 851, „verbale Intervention bei psychosomatischen Störungen", zu häufig strapazierte, geriet sie in Regreß und wurde finanziell bestraft. Ärzte müssen ein bestimmtes Verhältnis ihres Leistungskatalogs einhalten. Frau Dr. Evers wurde indirekt auch noch für ihren Einsatz dahingehend „bestraft", daß sie durch relativ lange Gespräche zunehmend weniger Patienten an einem Tag behandeln konnte. Das machte sich dann am Monatsende in der Kasse bemerkbar, über die auch eine sozial engagierte Ärztin verfügen muß. Die Kosten wuchsen der Ärztin und ihrem Team über den Kopf. Im Spätsommer 1997 wurde die Praxis geschlossen. Am Vortag des letzten Arbeitstages standen etliche Patienten vor der Praxistür, mit Blumen in der Hand und Tränen in den Augen.

Fallbeispiel

Bittere Pillen

Das europäische Interesse an pflanzlichen Rohstoffen aus Südamerika ist traditionell groß. Schon seit Ende des 16. Jahrhunderts florierte der Handel mit Blättern, Substraten aus Pflanzen und Gräsern, ließ das importierte Grün aus der sogenannten „Neuen Welt" die Kassen der spanischen und portugiesischen Krone kräftig klingeln. Heute sind es Imperien anderer Art, die ihren Reibach mit den pflanzlichen Rohstoffen machen. Zum Beispiel Merck, das in Deutschland mit einem jährlichen Umsatz von mehr als 550 Millionen DM zu den hundert erfolgreichsten Unternehmen zählt. Eine brasilianische Tochter des Konzerns, die Vegetex mit Sitz in Paranaiba im Bundesstaat Piauí, hat sich auf die Produktion von Augenheilmitteln spezialisiert. Wichtigster Grundstoff für die gefäßerweiternden Medikamente sind Substanzen aus den Blättern des Jaborandi-Baumes. Dieser wächst vor allem in den zwei Reservaten Araribóia und Caru der Guajajara-Indigenas im Norden und Westen des brasilianischen Bundesstaates Maranhao. Vegetex nutzte die Armut der Guajajara aus und warb die Indigenas an, für geringen Lohn die Blätter des Jaborandi-Baumes zu ernten. Die Indigenas benötigen für diese Arbeit so viel Zeit, daß sie ihre Pflanzungen zur Eigenversorgung vernachlässigen müssen. Dadurch verschulden sie sich beim Kauf von Nahrungsmitteln und geraten in eine traditionelle Schuldknechtschaft bei Vegetex. (…) Doch nicht nur als Billiglohn-Land und Lieferant ist Brasilien für die deutschen Pharma-Riesen lukrativ. Nach Indien und vor Mexiko bietet das südamerikanische Land den zweitgrößten Absatzmarkt der sogenannten „Entwicklungsländer". Für die „Apotheke der Welt" – so bezeichnet sich die unter den europäischen Exporteuren führende deutsche Pharma-Industrie gern – zählt dabei nicht die geringe Kaufkraft, wohl aber die hohe Zahl der EinwohnerInnen bzw. möglichen KonsumentInnen. Die Firma Merck macht beispielsweise fast ein Viertel ihres Umsatzes in Lateinamerika. Elf deutsche Pharma-Unternehmen sind in Brasilien präsent, darunter die fünf größten: Bayer, Boehringer Ingelheim, Hoechst, Merck und Schering. (…) Schon heute bieten die deutschen Pharma-Multis rund 350 verschiedene Produkte in Brasilien an. Nur 15 Prozent des Sortiments stufte die Welt-Gesundheits-Behörde als „essentiell", also unentbehrlich, ein. (…) Unter den 34 von Merck (…) in Brasilien angebotenen Medikamenten wurde beispielsweise kein einziges als „unentbehrlich" eingestuft.
(Hinner 1994, S. 21–22)

Bedenkliche Zahlen

- 80 Prozent der weltweit angebotenen Durchfallmittel haben keine nachweisbare therapeutische Wirksamkeit.
- Von 546 untersuchten, in fünf Regionen der Welt verkauften Husten- und Erkältungspräparaten stellen 456 irrationale Kombinationen dar.
- Mehr als 75 Prozent von insgesamt 888 untersuchten Vitaminpräparaten sind entweder unwirksam oder unzweckmäßig dosiert.
- 73 Prozent von 217 in der Rheumatherapie eingesetzten Mitteln könnten wegen möglicher Risiken bzw. fehlender therapeutischer Wirksamkeit vom Markt verschwinden.

(Quelle: Dr. med. Mabuse Nr. 44, Oktober 1986, S. 26)

Soziale Katastrophe

Bei aller technischen Perfektion ist unser Gesundheitswesen eine einzige soziale Katastrophe. Es belohnt und züchtet Korruption und Mißwirtschaft, es bestraft und behindert systematisch jede ökonomische Vernunft. Es macht alle, die damit in Berührung kommen, mit der Zeit zu Kriminellen.

Als Anbieter kann man heute auf ehrliche Weise fast schon nicht mehr überleben. Ein Kassenarzt, der nur abrechnet, was er wirklich tut, und das, was er tut, gewissenhaft nach den Regeln seiner Wissenschaft verrichtet, der keine Gefälligkeitsrezepte schreibt und Simulanten nach Hause schickt, kann nach zwei Wochen seine Praxis schließen. Und ein Arbeitnehmer, der sich nur dann krank meldet, wenn er oder sie wirklich krank ist, gilt doch fast schon als Idiot. Das Prinzip ist nur allzu einfach: Wo ein System zur Ausbeutung einlädt, wird man auch Ausbeuter finden. Solange es Versicherungen gibt, gibt es auch Versicherungsbetrug, und solange Selbstbedienung ungestraft ermöglicht wird, so lange haben Menschen auch schon immer Selbstbedienung betrieben, im Gesundheitswesen und auch anderswo.
(Krämer 1997, S. 109–110)

Krank durch Alltagsprodukte

Das Hamburger Umweltinstitut e.V. hat verschiedene Produkte des alltäglichen Gebrauchs aus den Bereichen Haushalt, Büro, Freizeit, Unterhaltung und Innenraumausstattung auf nachweisbare ausgasende chemische Bestandteile untersucht. Dabei konnten mehr als 100 verschiedene Verbindungen identifiziert werden. Wenn auch die Emissionen zu Konzentrationen in der Innenraumluft führen, die nicht toxisch (also giftig) sind, muß dennoch von einem Gesundheitsrisiko gesprochen werden, da die Langzeitwirkung berücksichtigt werden muß und da nicht auszuschließen ist, daß im Laufe der Zeit verstärkende Wechselwirkungen zwischen den verschiedenen Chemikalien auftreten können.

Bei den Untersuchungen von Rasierapparaten zeigte sich, daß von Modellen aus Deutschland und aus China völlig unterschiedliche Schadstoffemissionen ausgingen. Dies ist wohl damit in Zusammenhang zu bringen, daß von Herstellerland zu Herstellerland sehr große Unterschiede bei den Produktions- und Arbeitsschutzbestimmungen bestehen. Zur Erhaltung der Konkurrenzfähigkeit auf den globalen Märkten ist bekanntermaßen die Senkung der Produktionskosten das Mittel der Wahl. Zahlreiche Produkte werden daher – auch von namhaften Herstellern – im Ausland gefertigt, wo Arbeitsschutz und Umweltschutz eine untergeordnete Rolle spielen. „Made in Germany", früher ein Qualitätsmerkmal, hat heute also nicht mehr viel zu sagen, es ist zumindest keine Garantie für ein umwelt- und gesundheitsverträgliches Produkt, da oft Komponenten unbekannter Herkunft und unbekannten Inhalts in den Produktionsstätten bei uns lediglich noch zusammengesetzt werden. Solche Produkte sind dann in der Regel nicht recyclingfähig, es sind Primitiv-Techniken. Anzumerken ist, daß die meisten gefundenen Substanzen leicht ersetzbar wären, sie somit eine zumeist überflüssige Belastung für Umwelt und Gesundheit darstellen. Letztendlich wird der Standort Deutschland hierdurch verteuert, da unter Umständen kostenintensive Behandlungen von Arbeitnehmern und Verbrauchern hinzukommen.
(Quelle: Arzt und Umwelt 4/97, 305–307)

Organe sprechen

Weiche Knie bekommen
Gänsehaut bekommen
Nicht zu Potte kommen (Verstopfung)
Unter die Haut gehen
Die Galle läuft über
An die Nieren gehen
Sich gelb und grün ärgern
Rückgrat zeigen
Im Magen liegen
Herzzerreißend
Die Luft bleibt weg
Sein Kreuz tragen
Verbissen sein
Die Nase voll haben
Die Stimme verschlagen
Etwas nicht mehr sehen können
Eine Menge um die Ohren haben
Sich den Kopf zerbrechen
Jemandem die Stirn bieten
Etwas sitzt im Nacken
(Hax-Schoppenhorst)

Ökologie im Gesundheitswesen

Müllberge
aus dem Gesundheitsbetrieb

Allein in der Freiburger Uniklinik beträgt der Müll aus Einwegmaterial jährlich 32 Tonnen. Die niedergelassenen Ärztinnen und Ärzte bekommen pro Jahr und Praxis ca. 5 Zentner Zeitschriften sowie rund 13 000 Briefe und Drucksachen ins Haus geschickt. Nur 5 Prozent des Medikamentenabfalls besteht aus medizinischen Wirkstoffen, 95 Prozent dagegen aus Verpackungsmaterial und Füllstoffen. Arztpraxen sind vollgestopft mit Kunststoffprodukten, die schnelle Anwendung hat oberstes Gebot: Wisch und weg, weil alles hygienisch sein soll und Zeit so kostbar ist. Strom und Wasser werden großzügigst verbraucht, Krankenhäuser sind nach den priva-

Fallbeispiel

Lautlos

Antonio José starb drei Tage nach dem Ausbruch des hohen Fiebers in seiner kleinen Hütte. Über Schmerzen und Übelkeit hatte er schon Wochen vorher geklagt. Die Arbeit auf den Plantagen machte ihm schon seit längerer Zeit zu schaffen. Vor allem nach den Sprüheinsätzen – niemand von ihnen wußte so genau, was da überhaupt genommen wurde, jedenfalls stank es erbärmlich – hatte er tagelang Kopfschmerzen, die Augen brannten. An einen Besuch beim Arzt war nicht zu denken – zu teuer, zu zeitraubend … Seine Frau hatte immer den Kopf geschüttelt. „Die Arbeit macht dich noch kaputt", sagte sie oft. Antonio José starb im Alter von 36 Jahren. Kein Arzt war bei ihm. Seine Familie stand an seiner Hängematte und beobachtete das unaufhaltsame Geschehen sprachlos und hilflos.

Tips

Patientinnen und Patienten können sich sehr schnell einen Eindruck davon verschaffen, ob die von ihnen besuchte Praxis umweltfreundlich ausgestattet ist.

Was gehört nicht in eine ökologisch orientierte Arztpraxis?

- Teppichboden
- Tapeten
- Resopal-Möbel
- weißes Papier
- Klimaanlage
- Neonlampen
- Spraydosen
- Toilettensteine
- Hochglanzzeitschriften und Werbebroschüren
- Toilettenspülbecken ohne Wasserspartaste
- Quecksilberthermometer
- Spielzeug aus Plastik und PVC
- Wasserhähne ohne Perlator
- Papierhandtücher
- überhöhte Raumtemperatur

ten Haushalten und dem Hotel- und Gaststättengewerbe die größte homogene Verbrauchergruppe für Produkte des täglichen Bedarfs. Der von ihnen erzeugte Abfallberg besteht zu mindestens zwei Dritteln aus hausmüllähnlichen Abfällen; dieser Teil der Krankenhausabfälle stellt zehn Prozent des bundesdeutschen Hausmülls dar. Des weiteren liefern die Krankenhäuser aber auch noch beachtliche Mengen an Sonderabfällen wie Altöle, Chemikalienreste, pharmazeutische und radioaktive Abfälle. Die Gewässerbelastung durch übermäßigen Waschmittelverbrauch ist groß.

Sprechen während der Operation

Franz Daschner, Leiter der Klinikhygiene am Uniklinikum Freiburg, geißelt die übertriebenen Hygienemaßnahmen und etablierten Hygiene-Riten. Als „hygienischen Unsinn und dermatologischen Wahnsinn" charakterisiert er die von Chirurgen teilweise geforderte bis zu zehnminütige präoperative Händedesinfektion: „Sprechen während der Operation ist wesentlich gefährlicher als der gelegentliche zwischenzeitliche Toilettenbesuch."
(aus: Dr. med. Mabuse Nr. 74, 1991, S. 29)

Prävention

Weder die subtile wissenschaftliche Analyse der Umgebung von Mensch und Gesellschaft noch des Systems von Natur, Ökosystem und Biosphäre reichen aus, um dessen Wechselwirkung zwischen Umgebung und System zu erklären und zu verstehen. Aber der präventiv handelnde Arzt bewahrt seine Patienten vor Umweltkrankheiten bzw. behandelt oder bessert sie durch Vermeidung der Exposition von Umweltgiften.
(Zahn 1993, S. 552)

Wege zu einem zukunftsfähigen Gesundheitsverständnis

Teil des Universums – Die traditionelle Medizin der Mapuche in Chile

Dem Weltverständnis der Mapuche zufolge ist der Mensch Teil des Universums. Er geht eine Symbiose mit der Natur und dem Übernatürlichen ein. Er ist planetar und kosmologisch eingebettet; er gehört zu allem ihn umgebenden Leben. Alles Sein wird verstanden als ein Zeichensystem, in dem ein Teil über jedes andere Auskunft geben kann. Dieses System wird geleitet von einer Kraft, die es „durchschwebt" und die die universellen Gesetze der Natur bestimmt. Diesen ist auch der Mensch untergeordnet. Der menschliche Körper ist der Ort, wo die Elemente der Natur das höchste Niveau und die würdigste Form zu existieren erreichen, und doch bleibt er Teil der Natur. Und so bleibt dem Menschen nichts anderes übrig, als anzufangen, sich selbst im Umfeld dieser Natur kennenzulernen und ihre Gesetze zu durchdringen. Das natürliche, medizinische Wissen ist das globale Wissen um die Elemente, die die Natur formen. Deshalb ist es auch nicht verwunderlich, daß der Mapuche sich an die Natur wendet, die ihn hervorgebracht hat, wenn er krank ist und sie um die Mittel fragt, ihn zu heilen.
Innere Ausgeglichenheit und Reinigung von widerstrebenden Kräften, von Unausgeglichenheit, bewirkt die Wiederherstellung von Gesundheit und Lebensfreude. Die Medizin der Schamanen heilt die Bezüge zur Welt, die verlorengegangen sind. Die Einbeziehung von gesellschaftlichen, ökologischen und kosmologischen Kräften ist dabei unumgänglich. Interessant ist, daß es in „Mapundungu", der Sprache der Mapuche, kein Wort für Krankheit gibt. Für sie ist es nicht normal, zu erkranken oder gar an einer Krankheit zu sterben. Tod aufgrund einer Krankheit ist eine Art widernatürliche Verschwörung, die den Kosmos des Individuums stört, eine Vergewaltigung, die die Würde des menschlichen Seins gefährdet. Ursprünglich waren die einzigen Gründe zu sterben Kriegsfolgen oder Altersschwäche.
(Menke/Mönkemöller in: Wiedersheim 1997, S. 97–98)

Eigenverantwortung

Wenn in Indien Bewohner eines Dorfes Wasser abkochen sollen, bevor sie es trinken, sollte dann nicht auch zum Beispiel ein Bluthochdruckpatient bei uns sein Gewicht reduzieren und weniger Salz essen? Den Patienten muß mehr Eigenverantwortung nahegelegt werden. Hausärzte, die den besten Zugang zu ihren Patienten haben, können hier einen wichtigen Beitrag leisten, indem sie mehr Zeit und Verständnis für die Situation ihres Gegenübers aufbringen.

Anwalt der Armen

Der Arzt wird sich also künftig verstehen als Anwalt der Interessen der Armen, Kranken und Schwachen. Er wird als Ziel seiner Arbeit die Autonomie der Betroffenen anstreben, nicht irgendwelche Körpermaschinen. (…) Ein Gesundheitswesen, das letztlich die Wunden des Kapitalismus zu heilen hat, kann nicht den Teufel mit dem Beelzebub austreiben.
(Ellis Huber in: Hölling/Petersen 1995, S. 168–169)

Gesundheitspolitik als Bestandteil einer anderen Entwicklungspolitik

Die Weltgesundheitsorganisation (WHO) und UNICEF haben auf verschiedenen Konferenzen in den letzten Jahren Strategien zur Verbesserung des Gesundheitszustandes in den Entwicklungsländern angemahnt. Grundsätzliche Prinzipien in diesem Zusammenhang lauten:

- Strategien zur Verbesserung der Gesundheit müssen hinreichend mit anderen Sektoren der Politik koordiniert werden.
- In vielen Ländern ist die Gesundheitsfrage so eng mit der sozialen Frage verbunden, daß vor isolierten Programmen zu warnen ist.
- Die universelle Versorgung der Bevölkerung muß angestrebt werden; vor allem Menschen mit dem höchsten Bedarf und der höchsten Krankheitslast müssen versorgt werden.
- Ein klinisches Primärprogramm soll die Ursachen von Krankheiten einbeziehen und eine erzieherische Funktion haben.
- Gesundheitsdienste sollen effektiv und billig sein; sie sollen auf lokaler Ebene geleitet werden, wobei die lokale politische Gemeinschaft aktiv einbezogen werden könnte. Solche Gesundheitsdienste müssen kulturell akzeptabel sein und können keinem einseitigen Modell folgen. Traditionelle und alternative Therapien müssen angeboten werden.

Fader Nachgeschmack

„Wenn wir von Gesundheit in der Welt sprechen, dann sollten wir immer berücksichtigen, daß der Mensch an vielen krankmachenden Prozessen unmittelbar beteiligt ist. Viele Probleme gäbe es in der Dritten Welt nicht, wenn wir endlich mehr Gerechtigkeit walten ließen. Teilen ist ein wahrhaft gesund machender Prozeß. Deshalb sollten wir auch etwas behutsamer mit Selbstlob umgehen: Solange die Industrienationen zum Beispiel eigennützig über die kostbaren Böden in Lateinamerika und Afrika durch ihre luxuriösen Ernährungsgewohnheiten gewissermaßen verfügen, bleibt bei jeder Form von Hilfe, so auch bei der medizinischen, ein fader Nachgeschmack."
(Prälat Norbert Herkenrath, Misereor,
am 16.11.1996 in Recklinghausen)

Fallbeispiel

Gesundheit durch harmonisches Zusammenleben – eine Vision

Die Menschen leben ohne Normzwänge in einer friedlichen multikulturellen Gemeinschaft und identifizieren sich mit ihrem Stadtteil, ihrer Hausgemeinschaft. In den Wohneinheiten gibt es Gemeinschaftsräume, unter anderem zum Spielen, Feiern, Waschen und Kochen. Es besteht jedoch keinerlei Zwang, etwa zur Gemeinschaftsverpflegung, sondern je nach Lust und Laune kochen sie zusammen, genießen das gemeinsame Essen, die Gespräche und die Zuwendungen. Hof und Garten können gemeinsam gestaltet, gepflegt und genutzt werden. Innerhalb der Wohnhäuser gibt es Gästezimmer zur wechselseitigen Nutzung zum Beispiel für Besucher oder für Menschen, die kurz- oder längerfristig Hilfe benötigen. Diese wird in Form von Nachbarschaftshilfe erbracht. Es leben Menschen aller Altersstufen harmonisch zusammen mit Freunden und Nachbarn. Gleichzeitig gibt es für jede Person private Rückzugsmöglichkeiten. (…) In jedem Stadtteil existiert ein von den Bewohnern selbstgestaltetes, -verwaltetes und -organisiertes Gesundheitshaus. Dort werden Frauen und Männer, Kinder und alte Menschen persönlich und behutsam von professionellen Gesundheitsförderern betreut und behandelt. Ebenso unterstützen und beraten Betroffene sich gegenseitig. Gesundheitserhaltung und Gesundheitsförderung stehen an erster Stelle, das heißt Beratung, Betreuung und Behandlung in vielfältiger Art und nach unterschiedlichsten Methoden und Erfahrungen. Insbesondere alternative Behandlungsmethoden werden anerkannt und gefördert.
(Hölling/Petersen 1995, S. 99–100)

Das Kölner Manifest

Der Verein Demokratischer Ärztinnen und Ärzte (VDÄÄ) trat anläßlich des 97. Deutschen Ärztetages mit Forderungen an die Öffentlichkeit, die die soziale und ökologische Verantwortung im Gesundheitswesen in den Mittelpunkt stellen. Der VDÄÄ stellt unter anderem fest:

1) Das gesetzliche Krankenversicherungssystem hat sich bewährt und muß in Deutschland allen, auch den Besserverdienenden, zugänglich gemacht werden.

2) Medizinisch-ethische Aspekte haben grundsätzlich vor ökonomischen Vorrang.

3) Die Einführung von Regel- und Wahlleistungen ist abzulehnen, da so einem Großteil der Bevölkerung der Zugang zu bestimmten Behandlungsmethoden unmöglich gemacht würde.

4) Die Psychotherapie darf nicht zu Lasten der sozial Schwachen rationiert werden.

5) Primäre Prävention und Gesundheitsförderung müssen endlich den ihr zustehenden bedeutenden Rang in der Gesundheits-, Umwelt- und Sozialpolitik erhalten.

6) Die Gefährdung unserer Umwelt erfordert ärztliches Handeln für die jetzige und alle nachfolgenden Generationen.

7) Der betriebliche Gesundheitsschutz muß erweitert werden.

8) Krankenhäuser sind zur Behandlung Schwerstkranker sowie für die Aus-, Weiter- und Fortbildung unverzichtbar.

9) Die Aufgabenteilung zwischen Haus- und Fachärzten ist zu verbessern.

10) Es gab und gibt keine Kostenexplosion im Gesundheitswesen, die vermehrte Belastung der Versicherten ist vielmehr das Ergebnis einer Kostenverschiebung, mit der der Staat sich selbst und die Arbeitgeber entlastet hat.

Gesund durch kritischen Konsum

In der Werbung wird uns vorgegaukelt, wie gesund die Menschheit wird durch Zahnpasta, Seife, Mineralwasser, diverse Fruchtsäfte, Parfüms, Joghurts, Körperlotionen, Light-Biere, Nudelgerichte, Tiefgefrorenes, mageres Rindfleisch von McDonald's, Pullover von Benetton, einen Aufenthalt in Amerikas Natur mit duftendem Zigarettenqualm, Weichspüler, die Liebe zur Natur, Automobilhersteller, betörende Düfte, ... Ein Blick in das Umfeld dieser Werbeproduktionen gibt zu denken: Bei einer Untersuchung von Werbespots konnten Experten in Erfahrung bringen, daß mit dem Erscheinen bestimmter Personen Sympathieeffekte gewissermaßen automatisch ausgelöst werden. In Verbindung mit vermeintlich gesundheitsfördernden Produkten traten Personen in den Spots auf, die ausschließlich jung, schön, naturverbunden waren, die wallende Haare, blanke Zähne, kräftige Muskeln und stets saubere Küchen hatten; sie waren gute Jogger oder liebende Väter und Mütter, sorgfältige Autofahrer, genießende Trinker oder fröhliche Kinder, ... Die schöne Welt des Scheins! Der Alltag sieht, Gott sei Dank, anders aus.

Pillen, kritisch betrachtet

Seit einigen Jahren befaßt sich die „Erklärung von Bern" (eine Schweizer Entwicklungshilfe-Organisation) kritisch mit dem intensiven Medikamentenkonsum. Sie nimmt Produkte der Schweizer Firmen kritisch unter die Lupe

---

Fallbeispiel

Arbeitskreis Abfallvermeidung

In Bayern haben sich 25 Kliniken zu einem „Arbeitskreis Abfallvermeidung und -entsorgung" zusammengeschlossen. Dieser Kreis betrachtet sich als Zweckgemeinschaft mit dem Ziel, Umweltschutzmaßnahmen für und mit Krankenhäusern der Region zu erarbeiten, in der Praxis auszuprobieren und zu verbessern. Ein Schwerpunkt dabei ist die umweltverträgliche Entsorgung von Krankenhausabfällen. In jedem der Krankenhäuser gibt es einen Umweltschutzbeauftragten; diese befassen sich mit der Abfallanalyse, mit Konzeptentwicklungen, mit der Pressearbeit sowie mit Information und Weiterbildung unter den Mitarbeiterinnen und Mitarbeitern.

und plädiert dafür, daß die Dritte Welt nicht unnötig mit unwirksamen und auch gefährlichen Medikamenten überflutet wird. Mit ihrer Aktion „mediminus forte" leistet sie einen ebenso originellen wie fundierten Beitrag zu einer hilfreichen Information von Verbraucherinnen und Verbrauchern.

Fallbeispiel Schlaf- und Beruhigungsmittel

Am Anfang werden solche Mittel meist eingesetzt gegen Schlafstörungen oder Spannungszustände. Ursachen dafür gibt es zahlreich: Streß, Examensängste, Schicksalsschläge, Schmerzen, ein fremdes Bett. Die entscheidende Maßnahme liegt aber in der Ursachenbehandlung. Manchmal liegt die Klärung des Problems viel näher als vermutet; Personen im Alter von 70 Jahren zum Beispiel benötigen meist nicht mehr als fünf bis sechs Stunden Schlaf. In der Phase der Klärung kann es verantwortbar sein, kurzfristig ein begleitendes Medikament einzusetzen – eine Dauerlösung ist es mit Sicherheit nicht!

Fallbeispiel Schmerz- und Fiebermittel

Für viele Menschen gehört die Einnahme solcher Mittel zum Alltag, dabei sind sie alles andere als ungefährlich, auch wenn sie rezeptfrei zu erhalten sind. Alle Produkte, die mehr als einen Wirkstoff enthalten, sollten gemieden werden. Sie wirken nicht besser als die sogenannten Monopräparate (mit einem Wirkstoff), können aber mehr Nebenwirkungen haben! Vor allem die Wirkstoffe Metamizol und Propyphenazon bergen das Risiko von seltenen, dafür aber gefährlichen Nebenwirkungen (allergische Schocks, Veränderung des Blutbilds). Schmerzmittel wirken auch fiebersenkend; Fieber ist aber bei bestimmten Erkrankungen eine natürliche Reaktion, mit der Krankheit fertig zu werden – eigentlich sollte erst eingeschritten werden, wenn es nur schwer zu ertragen ist oder zu hoch steigt.

Fallbeispiel Vitamine und Mineralstoffe

Diese Präparate gehören immer noch zu den Bestsellern in allen Apotheken. Sie schädigen zwar nicht die Gesundheit, sie sind aber fast immer unnötig und nutzlos; sie fördern falsche Lebensgewohnheiten und einen falschen Glauben an Medikamente. Sämtliche für den Menschen lebenswichtigen Vitamine kommen in unserer Nahrung vor. Eine ausgewogene, vielseitige Ernährung und ausreichende Erholungszeiten sind besser und durch nichts zu ersetzen.

---

270 Medikamente

Wo Armut krank macht, kann Medizin nicht heilen. Gesundheit braucht in erster Linie gesunde Lebensbedingungen und soziale Gerechtigkeit. Medikamente können eine wertvolle Hilfe sein, aber nur, wenn sie sinnvoll eingesetzt werden! Die Weltgesundheitsorganisation empfiehlt eine Liste von 270 unentbehrlichen Medikamenten. Mit ihnen lassen sich 95 Prozent aller Krankheiten und Symptome behandeln, die überhaupt medikamentös behandelt werden können. (...) Leider kommt für viele Pharmafirmen aber immer noch zuerst das Geschäft und dann die Gesundheit.

(Erklärung von Bern 1990)

Die Telefonseelsorge als Weltgesundheitsdienst

Es ist abzusehen, daß Ärzte und Beratungsstellen sowie engagierte Menschen in psychosozialen Berufen langfristig damit überfordert sein werden, wenn sie allen Problemen ihrer Patienten und Klienten umfassend Gehör schenken wollen. Die Zahl der Verunsicherungen wächst, vor vielleicht noch zwanzig Jahren gültige Normen und Werte geraten ins Wanken, Beziehungen zerbrechen, der ökonomische Druck ist für viele enorm, manchmal ist er schier unerträglich. In diesem Zusammenhang kommt der Telefonseelsorge eine große Bedeutung zu; sie ist seit über 40 Jahren ein wichtiger Bestandteil der psychosozialen Versorgung und wird immer stärker nachgefragt. Jährlich erreichen die Telefonseelsorge, die von der Katholischen und von der Evangelischen Kirche getragen wird, etwa eine halbe Million Anrufe; sie werden von 7000 ehrenamtlichen Mitarbeiterinnen und Mitarbeitern (darunter fast 6000 Frauen) und etwa 250 haupt- und nebenamtlichen Kräften entgegengenommen. Die Gespräche mit den Anrufenden drehen sich am häufigsten um die Themen Vereinsamung, Beziehung, Sinnfragen, Süchte, Krankheiten und Leiden. Unter dem Schutz der garantierten Anonymität (die Ehrenamtlichen geben ihre Identität auch nicht preis) können Anruferinnen und Anrufer sich rund um die Uhr mitteilen, sagen, was sie denken und fühlen, was sie ängstigt. Manchmal kommen so Gespräche zustande, die über Jahre nicht einmal mit Partnern oder Freunden geführt werden konnten. Die Telefonseelsorge wertet oder kommentiert nicht strafend, Zuhören ist das oberste Gebot. So ist es möglich, den Augenblick zu heilen und in Bedrängnis Geratenen Mut zuzusprechen.

Telefonseelsorgestellen gibt es weltweit, so in der Schweiz, in Polen, Singapur, Belgien, Estland, Italien, Argentinien, Portugal, Israel, Norwegen, … Ihr Dachverband IFOTES (International Federation of Telephonic Emergency Services) bemüht sich seit geraumer Zeit, von der Weltgesundheitsorganisation (WHO) als quasi elementarer Weltgesundheitsdienst anerkannt zu werden.

Mach was Verrücktes!
Der Pessimist wird zwar möglicherweise am Ende der Tage recht behalten, aber der Optimist kommt leichter durchs Leben!
Such das Leben! Mach was Verrücktes!
Nimm Dir was vor, was Du noch nie gemacht hast!
Laß 99 Luftballons zum Horizont aufsteigen (…). Erkläre Deinem Enkel den nächtlichen Sternenhimmel oder fahre mit ihm in das nächstgelegene Planetarium und begeistere ihn für die unendliche Weite des Universums, in dem wir ein kleiner Teil und hoffentlich charmante Gäste auf Erden sind.
(G. Pilger, ev. Pfarrer in Düren)

Isolation durchbrechen

In unserer postindustriellen Gesellschaft sind die zwischenmenschlichen Beziehungen oft so dürftig, daß der einzelne Mühe hat, jemanden zu finden, mit dem er reden kann. Die Kollektivierung des gesellschaftlichen Lebens verweist ihn in eine Masse und entpersönlicht ihn. In einem auf allen Ebenen in Einzelteile gespaltenen System sind auch die sozialen und medizinischen Dienste spezialisiert. Der Mensch findet sich in der Masse isoliert, geteilt, verloren.

An der Spitze der Werteskala stehen in unseren westlichen Gesellschaften Produktivität, Rentabilität, Effektivität und Konsum; weit vor „Miteinander-Leben", Begegnung, Kommunikation. Die Mentalität des einzelnen ist geprägt durch das Prinzip des „freien Wettbewerbs", der Konkurrenz, er möchte es auf alle Formen des sozialen Lebens ausdehnen, und so entsteht ein neues Prinzip: „Jeder ist sich selbst der Nächste" – „Jedem sein privates Leben". (…)

Aus diesem Kontext heraus sind die Telefonischen Hilfsdienste entstan-

den. Sie verstehen sich als Angebot für die Menschen, die ihre Isolation durchbrechen wollen, die jemanden suchen, mit dem sie sprechen können über das, was sie erleben, was sie beschäftigt, was ihre Wünsche, ihre Leiden und Sorgen sind.
(Präambel-Entwurf der IFOTES, in: Auf Draht 24.12.1993, S. 37)

Fallbeispiel

Die Ottawa-Charta
Im November 1986 hat die WHO in Ottawa/Kanada eine Charta verabschiedet, an der 38 Staaten beteiligt waren:
- Menschen können ihr Gesundheitspotential nur dann weitestgehend entfalten, wenn sie auf die Faktoren, die ihre Gesundheit beeinflussen, auch Einfluß nehmen können.
- Gesundheit wird im Alltag der Menschen erzeugt und gelebt, dort, wo sie lernen, arbeiten, spielen und lieben.
- Gesundheit entsteht durch Sorge für andere und für sich selbst, durch die Fähigkeit, Entscheidungen zu fällen und Kontrolle über die eigenen Lebensumstände auszuüben.
- Die Gesellschaft, der man angehört, hat Bedingungen herzustellen, die die Bewahrung der Gesundheit aller Bürger erlaubt.
- Ganzheitlichkeit und Ökologie sind wesentliche Elemente einer Strategie der Gesundheitsförderung.

Tips in Kurzform

- Informieren Sie sich über Basisgesundheitsdienste in Entwicklungsländern!
- Kontrollieren Sie Ihr Ernährungsverhalten und Ihren Genußmittelkonsum: Weniger ist gesünder!
- Essen und trinken Sie nicht alles, von dem die Werbung behauptet, es sei gesund!
- Halten Sie die Zahl der elektronischen Geräte in Ihren Wohnräumen möglichst gering!
- Kaufen Sie im Bereich der Haushaltsartikel und der Unterhaltungselektronik nur langlebige Artikel!
- Weisen Sie Ihren Hausarzt auf die Vorzüge einer ökologischen Praxis hin!
- Appellieren Sie an Ihren Apotheker, umweltfreundliche Verpackungen zu verwenden.
- Seien Sie sparsam mit Medikamenten; informieren Sie sich, ob Sie nicht mehr benötigte Medikamente als Arzneimittelspende abgeben können!
- Werden Sie geselliger, wenn Probleme Sie bedrücken: Teilen Sie sich mit!
- Unterstützen Sie die Arbeit der Telefonseelsorge durch Geldspenden oder indem Sie sich als Ehrenamtliche(r) ausbilden lassen.

Bildung – Motor oder Hemmnis für nachhaltige Entwicklung?

Das weltweite Wissen verdoppelt sich alle fünf bis zehn Jahre. Das explodierende Weltwissen findet seinen Weg zu den interessierten Lesern und Leserinnen in einer Flut von Publikationen und Datenbanken: In den letzten fünf Jahren hat sich dementsprechend die Zahl der wissenschaftlichen Zeitschriftentitel um 26 Prozent auf rund 147 000 erhöht. Im gleichen Zeitraum stieg die Zahl der Fachdatenbanken um 30 Prozent auf ungefähr 8800. Weltweit erscheinen vermutlich zwischen 100 000 und 300 000 Zeitschriften, in denen insgesamt drei bis zehn Millionen Aufsätze nachgelesen werden können. Täglich werden 2000 Bücher veröffentlicht – ein Drittel davon in den Sprachen Englisch, Deutsch oder Französisch – und 7000 wissenschaftliche Arbeiten fertiggestellt, jährlich circa 800 000 Patente angemeldet (vgl. Sax 1997, S. 100).

Ist die Nachricht vom wachsenden Weltwissen eine frohe Botschaft oder nicht? Was machen wir mir all den neuen Informationen? Hat die Flut des Wissens zur Demokratisierung des Wissens oder zur Behebung ökologischer Probleme beigetragen? Nehmen alle am neuen Wissen teil? Und was geschieht mit dem alten Wissen? Ex und hopp?

Sicher ist vermutlich nur, daß Wissen nicht gleich Bildung ist. Bildung bedeutet mehr als die bloße Vermittlung von Wissen. Stichworte wie „Erziehung zur Mündigkeit" oder „emanzipatorische Bildung" für den Norden, „Pädagogik der Unterdrückten" oder „Erziehung als Praxis der Freiheit" benennen wichtige Aspekte. Orte der Bildung können deshalb auch nicht nur die verschiedenen Schulen sein.

Bildung im Norden

Verwundert es angesichts der beschriebenen Informationsflut, daß alle Welt über die Schulen zu schimpfen scheint? Arbeitgeber in Deutschland werfen den Schulen vor, Schüler und Schülerinnen zu entlassen, die trotz Schulabschluß „nicht ausbildungsfähig" seien. PolitikerInnen versuchen intensiv, die reguläre Schulzeit bis zur Hochschulreife auf zwölf Jahre zu begrenzen. Der internationale Konkurrenzdruck zwinge dazu. Den deutschen Universitäten wird immer wieder sinkende Qualität bescheinigt; sie bilde Masse statt Klasse. Diesen Angriffen auf das Bildungssystem in Deutschland ging eine lange und vielschichtige Entwicklung des Schulwesens voraus, die die Erziehung und Ausbildung der Kinder und Jugendlichen aus den Familien in die Schulen und die sich daran anschließende Berufsausbildung beziehungsweise universitäre Ausbildung verlagerte. Dieses System steht heute aber vor enormen Schwierigkeiten, die unterschiedliche Ursachen haben:

- Die Schulausbildung will den Schülern und Schülerinnen eine fundierte Allgemeinbildung vermitteln, ist aber als sozusagen „neutraler" Ort abgekoppelt von den konkreten Lebensbereichen, auf die hin sie ausbilden will. Schulisches Lernen findet nicht an den Orten statt, an denen die konkreten Erfahrungen gemacht werden. Versuche von Lehrerinnen und Lehrern, Lerninhalte erfahrbar zu machen durch Projektwochen und andere didaktische Methoden, belegen dieses grundlegende Problem.

„Die Situation ist paradox: Es gibt zuviel und zuwenig Wissen. Es gibt in der Bevölkerung eine Fülle von vagabundierendem Wissen über ökologische und soziale Gefahren, es gibt Warnungen zuhauf, es gibt ganze Kataloge von dem, was anders werden muß. Und das alles schwirrt den Leuten im Kopf herum. Aber es ist eine Art Eunuchen-Wissen, Kenntnisse ohne Konsequenz. Das verbreitete Gefühl: Ich kann ja nichts ändern, ist nur zu überwinden, wenn lebensrelevante Informationen über das, was verändert werden muß, verbunden werden mit Handlungsanleitungen."
(Manfred Linz, Publik-Forum 1/1998, S. 8)

- Alle Schulformen stehen heute vor dem Problem, die Jugendlichen für die Arbeitslosigkeit auszubilden. Zwar bietet eine gute Ausbildung immer noch bessere Chancen auf einen Erwerbsarbeitsplatz als keine oder eine schlechte Ausbildung, doch ist sie längst keine Garantie mehr. In Zeiten von Massenarbeitslosigkeit und besonders Jugendarbeitslosigkeit kann es deshalb auch nicht verwundern, wenn die Motivation junger Menschen, in der Schule oder in der Lehre etwas zu lernen, schwindet. Lernerfolge sind immer, das kann jeder und jede an sich selbst feststellen, von der Motivation und die Motivation vom konkreten Lebensbezug des zu Lernenden abhängig. Wenn ich aber das, was ich mir in meiner Lehre an Fertigkeiten und Wissen angeeignet habe, mit großer Wahrscheinlichkeit gar nicht konkret im Beruf anwenden kann, weil ich erst arbeitslos und dann umgeschult werde – dann schlägt der Arbeitgeber-Vorwurf, mit dem Schulabschluß seien die SchulabsolventInnen „nicht ausbildungsfähig", zurück auf sie selbst.

Ein Blick zurück: Die Entwicklung des Schulsystems in Deutschland

Zu Beginn unseres Jahrtausends war die Vermittlung von Wissen noch eng an die religiöse Bildung gekoppelt. Dom- und Klosterschulen bildeten Ordensleute, Priester, aber auch Laien aus. Sie entwickelten sich später zum Teil zu Hochschulen (wie zum Beispiel die Pariser Sorbonne). Mit der entstehenden Stadtkultur des Mittelalters und der Entwicklung des Handwerks entstanden neue Bildungsbedürfnisse vor allem nach Rechnen (Buchführung). Die Schreibkunst fand für Geschäftskorrespondenz und die städtische Verwaltung breiteres Interesse. Schulbildung gewann über die religiöse Unterrichtung hinaus den Sinn der Berufsvorbereitung.

Die Wurzeln der allgemeinbildenden öffentlichen Schule liegen im frühen 18. Jahrhundert. Friedrich Wilhelm I. forderte in einem Erlaß aus dem Jahr 1717 den Schulbesuch aller sechs- bis zwölfjährigen Kinder in Preußen, freilich nur, sofern diese vorhanden und erreichbar waren. Mit dem Allgemeinen Preußischen Landrecht von 1794 legte Friedrich II. die Schulpflicht für 6–14jährige fest und erkannte die Schulen und Universitäten als staatliche Anstalten an. Der Staat hatte von nun an einen „Bildungsauftrag". Die vereinzelten Anfänge des allgemeinbildenden öffentlichen Schulwesens wurden im 19. Jahrhundert erheblich ausgebaut und systematisiert.

Nun gab es zwar die allgemeine Schulpflicht auf dem Papier, durchgesetzt war sie damit aber noch lange nicht. Und befolgt werden konnte sie von vielen noch nicht, da der Wunsch nach Bildung mit der Notwendigkeit der Kinderarbeit als Beitrag zum Familieneinkommen konkurrierte. Die soziale Ungleichheit, in die die Kinder hineingeboren waren, reproduzierte das Schulsystem. Die existierenden Volksschulen, Fabrikschulen, Realschulen und Gymnasien waren Standesschulen, die nicht das Interesse verfolgten, allen Kindern gleiche Bildungs- und Sozialchancen zu eröffnen. Der entscheidende Schritt zur Durchsetzung der gesetzlich bereits lange verordneten allgemeinen Schulpflicht war das preußische Fabrikschutzgesetz von 1853, das die Arbeit von Kindern in den Bergwerken und in Fabriken beinhaltete (Landwirtschaft, handwerkliches und kaufmännisches Gewerbe blieben noch unberücksichtigt).

Die allmähliche Entwicklung eines zusammenhängenden staatlichen Schulsystems ersetzte die traditionelle häusliche Erziehung und Ausbildung der Kinder. Familien aller Schichten wurden zunehmend ungeeignet und unfähig, die gesellschaftlichen Anforderungen an die Erziehung und Ausbildung ihrer Kinder zu erfüllen, die mit dem Vordringen der industriell-kapitalistischen Produktionsweise auf sie zu kam. Die herkömmliche, bäuerlich-handwerkliche Hauswirtschaft und ihre Einheit von Produktion und Reproduktion, in die die Ausbildung der Kinder eingebettet war, wurde zurückgedrängt. Die Einbindung der Kinder in die Schulausbildung hatte zweierlei Effekte auf den Arbeitsmarkt: Einerseits wurden die Kinder vor Ausbeutung im Kindesalter geschützt und hatten durch ihre Schulausbildung insgesamt bessere Chancen in ihrem späteren Erwerbsleben. Andererseits wurden die Eltern der Kinder vor der lohndrückenden Konkurrenz der Kinderarbeit geschützt.

Erst mit der Schulreform von 1919/20 wurde das dreigliedrige Schulsystem geschaffen, das aus Volksschule, Realschule und Gymnasium bestand. Dieses dreigliedrige Schulsystem blieb bis in die sechziger Jahre hinein ein schichtspezifisches Schulsystem, das in den Volksschulen vor allem Bauern- und Arbeiterkinder ausbildete, in den Realschulen primär die Kinder des Kleinbürgertums und in den Gymnasien die Kinder des gehoben Besitz- und Bildungsbürgertums. Erst die Bildungsoffensive ab Mitte der sechziger Jahre ermöglichte hier einen Durchbruch: Mehr Schülern und vor allem Schülerinnen sollten die mittlere Reife und das Abitur ermöglicht werden. Deshalb wurden Realschulen, Gymnasien und Hochschulen überall ausgebaut, die Aufnahmeprüfung nach der Grundschule für die weiterführenden Schulen wurde aufgehoben und der Empfehlung der LehrerInnen und dem Willen der Eltern größeres Gewicht gegeben. Die Zahl der SchulabgängerInnen mit Hochschulreife stieg daraufhin von sieben Prozent 1949 auf ungefähr 33 Prozent 1992. Profitiert haben hiervon vor allem die Mädchen, die im Schulbereich mit den Jungen gleichziehen konnten und diese sogar überholten. Die Zahl der Studierenden eines Jahrgangs stieg von fünf bis sechs Prozent 1949 auf ungefähr 24 Prozent 1992. Frauen stellen 40 Prozent der Studierenden in Deutschland.

Ein Blick nach vorn: Neue Technologien und Umwelt

„Das Buch ersetzte nicht die Sprache, das Telefon nicht den Brief, das Fernsehgerät nicht das Radio, der Computer nicht das Papier – heute haben wir alles." (Grießhammer 1996, S. 53)

Computer-Spiele, Tele-Shopping und Tele-Banking sind heute in immer mehr Haushalten präsent. Die neuen Technologien haben ihren Siegeszug nicht nur an den Arbeitsplätzen angetreten. Der Massenabsatz von Computern – jährlich werden circa vier Millionen Stück in Deutschland verkauft, Tendenz steigend – wurde auch durch die Computerisierung der Haushalte erreicht. Die durchschnittliche Nutzungsdauer eines Computers ist kurz. Ungefähr vier Jahre wird er verwendet, dann muß ein neuer her – größer, schneller, komfortabler. Die Leistungsfähigkeit der PCs steigt in immer kürzeren Abständen enorm, aber steigt auch der reelle Bedarf danach? Für eine normale Textverarbeitung reichen Modelle aus, die eigentlich schon seit zwei oder drei Jahren überholt sind. Doch die Gigabytomanie holt wohl jede und jeden ein, die/der sich nach einem neuen Computer umschaut.

Auffallend ist, daß selbst umweltbewußte Leute selten nach dem Umweltverbrauch ihres neuen Spielzeugs fragen. Computer werden stillschweigend als „neutral" eingestuft. Schließlich leisten sie eine Menge: Mit ihrer Hilfe wurden relevante Umweltbelastungen wie etwa das Ozonloch entdeckt; erst mit Computern werden Umweltkontrollen wirksam und effektiv; Computer können zur Optimierung von Verkehrsflüssen beitragen.

Doch zeigen der hohe Rohstoff- und Energieverbrauch der Computer, daß ein bewußterer Gebrauch notwendig ist: 70 bis 100 Watt Energie benötigt ein Rechner mit Bildschirm in der Regel. In den USA wird jeder dritte Rechner nicht einmal nachts oder am Wochenende abgeschaltet. Zwar können Rechner und Bildschirm mittlerweile während einer Arbeitspause sozusagen in „Tiefschlaf" verfallen, brauchen dann aber immer noch 30 Watt für ihren Schlaf. Die „standby"-Bequemlichkeit ist im Falle des Computers, dem ein mehrmaliges „Hochfahren" pro Tag ja vielleicht schaden könnte, besonders groß.

Die Bemerkungen zum Umweltverbrauch der Computer sollen nicht zur simplen Folgerung „Zurück zu Papier und Bleistift" – obwohl das doch mehr Stil hatte – führen. Aber sie sollen zu einem bewußteren und zurückhaltenderen Gebrauch unseres guten Stückes anregen: Verlängerung der Lebensdauer des Rechners durch Aufrüsten wäre eine Möglichkeit. Aber auch die Frage, ob wirklich jede Notiz per Computer erledigt werden muß, ist zu überlegen. Das automatische Anschalten des Computers beim Betreten des eventuell vorhandenen Arbeitszimmers sollte aus dem Programm gestrichen werden. Hat der Computer wirklich zur Erleichterung der zu Hause anfallenden Büroarbeiten geführt – oder hat er bestimmte Aufgaben erleichtert und im Gegenzug jede Menge neue Aufgaben gebracht?

> Seit Ende 1994 werden PCs für die Einhaltung bestimmter Umweltkriterien mit dem Blauen Engel ausgezeichnet. Zu den Kriterien gehören:
> - Schlummermodus (max. 30 Watt Verbrauch);
> - der Rechner muß aufrüstbar sein;
> - der Rechner muß recyclebar und reparaturfreundlich konstruiert sein;
> - krebserzeugende Stoffe wie zum Beispiel bromierte Flammschutzmittel dürfen im Gehäuse nicht enthalten sein (die Platinen werden noch nicht berücksichtigt);
> - die Bildschirmstrahlung muß der schwedischen MPR-II-Norm genügen.

> „Es entspricht dem Zeitgeist, daß immer mehr Antworten gegeben werden auf Fragen, die man von sich aus nie gestellt hätte …"
> (Malley 1996, S. 47)

Der Computer – das Auto des Informationszeitalters
Der PC ist das zentrale Instrument der Informationsgesellschaft. Das Wuppertal Institut für Klima, Umwelt, Energie hat Ende 1996 eine Abschätzung des Ressourcenverbrauchs im gesamten Lebenszyklus eines PCs vorgenommen: „Allein für den Energieverbrauch während der Herstellung (und des Recycling, soweit vorgenommen) ergibt sich ein lebenszyklusweiter Rohstoffbedarf von rund elf Tonnen pro produzierter PC-Einheit. Während der Gebrauchsphase werden bei der gewerblichen Nutzung zusätzlich rund fünf Tonnen, bei der privaten Nutzung rund zwei Tonnen Material in Form von Energierohstoffen zur Stromerzeugung verbraucht.
Einschließlich der Materialverbräuche von über drei Tonnen, die den ‚Rucksack' für die unmittelbar im PC vorhandenen Stoffe bilden, ergibt sich ein lebenszyklusweiter Materialverbrauch zwischen 15 und 19 Tonnen je nach Nutzungsart (private bzw. gewerbliche Nutzung) für die Herstellung eines einzigen PC von rund 22 Kilogramm Gewicht. Zusätzlich werden allein in der Produktion der Computerteile etwa 33 000 Liter Wasser und unbekannte Mengen Luft verbraucht. Da auch bei den Prozessen des Rohstoffabbaus und der Energiegewinnung große Wassermengen verbraucht oder umgeleitet werden, über die aber bis auf Ausnahmen keine Kenntnisse vorliegen, dürfte der

Gesamtwasserverbrauch noch viel höher liegen, auch wenn es heute bereits möglich ist, den Wasserverbrauch in der Produktion zu halbieren.

Glaubt man außerdem Schätzungen, daß pro funktionsfähigem und im Einsatz befindlichen PC rund 1,5 Geräte produziert werden, d. h. bis zu einem Drittel der Produktion aufgrund schneller Überalterung und anderer Faktoren unverkäuflich ist, so müßte der Gesamtmaterialverbrauch pro tatsächlich genutztem PC entsprechend nach oben korrigiert werden.

Bei derart gewaltigen Materialumsätzen muß davon ausgegangen werden, daß sich aus Umweltsicht die Entwicklung der derzeitigen Technologiewelle nicht viel anders abspielt als etwa die Geschichte des Autos. Vergleicht man grobe Abschätzungen des lebenszyklusweiten Materialverbrauchs zur Herstellung eines Fahrzeuges (ohne Berücksichtigung der elektronischen Komponenten), so ergeben sich nach bisher vorliegenden Abschätzungen Größenordnungen von rund 25 Tonnen."

(Malley 1996, S. 48)

Globalisierung der Kommunikation

Die Möglichkeit der Globalisierung im wirtschaftlichen Bereich wird immer wieder in Zusammenhang gebracht

Beispiel Verkehr

„Wie die Studie des Öko-Instituts zeigt, führt die Telekommunikation nicht zu einer Änderung der heutigen Rahmenbedingungen im Straßenverkehr. Im Gegenteil: die Einführung der Telematik im Straßenverkehr (Leit- und Informationssysteme und automatische Gebührenerfassung) wirkt der Einführung genereller Tempolimits entgegen. Telematik ist nur eine intelligente Form des Straßenbaus. Der Straßenverkehr wird wieder flüssiger, schneller, attraktiver und dadurch mehr! Elektronische Gebührenerhebung (...) schafft die Voraussetzung für die private Finanzierung von weiteren Straßen, die die öffentliche Hand aus Finanzmangel nicht mehr bauen kann. Durch die Telematik muß beim Individualverkehr insgesamt mit einem Anstieg der Fahrleistung und der Umweltbelastung gerechnet werden. Beim öffentlichen Verkehr kann Telematik zwar durchaus förderlich wirken (Fahrgastinformationen, Bevorrechtigung bei Ampelanlagen etc.), jedoch konzentrieren sich fast alle Pilotprojekte und Entwicklungen auf den Individualverkehr – denn nur hier winkt ein Massenmarkt."
(Grießhammer 1996, S. 53f.)

mit der rasanten Entwicklung der Kommunikationstechnologien. Die weltweiten Vernetzungsmöglichkeiten per Computer machen die räumliche Splittung von Produktion und Dienstleistungen erst möglich. Zwar ist die neue Kommunikation via Internet, das Netz der Netze, potentiell grenzenlos, doch baut sie zugleich auch Grenzen auf. Ein Blick auf die Teilnehmer dieser Kommunikationsform bestätigt die Fragwürdigkeit der „Grenzenlosigkeit". Das Netz der Netze hat bisher vor allem die hochindustrialisierten Zonen erobert. Die angebliche Ausweitung des Netzes bezieht sich bisher vor allem auf eine Verstärkung der Nutzung im Norden; zu den nicht einbezogenen Randgebieten gehört vor allem der Süden. Das Internet vernetzt also vor allem die urbanen Zentren in Europa, Nordamerika und Japan. Beim Internet handelt es sich (bisher) nicht um eine Globalisierung der Kommunikation, sondern um „partikulare Kommunikationsinseln – wie Universitäten und Unternehmen –, die weltweit miteinander verknüpft sind". (Bös / Stegbauer 1997, S. 26) Die Kommunikation innerhalb der Zentren verdichtet sich also, der Rest der Welt wird nach wie vor ausgeschlossen. Die Art der Nutzung des Internets belegt zudem, daß der größte Teil der Menschen, die sich per Computer in das Netz begeben, lediglich „surft", also nicht selbst aktiv wird, sondern von Information zu Information springt. Die Zahl derjenigen, die aktiv schreiben oder anbieten, geht immer mehr zurück. Das Internet nähert sich von daher dem Rundfunk- oder Fernsehkonzept. Die Inhalte der Netz-Informationen sind von sehr unterschiedlichem Wert für die globale Netz-Gesellschaft. Denn welches Menu heute auf dem Mensaplan der Duisburger Gesamthochschule steht, kann für Duisburger Internet-NutzerInnen noch eine wichtige Information sein. Aber was nutzt sie einem Menschen, der sich aus Los Angeles via Internet in die Duisburger Uni „einloggt"?

Nichtsdestotrotz bietet die Datenautobahn natürlich auch große Chancen für entwicklungs- und umweltpolitische Anliegen. Die Realisierung dieser Chancen hängt allerdings von einer Ausweitung des Netzes in die Südregionen ab. Ein schneller Informationsfluß zwischen Nichtregierungsorganisationen in Nord und Süd könnte zur Verhinderung problematischer Entwicklungsprojekte beitragen. Erste Beispiele belegen dies: So konnte der Bau eines gigantischen Zementwerkes auf der philippinischen Insel Palawan durch „E-Mail gestützte Solidarität" (Cramer 1997, S. 21) zwischen den Philippinen, Deutschland und Kanada verhindert werden. Falsche Informationen, die den philippinischen Behörden durch die kanadische Bergbaugesellschaft FENWAY im Laufe des Genehmigungsverfahrens vorgelegt wurden, konnten via Internet von den Nichtregierungsorganisationen rechtzeitig entlarvt werden. Die Genehmigung zur Zementproduktion wurde letztendlich verweigert und dadurch der Lebensraum des Domadoway-Stammes sowie die regionale Ökologie gerettet.

Bildung im Süden

Je schneller sich das Wissen fortentwickelt, desto schneller geraten Ereignisse, Daten und Fakten in Vergessenheit. Dieser unglückliche Umstand scheint auch die Weltbildungskonferenz eingeholt zu haben, die 1990 in Jomtien (Thailand) stattfand. Wer kann heute schon den Namen „Jomtien" einordnen, und wer bringt ihn mit der Bildungskonferenz und ihren sehr ehrgeizigen Zielen für das ausgehende 20. Jahrhundert in Verbindung?
Das erklärte Ziel der Konferenz von Jomtien: Bis zum Jahr 2000 sollte Bildung für alle erreicht sein. Fünf Jahre später setzte die UNESCO, eine der UN-Organisationen, die die Konferenz von Jomtien mitinitiiert hat, eine Kommission zur Bestandsaufnahme des Erreichten ein. Diese „Delors-Kommission", benannt nach ihrem Vorsitzenden Jacques Delors, zog eine ernüchternde Bilanz. Fortschritte konnte sie in der Tatsache feststellen, daß jedes fünfte Kind zwischen drei und sechs Jahren frühkindliche Erziehung in den Entwicklungsländern erfährt und daß 1995 mehr Gelder sowohl der Entwicklungsländer als auch der Entwicklungshilfe aus den Industrieländern in den Primarschulbereich flossen als je zuvor. Deutschland steigerte den Anteil der für Grundbildung aufgewendeten Entwicklungshilfe von 31,9 Millionen Mark im Jahr 1991 auf 327,9 Millionen Mark nur vier Jahre später. Dies entsprach einem Anteil von 8,5 Prozent an der deutschen Entwicklungshilfe. Doch im Zuge der Sparmaßnahmen auch im Entwicklungsetat sind 1997 nur noch 149,5 Millionen Mark zur Förderung der Grundbildung vorgesehen, ein Rückgang auf 4,2 Prozent!
Die Bildungsbilanz der achtziger Jahre hört sich alles andere als großartig an: Zwar stiegen die Einschulungsquoten im globalen Durchschnitt in den letzten zwei Jahrzehnten von 70 Prozent auf 80 Prozent, doch waren dies oft nicht mehr als Scheinerfolge. In der Schule angemeldete Kinder verbrachten die Zeit, die sie eigentlich in der Schule verbringen sollten, nicht selten mit Arbeit. Sie halfen im Haushalt, hüteten Tiere oder bettelten um Almosen. Angesichts der vielfältigen Probleme der Grundbildung ist dies auch kein Wunder. Nicht nur, daß die Lehrer und Lehrerinnen oft schlecht ausgebildet, unterbezahlt und in schlechten Hütten untergebracht sind – alles Faktoren, die nicht motivierend sind –, auch Lehrmaterial ist in vielen Ländern und Regionen Mangelware. So stehen zum Beispiel in Acoyapa (Nicaragua), der Partnerstadt Münsters, pro Fach und Jahrgangsstufe gerade zwei Lehrbücher zur Verfü-

gung. Wo nicht genügend neueres Lehrmaterial vorhanden ist, wird sogar wie in einigen Gegenden Afrikas auf kolonialzeitliche Schulbücher zurückgegriffen. Lehrpläne in Lateinamerika und Indien sehen für die Bildung der Kinder immer noch „europäisches Wissen" vor. Viele Familien halten es da für sinnvoller, wenn ihre Kinder durch Arbeit zum Familienunterhalt beitragen.

Mit der Einschulungsquote stieg deshalb auch die Abbrecherquote: In Grundschulen beträgt sie immer noch 30 Prozent. Von dieser Bildungsmisere sind besonders Mädchen, Kinder aus armen Familien und Kinder vom Land betroffen.

Ansätze zur Behebung der Misere im Bereich der Grundbildung, so der Bericht der Delors-Kommission, könnten in nichtformaler Bildung liegen. Dies bedeutet Abschied von den formellen Grundschulen westlicher Prägung. Denn diese sind oft zu teuer und vermitteln allzuoft wenig brauchbares Wissen. Nichtformale Bildung sei billiger, erreiche die Kinder und orientiere sich besser an deren Alltag und Umwelt. Die Lehrer und Lehrerinnen der nichtformalen Bildung können angelernte Leute aus dem jeweiligen Dorf sein.

> „(...) Selbst wenn die Eltern überzeugt sind, daß eine gute Ausbildung wichtiger ist als ein paar zusätzliche Pesos in der Familienkasse – das Ausbildungsangebot läßt viel zu wünschen übrig. Die Mängel im lateinamerikanischen Bildungswesen beginnen schon in der Grundschule. Rund 20 Prozent aller Kinder im schulpflichtigen Alter werden zu spät eingeschult. 40 Prozent bleiben im ersten Schuljahr, ein Drittel in späteren Schuljahren sitzen. Der Unterricht ist mit drei bis fünf Stunden am Tag an nur 120 Schultagen im Jahr sehr kurz, und die Ausstattung der Schüler und Schulen mit Büchern und Lehrmitteln ist völlig unzureichend. Diese desolaten Verhältnisse frustrieren und demotivieren Schüler, Lehrer und die Eltern und lassen Kinderarbeit allemal als bessere Alternative erscheinen." (Salazar-Volkmann 1997, S. 114f.)

Mit dieser Form der Bildung könnten zwei Problemfelder, in denen die Delors-Kommission Handlungsbedarf sah, deutlich verbessert werden: Ist der Schulbesuch nicht mehr mit hohen Kosten verbunden, steigert dies die Aussichten von Mädchen, eingeschult zu werden. Die Kluft zwischen Jungen und Mädchen bei der Einschulungsquote sowie daraus folgend das Gefälle zwischen Männern und Frauen in der Alphabetisierungsrate könnte so verringert werden. Die hohe Quote der Kinder, die ihre Schulzeit bereits vor Erreichen des vierten Schuljahres abbrechen (in manchen Gegenden Schwarzafrikas, Lateinamerikas und Asiens betrifft dies vier von fünf Kindern könnte mit Angeboten nichtformaler Bildung ebenfalls gesenkt werden.

Zusätzlich zu Umstrukturierungen im Bildungsbereich ist eine Steigerung der Bereitschaft, in Bildung zu investieren, dringend notwendig. Der Delors-Bericht fordert eine Steigerung der Bildungsausgaben auf sechs Prozent des jeweiligen Bruttosozialprodukts. Zwar haben die Entwicklungsländer insgesamt ihre Bildungsausgaben in den fünf Jahren nach Jomtien von 4,0 auf 4,1 Prozent ihrer Etats erhöht, doch gingen die Entwicklungen drastisch auseinander. Gerade die ärmsten Länder reduzierten ihre Bildungsausgaben von 2,9 auf 2,8 Prozent.

Der Bildungsetat tritt in fast allen Ländern gegenüber „wichtigeren" Verpflichtungen oder Aufgaben zurück. So wies zum Beispiel der sambische Bischof de Jong darauf hin, daß seine Regierung zwischen 1993 und 1995 53 Millionen Dollar für das Gesundheitswesen und Bildung ausgab, während sie im gleichen Zeitraum 1,3 Milliarden Dollar Schulden und Zinsen an die Industrienationen zahlte. Indien bestellte 1992 in Rußland 20 Kampfflugzeuge, mit deren Kosten man die Grundschulbildung für alle 15 Millionen Mädchen, die heute keine Schule besuchen, hätte sichern können (vgl. Sax 1997, S. 45). Mit steigendem finanziellem Druck vor allem durch die Verschuldungsproblematik verfechten Politiker des Südens auch Ideen wie die Privatisierung

Bildung statt Ausgrenzung
Elternräte organisieren Schule
Wie in vielen lateinamerikanischen Ländern herrscht auch in Guatemala Bildungsnotstand. Betroffen sind vor allem die Mayas, die indigene Bevölkerung Guatemalas. Die Mayas machen ungefähr 40 Prozent der Bevölkerung Guatemalas aus, stellen aber 63 Prozent der AnalphabetInnen des Landes (1985 waren 52 Prozent der Gesamtbevölkerung Analphabet/Innen.) Vor allem die indigenen Frauen weisen mit fast 80 Prozent eine extrem hohe Analphabetinnenrate auf. Durchschnittlich besuchen die Maya-Kinder nur 2,5 Jahre die Schule. 27 Prozent der Kinder wiederholen das erste Schuljahr; 13 Prozent bleiben regelmäßig dem Unterricht fern. Diese Schwierigkeiten kommen nicht von ungefähr. In den Schulen werden die Maya-Kinder von schlecht bezahlten Lehrern und Lehrerinnen, die aus einer anderen Region kommen und eine andere Sprache sprechen, mit schlechtem oder keinem Lehrmaterial unterrichtet.
Die Friedensverträge, die auch der Identität und den Rechten der indigenen Bevölkerung Rechnung tragen, eröffnen neue Perspektiven für die Grundbildung der Maya-Kinder. In einigen Regionen sind Elternräte (COEDUCAS = Consejos de Educación) eingerichtet worden. Diese erhalten vom Bildungsministerium einen begrenzten Etat für das Gehalt der Lehrpersonen, Unterrichtsmaterial und Schulfrühstück. Die Elternräte können die Lehrpersonen selbst einstellen, die zum einen die indigene Muttersprache des Ortes sprechen sollen und zum anderen – so die Hoffnung – aufgrund ihrer Beziehung zu der Region sich nicht binnen kurzem wieder aus den oft abgelegenen Dörfern verabschieden.
(nach: Présente 2/1997, S. 7f.)

der Bildung zur Entlastung der Haushalte. So hat zum Beispiel der peruanische Präsident Anfang 1997 angekündigt, das Bildungswesen privatisieren zu wollen. Gefahren der Privatisierung wie unter anderem steigende Schulgebühren könnten die Zahl der Schulpflichtigen, die nicht zur Schule gehen, dann von zwei auf sechs Millionen erhöhen. Bildung würde noch deutlicher zum Privileg der Reichen. (epd-Entwicklungspolitik 4/97)

> „Der Delors-Bericht weist darauf hin, daß eine sozial und geographisch gleichmäßige Versorgung mit Bildung auch für eine gleichmäßige Verteilung des Wirtschaftswachstums sorgt. Und Bildung beeinflußt das Gesundheits- und Ernährungsverhalten, bremst langfristig das Bevölkerungswachstum, macht die Menschen gegenüber Arbeitgebern und Behörden durchsetzungsfähiger, stabilisiert Demokratien, da sie soziale Partizipation grundlegend ermöglicht."
> (Présente 2/1997, S. 6)

Kinderarbeit – Folge und Ursache von Armut

Dienstmädchen, StraßenhändlerInnen, Scheiben- und Schuhputzer, Parkplatzwächter, Arbeit auf dem Feld oder in der Fabrik – die Formen von Kinderarbeit weltweit sind vielfältig. Für europäische Ohren klingt allein das Wort „Kinderarbeit" schon nach Ausbeutung. Doch gibt es nicht schlechthin „die" Kinderarbeit. Das Alter der arbeitenden Kinder, die Form ihrer Einbindung in die Familienarbeit, der Grad der Ausbildung, die Schwere und Dauer der zu leistenden Arbeit und anderes mehr sind zu berücksichtigen.
95 Prozent aller arbeitenden Kinder leben in den sogenannten Entwicklungsländern (Ost- und Südeuropa nicht mitgerechnet), nur fünf Prozent in den Industrieländern (nach Schätzungen des deutschen Kinderschutzbundes beträgt die Zahl der Kinderarbeiter in Deutschland 400 000). 50 Prozent aller Kinderarbeiter leben in Asien. In absoluten Zahlen ausgedrückt: 100 bis 200 Millionen Kinder aller Altersgruppen arbeiten weltweit. Die größte Altersgruppe ist die der 10–14jährigen Kinder. Aus dieser Altersgruppe arbeiten 73,3 Millionen Kinder oder 13,2 Prozent weltweit.
In Lateinamerika sind die Kinder besonders häufig in der Landwirtschaft tätig. Dort ist das Einstiegsalter sehr gering: So arbeitet in Kolumbien bereits jedes vierte Kind zwischen sechs und neun Jahren auf dem Hof mit. Gartenarbeit, das Hüten des Viehs oder Hilfe im Laden sind häufige Tätigkeiten. Die Kinder können diese Arbeit als durchaus positiv und wichtig wahrnehmen: „Stolz erklärt der zwölfjährige Rodrigo: ‚Ich arbeite gern!', und erzählt, wie er seinem Vater beim Säen, Setzen und Ernten hilft. ‚Manchmal fahre ich allein in die Stadt und verkaufe einen Teil der Ernte. Dann darf ich etwas Geld behalten. Mein eigenes Geld! Und davon kaufe ich mir dann Spielzeug oder ein schickes Hemd.'" (Salazar-Volkmann 1997, S. 113) Neben der Hilfe im Haushalt, in der Landwirtschaft oder dem familieneigenen Betrieb gibt es auch eigenständige Tätigkeiten der Kinder zum Beispiel im Straßenverkauf oder in der Bewachung von Parkplätzen. Je älter die Kinder werden, desto eher können sie einen finanziellen Beitrag zum Familieneinkommen leisten.
Kennzeichen all dieser Formen von Kinderarbeit, die noch in die Familie eingebunden ist, ist ihre mangelnde Qualifikation. Die Kinder und Jugendlichen lernen bei ihren Tätigkeiten in der Regel nichts, was ihnen später in ihrem

beruflichen Werdegang nützen könnte. Neben die körperliche Belastung tritt also die Perspektivlosigkeit, die durch die Kinderarbeit verstärkt wird. Denn Kinder, die arbeiten, gehen weniger oder gar nicht zur Schule. Ihre Schulzeit ist durchschnittlich zwei Jahre kürzer als die ihrer Altersgenossen, die nicht arbeiten.

Unicef kommt im Falle der Kinderarbeit zu dem Schluß, daß die Verbesserung des Schulwesens und der Unterrichtsqualität ein wichtiger Schlüssel zur Beseitigung der Kinderarbeit sei. Denn viele Eltern hätten durchaus Interesse an einem guten Unterricht für ihre Kinder.

Doch gibt es eben nicht nur die Arbeit von Kindern, die in ihren Familien leben. Zunehmend arbeiten Kinder auch als WanderarbeiterInnen unter anderem in exportorientierten Wirtschaftsbereichen. Der Anteil der KinderarbeiterInnen, die weltweit für den Export arbeiten, beträgt – „nur" oder „bereits" – fünf Prozent. Der weitaus größere Teil der Kinder arbeitet in dem rechtlich kaum geregelten informellen Sektor. Auch die weltweit zunehmende Kinderprostitution zählt zu diesen Formen der Kinderarbeit. Allein in Thailand arbeiten zwischen 30 000 und 250 000 Kinder unter 14 Jahren in den Bars und Bordellen, oft von ihren eigenen Eltern gegen ein geringes Entgelt verkauft. Die verschiedensten Formen von Schuldknechtschaft und Sklaverei gehören ebenfalls zu diesen Formen ausbeuterischer Kinderarbeit. Sie nimmt Kindern nahezu jede Perspektive auf Ausbildung, ein selbstbestimmtes sowie vor allem ein langes Leben.

Kindheit als soziale Phase

Neben Armut und einem schlechten Schulwesen läßt sich auch das Nicht-Anerkennen von „Kindheit" als sozialer Phase als Ursache von Kinderarbeit bezeichnen. Diese kulturell geprägten Vorstellungen von Kindheit liegen der europäischen Kultur näher, als viele vielleicht vermuten. Denn in den industrialisierten Ländern setzte sich erst mit dem aufkommenden Bürgertum die „Kindheit" als soziale Phase durch. Zuvor wurden Kinder als kleine, aber fehlerhafte Erwachsene betrachtet, die nach Erwachsenen-

Fallbeispiel Türkei

Produkte, die mit Kinderarbeit hergestellt wurden, werden in allen europäischen Ländern verkauft. Aktuelle Beispiele aus der türkischen Bekleidungsindustrie belegen, daß von Kindern produzierte Bekleidung auch in großen deutschen Versand- und Bekleidungshäusern wie Karstadt, Neckermann und Otto verkauft wird.

Nach dem gültigen türkischen Arbeitsgesetz von 1971 beträgt das Mindestalter für arbeitende Kinder 15 Jahre. Ab 13 Jahren dürfen Kinder leichte Arbeiten im Rahmen einer schulischen Ausbildung übernehmen, um Berufserfahrung zu sammeln. Insgesamt dürfen Kinder und Jugendliche unter 18 Jahren aber nicht länger als 7,5 Stunden täglich arbeiten. Nachtarbeit und schwere Arbeit ist für diese Altersgruppe generell verboten. Darüber hinaus müssen sich alle arbeitenden Kinder bis 18 Jahre alle sechs Monate einer Gesundheitsuntersuchung unterziehen. Die Arbeitgeber haben hierüber Buch zu führen. So weit der Buchstabe des Gesetzes, die Realität sieht allerdings anders aus, wie das von der Informationsstelle El Salvador (Bonn) herausgegebene Begleitmaterial zur ARD-Sendung „Kontraste" („Werbung contra Wirklichkeit: Otto nicht so gut?") vom 23.10.1997 betont. Die Untersuchungen, die im Auftrag der Informationsstelle im Juli und August 1997 in der Türkei durchgeführt wurden, ergaben krasse Verstöße gegen das türkische Arbeitsrecht durch Otto-Lieferanten bzw. -Sublieferanten: Der Sublieferant Sera Atölyesi, der für den Otto-Vertragspartner Görkem Giyim San. ve Tic. A.S. produziert, beschäftigt 65 ArbeiterInnen. „Bei unserem Besuch produzierten sie gerade Abendkleider nach dem Fließbandprinzip, 750 Stück am Tag. Es wird von 8.30 Uhr bis 19 Uhr gearbeitet, d. h. 9,5 Stunden und eine Stunde Mittagspause. Die zwölfjährige Arbeiterin Saniye erzählte uns, sie verdiene 15 Millionen Türkische Lira (TL, ca. 150 DM), etwas mehr als die Hälfte des Mindestlohnes in Höhe von 23 Mio TL (etwa 252 DM) im Monat. Wir haben insgesamt vier Kinder unter 15 Jahren beobachtet. Sie sind unversichert und ohne Arbeitsvertrag. Der Besitzer erzählte uns, daß zu ihm kontinuierlich Kontrolleure von Görkem und den Auftraggebern kämen, die sich aber nur um die Qualität der Waren kümmerten und nicht um die Arbeitsbedingungen." (Informationsstelle El Salvador, Begleitmaterialien zur ARD-Sendung Kontraste, Oktober 1997)

In einer anderen Firma, Ilknur Atölye, die als Sublieferant von T-Shirts für den Otto-Konzern arbeitet und die insgesamt 20 ArbeiterInnen beschäftigt, arbeiten fünf Kinder unter 15 Jahren. Ein Junge, Filiz, gab sein Alter mit 14 Jahren an. Häufig schwindeln die Kinder bei der Altersangabe – aus Angst, ihre Arbeit zu verlieren! Filiz gab seinen Monatslohn mit ungefähr 150 Mark monatlich an, also der Hälfte des gesetzlichen Mindestlohnes. Dafür arbeitet er zehn Stunden täglich an fünf Tagen in der Woche. Samstags arbeitet er „nur" fünf Stunden. Er arbeitet, seit er mit elf Jahren die Schule verlassen hat – und zwar ohne Arbeitsvertrag und Sozialversicherung.

Da die Schulpflicht in der Türkei lediglich fünf Jahre beträgt und zudem nicht kontrolliert wird, steht ein hohes Potential an KinderarbeiterInnen zur Verfügung. Und dieses wird genutzt – auch für die Exportproduktion.

Maß zu trimmen waren. Kindheit und Jugend als Reife- und Entwicklungsprozeß sind als eigenständige biographische Phasen also noch nicht lange anerkannt.

Auf die verschiedenen Formen der Kinderarbeit mit dem Ruf nach einem generellen Verbot der Kinderarbeit zu reagieren, ginge komplett an der Realität vorbei. Vielschichtige Antworten, angepasst an konkrete Situationen, sind notwendig. Die Beispiele aus Nicaragua und Thailand, die die ausbeuterische Kinderarbeit, aber nicht die Kinder und ihre Familien bekämpfen, erläutern dies.

Bildungsmittel Radio

Der Informationsgesellschaft im Norden steht der weitgehende Ausschluß von Informationen für viele Menschen im Süden gegenüber. Ausschluß von Informationen bedeutet nicht nur fehlendes Wissen, sondern auch die Reduzierung von politischen Partizipationsmöglichkeiten. Menschen, die von Informatio-

---

Fallbeispiel

Angepaßte Lern- und Spielangebote in Nicaragua

In Nicaragua trugen 1996 schätzungsweise 600 000 Kinder in irgendeiner Weise zur Sicherung des Lebensunterhaltes ihrer Familien bei. Vermutlich leben drei Prozent dieser arbeitenden Kinder ganz auf der Straße (im Vergleich zu Brasilien also sehr wenig). Die arbeitenden Kinder haben zwar das Recht, zur Schule zu gehen, doch können sie beziehungsweise ihre Familien in der Regel nicht das erforderliche Geld für Uniformen, Lehrmittel oder Schulgeld aufbringen. Die Rate der SchulabbrecherInnen ist unter den arbeitenden Kindern besonders hoch, da sie oft nicht den üblichen Normen eines sauberen, fleißigen und gehorsamen Schulkindes entsprechen und so Konflikte und Ausgrenzung vorprogrammiert sind.

Das Institut für soziale Entwicklung in Managua hat zur Verbesserung der Situation der arbeitenden Kinder mit der Gründung einer eigenständigen Schule für arbeitende Kinder beigetragen, die mittlerweile vom Staat anerkannt ist. Ein verkürzter Lehr- und Stundenplan ist an die Arbeitssituation der Kinder angepasst. Insgesamt 160 Kinder wurden 1996 dort in einem Morgen- und einem Abendzug unterrichtet. Begleitet wird das Schulprojekt von Angeboten im Erholungs-, Kultur- und Sportbereich. Tanz, Theater, Pantomime, aber auch Baseball oder Volleyball werden den Kindern in kleineren oder größeren Gruppen angeboten. Durch diese organisierte Freizeit machen manche Kinder erstmals breitere Erfahrungen im kindlichen Spielen, das viele Eltern noch für überflüssig und Zeitvergeudung halten. Zugleich bieten diese Freizeitangebote einen Schutz der Kinder vor Drogen- und Gewalterfahrungen.

(nach: Förch 1996, S. 114f.)

Kinderarbeit und fairer Handel

„Kinderarbeit wird im allgemeinen abgelehnt. In Fällen, in denen die Alternative dazu für die Kinder schlechter wäre (z. B. Prostitution, der Straße überlassen zu sein), wird sie unter folgenden Voraussetzungen toleriert:

- Zugang zu Schule und Ausbildung muß gewährleistet sein.
- Schwere körperliche oder gesundheitsschädigende Tätigkeiten sind auszuschließen.
- Eine maximale Arbeitszeit wird nicht überschritten.
- Kinder unter 10 Jahren sind in besonderem Maße vor Arbeiten, die das Kind körperlich oder seelisch negativ beeinträchtigen, zu schützen.
- Die Entlohnung muß derjenigen der Erwachsenen entsprechen."

(aus: Konvention der Weltläden. Kriterien für den Alternativen Handel)

---

nen ausgeschlossen sind, sind leichter beherrschbar. Für südliche Länder stellt das Radio ein geeignetes Mittel dar, dieses Informationsdefizit zu beheben. Radiosendern kommt eine besondere Bedeutung in der politischen Bildung bei, denn der Empfang ist relativ billig, leicht zugänglich und kann von vielen Menschen gemeinsam genutzt werden. Der Empfang ist auch für Menschen möglich, die weder lesen noch schreiben können. „Daher sind die Möglichkeiten dieses Mediums im Sinne demokratischer Medien ideal: Sie ermöglichen eine weitgehende Verbreitung sowie die Einbeziehung und Aktivierung der Hörerinnen und Hörer. Den Regierungen und Mächtigen sind demokratische, unabhängige Medien oft ein Dorn im Auge. Ohne einen Radiosender wie Radio Panamericana in Uruguay wäre beispielsweise eine Kampagne undenkbar gewesen, mit der 1988 breite Kreise der Bevölkerung ein Referendum durchsetzten, mit dem ein Amnestiegesetz für unter der Militärdiktatur begangene Verbrechen durch Militär und Polizei zu Fall gebracht werden sollte. Das Radio sendete damals tagelang rund um die Uhr, um das Volksbegehren zu ermöglichen. (...) Neben ihrer politischen Bedeutung kommt den Radios aber auch eine wichtige soziale und kulturelle Funktion zu. Dies gilt u. a. für Aktivitäten im Bereich der Gesundheitsvorsorge oder für die Zusammenarbeit mit Basisorganisationen. Nicht zuletzt senden viele Sender (...) in der Sprache der einheimischen Bevölkerung." (Völker 1995, S. 26)

Bildung – Motor der Entwicklung

Die bisherigen Überlegungen und Beispiele haben gezeigt, daß Bildungsprobleme in Nord und Süd eng verzahnt sind mit der jeweiligen sozioökonomischen Situation: Sind Familien in einem Entwicklungsland extrem arm, leidet die Bildung ihrer Kinder, da diese mitarbeiten müssen. Ihr daraus resultierender schlechter Ausbildungsstand verursacht schlechtere Einkommens-

Fallbeispiel
Das Tochter-Erziehungs-Programm in Thailand
Die ländliche Idylle im Norden Thailands ist trügerisch. In nicht wenigen Dörfern der Region werden Kinder von ihren Eltern an Menschenhändler verkauft, in manchen Dörfern fehlen bis zu zwei Drittel aller Mädchen. Sie werden zumeist in die Provinzbordelle oder die Bangkoker Bars verfrachtet – als Kinderprostituierte, die in Zeiten von Aids stärker gefragt sind als je zuvor. Die Folge: 40 Prozent aller Aidstoten Thailands stammen ursprünglich aus der nördlichen Region Chiang Rai, 50 bis 70 Prozent der Kinderprostituierten im Norden sind bereits mit Aids infiziert.
Diesen Elends-Kreislauf zu durchbrechen, hat sich das „Daughter's Education Program" (DEP = Tochter-Erziehungs-Programm) in Mae Sai zur Aufgabe gemacht. Die MitarbeiterInnen setzen sich regelmäßig mit Dorfvorstehern, Lehrern und Mönchen zusammen, um gefährdete Mädchen ausfindig zu machen. Wenn die Eltern Drogen nehmen oder schon ältere Geschwister verkauft haben, gelten die Mädchen als gefährdet. Im Programm erhalten die insgesamt 450 Mädchen, die zum Teil ehemalige Straßenkinder sind, eine Schulausbildung, erlernen aber auch berufliche Fertigkeiten wie zum Beispiel Weben und Nähen oder die Arbeit am Computer.
„Projekte wie das DEP sind die ersten Versuche, die sexuelle Ausbeutung von thailändischen Kindern in den Griff zu bekommen. Doch es ist nicht leicht, das Netz aus Abhängigkeiten, gesellschaftlichem Druck und verlockenden Verdienstmöglichkeiten zu zerstören. ‚Es gibt hier so viele Kinder, die mit acht Jahren bereits eine Familie ernähren, weil ihre Eltern dazu nicht mehr in der Lage sind', sagt Julie (Mitarbeiterin im DEP). ‚Die meisten Eltern wissen heutzutage sehr wohl, wo ihre Kinder letztendlich landen. Sie verschließen die Augen vor deren Schicksal als Prostituierte. Und die Mädchen tun alles, um ihre Familie zu unterstützen.' So will es die Tradition. Die 16jährige Pongsiri lief von zu Hause weg: ‚Als ich mit der Grundschule fertig war, wollte meine Mutter mich in ein Bordell schicken, weil sie das auch schon als junges Mädchen gemacht hatte.'"
(Martina Miethig, Frankfurter Rundschau, 25.10.1997)

Die Anzahl an Radiogeräten pro 1000 EinwohnerInnen

Jahr	Entwickelte Länder	Lateinamerika und Karibik	Arabische Staaten	Asien	Afrika
1970	600	180	130	50	30
1980	800	250	180	100	100
1992	1000	350	210	180	160

(nach: Völker 1995, S. 27)

chancen. Die Kinder bleiben vermutlich auch als Erwachsene arm. Erschwert wird die Situation durch ein schlechtes Schulwesen. Aber auch im Norden werden Bildung und Ausbildung Grenzen gesetzt durch die sozioökonomischen Rahmenbedingungen: Zwar sind die Bildungschancen relativ gut, doch droht trotz guter Ausbildung Arbeitslosigkeit. Je enger der Arbeitsmarkt wird, desto stärker die Versuche, Bildung und Ausbildung zu verengen und noch stärker im Sinne der Wirtschaft zu funktionalisieren: Soziale Dienste zählen dann weniger als ‚handfeste' Lehren. Geisteswissenschaften werden abgewertet, Natur- und Ingenieurwissenschaften aufgewertet. Ohne die Bedeutung der grundlegenden kulturellen Techniken wie Lesen, Schreiben und Rechnen zu verachten, kritisieren zum Beispiel Lateinamerikaner diesen Trend zum reinen „capacity building" (Ausbildung menschlichen Kapitals) als ökonomische Verengung der Bildung (Boff/Arruda 1995).

Es existieren weltweit Ansätze in der Bildungsarbeit, die Alternativen hierzu anbieten. Drei sollen im folgenden exemplarisch wesentliche Dimensionen der Bildung in Nord und Süd veranschaulichen:

1. Die Pädagogik der Unterdrückten, die von Paulo Freire in Brasilien aus seinen Erfahrungen in Alphabetisierungskampagnen der sechziger Jahre entwickelt wurde, beruht auf der Überzeugung, daß Bildung mit der Lebenswelt der Menschen eng verzahnt sein muß, wenn sie zum Ausbruch aus dem Teufelskreis von Armut und fehlender Bildung beitragen will.

2. Bildung allein führt nicht zur Behebung sozialer Ungleichheit. Wirtschaftliche Strukturen müssen geändert werden. Diese These führte in der Aktion Fairer Handel seit Anfang der siebziger Jahre zur Verknüpfung von „Handel und Bildung". Weltwirtschaftliches Lernen als Notwendigkeit für die Menschen im Norden!

3. Was der Faire Handel an konkreten Produkten und in Beziehung zu den Produzenten im Süden verdeutlichen wollte, regt die Initiative „Lokale Agenda 21" für das kommunale Zusammenleben im Norden und seine Beziehung zu den Kommunen im Süden an: Verantwortung für die Eine Welt und die Menschen, die in ihr leben.

„Bildung als Praxis der Freiheit" / Paulo Freire
Die Volksbildungs-Bewegung in Lateinamerika wurde wesentlich durch die „Pädagogik der Unterdrückten" des brasilianischen Pädagogen Paulo Freire beeinflußt. Paulo Freire kritisierte das herrschende Bildungssystem als eines, das den Massen des Volkes entweder gezielt den Zugang zur Bildung versperrt oder aber die vermittelte Bildung auf den reinen Schulungs-Aspekt beschränkt. Bildung reduziere sich dann auf die Übertragung weniger Fertigkeiten und Fähigkeiten, die für die herrschende Wirtschaftsweise unerläßlich seien (Boff/Arruda 1995, S. 95). Diese Kritik beinhaltet keine Ablehnung des Ziels, den Analphabetismus zu beseitigen. Nur könne Bildung nicht abstrakte Fertigkeiten vermitteln, sondern müsse an den Lebenserfahrungen der Menschen ansetzen und diese so mit dem Abc politisch alphabetisieren. Nur so könnten die „Kultur des Schweigens" und die Verinnerlichung der Unterdrükkung durch die Armen behoben werden. Das Ziel dieser Pädagogik ist „der zu Bewußtsein gelangte Mensch". Paulo Freire hat dieses Ziel zwei Jahre vor seinem Tod Anfang 1997 noch einmal sehr eindrücklich in einem Brief über „Erziehung und Demokratie" beschrieben.

> **Der zu Bewußtsein gelangte Mensch**
> „Der zu Bewußtsein gelangte Mensch ist in der Lage, klar und ohne Schwierigkeiten zu erkennen, daß der Hunger mehr ist als das Gefühl, das sein Organismus empfindet, weil er nichts ißt. Er erkennt den Hunger als eine zutiefst ungerechte politische, wirtschaftliche und gesellschaftliche Wirklichkeit. Und wenn der zu Bewußtsein gelangte und gläubige Mensch betet, dann betet er sicherlich zu Gott, ihm Kraft für den Kampf gegen die entwürdigenden Verhältnisse zu geben, denen er unterworfen ist. Für den zu Bewußtsein gelangten und dennoch gläubigen Menschen ist Gott in der Geschichte gegenwärtig, er kann sie aber nicht an Stelle der Menschen machen. In Wirklichkeit fällt es uns zu, Geschichte zu machen und durch sie gemacht und verändert zu werden. Und indem wir auf andere Weise Geschichte machen, werden wir dem Hunger ein Ende bereiten.

> Der zu Bewußtsein gelangte Mensch ist dazu in der Lage, Tatsachen und Probleme miteinander in Verbindung zu bringen. Er erkennt ohne Schwierigkeiten die Verbindungen zwischen Hunger und Nahrungsmittelproduktion, Nahrungsmittelproduktion und Agrarreform, Agrarreform und dem gegen sie gerichteten Widerstand, zwischen Hunger und Gewalt und Hunger als Gewalt, zwischen Hunger und einer bewußten Wahl für fortschrittliche Politiker und Parteien, zwischen Hunger und der Weigerung, reaktionäre Politiker und Parteien zu wählen, deren Reden mitunter den falschen Anschein von Fortschrittlichkeit erwecken.
> Der zu Bewußtsein gelangte Mensch hat ein anderes Verständnis von der Geschichte und von der Rolle, die ihm darin zukommt. Er paßt sich nicht an, er engagiert und organisiert sich, um die Welt zu verändern. Der zu Bewußtsein gelangte Mensch weiß, daß es möglich ist, die Welt zu verändern. Er weiß auch, daß dies nicht ohne die Einheit der Unterdrückten gelingen kann. Er weiß sehr gut, daß der Sieg über Hunger und Elend nur im politischen Kampf für eine tiefgreifende Umwälzung der Gesellschaftsstrukturen errungen wird. Er weiß ganz genau, daß der Hunger nur durch die Schaffung von Arbeitsplätzen in der Stadt und auf dem Land überwunden werden kann und daß die Schaffung dieser Arbeitsplätze wiederum nur im Rahmen einer Agrarreform möglich ist."
> (Freire 1995, S. 107)

Die großen Alphabetisierungskampagnen Paulo Freires in den Slums von Brasilien liegen mittlerweile mehr als 30 Jahre zurück. Leider ist das Alter einer Idee oder eines Konzeptes heute oft der Anlaß, sie oder es ungeachtet der Qualität als veraltet abzuqualifizieren. Aber ob Freires Ansatz nun von einigen als „kalter Kaffee" bewertet oder von anderen mit einem erstaunten „Daß es das damals schon gab!" quittiert wird – jedenfalls war die pädagogische Arbeit bahnbrechend und inspirierte nicht nur viele Bildungsbemühungen in ganz Lateinamerika, sondern auch die Theologie der Befreiung und durch sie große Teile der Solidaritätsbewegung in Deutschland und Europa.

Ausgangspunkt der Arbeit des „Lehrers" bei Paulo Freire ist das Hören auf die Menschen: Wie beschreiben sie selbst ihre Situation? Welches sind die zentralen Worte (generative Worte), die ihre Situation darstellen? Woher kommt ihr Schweigen und ihr Erdulden der elenden Situation? Die passive Haltung der Armen, die auf Freire schockartig wirkte, benennt er mit der „Kultur des Schweigens". In dieser Kultur sind die Lehren der Unterdrückung durch die Armen so verinnerlicht, daß sie diese ganz übernommen haben. Sie nehmen nicht (mehr) wahr, daß sie arm sind, weil sie arm gemacht wurden. Die Entdeckung der Kultur des Schweigens führte Paulo Freire zu der Grundthese seiner pädagogischen Theorie: „Erziehung kann niemals neutral sein. Entweder ist sie ein Instrument zur Befreiung des Menschen, oder sie ist ein Instrument seiner Domestizierung, seiner Abrichtung für die Unterdrückung." (Freire 1985, S. 13)

Die von Freire angestrebte Bildung konnte nur „vor Ort", bei den Menschen, erfolgen. Sie sollte nicht primär eine Methode sein, sondern dialogisch und als Selbsthilfe stattfinden.

Fallbeispiel

Mit den Alphabetisierungs- und Kulturkursen wollte Freire die „Kultur des Schweigens" durchbrechen. Die in Gesprächen mit den KursteilnehmerInnen herausgefundenen zentralen Worte dienten ihm als Einstieg in die Bewußtseinsbildung. Indem die Menschen die Worte lesen und schreiben lernten, setzten sie sich mit den Problemen auseinander, die die Worte beschrieben. In seiner Arbeit in Rio de Janeiro sammelte er die folgenden zentralen Worte (Auszüge). Die dazu formulierten Problembereiche hielten Aspekte der Diskussion mit der Gruppe fest:

Slum / Favela
Wohnraum, Nahrung, Kleidung, Gesundheit, Erziehung

Regen
Einfluß der Umwelt auf das menschliche Leben; der klimatische Faktor in der Subsistenzökonomie; regionale klimatische Ungleichgewichte in Brasilien

Pflug
Der Wert menschlicher Arbeit, Mensch und Technik: der Prozeß der Veränderung der Natur; Arbeit und Kapital; Agrarreform

Land
Ökonomische Herrschaft; Großgrundbesitz; Bewässerung; natürliche Ressourcen; Verteidigung des nationalen Erbes

Nahrung
Unterernährung; Hunger; Kindersterblichkeit und Krankheiten

Afro-brasilianischer Tanz
Volkskultur; Folklore; Bildungskultur; Entfremdung

Brunnen
Gesundheit und Epidemien; sanitäre Erziehung; Wasserversorgung

Fahrrad
Transportprobleme; Massentransport

Gehalt
Lage der Menschen; Arbeit gegen Gehalt und ohne Gehalt; Minimallohn; Angleichung des Lohns an die Veränderungen der Lebenshaltungskosten
(nach: Freire 1982, S. 86f.)

Das will ich ihnen sagen
Ich fragte mich: warum reden mit ihnen?
Sie kaufen das Wissen ein, um es zu verkaufen.
Sie wollen hören, wo es billiges Wissen gibt
Das man teuer verkaufen kann. Warum
Sollten sie wissen wollen, was
Gegen Kauf und Verkauf spricht?

Sie wollen siegen
Gegen den Sieg wollen sie nichts wissen.
Sie wollen nicht unterdrückt werden
Sie wollen unterdrücken.
Sie wollen nicht den Fortschritt
Sie wollen den Vorsprung.

Sie sind jedem gehorsam
Der ihnen verspricht, daß sie befehlen können.
Sie opfern sich dafür
Daß der Opferstein stehen bleibt.

Was soll ich ihnen sagen, dachte ich. Das
Will ich ihnen sagen, beschloß ich.

(Bertolt Brecht, 1981, S. 852)

„Handel und Bildung" – die Idee des fairen Handels

Die Aktion des fairen Handels begann in den sechziger Jahren zunächst in den Niederlanden, wurde 1970 in Deutschland, 1972 in der Schweiz und in Österreich aufgegriffen. Sie entstand als Protestbewegung gegen die ungerechten Strukturen des Welthandels und die Gleichgültigkeit beziehungsweise Uninformiertheit der Bevölkerungen im Norden. Ihr genügte es nicht, lediglich in Form von Bildungsarbeit über den ungerechten Handel aufzuklären. Für den Wandel seien exemplarische Projekte notwendig, die zeigen: Es geht auch anders. Wandel durch Handel und Lernen durch Handel(n) könnte man als Leitworte der ganzen Bewegung bezeichnen.

Die ungerechten Strukturen des Welthandels kommen der 1996 verabschiedeten Konvention der Weltläden zufolge zum Ausdruck:

- in der Ungleichheit zwischen den HandelspartnerInnen in Nord und Süd;
- in den niedrigen Rohstoffpreisen;
- in der (Über-)Macht der transnationalen Konzerne;
- in der Mißachtung und sogar dem Abbau sozialer und ökologischer Standards;
- in Handelshemmnissen für Fertigprodukte aus dem Süden und Exportsubventionen vor allem für Agrarprodukte des Nordens;

- in der Verelendung im Süden als Folge der einseitigen Austauschverhältnisse;
- in den ausbeuterischen Strukturen des Zwischenhandels auf nationaler Ebene.

Die Gleichgültigkeit der Menschen im Norden kann durch Informations- und Bildungsarbeit durchbrochen werden. Wenn die meisten Menschen beim Kauf primär nach Qualität und Preis entscheiden, so hängt das mit ihrer Unkenntnis über die sozialen und ökologischen Produktionsbedingungen zusammen. „Politische Produkte", die exemplarisch die Bedingungen des Welthandels verdeutlichen, sollen die VerbraucherInnen über entwicklungspolitische Zusammenhänge aufklären: „Billiger Kaffee macht arm!"

Gegen die Koalition von ungerechten Strukturen mit der Gleichgültigkeit im Norden setzt der alternative Handel auf drei Bereiche: Warenverkauf, Informationsarbeit/Bewußtseinsbildung und politische Aktionen. Der alternative Handel konzentriert sich auf bestimmte Produkte, die besonders dazu geeignet scheinen, die Ungerechtigkeit der Weltwirtschaft zu verdeutlichen. Zu diesen gehören

- Produkte, die sowohl für den Massenkonsum im Norden als auch für den Süden als Exportprodukte wichtig sind – wie zum Beispiel Kaffee, Tee oder Textilien;
- Produkte, deren Export nach Europa durch Handelsschranken behindert wird – wie zum Beispiel Zucker oder Textilien;
- Endprodukte aus Südländern, die durch hohe Zölle vom europäischen Markt ferngehalten werden;
- Produkte, die besonders die Probleme des jeweiligen Produktionslandes veranschaulichen können;
- Produkte, die auf die Vielfalt von Kultur und Handwerk im Süden hinweisen.

Fallbeispiel

Die EU-Subventionen und ihre Folgen – ein Beispiel

„Der Terrassenanbau im arabischen Jemen hat eine jahrhundertelange Tradition. In einem so trockenen Halbwüstenland stehen nicht viele Böden für die Nahrungsmittelproduktion bereit. Um so faszinierender ist die Leistung der Bauern, die an Berghängen landwirtschaftliche Nutzflächen gewinnen konnten, indem sie durch kleine Mauern parallel zum Hang Boden ansammelten und diesen über Generationen durch sorgsamen Landbau pflegten und die Bodenfruchtbarkeit erhielten. Die Bauern pflanzten Getreidesorten für die Ernährung ihrer eigenen Familie, den Überschuß verkauften sie auf dem regionalen Markt. Natürlich hat diese arbeitsintensive Produktionsweise ihren Preis. Ab Mitte der achtziger Jahre bekamen die Bauern im Jemen überraschend harte Konkurrenz in Form von Weizensäcken aus Frankreich. Der Euroweizen wurde zu einem Preis auf dem lokalen Markt verkauft, der den Bauern das Leben bald schwermachen sollte. Langfristig war eine wirtschaftlich rentable Konkurrenz angesichts der Anbaubedingungen gegen diesen billigen Importweizen kaum möglich. Mehr und mehr Bauern mußten die Produktion einstellen oder reduzieren. Werden die jahrhundertealten Mauern und Anbauterrassen aber nicht mehr genutzt und nicht mehr gepflegt, zerfallen sie bald. Und mit dem Zerfall des Schutzsystems wird der Boden bei starken Regenfällen oder durch den Wind abgetragen: So sind Bodenerosion und Wüstenausdehnung die indirekte Folge von Handelsmaßnahmen, denn der europäische Überschußweizen ließ sich nur deshalb so billig verkaufen, weil der Export subventioniert wurde. Weiterer Effekt dieses Handels ist, daß die Nahrungsmittelversorgung eines Landes wie Jemen sinkt. Langfristig wird das Land zur Deckung seines Nahrungsmittelbedarfs auf kostengünstige Einfuhren angewiesen sein."
(Braßel/Windfuhr 1995, S. 57)

Die drei Bereiche des alternativen Handels

1. Warenverkauf

Auf dem gesamten Handelsweg zwischen ProduzentInnen und EndverbraucherInnen werden Prinzipien wie gleichberechtigte Mitbestimmung aller beteiligten Gruppen, Transparenz von Entscheidungen und Preiskalkulationen sowie allgemeine Prinzipien der Sozial- und Umweltverträglichkeit angestrebt. Den ProduzentInnen wird ein gerechterer Preis gezahlt, der ihnen die Basis für eine sichere Existenz bietet und es ihnen erlaubt, eigene Vermarktungswege aufzubauen, eigene Bildungsarbeit und Gesundheitsvorsorge zu organisieren, Produktionsverbesserungen durchzuführen usw. Alternativer Handel unterstützt die Erhaltung bzw. Etablierung regionaler Märkte mit dem Ziel, einseitige Abhängigkeiten zu vermeiden.

Es findet eine Vorfinanzierung für die ProduzentInnen statt sowie eine Beratung bei Produktion und Vermarktung.

2. Informationsarbeit und Bewußtseinsbildung

Alternativer Handel versucht über Informations- und Öffentlichkeitsarbeit ein entwicklungspolitisches Bewußtsein zu fördern.

Die Informationsarbeit erfolgt in Kooperation mit anderen entwicklungspolitisch und in Menschenrechtsfragen engagierten Gruppen und bezieht sich nicht nur auf den Handel.

3. Politische Aktionen

Ihre Ziele versuchen Weltläden auch zu erreichen, indem sie Aktionen und Kampagnen organisieren oder sich daran beteiligen. Diese zielen auf die Beeinflussung der öffentlichen Meinung, die Mobilisierung kritischer KonsumentInnen und eine Veränderung des Konsumverhaltens ab. Die Aktionen beziehen sich z. B. auf die Produkte, die Bedingungen des internationalen Handels, die Verschuldung von sog. Entwicklungsländern und Menschenrechtsverletzungen.

(Konvention der Weltläden, S. 4f.)

Lange vor einem entstehenden Umweltbewußtsein wies der faire Handel auf die politische Dimension des Konsums hin. Er trug zu einem kritischen Potential an VerbraucherInnen in Europa bei, das heute auch der „unfaire" konventionelle Handel nicht mehr vernachlässigen kann. Ein Zeichen hierfür ist die Ausweitung fair gehandelter Produkte mit dem Transfair-Gütesiegel auf die Supermärkte. Nach einer Emnid-Umfrage von 1993 äußerten 16 Prozent der Befragten Informationsbedarf bezüglich der Auswirkungen des jeweiligen Produktes auf die Entwicklungsländer, für 9,3 Prozent der Befragten wären diese Auswirkungen sogar kaufentscheidend. In der gleichen Umfrage hatten 50 Prozent der Befragten zu den Umweltschutzmaßnahmen der jeweiligen Unternehmen Informationsbedarf, für 31 Prozent wären diese kaufentscheidend. (Braßel/Windfuhr 1995, S. 113)

Diese Ergebnisse signalisieren zunächst einen Erfolg: Für immerhin 16 Prozent der deutschen KonsumentInnen besteht eine klare Beziehung zwischen unserem Konsum und den Auswirkungen auf den Süden. Diese Ergebnisse signalisieren aber auch eine Aufgabe, und zwar im Handels- wie im Bildungsbereich: Die knapp zehn Prozent der KonsumentInnen bilden ein Marktpotential, das der faire Handel erreichen könnte, wenn er sich konsequent aus-

dehnen würde (was unter den im fairen Handel Engagierten umstritten ist!). Mit der bisher schon erreichten Ausdehnung des Handels muß auch die Informations- und Bildungsarbeit Schritt halten. Dies wird durch den stark gewordenen Supermarkt-Bereich erschwert und gleichzeitig immer notwendi-

> „Ökonomisch kann die A3WH (=Aktion Dritte Welt Handel) nur Zeichen setzen, aber die entwicklungspolitische Öffentlichkeitsarbeit der A3WH-Gruppen erreicht viele Menschen, da sie feste, leicht erreichbare Strukturen besitzen (Läden, Stände, Basare) und das Konsumentenverhalten direkt begreifbar ansprechen."
> (Pilz 1993, S. 29)

Einige Stichworte zur Geschichte:

Schweiz

1972 ein paar Dritte-Welt-Gruppen verkaufen erstmals Kaffee aus Tanzania, den sie über die holländische Importstelle S.O.S. bezogen

1974 die „Erklärung von Bern" organisiert eine gesamtschweizerische Kaffee-Aktion mit 80 000 verkauften Gläsern Kaffee; die Idee einer eigenen Importgenossenschaft entsteht

1975 die Aktion „Jute statt Plastik" nimmt ihren Anfang und wird nach Deutschland, Österreich und Holland verbreitet; sie trägt zur Gründung von vielen Verkäufergruppen und Dritte-Welt-Läden bei

1977 Gründung von OS 3 (Organisation Schweiz – Dritte Welt), der Importorganisation des fairen Handels; Gesamtumsatz 1992: circa sechs Millionen Franken (= 6,6 Millionen Mark)

1995 circa 400 Weltläden verkaufen Fairhandelsprodukte

Österreich

1972 erste Verkaufsaktionen im fairen Handel

1975 Gründung der EZA (Entwicklungszusammenarbeit mit der Dritten Welt Gesellschaft mbH); Gesamtumsatz 1992: 56 Millionen österreichische Schillinge (= 8 Millionen Mark)

Deutschland

1970 Hungermärsche der Jugendverbände führten zur Gründung der A3WH (Aktion Dritte Welt Handel); Gründung erster Weltläden; Bezug der Waren über die niederländische S.O.S.

1975 Gründung der gepa (Gesellschaft zur Förderung der Partnerschaft mit der Dritten Welt mbH, Bundesrepublik Deutschland); Gründungen kleinerer Importorganisationen in den Folgejahren (u.a. El Puente, Dritte Welt Partner Ravensburg)

1992 Gesamtumsatz aller Importorganisationen bei ungefähr 50 Millionen Mark; es bestehen ungefähr 600 Weltläden

1997 Umsatz der gepa stabilisiert sich bei 52,4 Millionen Mark; es existieren 750 Weltläden und mehr als 6000 Aktionsgruppen

ger. Denn welcher Verbraucher und welche Verbraucherin kennt den Unterschied zwischen „Transfair" und „Weltläden"? Selbst manche MitarbeiterInnen in Weltläden tun sich schwer mit der Frage.

Weltläden

Weltläden sind Fachgeschäfte des fairen Handels. Sie sind die einzigen Geschäfte, die ausschließlich fair gehandelte Produkte verkaufen. Durch Verkauf, Information und politische Aktion versuchen sie, einen Beitrag zu gerechterem Welthandel zu leisten. Europaweit existieren mehr als 3000 Weltläden, in denen etwa 50 000 Menschen mitarbeiten. Sie haben sich zu nationalen Organisationen zusammengeschlossen. NEWS, das „Network of European Worldshops", ist die europäische Vertretung der Weltläden und organisiert seit 1996 den Europäischen Weltladentag, der jeweils am zweiten Samstag im Mai zu einem Thema aus dem Bereich des fairen Handels stattfindet. 1998 ist der 9. Mai zum Weltladentag mit dem Schwerpunktthema „Textilien / Bekleidung" auserkoren worden.

Der faire Handel im Zeitalter von Transfair

Angeregt durch das erste Gütesiegel im fairen Handel, Max Havelaar, das 1988 in den Niederlanden entwickelt und in den Markt eingeführt wurde, wollten die europäischen Fair-Handelsorganisationen stärkeren Einfluß auf den gesamten Handel nehmen. Ziel soll schließlich die FAIRänderung des Welthandels sein. Sie entwickelten das Gütesiegel „Transfair", das auch von kommerziellen Handelsunternehmen übernommen werden kann. Bei diesem Produktsiegel handelt es sich um ein Gütesiegel, das Grundsätze des fairen Handels formuliert, deren Einhaltung von Siegelorganisationen überwacht

Fallbeispiel

Ein Bauer in Uganda

„Joruma Rutahwire ist ein Kleinbauer in Uganda. Gemeinsam mit seinen beiden Frauen Rhoebe Kyambuganbire und Guadance Korugyege baut er auf einer kleinen, einen Hektar umfassenden ‚shamba' Bohnen und Bananen an, sowie Kaffee auf einem zweiten, gleich großen Feld. Rhoebe und Guadance bewerkstelligen den Großteil der Arbeit. Sie pflanzen die Bohnen, sammeln Holz, holen Wasser und bereiten die Mahlzeiten zu. Sie pflücken die Kaffeekirschen und trocknen sie auf Matten oder auf dem harten roten Erdboden. Joruma kümmert sich um das Beschneiden der Bäume und um das Unkrautjäten. Als Familienoberhaupt ist er Mitglied der Genossenschaft. Er liefert den Kaffee und erhält das Geld.

Die Genossenschaft heißt Kitagata Kweterana und liegt im Bezirk Mbarara im Südwesten Ugandas. Genossenschaften spielen in Uganda eine wichtige Rolle. In dem Gebiet, in dem Joruma Rutahwire lebt, sind etwa 60 Prozent der Kaffeebauern genossenschaftlich organisiert. Diese Kooperativen, die auf lokaler Ebene organisiert sind, stellen in erster Linie gemeinsame Lager- und Transportmöglichkeiten zur Verfügung. Die Mitglieder können entweder an die Kooperative oder an private Händler verkaufen – eine Wahl, die schwierig sein kann. Da die Händler über größere finanzielle Ressourcen als die Genossenschaften verfügen, können sie sofort bezahlen. Die Kooperativen zahlen meist erst dann, wenn sie einen Abnehmer für den Kaffee gefunden haben. Wenn die Bauern das Geld dringend benötigen, was fast immer der Fall ist, sind sie natürlich versucht, an die privaten Händler zu verkaufen. Die Händler drücken die Preise nach oben, um die Genossenschaften vom Markt zu verdrängen. Sobald jedoch die Genossenschaft verkaufen kann, erhalten die Bauern eine zweite Zahlung. Bei den Zwischenhändlern ist dies jedoch nie der Fall. In Gebieten, in denen es keine Kooperativen gibt, zahlen die Zwischenhändler jedoch einen viel niedrigeren Preis für Kaffee.

Seit 1993 verkauft die Genossenschaft von Joruma Rutahwire Kaffee an belgische und niederländische Fair Trade Organisationen. Sie zah-

wird. Für jedes bisher gesiegelte Produkt wurden spezielle Kriterien festgelegt. Ein Produzentenregister ermöglicht den Unternehmen das Auffinden von Handelspartnern im Süden, die den Kriterien entsprechen. Zur Zeit werden in Deutschland, Luxemburg, Italien und Österreich Kaffee, Tee, Honig, Zucker und Schokolade mit dem Transfairsiegel angeboten. In den Niederlanden, Belgien, der Schweiz, Dänemark und Frankreich arbeiten nationale Gütesiegelorganisationen unter dem Namen Max Havelaar. In Europa betrug der Umsatz des gesamten fairen Handels im Jahr 1994 mehr als 200 Millionen ECU. Die europäischen Fair-Handelsorganisationen arbeiteten im gleichen Jahr mit 800 Produzentenpartnern im Süden zusammen. Damit erreichte der faire Handel mit Europa etwa 800 000 Familien oder ungefähr 5 Millionen Menschen im Süden. (Fair Trade Jahrbuch 1995)

Der feine Unterschied

Was unterscheidet die fair gehandelten Produkte im Weltladen von den Transfair-gesiegelten Produkten im Supermarkt?

- Zunächst ist Transfair keine Vermarktungsorganisation, sondern eine Organisation, die Lizenzen an privatwirtschaftliche Unternehmen vergibt. Das heißt, daß das Siegel auch an Unternehmen verkauft werden kann, die lediglich eines ihrer Produkte siegeln lassen und alle anderen weiterhin „konventionell" handeln.
- Die Handels- und Importorganisationen des fairen Handels wie zum Beispiel die gepa handeln ausschließlich zu fairen Kriterien.
- Die gepa und andere fairen Handelsorganisationen akzeptieren auch „schwache" Handelspartner, die manchmal erst durch intensive Beratung und Begleitung zu starken, selbständigen Handelspartnern werden.
- Der Aufschlag zum Beispiel auf den Weltmarktpreis für Kaffee liegt bei der gepa höher als bei Transfair.
- Die gepa ist gegebenenfalls auch zu Nachverhandlungen bereit, falls der aktuelle Weltmarktpreis bei Lieferung höher liegt als der bei Vertragsabschluß festgelegte.

Der Schritt in die Supermärkte wurde durch das Gütesiegel Transfair erreicht. Darin liegt die Leistung dieses Siegels. Der faire Handel hat dadurch an Bekanntheitsgrad und Volumen gewonnen. Die Unterschiede zwischen dem klassischen fairen Handel und Transfair rechtfertigen aber die Schlußfolgerung: „Transfair ist gut, aber Weltläden sind besser!"

Kommunales Wirtschaften für das Leben – die lokale Agenda 21

Nicht nur die soziale Ungerechtigkeit der Weltwirtschaft, sondern auch ihre katastrophalen ökologischen Folgen müssen thematisiert und bekämpft werden. Der faire Handel hat dieser Problematik insoweit Rechnung getragen, als ein großer Teil der Lebensmittel mittlerweile aus kontrolliert biologischem Anbau stammt. Dies fördert sowohl die Ökologie im Süden als auch die Gesundheit der KonsumentInnen im Norden. Doch sind angesichts der Dringlichkeit der ökologischen Problematik politische Maßnahmen über den Konsumbereich hinaus unbedingt notwendig, um zum Beispiel zu einer effektiven Senkung des CO_2-Ausstoßes beizutragen. Eine wichtige Initiative in diesem Zusammenhang, die auf BürgerInnenbeteiligung und -aktivierung angelegt ist, ist die Umsetzung der lokalen Agenda 21.

Was ist die lokale Agenda 21?

Die Agenda für eine zukunftsfähige Entwicklung, breiter bekannt als Agenda 21, wurde auf der Konferenz „Umwelt und Entwicklung" der Vereinten Nationen im Jahr 1992 in Rio de Janeiro verabschiedet. Die Agenda 21 behandelt in Form eines Aktionsplans in gut vierzig Kapiteln folgende große Themenbereiche:

- Sozial- und Wirtschaftsfragen;
- Erhaltung und Bewirtschaftung der Ressourcen für die Entwicklung;
- Stärkung der Rolle wichtiger Gruppen;
- Möglichkeiten der Umsetzung.

Im Kapitel 28 geht die Agenda unter dem Abschnitt „Stärkung der Rolle wichtiger Gruppen" besonders auf Rolle und Funktion der Lokalbehörden ein. Sie formuliert als Ziel, daß bis Ende 1996 alle Lokalbehörden eine lokale Agenda 21 ausgearbeitet haben sollen, die eine ökologische Bestandsaufnahme leisten und Perspektiven der Neuorientierung bieten soll. Dieser kommunale Beitrag zur Umsetzung der Ziele des Erdgipfels lebt von der Mitwirkung der Bürger und Bürgerinnen: „Die Vertreter der Lokalbehörden sollten mit Bürgern und Gemeinschaften, Handels- und Industriebetrieben Kontakt aufnehmen, um Informationen zu sammeln und einen Konsens über nachhaltige Entwicklung zu erzielen. Ein solcher Konsens würde ihnen erlauben, die lokalen Programme, Politiken, Gesetze und Verordnungen so anzupassen, daß die Ziele der Agenda 21 erreicht werden können."

Das Jahr 1996 ist nun zwar schon eine Weile vorbei. Der Prozeß ist allerdings noch längst nicht beendet. Lokalen Behörden ist der Begriff „Agenda 21" noch viel zu häufig ein Fremdwort. Erst durch den Anstoß von Bürgerinitiativen und runden Tischen ist in so manchen Städten und Gemeinden der Agenda-Prozeß in die Gänge gekommen. Da aber die zu erreichenden ökologischen Ziele weiter entfernt zu sein scheinen als je zuvor, muß der Druck von unten verstärkt werden, um überhaupt etwas zu bewegen. Die Agenda 21 ist also auch nach dem Jahr 1996 kein Fall für das Regal, sondern harrt weiterhin der Umsetzung vor Ort.

Arbeitshilfen zu und Berichte über lokale Agenda-21-Prozesse sind mittlerweile entstanden. 200 der insgesamt 17 000 deutschen Kommunen beteiligen sich an dem Agenda-Prozeß (Stand: Mitte 1997; Vergleich: In den Niederlanden beteiligen sich 70 Prozent aller Kommunen!).

len einen höheren Preis für Kaffee, da sie davon überzeugt sind, daß den Bauern zumindest ein bescheidenes Auskommen ermöglicht werden soll. Joruma Rutahwire kann nun das Schulgeld für seine Kinder bezahlen, und seine Familie kann sich Kleider und andere Haushaltsartikel leisten. Diese Exporte ermöglichen es den Kooperativen, ihre Stellung zu festigen, indem Weiterbildungskurse für Mitglieder organisiert und einkommensfördernde Aktivitäten gesetzt werden. Das ist vor allem für Frauen von besonderer Bedeutung, da sie so eine Möglichkeit erhalten, ihr eigenes Einkommen zu verdienen. Da Fair Trade Organisationen einen Teil der Ernte im voraus bezahlen, wird das Kreditproblem der Bauern wesentlich entschärft. Ihre Abhängigkeit von Zwischenhändlern verringert sich. Darüber hinaus erhält die Kooperative die Garantie, daß die Fair Trade Organisationen den Kaffee auch im folgenden Jahr wieder abnehmen. Fair Trade Organisationen bauen eine langfristige Handelsbeziehung mit den Produzentenpartnern auf. Gemeinsam können sie sowohl die Produktion als auch die Qualität des Kaffees verbessern."

(European Fair Trade Association 1995, S. 17)

Fragenkatalog

Die zentralen Handlungsfelder, die im Rahmen der Agenda 21 behandelt werden müssen, betreffen die Bereiche Energie, Verkehr, Nord-Süd-Politik, Landwirtschaft, Bürgerbeteiligung. Wie diese Handlungsfelder konkret in der Kommune aussehen, kann anhand folgenden Fragenkatalogs erarbeitet werden:

Energie

Welche Energiesparmaßnahmen wurden getroffen?

Werden die erneuerbaren Energieträger gefördert?

Ist eine Steigerung der Energieeffizienz geplant?

Wird der energiesparende Wohnungsbau gefördert?

Wird eine CO_2-Bilanz erstellt?

Verkehr

Wurden neue Verkehrskonzepte erstellt?

Maßnahmen zur Verkehrsvermeidung?

Maßnahmen zu einer effektiven Verkehrsumleitung?

Wird die Nutzung von öffentlichen Verkehrsmitteln gefördert?

Nord-Süd-Politik

Wurden neue Leitlinien für die Entwicklungspolitik erstellt?

Mit welchen Entwicklungsländern bestehen Partnerschaften?

Werden die Dritte-Welt-Initiativen in ihrer Arbeit unterstützt?

Landwirtschaft

Gibt es Anreize für den ökologischen Landbau?

Wurden Maßnahmen zur Landschaftserhaltung getroffen?

Wird die Vermarktung von Produkten aus der Region gefördert?

Bürgerbeteiligung

Gibt es Gespräche mit Bürgerinitiativen?

Werden die Bürger über die Gefahren durch den Treibhauseffekt aufgeklärt?

Wie werden die in der Region tätigen Unternehmen in die Diskussion mit einbezogen?

(nach: SÜDWIND Materialien 5, 1997)

Tips **Musterbrief**
Gibt es in Ihrer Kommune bereits eine Initiative zur Umsetzung der lokalen Agenda 21? Wenn nicht, dann fragen Sie doch bei Ihrer kommunalen Verwaltung oder dem Gemeinderat nach dem aktuellen Stand und regen einen solchen Prozeß an (siehe Musterbrief).

An die Stadtverwaltung
An den Gemeinderat

Lokale Agenda 21

Sehr geehrte/r Frau / Herr Bürgermeister/in,
zahlreiche Städte und Gemeinden arbeiten aktiv an der Umsetzung einer „lokalen Agenda 21". Viele von ihnen sind in einen breiteren öffentlichen Diskussionsprozeß mit den Bürgern und Bürgerinnen eingetreten. Weiterhin ist mir bekannt, daß sich die Bundesregierung bei der „Konferenz für Umwelt und Entwicklung" 1992 in Rio de Janeiro verpflichtete, Maßnahmen für eine Umsetzung der Agenda 21 auf kommunaler Ebene zu treffen. Der Deutsche Bundestag und die Ministerpräsidenten der Länder haben sich noch einmal ausdrücklich zu dieser Aufgabe bekannt.
Nun trete ich an Sie heran in der Hoffnung auf eine zufriedenstellende Antwort auf folgende Fragen:
Ist Ihnen das Kapitel 28 der Agenda 21 bekannt?
Haben Sie schon ein kommunales Umweltschutzprogramm für eine Verminderung des CO_2-Ausstoßes formuliert?
Haben Sie eine kommunale Klimaschutzbilanz erstellt?
Welche Energiesparmaßnahmen hat die Kommunalverwaltung bislang getroffen?
Werden von der Kommunalverwaltung erneuerbare Energien gefördert?
Wird der energiesparende Gebäudebau gefördert?
Hat die Kommune ein Entwicklungsszenario „ökologischer Stadtverkehr"?
Haben Sie sich vorgenommen, Tempo 30 überall in der Stadt einzuführen?
Welche Projekte der Entwicklungszusammenarbeit werden von der Kommunalverwaltung gefördert?
Wie wird die entwicklungspolitische Bildungs- und Öffentlichkeitsarbeit gefördert?

Da meine Sorge um unsere Zukunft groß ist, bitte ich Sie nicht nur um eine Antwort auf meine Fragen, sondern auch um Hinweise über Beteiligungsmöglichkeiten bei der Umsetzung einer lokalen Agenda 21 in unserer Gemeinde.

Mit freundlichen Grüßen und bestem Dank für Ihre Mühe

Freizeit –
behutsamer, sozialer, näher

Ein Begriff, viele Wirklichkeiten

Im Mittelalter hatte das Wort Frey-Zeyt seine Bedeutung im Sinne von Markt-friedenszeit. In dieser Zeit war es den Bürgern möglich, sich unbehelligt und frei auf dem Markt zu bewegen; der Markt war im Mittelalter der natürlich ge-wachsene Kommunikationsort in den Städten. Der Alltag der Menschen war damals sehr stark geprägt von dem Wechselspiel zwischen Tag und Nacht. Das Tagewerk begann mit dem Sonnenaufgang, Feierabend hatte man mit der Däm-merung. Die freie Zeit war nicht so deutlich von der Arbeitszeit getrennt; wer Urlaub nahm, ging weg von der Arbeit, ließ also seinen Arbeitsplatz hinter sich.

Freizeit, mehr als nur freie Zeit
Freizeit bedeutet nicht nur freie Zeit von Arbeit und Verpflichtungen, sondern auch freie Zeit für mögliche Aktivitäten. Freizeit manifestiert sich in vielen un-terschiedlichen Bezügen. Als feste Größen des Freizeitverhaltens sind einzube-ziehen: gesellschaftliche Bedingungen wie Normen, Werte, Lebensstile, Wohn-verhältnisse wie Qualität und Umfeld des Wohnbereiches, die Arbeitssituation wie Arbeitsplatzbedingungen, Anforderungen, Qualität und Zeiten der Arbeit. Einen allgemeinen Trend zur Steigerung des Wohlstandes, zu Verstädterung und Motorisierung einzelner Familien und Personen, also der Individualisierung der Gesellschaft schlechthin, dokumentieren wesentliche Rahmenbedingungen des Freizeitverhaltens. Bezeichnete man früher eine Freizeitsituation als die frei ver-fügbare Zeit und die Erreichbarkeit von unterschiedlichen Freizeiteinrichtun-gen, so stellt sich heute die Situation erheblich differenzierter dar.
Neben den bereits angesprochenen Komponenten sind vor allem die soziale Kommunikation, der Erholungswert und die gesundheitlichen Aspekte Gestaltungsmerkmale für Freizeitverhalten. Individueller Streß aufgrund ein-zelner oder mehrerer der beschriebenen Voraussetzungen führt zu tatsächli-chen oder eingebildeten Bedürfnissen, die eigene Situation in der Freizeit zu verändern.
Neben den bereits genannten individuellen Wertvorstellungen und sozialen Kontakten zählen Einkommen, Schulbildung und Alter zu den prägenden Fak-toren. Gesetzliche neue Errungenschaften schaffen weitere Rahmenbedingun-gen wie einen längeren Feierabend, ein längeres Wochenende oder einen länge-ren Urlaub, der seit 1951 von neun auf dreißig Tage gewachsen ist.

Frei-

Durchatmen
Luft tanken
Gelassenheit
Innehalten
Bewegung
Lachen
Weinen
Schweigen

Zeit

Zeit vergeuden
Zeit sparen
Zeit gewinnen
Zeit verlieren
Zeit totschlagen
Zeit stehlen
Zeit nutzen
auf Zeit spielen
Zeit lassen

Zeit verrinnt
Zeit steht still
Zeit verstreicht
Zeit rast dahin
Zeit heilt Wunden
Zeit gebiert, nagt, läuft ab,
kommt, geht, zieht sich hin, dehnt sich aus,
verfliegt

Zeit ist Geld
Man muß mit der Zeit gehen
Nutze die Zeit
Kommt Zeit, kommt Rat
Zeit ist Gold wert
Spare in der Zeit, dann hast du in der Not
Alles zu seiner Zeit
(Hax-Schoppenhorst)

Freizeittypen

Freizeitverhalten manifestiert sich vom einfachen Faulenzen bis hin zu vielfältigen unterschiedlichen Aktivitäten. In der Wissenschaft werden vier Typen unterschieden.
Dies sind:
* der klassische Kulturtyp,
* der Familientyp,
* der Passiv-Typ sowie
* der Sportaktivist.

Bei dieser Typisierung wird bereits deutlich, inwieweit die unterschiedlichen Menschen, die natürlich auch mehreren Typen zugeordnet werden können, auf verschiedene Räumlichkeiten angewiesen sind. Besonders die kulturell Interessierten und vor allem auch die Sportaktivisten sind viel unterwegs; mit den daraus resultierenden Nachteilen für die Umwelt.
(Hoffmann 1996, S. 16–17)

Fallbeispiel

Eintagsfliege im All

Vor ungefähr zwölf Milliarden Jahren ist die Welt im sogenannten „Urknall" entstanden – eine unvorstellbare Zeitspanne. Nehmen wir die zwölf Milliarden Jahre als ein einziges Jahr – jeder Monat eine Milliarde Jahre.
In einem winzigen Bruchteil der ersten Sekunde des 1. Januar entsteht dann die Materie – Elementarteilchen und die einfachsten Atomkerne, Wasserstoff und Helium. Die Materie beginnt unter ihrer eigenen Schwerkraft Klumpen zu bilden, und so entstehen noch vor Ende Januar die Galaxien und in ihnen die ersten Sterne. Mitte August bildet sich unser Sonnensystem einschließlich des Planeten Erde. Die ältesten Gesteinsschichten und die ersten einzelnen Lebewesen entstehen Mitte September. Anfang Oktober finden wir Algen, und im Laufe von nur zwei Monaten entsteht nun zunächst in den Gewässern eine riesige Artenvielfalt von Pflanzen und Tieren. Die ersten Wirbeltierfossilien stammen vom 16. Dezember. Am 19. erobern die Pflanzen die Kontinente. Am 20. Dezember sind die Landmassen mit Wald bedeckt, und das Leben schafft sich selbst eine sauerstoffreiche Atmosphäre. Am 22. und 23. Dezember, während sich unsere Steinkohlelager bilden, entstehen aus Lungenfischen amphibische Vierfüßler und erobern feuchtes Land. Aus ihnen entwickeln sich am 24. Dezember die Reptilien, die auch das trockene Land besiedeln. Am 25. Dezember entwickeln sich Warmblüter. Spätabends erscheinen die ersten Säugetiere, aber für die nächsten zwei Tage führen sie noch ein Kümmerdasein neben den Sauriern. Am 27. Dezember entwickeln sich aus den Reptilien auch die Vögel, am 28. und 29. übernehmen sie gemeinsam mit den Säugetieren die Macht von den aussterbenden Drachen.
Erst in der Nacht zum 31. Dezember entspringt der Menschenzweig dem Affen, der zu den heutigen Menschenaffen führt. Nun bleibt uns ein Tag, um uns selbst zu entwickeln. Mit etwa 20 Generationen pro Sekunde scheint dies nicht schwierig. Aber unser Werdegang ist dürftig dokumentiert. Erst von etwa 22.00 Uhr am Silvesterabend stammen die Skelettreste der Olduvai-Schlucht in Ostafrika. Fünf Minuten vor zwölf leben die Neandertaler; ihre Gehirne sind schon den unsrigen vergleichbar. Seit 15 Sekunden wird die Geschichte Chinas und Ägyptens überliefert, fünf Sekunden vor zwölf wird Jesus Christus geboren. Eine Sekunde vor zwölf beginnen die Christen gerade mit der Ausrottung der amerikanischen Kulturen.
Oh – da ist schon der Gong – hier sind wir im neuen Jahr! Was wird es bringen? Noch bevor in der Glocke, die das neue Jahr einläuten soll, der Klöppel die Wand trifft und den ersten Ton erzeugt, werden wir alles Öl verpufft haben, das uns die Sonne während der letzten Wochen speichern half. Zugleich überschütten wir die Biosphäre mit Millionen von Tonnen chemischer Dünger, Herbiziden, Pestiziden, Fungiziden (...).
(P. Kafka in: „Natur" 6/81, Seite 82)

Freizeitgewohnheiten gestern und heute

Horst W. Opaschowski, einer der bekanntesten Freizeitforscher unserer Tage, hat sich sehr ausführlich mit der Entwicklung des Freizeitverhaltens seit Ende des Zweiten Weltkriegs beschäftigt. Seine Beobachtungen sind höchst aufschlußreich. Gegen Ende der fünfziger Jahre ging die Geburtenrate in der Bundesrepublik einem Höhepunkt entgegen; somit war die Familie aus erklärlichen Gründen der Freizeitraum schlechthin. So gehörten die regelmäßigen Besuche in der Verwandtschaft zu den bedeutendsten Freizeitaktivitäten. Da die Sechs-Tage-Woche körperliche und geistige Reserven in noch höherem Maße beanspruchte als heute, war es nur verständlich, daß eher beschauliche Beschäftigungen beliebt waren. 1957 wurde „Aus dem Fenster sehen" nach der Lektüre der Zeitung, der Gartenarbeit, dem Einkaufen, den kleineren Arbeiten am und im Haus, der Beschäftigung mit den Kindern an sechster Stelle der wichtigsten Aktivitäten in der Freizeit genannt.

Das Fernsehen verdrängte dann zu Beginn der sechziger Jahre den beruhigenden Blick auf das Geschehen auf der Straße. Die Beschäftigung mit der Familie trat an die Stelle des Spiels mit den Kindern. Die Zahl der Geburten ging zurück. Mit der Fünf-Tage-Woche änderte sich der Erholungsbedarf. Man ruhte sich mehr aus, schlief länger. Soziale Normen spielten eine größere Rolle als vielleicht heute; so war es einfach üblich, Kulturveranstaltungen zu besuchen, ins Theater zu gehen, am (kirchlichen) Gemeindeleben teilzunehmen und etwas für die Allgemeinbildung zu tun.

In der Mitte der siebziger Jahre kündigte sich eine deutliche Veränderung an: Der Medienkonsum (Zeitschriften, Radio und Fernsehen) wurde zur dominanten Größe! Selbst das Verlangen, überhaupt nichts zu tun, wurde auf die weiteren Plätze verdrängt.

In den achtziger Jahren kam zu der intensiven Nutzung der Medien das Telefonieren hinzu; von 100 Befragten nannten 1986 immerhin 44 Personen das Telefonieren als erstrangige Freizeitbeschäftigung. Das Telefon wurde zur „Kontaktbrücke nach außen" und zum „Instrument der Langeweileverhinderung" (Opaschowski).

Was in den Jahren 1950 bis 1980 noch die Schallplatten waren, das sind heute CD und MC geworden. Die elektronischen Freizeitmedien sind unbeirrbar auf dem Siegeszug. Andererseits sind die neunziger Jahre in einer solchen Weise von Hektik und Konsumstreß geprägt, daß auch wieder Bücher sowie die Sehnsucht nach Ruhe und Nichtstun an Bedeutung gewinnen.

Sehnsüchte und innere Leere

Freizeit erzeugt eine Fülle von Wunschvorstellungen, die mehr von traumhaft-schönen Sehnsüchten als von der Realität des grauen Alltags verraten. Freizeit regt die Phantasie an. Die freien Assoziationen erinnern an eine Mischung aus Glücksgefühl und Glorifizierungstendenz (...). Freizeit vermittelt das Gefühl von Zwanglosigkeit, das Erlebnis des Freiseins und die subjektive Gewißheit, das tun zu können, was man in dem jeweiligen Augenblick oder der Situation gerade tun möchte. Freizeit wirkt wie eine Art „Ideales Leben". Sie ist der farbige Kontrast zum grauen Berufsalltag. Gäbe es die Freizeit nicht, müßte sie erfunden werden. (...) Doch unter der dünnen Glitzerschicht blitzt auch psychologisch Hochkonfliktäres auf:

Einfach raus, wenn die Decke
auf den Kopf fällt
Nach Feierabend sitze ich
in meinen vier Wänden,
genieße zunächst die Ruhe,
dann werde ich unruhig ...

Gedanken kreisen

Was wird? Wie lange noch?
Soll es das gewesen sein?
Jahrelanger Trott – vertrauter Weggefährte
oder übermächtiger Schatten?

Gedanken wühlen auf

Was ist in Zukunft?
Wer macht die Zukunft?
Welchen Beitrag kann ich, will ich leisten?
Wird man mich überhaupt fragen?
Dreh' dich, kleines Rädchen im großen
Getriebe –
und das möglichst schnell!
Frag nicht soviel!

Gedanken hämmern

Leere und zuckende Blitze im Kopf
wechseln sich ab,
und dann hält mich nichts mehr:

raus, einfach raus!
Der Lärm auf den Straßen,
die Bonbonfarben der Leuchtreklamen,
die Hektik der Menge
geben mir Anonymität, die ich
jetzt brauche, damit mein
schmerzverzerrtes Gesicht nicht auffällt.

Das Bad im Einerlei
fesselt mich so,
daß die Gedanken von mir lassen ...
(Hax-Schoppenhorst)

> • Freizeit erscheint als Sinnvakuum
>   Das Bild vom „Faß ohne Boden" taucht auf, „Leere und Langeweile"
>   schwingen mit.
> • Freizeit wird zur Pflichtaufgabe
>   Freizeit wird auch als Aufgabe erlebt, „die bewältigt werden muß",
>   als freie Zeit, „aus der man was Sinnvolles machen muß".
> (Opaschowski 1996, S. 24–25)

Chancen und Risiken von Freizeit

In der gegenwärtigen Diskussion über den Stellenwert von Freizeit sind vier Kategorien mit Blick auf die sozialen und auch ökologischen Risiken von Bedeutung:

a) Freizeitwert Freisein
„Ich will mich wie ein freier Mensch fühlen!"

b) Freizeitwert Mobilität
„Ich will zu jeder Zeit schnell und bequem an einem von mir gewählten Ort meinen Interessen nachgehen können."

c) Freizeitwert Konsum
„Ich will auf angenehme und schöne Dinge nicht verzichten; sie sollen mir den Alltag versüßen."

d) Freizeitwert Lebensfreude
„Ich will Freude am Leben und mehr Zeit haben."

> **Individualisierung um jeden Preis**
>
> Die Neigung wächst, die Freizeit ohne Einschränkung zu genießen. Die Bereitschaft sinkt, soziale Verantwortung zu übernehmen. Die Menschen machen sich zunehmend von gegenseitiger Hilfeleistung unabhängig. (...) Der „Freizeitmensch" negiert immer mehr den Sozialcharakter von Pflichten. Soziale Verpflichtungen werden einfach „weg-individualisiert": Es gibt nur mehr die Pflicht gegenüber sich selbst – alles andere gilt als Rücksichtnahme im Sinne von lästiger Pflicht, der man sich möglichst schnell entledigen will. Mitmenschlicher Kontakt wird immer mehr gesucht und immer weniger gefunden. (...) Wer angesichts dieser Probleme und Perspektiven die Freizeit weiterhin zur ausschließlichen Privatsache erklärt, (...), plant mit Sicherheit an der Zukunft vorbei.
> (Opaschowski 1996, S. 17)

Sorgen um die Zukunft

1994 wurden im Rahmen einer Repräsentativerhebung 3000 Personen zu ihren Ängsten befragt. Bemerkenswert an den Ergebnissen ist der Umstand, daß viele Faktoren, die in der heutigen Freizeitgestaltung von Bedeutung sind, gleichzeitig Sorgen und Ängste auslösen. Obwohl die Liebe zum Automobil ungebrochen ist, befürchten zum Beispiel über 80 Prozent der Befragten einen dramatischen Anstieg der Umweltbelastung durch den Individualverkehr. Eine Verschuldung durch immer teurere Angebote und einen regelrechten Konsumrausch sehen über 70 Prozent als wahrscheinlich an. Die Angst vor Passivität, Oberflächlichkeit, seelischen Erkrankungen (Psychosen und Neurosen), Vandalismus und Kriminalität beschäftigt ungefähr jede zweite befragte Person, und die Befürchtung, in Isolation und Einsamkeit zu geraten, ist ähnlich groß. Man kann also mit Fug und Recht von einem Zukunftsrisiko Freizeit sprechen.

Zukunftshoffnung wird zur Zukunftsangst

„Hauptsache, mir geht es gut." Diese Einstellung hat natürlich auch ein Nachlassen des Verantwortungsgefühls zur Folge, was die „Jetzt-Generation" am Ende selber zu spüren bekommt. Denn das Gefühl der Isolierung wird von der Angst vor Langeweile begleitet. Und Unwohlsein stellt sich öfters ein, weil niemand mehr da ist, der die eigenen Sorgen teilt oder auf den in der Not Verlaß ist. So kann die wachsende Unverbindlichkeit das Ausleben von Aggressionen fördern. (…)

Was passiert, wenn nichts passiert – wenn wir die Entwicklung so weiterlaufen lassen, wie sie läuft, wenn wir die Richtung nicht ändern oder gegensteuern? Aus der subjektiven Einschätzung und Sichtweise der Bevölkerung scheint die Frage schon weitgehend beantwortet zu sein: Das Unbehagen am Immer-Mehr des Konsums nimmt bedrohliche Ausmaße an. Zukunftshoffnungen verwandeln sich in Zukunftsängste. Und die Unzufriedenheit wird um so größer, je besser es den Menschen geht. (Opaschowski 1996, S. 118–119)

Fallbeispiel

Der banjar – Arbeit und freie Zeit auf Bali

Das Dorf Tampaksiring liegt an den grünen Abhängen der Gebirgskette, die Bali wie ein Rückgrat durchzieht. Die großen Anwesen verbergen sich hinter langen ockerfarbenen Lehmmauern, über die die zahlreichen Familientempel für Götter und Ahnen mit ihren zinnenbewehrten Schreinen hinausragen. Ein Mann (…) schlendert die ordentlich hergerichtete Hauptstraße entlang, erklimmt den hohen Säulenpodest am Dorfeingang, ergreift einen Stock und schlägt ihn rhythmisch an die Warnglocke des Dorfes, den kulkul, der aus einem ausgehöhlten alten Baumstamm besteht. Dieses Signal gibt bekannt, daß der balinesische Monat mit seinen 35 Tagen zu Ende gegangen ist und es Zeit für das Zusammentreten des banjar, der Gemeindevertretung, ist. (…) Der banjar als Brennpunkt eines komplexen Netzwerks gegenseitiger Hilfe und gemeinschaftlicher Selbsthilfe kann als Symbol authentischer eingeborener Wurzeln gelten, zu denen die Entwicklungsstrategien nun nach dem Trauma des Kolonialismus und nach den Fehlern der platten Nachahmung westlicher Modelle zurückkehren.

Der gesamte bebaute und unbebaute Grund gehört dem banjar und wird durch ihn zugeteilt, er übernimmt auch die Einteilung der Dorfbewohner zur Erledigung unbezahlter Gemeinschaftsarbeit wie die Vorbereitung von Zeremonien, die Reinigung der Straße oder die Reparatur der drei Haupttempel des Dorfes. Er nimmt auch gerichtliche Aufgaben wahr, beglaubigt Ehe- und Scheidungsdokumente und fällt Entscheidungen in Grundbesitz- und Erbschaftsfragen. Er ist ein bemerkenswert demokratisches Organ. (…) Über die formalen Vereinigungen des banjar (…) hinaus ist jede einzelne Familie Bestandteil eines Netzes informeller wechselseitiger Hilfe. Jeder wird seinem Nachbarn beim Hausbau, bei der Reparatur einer Mauer, beim Pflanzen der Reissetzlinge oder Pflügen des Landes helfen, und er wird dafür nicht mehr erwarten als einen Imbiß und die selbstverständliche Versicherung, daß der andere, falls erforderlich, die gleiche Unterstützung leisten wird. Ich traf eine Gruppe von zwanzig Männern, die mit entblößtem Oberkörper dabei waren, für einen von ihnen eine Baugrube für sein Haus und den Boden einzuebnen. Sie arbeiteten dabei weit kräftiger, freundlicher und wirksamer, als ich es bei bezahlten Bauarbeitern jemals zu sehen bekam. Auf diese Weise sieht sich jeder im Dorf und im Tal, in der Familie, im wirtschaftlichen und gesellschaftlichen Leben unterstützt und eingebettet in eine Gemeinschaft, deren Reichtum und Strenge alle Erfahrungen des Westens übertrifft. (Harrison 1984, S. 14–17)

Freizeithit Fernsehen – Segen oder Fluch?

Das Fernsehen gehört mittlerweile zur Standardausrüstung jeder guten Wohnstube, in einigen Haushalten sind sogar Schlaf- und Kinderzimmer mit weiteren Geräten ausgestattet, damit im Bedarfsfall jedes Familienmitglied die Lieblingssendung X oder Y verfolgen kann. Für Millionen beginnt der Tag mit einer Tasse Kaffee und dem Frühstücksfernsehen, in vielen Familien ist das Fernsehen treuer Begleiter durch den Alltag – es läuft pausenlos und dient

Der alltägliche Tod
Leben und Sterben in L.A.
C.A.T. Squad – Die Elite schlägt zurück
Tödliche Wende
Stirb niemals allein
Rache für Jesse James
In den dunklen Fluten des Mekong
Time Bomb – Die Bombe tickt
Flammendes Inferno
Die Flut bricht los
Solarfighters
Kickboxer USA – Die Nacht des Fighters
Sturm auf die eiserne Küste
Dragon Hunt
Keiner stirbt so schlecht wie ich
(Auswahl aus dem Spielfilmangebot vom 11.10.1997)

Kurzsichtigkeit

Manchmal frage ich mich,
ob ich nicht die Welt aus dem Auge verloren
habe…
Millionen von Bildern ziehen vorbei,
die Grenzen verschwimmen

Highlander, Jesse James, Angola, Korea, Tat-
ort,
Schwarzenegger, Willis, Clinton, Kohl, John
Wayne

Hunger, Tod, Elend,
Arbeitslosigkeit, Massenflucht,
Gewalt

Ich krieche fast in den
Fernseher hinein,
um klarer zu sehen, zu verstehen,
aber meine Augen sind zu langsam, zu müde
für das schnelle Sterben.
(Hax-Schoppenhorst)

so als „Hintergrundmusik". Das Fernsehen schafft Ablenkung, vermittelt Information, läßt lachen und weinen, baut Spannungen auf und ab, gibt Anlaß zu Träumen und Fluchten. Das Angebot ist kaum noch zu überschauen; der Kampf um Einschaltquoten treibt groteske Blüten. Katastrophen- und Actionfilme haben Hochkonjunktur. Auch in Zukunft werden sich die Experten darüber streiten, ob das Fernsehen Gewaltbereitschaft schürt bzw. versteckten Aggressionen zum tragischen Durchbruch verhilft.

Magisches Spiel
Unter den Möbeln eines Wohnraums steht eine Kiste. Sie hat ein fensterähnliches Glas und verschiedene Knöpfe. Werden die Knöpfe zweckmäßig behandelt, entströmen der Kiste kino-ähnliche Bilder und Töne. Die Knopfbehandlung ist einfach, aber die Gründe, warum sie zum Funktionieren der Kiste führt, sind nicht leicht ersichtlich. Ein solches System ist strukturell komplex und funktionell einfach. Nach der Spieltheorie ist „Funktion" die Summe der Regeln, die die möglichen „Strategien" dem System gegenüber ordnen, und „Struktur" die Summe der Regeln, nach denen sich die Elemente des Systems ordnen. Bei strukturell komplexen und funktionell einfachen Spielen, wie zum Beispiel auch dem Auto, besteht die Gefahr, daß der „Spieler" zum Spielball des Spiels wird, weil er zwar ihm geheimnisvolle Kräfte zu meistern scheint, aber von diesen Kräften, eben weil sie für ihn geheimnisvoll bleiben, verschluckt werden kann. Es sind „magische" Spiele.
(Flusser 1997, S. 106)

Fernsehen total
Also: Sagen wir endlich ja zum Fernsehen total, statt kulturkritisch an ihm herumzumäkeln! Das Leben wird eine Wonne sein. Reisen werden wir ohne Gedränge, Taschendiebe, Durchfall und Blutegel. Den Morgenkaffee werden wir uns mit dem Zuckerhut versüßen, mittags durch orientalische Basare schlendern und uns nach dem Abendessen wie die Adler in den Grand Canyon stürzen.
Wir werden das „Fühlkino" haben, von dem Aldous Huxley 1932 nur träumen konnte: Verlassene werden sich streicheln lassen, Einsame sich Gesellschaft holen, Sprachlose miteinander diskutieren, Beleidiger und Beleidigte sich die Hände reichen, Liebespaare Fürstenhochzeit feiern und Rollstuhlfahrer mit Drachen über Gletscher segeln. Und die Natur wird aufatmen, und die Erde wird blühen. (…) Ob das alles ernst gemeint ist? Todernst, natürlich.
(W. Schneider/C. Fasel in: Spiegel special – TV Total, Nr. 8/1995, S. 33)

Nachbar Schröder

Unser Nachbar ist ein bedeutender Mann, ein hohes Tier in der Industrie. „Die Unterhaltungs-
branche boomt, weltweit", sagt er immer lachend, und dann ist er auch schon weiter. Immer
unterwegs – zum Segen der expandierenden Wirtschaft. Kürzlich war er in Brasilien, geschäft-
lich. Dort gibt es im Süden eine große Fabrik, die Fernseher und andere Artikel für den brasilia-
nischen Markt baut. Die Geschäftsführung dort hat natürlich einen Trip durch die Umgebung
organisiert. Alles auf Geschäftskosten! Herr Schröder bekam eine Menge zu sehen. Die vielen

Slums sind auch seinen hektischen Blicken nicht entgangen. „Gräßlich!" sagt er dazu nur und winkt ab. Wenn wir mal ganz zögerlich fragen, ob es nicht besser wäre, der hungernden Mehrheit Nahrung statt Fernseher, Funktelefone und so weiter anzubieten, dann wird Herr Schröder immer ganz wild: „Wenn wir nicht expandieren, können die Deutschen einpacken! Wir brauchen Märkte, und im übrigen hat etwas Ablenkung noch nie geschadet; die tut den Habenichtsen ganz gut!" Ein schreckliches Wort! Habenichtse! Aber soviel, daß sie sich einen Fernseher kaufen können, sollen sie schon haben ...

Die Wirklichkeit des Südens im Spiegel des TV

Die Dritte Welt erscheint speziell in tagesaktuellen Nachrichten geprägt von kriegerischen Ereignissen, Unglücken, Flüchtlingselend, Erdbeben, Überschwemmungen und Hungersnöten. Hier bietet sich ein schier unerschöpfliches Reservoir an „Neuigkeiten" an, die stets in das gleiche Bild gepreßt werden. Diese Einseitigkeit und die Dominanz an Negativanlässen hat schon auf zahlreichen internationalen Medienkongressen zu heftiger Kritik geführt, geändert hat sich bislang eher wenig. Diese Negativanlässe bilden den Hintergrund für ein ständiges politisches Namenskarussell von Staatsmännern, die die „Unordnung" und Probleme auf dem Globus zu korrigieren versuchen. Den größten Nachrichtenwert haben also immer noch Ereignisse, die uns unmittelbar in unseren Interessen betreffen. Eine eigenständige, auch an normalen bzw. positiven Anlässen orientierte Dritte-Welt-Berichterstattung findet sich im aktuellen Nachrichtensektor praktisch nicht. Stellt sich die Frage, wie wir verläßliches Brücken bauen sollen, wenn immer noch ein weitestgehend verzerrtes Bild vom „Rest der Welt" Platz in unseren Köpfen hat.

Ausgeprägtes Schubladendenken

Sendeplätze für Süd-Themen sind rar. Dokumentationen sind schwer zu verkaufen. Die sind beim Publikum nicht so beliebt wie eine Gameshow. Die Dritten Programme bemühen sich um den Erhalt der Plätze für solche Sendungen, mit gutem Erfolg. Wenn man sich die Quoten anschaut, dann weiß man, wer ausweicht. Aber besonders populär ist das nicht, wenn man eine Reihe über Süd-Themen macht. Da sagt jeder Fernsehdirektor: oh nein! Und wenn so eine Reihe dann doch mal gemacht wird, dann frage ich Sie, wer guckt denn noch um elf Uhr nachts? (...) Ich glaube, daß die Normalität, die wir für die Akzeptanz von Themen brauchen, auch mit Personen zu tun hat. Solange wir Menschen anderer kultureller Herkunft in exotischen Positionen lassen, werden wir immer nur die Unterschiede herausstellen und nie das Gemeinsame. (...) Notwendig ist, Menschen anderer Herkunft möglichst oft und als nichts Besonderes wahrzunehmen. (...) Vielleicht haben wir in Deutschland ein zu ausgeprägtes Schubladendenken. Wir möchten auf keinen Fall auf unseren türkischen Gemüsehändler verzichten und wir möchten gerne das Chinarestaurant um die Ecke haben. Aber wenn die Chinesin auf dem Bildschirm erscheint und dem Zuschauer die „deutschen" Nachrichten verkauft, dann paßt das nicht in die Schublade. (...) Wir sind einfach nicht selbstverständlich genug mit den EinwanderInnen umgegangen.
(S. Christiansen, ehemalige Moderatorin der „Tagesthemen", in: Röben 1996, S. 26–27)

Fallbeispiel

Verdacht auf Maden

Es ist allerdings daran zu erinnern, daß der Mensch außer über Verstand, Auge und Ohr noch über eine Nase verfügt und daß dieses hündische Organ den Wichtigtuern aus der Cyber-Abteilung, die unsere industrielle und kommunikative Zukunft restlos auf die Virtual Reality ihrer Computerräume und die dazugehörige Hardware stützen wollen, noch einige Schwierigkeiten bereiten wird.

Wir alle bleiben insofern Schnüffeltiere, als wir unbedingt riechen wollen, was wir sehen, und sofort nervös werden, wenn wir einer „Wirklichkeit" gegenüberstehen, die unseren Nasen nichts meldet. Über Shopping, Partys und Sex per Bildschirm wird die unterforderte Nase – nach der Neugier- und Erprobungsphase – irgendwann das letzte Wort sprechen. (...) So wird auch ein Gesamtfernsehprogramm, das anzuschauen die addierte Lebenszeit einer ganzen Nation nicht ausreichte, das Publikum keineswegs dazu veranlassen, den Sportstadien und Konzerthallen, Kinos und Theatern fernzubleiben, um statt dessen vor dem Schirm der Macht der Bilder zu verfallen. Die „erste" Realität wird immer bewegender bleiben, und es gibt da kein Vertun. (...) Die immer wieder – in den Printmedien – aufgestellte Behauptung, ein fernsehsüchtiger Mensch wüßte am Ende nicht mehr zwischen Programm und Realität zu unterscheiden, ist dummes Zeug. Gerade weil das Fernsehbild nicht die Wirklichkeit ist, macht es so viel Spaß, es zu verfolgen. (...) Die Macht der Bilder hat ihre Grenze nicht nur an der Zeitmenge, die dem einzelnen zum Glotzen zur Verfügung steht, sondern auch an der Augenlust, die wie alles Begehren nach dem Marginalprinzip funktioniert: Irgendwann bringt eine zusätzliche Einheit keinen Nutzen, sondern erste Anzeichen des Überdrusses. Also: Nicht schon weil es eine so große Menge von Sendern gibt, gucken die Leute mehr fern. Es ist eher damit zu rechnen, daß das Überangebot Mißtrauen weckt – so wie allzu billige Himbeeren den Verdacht auf Maden nahelegen.
(B. Sichtermann in: Spiegel special – TV Total, Nr. 8/1995, S. 28–30)

Die Werbung als ständiger Begleiter

Wer dem Fernsehen einen hohen Stellenwert in der Gestaltung der Freizeit einräumt, kann es kaum noch umgehen, von Werbung permanent berieselt zu werden. Alle TV-Werbespots, die an einem ganz normalen Tag im deutschen Fernsehen ausgestrahlt werden, haben – hintereinander geschnitten – die Länge von 24 Stunden und 15 Minuten! Im Jahr 1995 wurden bei uns von der Industrie, der Dienstleistungsbranche und dem Handel 53,6 Milliarden Mark für Werbung ausgegeben, 1996 waren es ca. 56 Milliarden. Den größten Anteil dieser stolzen Summen bekommen dabei die Medien als Werbeträger; das übrige Geld geht an Agenturen, Grafikbüros, Fotografen, Models etc.

Die werbestärkste Branche in Deutschland ist die Automobilindustrie, gefolgt von der Medienbranche und dem Handel. Seit der Einführung des privaten Fernsehens ist der Anteil an den Werbeeinnahmen stetig gestiegen. 90 Prozent der Werbefernseheinnahmen von mehr als 6,3 Milliarden Mark (1995) entfallen auf die Privatsender.

In der Werbebranche arbeiten in Deutschland 350 000 Menschen, das entspricht knapp einem Prozent aller 38 Millionen Erwerbstätigen.

Die Gesellschaft für Konsumforschung (GfK) fand durch eine Umfrage heraus, daß mehr als die Hälfte der Bundesbürgerinnen und Bundesbürger an Werbung glaubt. 58,1 Prozent der Befragten halten Annoncen und Werbespots für glaubwürdig; 1994 lag dieser Wert noch bei 56,6 Prozent.

Aus Frust wird Lust

Der Verbraucher verbraucht; er ißt, nutzt ab und verschleißt, was ein Produzent produziert. Damit gibt er ihm einen Grund, etwas Neues zu produzieren.

Wer etwas zu verkaufen hat, aber nichts verkauft, fragt sich, woran es liegt: am Preis, am Angebot, an der Unfreundlichkeit seines Personals, an der Werbung? Die dringendste Frage für ihn: Wie löse ich unter meinen Kunden einen Konsumrausch aus? Große Konsumwünsche können mehrmals im Jahr auftreten: im Sommer- und im Winterschlußverkauf, vor Weihnachten, im Urlaub. Meist sind sie verursacht durch die „unglaublich günstige Gelegenheit", das „unschlagbare Angebot" oder die Not, an Feiertagen auch feierlich einkaufen zu müssen.

Kleine Konsumräusche tragen bei vielen Menschen zur Persönlichkeitsstabilisierung bei: Wie oft können eine neue CD, eine Bluse, ein Paar Schuhe, ein Parfum, etwas Süßes über Frustgefühle hinweghelfen. Solche Konsumräusche können Frust auch in Lustgefühle verwandeln. Der Werbung sei Dank.

(V. Thomas in: PZ Nr. 90, Juni 1997, S. 26)

Die Deutschen: Weltmeister im Reisen

Die wesentlichen Elemente des Tourismus sind, daß der Hauptwohnsitz für eine gewisse Zeit (Stunden, Tage oder auch Monate) verlassen wird und daß zumeist mit Verkehrsmitteln die Strecke zu einem anderen Ort bzw. Gebiet zurückgelegt wird. Der Zweck dieser Fahrt liegt in dem Streben nach Erholung, in dem Bedürfnis, Neues zu erleben und zwischenzeitlich Dinge zu tun, die der

Alltag ansonsten nicht oder nur spärlich zuläßt (Lesen, Wandern, Sport treiben, Kulturstätten aufsuchen, Menschen anderer Nationalität begegnen, ...).

Zur Geschichte des Reisens

Schon im Altertum war es üblich zu reisen. Mit der Olympiade 770 v. Chr. kam es zu einem sportlich motivierten Tourismus. Das kontinentale Straßennetz, von den Römern aus militärischen Gründen angelegt, förderte Handel und Geschäftsreisen sowie den Kurverkehr; die Reichen verließen im Sommer die heißen Städte und suchten in Zweitwohnungen am Meer, im Gebirge oder an den Seen Entspannung und Abwechslung. Zu Umweltschäden kam es nicht, da dieser Form des Tourismus die Massenhaftigkeit fehlte.

Im Mittelalter stand das Reisen nicht sonderlich hoch im Kurs. In eher bescheidenem Umfang wurden Handelsreisen und Wallfahrten unternommen. Daraus wird deutlich, daß Reisen nicht unbedingt zu den angeborenen Bedürfnissen gehört; die Freude an Ortsveränderungen und Naturerleben ist also an eine bestimmte zivilisatorische Entwicklungsstufe gebunden.

Eine Änderung setzte im Laufe des 18. Jahrhunderts ein: Adelige reisten zu den Fürstenhöfen und Kulturzentren, später auch zu den Heilbädern. Das Bürgertum folgte den Gepflogenheiten des Adels. Man entdeckte mit großer Freude die Alpen, die Meeresküste, Italien und andere Regionen.

1841 organisierte Thomas Cook einen Ausflugszug für eine Fahrt von Leicester nach Loughborough – dies war die Geburtsstunde des Massentourismus. Mit der Erweiterung des Eisenbahnnetzes wurde das Reisen für die Mittelklasse und einen Teil der Unterklasse erschwinglich. 1873 gab es für Beamte einen Anspruch auf einige zusammenhängende arbeitsfreie Tage, 1891 wurde die Arbeit an Sonn- und Feiertagen weitestgehend untersagt – den Wunsch nach Reisen bzw. Ortswechsel begünstigende Entscheidungen. Von einer umfangreichen Beeinträchtigung der Natur konnte aber auch zu dieser Zeit noch nicht gesprochen werden, da noch immer eine relative Minderheit reiste und mit der Bahn unterwegs war.

Zur Zeit des Nationalsozialismus gab es einen weiteren Aufschwung: Die „Kraft durch Freude"-Organisation inszenierte ab 1934 einen organisierten Massentourismus; es wurde mit preislich ausgesprochen attraktiven Angeboten geworben.

In der ehemaligen DDR kam es in der Nachkriegszeit zu einer sehr hohen, staatlich organisierten Reiseintensität.

In der Bundesrepublik Deutschland lief der Fremdenverkehr zunächst sehr langsam an, was durch die Kriegsfolgen bedingt war. 1954 reisten 24 Prozent der Bevölkerung, wobei allerdings fast die Hälfte zu Verwandten aufbrach: 56 Prozent benutzten den Zug, nur 19 Prozent fuhren mit dem Pkw – an Flugreisen dachte noch niemand. In der Zeit von 1950 bis 1994 stieg das Reiseaufkommen kontinuierlich an (bis zu 78 Prozent). Heute haben 95,4 Prozent der Bevölkerung ab 14 Jahre bereits einmal in ihrem Leben eine Reise unternommen. Begünstigt wurde dieser Anstieg durch die Entwicklung der Einkommen und der Arbeitszeit. Die Deutschen gehören weltweit zu den Spitzenverdienern. 1993 gab ein Vier-Personen-Haushalt mit mittlerem Einkommen 14 Prozent des verfügbaren Einkommens für Freizeit und Urlaub aus. Eine (noch) intakte Altersversorgung sorgt(e) dafür, daß mehr und mehr alte Menschen Reisen in die nähere Umgebung oder auch in die Ferne wag(t)en. Die Ausbreitung des Pkw trug zu einer Ausdehnung des Reiseverhaltens in beachtlicher Weise bei. Mit der Einführung des Düsenflugverkehrs und dem

Freizeit aktiv

Es ist auffällig, daß besonders in den hochentwickelten Industriegesellschaften der Freizeitsport immer mehr an Bedeutung gewinnt. Als vereinsungebundene Tätigkeit ist er in den letzten Jahren zu einer regelrechten Massenbewegung geworden und hat immer wieder bestimmte Modewellen hervorgebracht: Aerobic, Surfen, Joggen u. a. (...) Neben der körperlichen Regeneration spielen auch Statussymbole und gesellschaftliche Wertschätzung eine große Rolle. Oft handelt es sich bei der Sportkleidung um den Markendreß des persönlichen Sportlervorbildes, und selbst bei nichtsportlichen Menschen ist der Jogginganzug ein Muß; das Outfit des Freeclimbers scheint einen höheren Stellenwert zu haben als das Bergsteigen selbst, verglichen mit den Traditionsalpinisten in Karohemd und Kniebundhose.

(Hoplitschek 1991, S. 13)

Freizeit und Reisen im Sportlook – die Sportschuhbranche

Der Sportschuhmarkt wächst von Jahr zu Jahr. Für Millionen von Männern, Frauen und Jugendlichen ist es ein Muß, mindestens ein Paar im Schrank zu haben. 1995 brachten die Verkäufe der Marktführer Adidas, Nike und Reebok 10,7 Milliarden US-Dollar ein. Das Erfolgskonzept dieser Hersteller lautet: entwerfen, vermarkten und nicht selber produzieren. Produzenten sind meist selbständige Unternehmen in asiatischen Billiglohnländern. Hier sind die Probleme erschreckend: überlange Arbeitszeiten, angeordnete Überstunden, nicht ausreichende Löhne, mangelhafte Sicherheits- und Gesundheitsvorkehrungen, ein geradezu militärischer Führungsstil und keine Möglichkeit, sich gewerkschaftlich zu organisieren. Bei einem handelsüblichen Paar der Firma Nike machen die Arbeitslöhne knappe 3,9 Prozent aus!

Aufschwung der Charterfluggesellschaften um 1965 rückten auch sehr weite Ziele in erreichbare Nähe. 1994 wurden 33,6 Prozent aller Haupturlaubsreisen mit dem Flugzeug unternommen. Im übrigen Mittel-, West- und Nordeuropa entwickelte sich eine vergleichbare Reiseintensität in den letzten Jahrzehnten (Ausnahmen bilden Irland und Belgien). Der internationale Tourismus hat sich in den Jahren 1983 bis 1993 um stolze 75 Prozent gesteigert.

Ohnmacht

„Das größte Problem für die Leute hier sind die überlangen Arbeitstage. Viele fallen in Ohnmacht", so eine Krankenschwester, die SportschuharbeiterInnen betreut. Das Gesetz schreibt wöchentlich 57 Arbeitsstunden und einen freien Tag vor. Im Durchschnitt wird in den Sportschuhfabriken 12 bis 14 Stunden täglich gearbeitet, oft sieben Tage in der Woche. Bei Nority, wo Reebok-Schuhe hergestellt werden, haben die ArbeiterInnen gar nur einen freien Tag pro Monat. Verantwortlich für die unzumutbaren Arbeitsstunden sind die vom Management festgelegten täglichen Produktionsmengen. Diese sind meist viel zu hoch angesetzt und in achtstündiger Arbeit nicht zu schaffen.
(Erklärung von Bern 1997, S. 15 u. 18)

Ökologische Belastungen durch Freizeitaktivitäten im Überblick

Ob nun Aktivitäten im Rahmen eines Urlaubs oder in der Freizeit gewissermaßen vor der eigenen Haustür bzw. in der näheren Umgebung durchgeführt werden – die Natur wird (in sehr unterschiedlichem Grade) beeinträchtigt. Hier eine Zusammenfassung der wichtigsten kritischen Überlegungen:

a) Wandern, Laufen, Lagern, Sammeln
Wegenetze können Biotope zerschneiden oder zerstören; Park- und Grillplätze (Wanderinfrastruktur) führen zu weiteren Belastungen; die Vegetationsdecke wird durch ein Verlassen der Wege oder durch „wildes Parken" beschädigt; Belastung der Böden durch Fäkalien und Abfälle; Waldbrandgefahr; Gefährdung geschützter Pflanzen; Störung der Tierwelt.

b) Radsport
Der einfache Radsport ist weniger umweltbelastend, sieht man einmal von der Oberflächenversiegelung durch Asphaltwege ab; weitaus kritischer ist das Mountainbiking zu sehen, da durch das Verlassen der Wege die Vegetation zerstört wird und die grobstolligen Reifen zu Bodenverdichtungen beitragen.

c) Klettern und Bergsteigen
Beeinträchtigung schützenswerter Bereiche, Belastung der Felsen durch Tritt und das Anbringen von Haken; die ohnehin spärliche Vegetation wird in Mitleidenschaft gezogen; verschiedene Tierarten können gestört werden (Gamswild, Uhus, Wanderfalken).

d) Motorsport
Beim Pkw-Sport (Rallye und Bergrennen) wird die Tier- und Pflanzenwelt durch Massierung von Teilnehmern und Besuchern gestört (Lärm, Abgase); es kommt zu Trittschäden am Rande der Strecken; rund 200 000 Besitzer von Geländemotorrädern sorgen für beachtlichen Lärm, Bodenabtrag, Baumwurzelverletzungen, Zerstörung von schützenswerten Pflanzen und die Tötung von Kleintieren.

e) Flugsport

Drachen- und Gleitschirmflieger belasten die Umwelt durch Anfahren der Startplätze (wildes Campen, Trittschäden); sie stören in besonderer Weise (Start und Landung) die sensible Vogelwelt.

f) Wassersport

Am Steinhuder Meer (Stehgewässer) werden zum Beispiel bis zu 50 000 Besucher gezählt – die Zerstörung großer Teile der Ufervegetation und die Beeinträchtigung der Wasserqualität sind die Folgen; brütende und rastende Vögel werden gestört (vor allem durch badende Ausflügler); Surfer sorgen für Irritationen der empfindlichen Flachwasserregionen.

g) Rudern und Kanusport

Die Gefahr der Zerstörung von Laichbetten und Wasserpflanzen ist groß; durch das Aufwirbeln von Schlamm kann es zu verringertem Lichteinfall und zum Ersticken von Kleinlebewesen führen; Tretboote mähen junge Schilftriebe nieder.

h) Tauchen

Durch Paddelbewegungen und durch die Verwendung von Preßluft können unter Umständen Tiere getötet und Pflanzen zerstört werden; das Aufwirbeln von Sedimenten stört das ökologische Gleichgewicht; Vögel und Fische werden gestört.

i) Angeln

Die Anwesenheit von Anglern kann zu Trittschäden im Uferbereich führen; brütende Vögel werden gestört; durch das Einsetzen fremder Arten werden das Nahrungsgefüge gestört und eventuell neue Krankheiten eingeschleppt.

j) Skilanglauf

Eine falsche Wegewahl kann sensible Biotope wie Moore und Heideflächen schädigen.

Fallbeispiel

Ferienwohnungen und touristische Großprojekte

Die zur sogenannten „Parahotellerie" zählenden Zweit- und Ferienwohnungen sowie Campingplätze stellen eine vielfältig belastende Erholungsform dar. Campingplätze liegen bevorzugt in landschaftlich attraktiven, ökologisch aber sehr sensiblen Gebieten, zum Beispiel im Uferbereich von Flüssen und Seen sowie in Küstennähe. Dort wirken sich der häufige Pkw-Gebrauch und die ausgeübten Freizeitaktivitäten besonders stark aus. Zusätzlich sind viele Plätze nicht ausreichend in die Landschaft integriert und verfügen häufig noch über eine mangelhafte Abwasser- und Abfallentsorgung. Auch Zweit- und Ferienwohnungen finden sich teilweise in problematischen Lagen. Ihr seit den siebziger Jahren geradezu boomartiger Anstieg wird für einen hohen Flächenverbrauch und die Landschaftszersiedlung verantwortlich gemacht. (…) Die häufig freistehenden Gebäude stören nicht nur das Landschafts-, sondern auch das Ortsbild durch moderne, unangepaßte Architektur. Die von Ferienwohnungen ausgehenden ökonomischen Effekte für die Gemeinde sind eher gering. (…) Besonders in Gemeinden mit einem hohen Anteil an Ferien- und Zweitwohnungen (in der Schweiz z. T. bis zu 40%) kann es zu sozialen Konflikten kommen. Die häufige Abwesenheit und fehlende Integration der Urlauber führt zu Abneigung auf seiten der ansässigen Bevölkerung. Durch die Zweckentfremdung der Ferienwohnungen als Alterssitz kann es zu Veränderungen in der Sozial- und Altersstruktur der betroffenen Gemeinde kommen (…). Veränderte Konsumgewohnheiten und Ansprüche in bezug auf den Urlaub führten (…) in den achtziger Jahren zur verstärkten Nachfrage nach den sogenannten „Ferienzentren der 2. Generation", wie sie in Form der Center Parcs vor allem in den Niederlanden errichtet wurden. Diese unterscheiden sich von den Ferienzentren der „1. Generation"' durch ein zentral im Gebäudekomplex liegendes, überglastes Erlebnisschwimmbad und weitere wetterunabhängige Freizeit- und Dienstleistungseinrichtungen. (…) Schon die Standortentscheidung geht häufig zu Lasten der Natur. Bevorzugt werden ländliche, landschaftlich attraktive Räume (…). Dabei wurden in der Vergangenheit in vielen Fällen Großprojekte in oder nahe bei Landschaftsschutzgebieten errichtet, wobei z. T. wertvolle Biotopstrukturen zerstört wurden. (…) Die Belastungen durch den Betrieb der Anlagen beziehen sich auf die Bereiche Verkehr, Energie- und Wasserverbrauch, Abfallaufkommen und Beeinträchtigung des Naturraumes durch Aktivitäten der Gäste im Umfeld der Betriebe. Die durch den motorisierten Verkehr induzierten Belastungen der Umwelt sind bei Ferienzentren besonders erwähnenswert, reisen doch ca. 90 Prozent der Gäste mit dem eigenen Pkw an (…). Bestehende Großprojekte führen, im Gegensatz zu „gewachsenen" Fremdenverkehrsgesellschaften, zu einem sehr schnellen und hohen Gästeaufkommen. Übersteigt die Zahl der Gäste die der Einheimischen, kann es zu Überfremdungsgefühlen kommen (s. o.). Zudem kann eine dominierende „moderne" Bauweise zu einem veränderten Ortsbild führen, wodurch die Anwohner sich gestört fühlen. (…) Die direkten und indirekten Beschäftigungs- und Einkommenseffekte sind in der Regel geringer, als es die potentiellen Betreiber darstellen. Direkte Arbeitsplätze entstehen zunächst während der Bauphase der Projekte (…). Die Anzahl der Arbeitsplätze, die der Betrieb der Anlagen mit sich bringt, ist im Vergleich etwa zu Hotels mit derselben Bettenzahl relativ gering.

(Becker/Job/ Witzel 1996, S. 43–48)

Der Duft der großen weiten Welt – Ferntourismus und seine Folgen

In den letzten 15 Jahren ist der internationale Tourismus weltweit um acht Prozent gewachsen. 1996 lag die Zahl der touristischen Ankünfte bei 593 Millionen, die Zahl der mit dieser Branche verbundenen Arbeitsplätze bei

212 Millionen. Somit ist der Tourismus weltweit der ökonomisch bedeutendste Wirtschaftsfaktor. Den größten Anteil der Einnahmen aus dem Tourismus kann man in Europa verbuchen (51 Prozent), auf die USA fielen 15 Prozent. Auf der anderen Seite stieg die Zahl der touristischen Ankünfte in diesen Gebieten bedeutend langsamer als in Asien und im Mittleren Osten. Länder wie China, Thailand, Malaysia und Südafrika werden in ihrer Bedeutung im Welttourismus wachsen. 75 Prozent der weltweiten Tourismusausgaben stammen aus Deutschland, den USA, Japan, Großbritannien, Frankreich, Italien, Österreich, den Niederlanden und Kanada: Die Industrieländer tragen also erkennbar die Hauptverantwortung in der Entwicklung des Welttourismus. Ein besorgniserregendes Merkmal im derzeitigen und zukünftigen Tourismus ist der dramatische Anstieg der Flugreisen. Ungefähr 30 Prozent aller Haupturlaubsreisen der Deutschen werden bereits heute mit dem Flugzeug zurückgelegt. Weltweit ist mit einem Anwachsen des Flugverkehrs um sieben Prozent jährlich zu rechnen.

Fallbeispiel

Preisschlacht in der Luft

Eingesetzt hat der massive Preisabschlag auf Reisen mit der Liberalisierung des Luftverkehrs, die seit Jahren zu riesigen Überkapazitäten und enormem Konkurrenzdruck geführt hat. Die Flugpreise sanken in den Keller. So ist ein Hin- und Rückflug mit der Swissair nach Bangkok, der 1975 noch 4614 Franken kostete, heute für 1450 Franken zu haben. Würde die seit 1975 aufgelaufene Teuerung berücksichtigt, müßte man für dieses Ticket eigentlich 8495 Franken hinblättern. Für Fernreisen läßt sich ausrechnen, daß der Passagier-Kilometer heute teilweise für 3 bis 5 Rappen verhökert wird. Die durchschnittlichen Flugkosten bei Swissair liegen um das Vierfache über diesem Dumpingpreis. Bei vielen Airlines ist denn auch der reine Flugbetrieb trotz rigoroser Sparmaßnahmen und Personalabbau defizitär.

(Plüss in: Stock 1997, S. 20–21)

Verschleiß

Die Beförderung eines einzigen Flugpassagiers von der Schweiz nach Goa verschleißt zwei Drittel der Energie, die es zum Heizen einer durchschnittlichen Schweizer Drei-Zimmer-Wohnung während eines ganzen Winters braucht.

Wenn auch die meisten Regierungen auf den Tourismus als Devisenbringer setzen, so sind die sozialen, ökologischen und wirtschaftlichen Auswirkungen meist negativ. Bis zu 90 Prozent der von den Touristen ins Land gebrachten Devisen fließen wieder für den Import von Vorleistungen aus dem Land heraus. Vor allem bei den All-inclusive-Reisen werden die benötigten westlichen Waren für die pompösen Ferienanlagen ausschließlich über Importe beschafft. Touristen bewegen sich kaum aus ihren Ghettos heraus: Kleinere Restaurants, Souvenirläden, Obst- und Gemüseläden und Kleinhändler sind in ihrer Existenz bedroht. Mitarbeiterinnen und Mitarbeiter bekommen in diesen Ferienanlagen ein schlechtes Gehalt, es gibt saisonbedingte Unsicherheiten, Frauen werden diskriminiert und gewerkschaftliche Rechte mißachtet.
Es ist eher eine Illusion, daran zu glauben, der Tourismus leiste einen Beitrag zur Armutsbekämpfung. In Südostasien wird hektarweise Land für Golfplätze enteignet, ihre Bewässerung verknappt das kostbare Trinkwasser, verseuchte Abwässer gefährden unter anderem den Fischfang. Die Vernichtung ökologisch sensibler Küstenregionen oder Regenwälder durch den Tourismus ist von großer Tragweite für die ansässige Bevölkerung, aber auch in globaler Hinsicht verheerend. Auch dem häufig erwähnten „Ökotourismus" muß man generell skeptisch gegenüberstehen, da oft unter dem Schutzschild des vermeintlich ökologischen Bewußtseins zahlungskräftige Reisende in bisher unberührte Naturschutzgebiete vordringen.

Verkauf von Leib und Seele
Kritiker des Dritte-Welt-Tourismus weisen immer wieder darauf hin, daß ganze Kulturen durch die ständigen Invasionen von betuchten Reisenden zerstört oder zumindest erkennbar negativ beeinflußt werden. So kann man sich zum

Beispiel mit gutem Grund fragen, wieso in Nepal, Indien, Sri Lanka oder Bali ausgerechnet Kultgegenstände des Buddhismus oder Hinduismus als Massenware verkauft werden. Wie ist es möglich, daß in vielen Touristenzentren traditionelle Gebrauchsgüter des Handwerks in Design, Größe und Funktion den Transportmöglichkeiten der Touristen angepaßt werden (z. B. die „boardcase-freundlichen" Minimörser aus Afrika oder das „Kinderset Pfeil und Bogen" aus Amazonien)? Was ist davon zu halten, wenn Klöster, Kultstätten und religiöse Feste räumlich und zeitlich so gelegt werden, daß in erster Linie die Touristen sie in Scharen aufsuchen können? Kann noch von Ursprünglichkeit die Rede sein, wenn Musik, Tanz, Theater, Malerei und Bildhauerei in den Reiseländern sich stark an Geschmack und Mode der Touristen orientieren (zum Beispiel die sogenannte „airport art")? Wie stellen wir uns der Tatsache, daß in vielen Fremdenverkehrszentren offensichtliche oder versteckte und in einem hohen Maße auf die Bedürfnisse der Touristen ausgerichtete Prostitution von Frauen, Männern und sogar Kindern existiert?

Nutznießer

Nutznießer dieser Erde –
Insel zwischen zwei Ozeanen
dir überlassen
(ohne zukünftige Besitzansprüche)
bis auf weitere Anordnung
des Eigentümers
der im Himmel sein soll.

Wenn dein Transitvisum
abgelaufen ist
Verbannung und Totengeläut;
ein anderer Flüchtling macht
neue Zeichnungen in den Sand
den Spuren einer Schildkröte vergleichbar.

Das brüchige Netz
noch einmal geworfen
schwitzend und auf gut Glück
gegen die salzigen Wellen der Zeit
zerrissen
am Streben nach Ewigkeit
des gewöhnlichen
Nutznießers am Leben.
(Süß 1985, S. 46)

Fallbeispiel Malediven

Wer sittlich handelt, fand Kant, wird glücklich. Wo das Paradies liegt, wußte der Philosoph auch: im Indischen Meer, auf den Malediven. Selbst nach Königsberg war die Kunde von den Koralleninseln gedrungen. Kant blieb trotzdem zu Hause.
Hulule heißt der Flughafen von Male. Im Stundentakt landen die Flugzeuge. Beim Anflug liegt das Paradies zu Füßen – tiefblauer Ozean, türkis die Atolle, goldene Strände, grüne Palmen. Unirdisch wirkt das, aus einem einfachen Grund: Die Republik der Malediven umfaßt 90 000 Quadratkilometer. Nur 300 davon kann man trockenen Fußes betreten. Und dieser Teil, verstreut auf 2000 winzige Inseln, liegt gerade ein bis zwei Meter über dem Meeresspiegel.
Fischfang und Kokosanbau – mehr gab es hier bis 1972 nicht. Dann kamen die Urlauber. Heute sind es 300 000 pro Jahr. Und weil der Urlauber im Paradies nicht nur blauen Himmel und Fisch erwartet, sondern außerdem kalte Getränke, frische Handtücher, Surfbretter und eine Band, die um Mitternacht „La Cucaracha" spielt, hat sich einiges auf den Malediven geändert. Unter anderem ist das Bruttosozialprodukt Jahr für Jahr um zehn Prozent gestiegen und die Bevölkerungszahl auf eine viertel Million gewachsen. Die Hauptstadt hat inzwischen alles, was andere Hauptstädte auch haben: Hochhäuser, Im- und Exportgeschäfte, zuwenig Platz, schlechte Luft und ein echtes Verkehrsproblem.
(J. Albrecht, DIE ZEIT, 30. Mai 1997)

Fallbeispiel Thailand

In dem Badeort Patong auf Phuket (Thailand) bestanden 1994 neben insgesamt 536 anderen touristischen Betrieben 228 Bars bzw. Diskotheken, deren ungefähr 1200 unregelmäßig und kurzfristig beschäftigte Frauen zehn Prozent aller touristischen direkten Arbeitsplätze in Patong stellten. Diese Barmädchen arbeiten zumeist in der Prostitution; sie verbringen manchmal mehrere Tage oder gar Wochen mit den Touristen.

Fallbeispiel Boputhtswana

Hier wurden die gigantischen Vergnügungsstätten Sun City und Lost City mit Unterstützung der südafrikanischen und multinationalen Hotelkette Sun International aufgebaut. Casinos, Prostitution und Pornographie locken Touristen und Menschen aus dem benachbarten Südafrika an, wo Moral- und Rassenschranken nicht so spektakulär durchbrochen werden können.

Fallbeispiel Kinderprostitution

Sie boten uns alle an, uns an einen Ort zu fahren, wo wir uns bestens vergnügen könnten. Einer sagte, er wisse einen Ort, wo wir Kinder haben könnten, und so ließen wir uns überreden und fuhren mit ihm hin. (…) Wir erreichten ein von den anderen etwas entfernt stehendes Haus. (…) Der für das Haus zuständige, recht derb aussehende Mann hieß uns Platz nehmen, verließ den Raum und schrie irgend jemandem im Hinterhof etwas zu. Schließlich betraten sechs ärmlich gekleidete junge Mädchen den Raum. Sie wurden von zwei Männern gestoßen und geschleift. Sie stellten sich uns gegenüber an die Wand, und der Boß fragte uns, welche wir wollten. (…) Was uns am meisten berührte, war der verlorene Ausdruck in ihren Augen. (…) Jedenfalls machten sie einen absolut leblosen Eindruck.
(O'Grady 1996, S. 9)

Von 160 verhafteten Pädophilen und Sextouristen waren 25 Prozent Amerikaner, 18 Prozent Deutsche, 14 Prozent Australier, 12 Prozent Briten und 6 Prozent Franzosen.

Ein befremdlicher Fremder

Ein befremdlicher Mann ist unter mein Dach getreten
Unter mein kleines, tausendjähriges aus friedlichen Gesängen
Sein Körper schimmerte weiß wie ein Gespenst
Und seine Pantheraugen haben mir das Herz erschüttert

Ich habe mich gefragt: Was tun mit diesem Fremden?

Ein befremdlicher Fremder ist unter mein Dach getreten
Er gab seine offene Hand zum goldnen Gruß
In der anderen, fest verschlossen, verbarg er etwas
Etwas so Abscheuliches, wie den Keim des Todes

Ich habe mich abgeplagt, dem Fremden zu gefallen.

Ich habe ihm Kola-Nüsse, Wein und Ndomba aufgetischt
Ich hab ihm angeboten meine Frau, mein Feuer und mein Bett
Ich habe in die Saiten meiner Zauber-Mvet gegriffen
Und habe meine Waffen blankgeputzt, um über seiner Nacht zu wachen…

Ach, er hat mir meine Gastfreundschaft schlecht vergolten!

Ein befremdlicher Fremder ist unter mein Dach getreten
Ich habe mich abgeplagt, um dem Fremden zu gefallen
Ich hab ihm angeboten meine Frau, mein Feuer und mein Bett
Ach, er hat mir meine Gastfreundschaft schlecht vergolten!

Er hat zum Dank für alles mir den Krieg erklärt!
(R. Philombe in: Schaffernicht 1983, S. 54)

Sehnsucht nach Freiheit
Reisen ist Ausdruck unserer Sehnsucht nach Freiheit und Horizonterweiterung. Die Lust am Reisen entspringt der Vermutung, daß hinter der alltäglichen Existenz noch ganz andere Dimensionen des Daseins auf uns warten, die uns erlösen aus Mühsal und Überdruß. Die in unserer Reiseaktivität zum Ausdruck kommende Suche nach besseren Welten wird bevorzugt von der Tourismuswerbung aufgegriffen. Die TUI, der größte europäische Reiseveranstalter, wirbt mit dem Slogan: „Adam und Eva wurden aus dem Paradies vertrieben, wir fliegen Sie jeden Tag hin."
Wer wollte bestreiten, daß Reisen Glücksgefühle beschert – zumindest manchmal und zeitweilig? Die behaupteten Paradiese gibt es trotzdem nicht. Sie sind ein Phantasiegebilde. Höchst real sind dagegen die Auswirkungen unserer Reisefreiheit in der Dritten Welt. Im Namen des Tourismus werden dort Einwohner aus ihren Siedlungen vertrieben, wird ihnen das Wasser abgegraben und der Müll vor die Füße geworfen.
(Stock 1997, S. 6)

Impulse für ein zukunftsfähiges Freizeitverhalten

Tee trinken, um den Frieden zu ermöglichen

Ich möchte jetzt nicht über Meditation reden, sondern über das Teetrinken im traditionellen Japan. Die Leute brauchen drei Stunden für eine Tasse. Ihr würdet sagen, das ist Zeitverschwendung, denn Zeit ist Geld. Aber zwei Menschen, die einfach miteinander sein können und in drei Stunden eine Tasse Tee trinken – ich denke, das hat etwas mit Frieden zu tun. Nicht, daß sie dabei viel reden müßten. Nein, sie reden sehr wenig. Sie wechseln vielleicht nur ein oder zwei Worte, aber sie sind da, sie sind einander gewärtig. Sie erfreuen sich an den drei Stunden miteinander und an dem Tee. Sie wissen tatsächlich, was es mit diesem Tee auf sich hat und was die Anwesenheit der anderen Person bedeutet. Heutzutage haben wir nur noch ein paar Minuten für eine Tasse Tee. Wir gehen in ein Cafe, bestellen, hören dabei all diese Musik und die Geräusche, und wir denken ans business, das wir nach dem Tee zu erledigen haben. Eigentlich existiert der Tee für uns gar nicht. Wir tun ihm Gewalt an, denn wir ignorieren seine lebendige Realität. Das ist es, warum unsere Situation so ist.
(Thich Nhat Hauh 1988)

Mal komplett abschalten – der fernsehfreie Raum

Für viele ist es mittlerweile zur blanken Gewohnheit geworden, den Fernseher pausenlos laufen zu lassen. Bei bundesweiten Versuchen hat sich gezeigt, daß Familien nach erster Scheu sich durchaus darauf einlassen konnten, einen fernsehfreien Tag in der Woche einzulegen. Es stellte sich heraus, daß nach einer Überbrückungszeit, in der das fehlende Fernsehangebot noch als Mangel erlebt wurde, relativ schnell kreative Ersatzaktivitäten (Spielen, Spazierengehen, …) gefunden wurden. Ein weiterer Effekt stellte sich später ein: Die Unterbrechung des TV-Berieselungstrotts führte auf lange Sicht zu einem bewußteren Fernsehkonsum. So gab es Abstimmungen in den Familien, was wer zu welchem Zeitpunkt gerne sehen würde; man setzte sich mit dem Bleistift und einem TV-Programm an den runden Tisch und entschied über Menge, Art und Dauer des Fernsehens. Bei anderen Gruppen kam es zu weiteren Alternativen. Wenn zum Beispiel nicht auf einen Spielfilm der privaten Sender verzichtet werden konnte, so wurde die Werbung willentlich durch Wegnahme des Tons, durch Spontangymnastik oder dergleichen boykottiert. Ohne nun zukünftig Fernsehen übertriebenerweise als etwas gar „Teuflisches" sehen zu wollen, reagierten alle an den Erprobungen Beteiligten dahingehend angenehm ernüchtert, daß für sie das Pantoffelkino an Banalität gewonnen hat. Es geht auch ohne – das Fernsehen hat an Magie verloren!

Umweltfreundliche Betriebsführung

Der Deutsche Hotel- und Gaststättenverband (DEHOGA) plädierte 1992 für ökologische Signale. Seine Empfehlungen können Reisende inspirieren, bei kommenden Aufenthalten in Pensionen und Hotels einen Blick darauf zu werfen, wie es um die Zukunftsfähigkeit des gastgebenden Betriebs steht. Im einzelnen wird empfohlen:

a) für den Bereich Wasser/Abwasser:
- Ermittlung der betrieblichen Wasserqualität,
- Durchflußbegrenzer bei Handwaschbecken und Duschen,
- Spartaste für Toilettenspülkästen,
- Kontrolle der Wasserverbrauchstellen,

Tips

Ziele für die Gestaltung der freien Zeit
- Genießen Sie nach Maß, damit Sie länger genießen können.
- Verzichten Sie auf Konsumangebote, wenn Sie mehr Streß als Spaß bedeuten.
- Machen Sie sich mit der Faszination einer Hängematte vertraut.
- Folgen Sie der Devise „Eine Sache zu ihrer Zeit".
- Üben Sie sich im Weglassen von Überflüssigem.
- Kaufen Sie das, was Sie wirklich wollen, machen Sie dabei Ihr persönliches Wohlergehen zum einzigen Maßstab.
- Geben Sie es auf, ständig Ihren Lebensstandard verbessern zu wollen.
- Tun Sie nichts auf Kosten anderer bzw. zu Lasten folgender Generationen.
- Üben Sie sich in der Praxis, schnellebigen Trends eine Absage zu erteilen.
- Bleiben Sie nicht dauernd dran, schalten Sie auch mal ab.

(in Anlehnung an die freizeitpädagogischen Ziele bei Opaschowski)

Schöne Dinge, die kaum Geld kosten

Musik hören
Erholen
Handarbeiten
Radfahren
Faulenzen
Ausschlafen
einfaches Essen
Ideen schmieden
Innehalten
Tanzen
Wandern
Erkundigungen vornehmen
Nichtstun
Instrument spielen
Gutes tun
Plaudern
Gartenarbeit
Lesen
Tagträumen

Tips

Das soziale Engagement in der Freizeit wiederentdecken

Opaschowski plädiert in seinen Werken energisch für das freiwillige Engagement in der freien Zeit. Den Ideen sind kaum Grenzen gesetzt. Unter anderem werden als mögliche Projekte ausgeführt:

- die Übernahme einer Patenschaft für Heimkinder durch eine Initiative,
- die Einrichtung eines Kummertelefons für Kinder durch Schüler,
- der Bau eines Kinderspielplatzes durch eine Väter- oder Großväterinitiative,
- die Herausgabe einer Tageszeitung von jungen Menschen für Blinde,
- die Gründung einer Freizeit-Theatergruppe, die für Seniorenheime und Bürgerhäuser Aufführungen anbietet,
- die Betreuung eines Gefängnisses durch Laien,
- das Engagement Freiwilliger im Tierschutz,
- die Übernahme von grünen Patenschaften (Baumpatenschaften) in Stadtvierteln,
- die Initiative von Ruheständlern für soziale Einrichtungen.

Solche und andere Freizeitaktivitäten binden einen Großteil der Energie **vor Ort**, sie ermöglichen neue Kontakte, stärken das Gemeinschaftsgefühl und vermitteln die Perspektive, den heftigen sozialen, ökonomischen und ökologischen Wandlungsprozessen nicht völlig hilflos gegenüberzustehen.

- variabler Handtuchwechsel,
- Gebrauch umweltschonender Waschmittel,
- Verzicht auf Kochwäsche und Vorwäsche,
- Verzicht auf Weichspüler,
- Verzicht auf Desinfektionsmittel, WC-Steine und Duftmittel,
- Verzicht auf Sanitär- und Rohrreiniger,
- Verwendung milder Reinigungsmittel.

b) für den Bereich Müll:
- Verzicht auf Portionspackungen für Badeartikel, auf Betthupferl in kleinen Verpackungen, auf Einweg-Zahnbecher,
- sparsame Verwendung von Papier und Verwendung von Recyclingpapier,
- Verzicht auf umweltschädigende Materialien im Büro,
- Verwendung von Mehrwegbehältern und Großpackungen,
- Verzicht auf Einweggeschirr, Einwegbesteck, Einwegtischdecken, Dosengetränke, Plastikflaschen, Portionspackungen,
- sparsame Verwendung von Kunststoffen,
- Trennung des Abfalls nach Papier, Kartonagen, Glas, Wertstoffen, kompostierbaren Abfällen, Sondermüll und Restmüll,
- getrennte Entsorgung von Fetten und Ölen,
- Rückgabe von Verpackungen an die Lieferanten,
- Entsorgung von organischen Abfällen.

c) für den Bereich Energie:
- Verwendung von Energiesparlampen,
- Einzelthermostate in allen Räumen,
- zentrale Wasserversorgung,
- Verzicht auf elektronische Händetrockner.

Ansonsten werden die Angebote von Vollwertgerichten, die ausführliche Gästeinformation, die Verwendung von Frischprodukten aus der Region, der Verzicht auf Spraydosen und Fahrtkostenzuschüsse für das Personal empfohlen.

Natürlich hat man als Gast nicht immer die Möglichkeit, alle Punkte abzuklären, aber viele Belange lassen sich durch einen wachsamen Blick erfassen.

Verlust der Ursprünglichkeit

Die Befürchtung eines Verlustes der kulturellen Identität hat in vielen Fremdenverkehrsregionen oft eine spontane oder gelenkte Gegenströmung ausgelöst, so z. B. bereits Ende der 80er Jahre im indischen Goa (...). Einmal formiert sich in einigen Regionen ein „Widerstand der Bereisten", der zumindest bei einem Teil der Bevölkerung bis zur offenen Ablehnung des Fremdenverkehrs führen kann, wie z. B. die durch den islamischen Fundamentalismus initiierten Attacken gegen den Tourismus etwa in Ägypten belegen. Ein anderes Beispiel: In Marokko haben 1993 die Berber gegen den Plan der Regierung, den Sahara-Tourismus auszubauen, mit der Blockade alter Kamelrouten protestiert, da sie durch den Fremdenverkehr die Zerstörung ihrer Lebensweise und der Ursprünglichkeit der Wüste befürchten. In mehr und mehr Reiseländern betreiben private Organisationen, die den Tourismus in einer „sozialverträglichen" Form akzeptieren, eine aktive, auf den überkommenen Werten basierende Kulturarbeit.
(Vorlaufer 1996, S. 203)

Fallbeispiel

Berliner Erklärung

Vom 6. bis zum 8. März 1997 versammelten sich Minister aus aller Welt, um über ökologisch und sozial verträglichere Formen des internationalen Tourismus zu beraten. Ihre Abschlußerklärung sorgte für großes Aufsehen; darin werden unter anderem folgende Forderungen gestellt:

a) Touristische Aktivitäten sollten ökologisch, wirtschaftlich, sozial und kulturell verträglich sein. Entwicklung und Management touristischer Aktivitäten sollte von den Zielen, Grundsätzen und Verpflichtungen des Übereinkommens über die biologische Vielfalt geleitet sein.

b) Tourismus sollte auf umweltverträglichen Verkehrskonzepten und -modalitäten beruhen. Negative Auswirkungen des Verkehrs auf die Umwelt sollten reduziert werden, wobei den Umweltauswirkungen des Straßen- und Luftverkehrs besondere Beachtung geschenkt werden sollte, vor allem in ökologisch empfindlichen Gebieten.

c) Tourismus sollte so entwickelt werden, daß er den örtlichen Gemeinschaften nützt, die lokale Wirtschaft stärkt, die einheimischen Arbeitskräfte beschäftigt und auch, wo umweltverträglich möglich, lokale Materialien, lokale landwirtschaftliche Produkte und traditionelle Fähigkeiten nutzt.

d) Tourismus in ökologisch und kulturell empfindlichen Gebieten sollte beschränkt und, wo nötig, vermieden werden.

(aus der Abschlußerklärung, abgedruckt in: Frankfurter Rundschau vom 15.3.1997)

Diese Erklärung wurde von folgenden Staaten erarbeitet: Bahamas, Brasilien, Bulgarien, Costa Rica, Dominikanische Republik, Frankreich, Deutschland, Griechenland, Kenia, Malediven, Mexiko, Namibia, Polen, Portugal, Südafrika, Spanien, Tunesien, Ungarn. Des weiteren waren die Kommission der Europäischen Union, der Deutsche Fremdenverkehrsverbund, der Deutsche Naturschutzring und das Forum für Umwelt und Entwicklung neben anderen Organisationen an der Erstellung der Thesen beteiligt.

Fallbeispiel

Let's go fair – gerecht produzierte Sportschuhe

Die Erklärung von Bern und terre des hommes in der Schweiz informieren seit geraumer Zeit über die Arbeitsbedingungen in den asiatischen Sportschuhfabriken. Die Kampagne setzt sich für gerechte Bedingungen für Arbeiterinnen und Arbeiter ein. Allein in Indonesien arbeiten 130 000 Menschen für den Sportschuhhersteller Nike; in China sind es ebenfalls 130 000. In Thailand und Vietnam sind es etwas weniger. Die Kampagne „Let's go fair" arbeitet darauf hin, daß sich die Hersteller Adidas, Asics, Nike, Puma, Reebok und der Sportschuhhandel in ihren Geschäftsbeziehungen an einen Verhaltenskodex halten, der die wichtigsten Konventionen der Internationalen Arbeitsorganisation respektiert: Gewerkschaftsfreiheit, Recht auf Kollektivverhandlungen, keine Kinder- und Zwangsarbeit, keine Diskriminierung am Arbeitsplatz, das Einhalten von maximalen Arbeitsstunden sowie von Gesundheits- und Sicherheitsstandards.

Dem Sextourismus Einhalt gebieten

In der Bundesrepublik Deutschland schloß terre des hommes BRD e. V. in den vergangenen Jahren mit zwölf Reiseveranstaltern Vereinbarungen, die Mädchen und Jungen vor sexueller Ausbeutung durch Touristen schützen sollen. So sichern Ikarus-Reisen, Tjaereborg, NUR, Hetzel-Reisen, TUI, Studiosus, Meier's Weltreisen, Jahn-Reisen, Transair, ITS, Agentour und THR-Tours zu, daß:

- in ihren Vertragshotels Kinderprostitution verboten ist,
- sie Kundinnen und Kunden in hinreichender Form über Hintergründe und Auswirkungen der Kinderprostitution informieren,
- sie ihre Mitarbeiterinnen und Mitarbeiter in Hoteleinkauf und Reiseleitung entsprechend schulen.

Individuelle Verantwortung

Die Deutschen liegen mit ihren Reiseausgaben weltweit an der Spitze. Das liegt auch daran, daß Reisen inzwischen mehr als materieller Besitz zum Statussymbol geworden ist. Dabei scheint zu gelten: Je weiter entfernt das Reiseziel, desto höher der soziale Statusgewinn. Aber es spricht viel dafür, daß sich der Trend umkehren läßt. In dem Maße, in dem Fernreisen zum beliebig austauschbaren Massengut werden, verlieren sie nämlich ihre Ausstrahlungskraft. In der Freizeitforschung wird heute die „Erlebnisqualität" von Freizeitaktivitäten hervorgehoben. Das

Fallbeispiel

Verknüpfung von regionaler Landwirtschaft und Tourismus – am Beispiel Aachen

Eine intakte und saubere Umwelt wird für touristische Regionen zunehmend zum Standortfaktor. Eine verbaute Landschaft, verschmutzte Gewässer und eine von Autos verpestete Luft stellen keine Anreize für Feriengäste dar. Eine Landwirtschaft, die für den Erhalt einer vielfältigen Kulturlandschaft sorgt und Gewässer und Wälder vor stofflichen Verunreinigungen schützt, ist zukunftsträchtig und auch für den Tourismus attraktiv. Es gibt Möglichkeiten, beide Ebenen konstruktiv zu verbinden. In der gesamten Eifelregion könnte zum Beispiel eine Ausweitung des touristischen Angebots durch die Landwirte die Region noch mehr beleben. Dazu könnten gehören: Ferien auf dem Bauernhof, Naturführungen, das Angebot von Reit- und Pferdeunterstellmöglichkeiten entlang von Reitwanderwegen, Kutschfahrten, gastronomische Angebote, Organisation und Betreuung kultureller Veranstaltungen.

Handel und Gastronomie müßten kontinuierlich mit regionalen und umweltgerechten Produkten beliefert werden. Alle touristischen Einrichtungen und Neuerungen müßten von einem kompetenten Team begleitet werden, das auf die Einhaltung umweltschonender Aspekte achtet. Durch die Einrichtung von sogenannten Schulbauernhöfen könnte das Anliegen einer nachhaltigen Landwirtschaft und eines zukunftsfähigen Tourismus auch Kindern aus den Städten nähergebracht werden.

---

ist vielleicht ein gutes Zeichen für einen Einstellungswandel zugunsten eines Urlaubs der kurzen Wege. (...) Gute Chancen bestehen auch dafür, daß sich das hartnäckige Vorurteil, Urlaub in unseren Breiten sei verregnet, im Laufe der Zeit abschwächt. Dann kann sich die Einsicht, daß das rauhe Nordseeklima oder das schonende Klima in den Mittelgebirgen gesünder ist als vierzehn Tage in der Südseesonne zu braten, zum Wohle des Klimas weiter verbreiten...
(Erklärung zum Thema Ferntourismus von Bündnis 90/Die Grünen, abgedruckt in: Frankfurter Rundschau vom 8.8.1997)

Tips in Kurzform

- Nehmen Sie sich die Zeit, die Sie brauchen!
- Machen Sie sich Tages- bzw. Wochenpläne!
- Richten Sie einen fernsehfreien Tag in der Woche ein!
- Entdecken Sie Ihre Lieblings-CD, mehr als eine können Sie ohnehin nicht hören!
- Stehen Sie jeder Form von Werbung distanzierter gegenüber!
- Informieren Sie sich über umweltschonende Freizeitangebote in Ihrer Umgebung!
- Überlegen Sie, ob Sie sich bei sozialen Initiativen ehrenamtlich engagieren können!
- Kaufen Sie nie aus Kummer!
- Verreisen Sie möglichst mit der Bahn, meiden Sie Flüge!
- Geben Sie Hotelbesitzern Umwelt-Tips, wenn Sie unterwegs sind!
- Fragen Sie bei Reiseveranstaltern nach, in welcher Weise Umweltfragen berücksichtigt werden!
- Wenn Sie in die Ferne reisen: Informieren Sie sich genau über Leben, Kultur und Besonderheiten, üben Sie sich im Respekt vor anderen Welten!
- Fragen Sie sich, ob Ihre Erwartungen nicht auch in der Nähe Erfüllung finden könnten!
- Engagieren Sie sich bei Initiativen, die gegen ungerechte Arbeitsbedingungen und die Ursache von Kinderprostitution in der Dritten Welt kämpfen!

Gesellschaftliches Zusammenleben in Zeiten der Globalisierung

Weniger als in den anderen Kapiteln des „Weltkursbuches" geht es auf den folgenden Seiten um konkrete Umweltdaten oder individuelle Tips und Tricks zum umweltgerechten Verhalten. Vielmehr sollen die folgenden Seiten eine Einordnung der bisher erörterten Problembereiche in eine gesamtgesellschaftliche Perspektive leisten. Das hört sich vielleicht zunächst abschreckend an. Zur Veranschaulichung reicht aber wohl eine einzige Frage: Was hat die Weltreise unserer Bekleidung mit dem Erdbeer-Konsum zu Weihnachten zu tun? „Ernährung" und „Bekleidung" gehören zu unseren alltäglichen Bedarfsfeldern. Beide verflechten uns und unseren alltäglichen Konsum mit den Bedingungen weltweiten Wirtschaftens. Nicht zufällig sind unsere Lebens- und Bekleidungsmittel zu immer größeren Teilen internationale Produkte. Um nicht nur den Kopf über den ökologischen Wahnsinn und die soziale Ungerechtigkeit in der Produktion und dem Transport unserer Konsumgüter zu schütteln und das Ganze schlicht für unsinnig zu halten, ist es deshalb wichtig, das Gemeinsame, das Programm zu erkennen. Alle Bedarfsfelder weisen eine gemeinsame Grundstruktur auf, die von der Globalisierung unserer Wirtschaft bestimmt ist.

Was es mit der Globalisierung der Wirtschaft auf sich hat, wer die Verlierer und Verliererinnen in diesem Prozeß sind und welche Konsequenzen die Globalisierung für die Länder des Südens sowie für eine demokratische Politik hat, sollen die folgenden Seiten skizzieren.

> „,Lieferzeiten können wir nicht ausschließen, denn die Liefersituation in Fernost ist derzeit sehr instabil.' Selten wird so offen angezeigt, daß ein Großteil der hierzulande angebotenen Konsumgüter inzwischen aus dem fernen Osten stammt – von der ‚französischen' Art-Deco-Lampe bis zum ‚italienischen' Marmor, vom ‚erzgebirgischen' Spielzeug bis zum ‚englischen' Gartengerät. (Und – Ironie der internationalen Arbeitsteilung – entzückte japanische Touristen erstehen in Rothenburg ob der Tauber und Oberammergau deutsche ‚Volkskunst', die in Thailand, Taiwan und Korea gefertigt wurde.)"
> (Manufactum, Informationen für neue Kunden, Winter 1997)

Globalisierung als Gesellschaftsprojekt

„Die Globalisierung eröffnet große Chancen für die Zukunft, nicht nur für unsere Länder, sondern auch für alle anderen. Zu ihren zahlreichen positiven Aspekten gehören beispielsweise eine Ausweitung von Investitionen und Handel, die Öffnung der bevölkerungsreichsten Regionen der Welt für den internationalen Handel und die Chance für eine größere Zahl von Entwicklungsländern, ihren Lebensstandard zu erhöhen, die immer schnellere Verbreitung von Informationen, technologischen Neuerungen sowie die Zunahme qualifizierter Arbeitsplätze. Diese Merkmale der Globalisierung haben zu erheblich mehr Wohlstand und Prosperität in der Welt geführt. Wir sind daher überzeugt, daß der Prozeß der Globalisierung eine Quelle der Hoffnung für die Zukunft darstellt."

Die neuen Überflüssigen

„Wer sind wir? Wir sind die Generation der End-
vierziger und Anfangfünfziger. Wir sind die, die
ihren Job verloren haben. Sie können uns erkennen, wenn Sie uns auf der Straße beobachten.
Die Männer unter uns sind die mit den kurzen,
adretten, leicht angegrauten Haaren, angetan
mit gediegenen, jetzt etwas ausgebeulten An-
zügen von ‚Brooks Brother‘, in der Hand Akten-
koffer aus feinem Leder. Die Frauen tragen kon-
servativ geschnittene ‚Erfolgskostüme‘ und ge-
schäftsmäßige Frisuren. Wir sind die, denen Sie
tagsüber auf den Bürgersteigen begegnen, die
mit einem hoffnungsvollen Gesichtsausdruck an
Ihnen vorbeieilen, auf dem Weg zu einem
Berufsberatungszentrum oder (wie die Glückli-
chen unter uns) zu noch einem Bewerbungs-
gespräch. Sie treffen uns nach Feierabend, zu
Gruppen versammelt, in den Cocktailbars der In-
nenstädte, Tips austauschend oder Kriegs-
geschichten, einander tröstend während eines
schnellen Biers oder eines Glases Wein, auf dem
Heimweg von einem neuen frustrierenden Tag
voller Suche nach Arbeit, die es nicht gibt. Es
macht uns fast verrückt vor Wut, aber wir müssen es schlucken. Wir haben hart gekämpft, seit
wir ins Berufsleben eintraten. Wir fingen an, als
wir die Zwanzig eben überschritten hatten, und
mit Anstrengung, Erfahrung und etwas Glück arbeiteten wir uns bis ins höhere Management vor.
Und nun teilt man uns mit, daß unsere Gesichter nicht mehr in die neue Landschaft passen.
Nun rangiert man uns aus. Nun setzt man die
Generation der Anfangdreißigjährigen an unsere Stelle, und all unsere Hingabe und unsere Erfahrung zählen nichts mehr. (…)
Die Ziele, die wir uns setzten – harte Arbeit, etwas erreichen, Geld verdienen, mit Würde ins
Alter gehen und der nächsten Generation Platz
machen –, sind entwertet. Statt unsere Absich-
ten zu verwirklichen, der Gesellschaft etwas zu-
rückzugeben, ehrenamtliche Arbeit, Unterstützung der Armen, Weitergabe unseres Wissens
und unserer Fähigkeiten, werden wir eines Tages vielleicht selber zu Hilfsempfängern, und Gott
schütze uns vor Krankheit. Denn private Kran-
kenversicherung ist für Arbeitslose unerschwinglich teuer. Waren die Erwartungen, die wir an
unser Leben hatten, etwa unrealistisch?"
(Frankfurter Rundschau, 20.9.1997)

(Treffen der Staats- und Regierungschefs der G7-Länder, 28.6.1996 in Lyon,
zitiert nach: epd-Information, Jan. 1997)

Geradezu euphorisch bewerteten die führenden Köpfe der sieben großen
Industrienationen (G7) die Epoche der Globalisierung. Wohlstand, Chancen,
Prosperität, Erhöhung des Lebensstandards in einer größeren Zahl von Entwicklungsländern, Ausweitung des Handels mit den bevölkerungsreichsten
Regionen. Dies alles klingt angesichts der Realität am Ende des 20. Jahrhunderts nicht gerade überzeugend. Beleg genug hierfür mag der ökologische
Kollaps sein, auf den China – und mit China vermutlich die Welt – zusteuert
(siehe Kasten „Zum Beispiel China"). Aber von Ökologie sprachen die Herren des G7-Treffens ja auch gar nicht. Wie aber läßt sich von einer Erhöhung
des Lebensstandards sprechen, wenn rundherum die ökologische Basis eines
angenehmen Lebens wegbricht?

Von VerliererInnen…

Und selbst wenn wir die ökologischen Folgen der globalisierten Wirtschaft außer
acht ließen, so können die in Lyon versammelten Staats- und Regierungschefs
keinen „Wohlstand für alle" gemeint haben. Weltweit lassen sich Belege für die
enormen sozialen Spannungen und radikalen Ausgrenzungsprozesse ganzer Bevölkerungsgruppen finden: die ArbeiterInnen in den Exportindustrien des Südens, seien dies die Sonderwirtschaftszonen in Südchina oder die sweatshops auf
den Philippinen oder in Guatemala, schuften für immer niedrigere Löhne, ohne
sich ihr Existenzminimum – geschweige denn „Wohlstand" – sichern zu können
(siehe auch Kapitel „Bekleidung"). In den Vereinigten Staaten vernichtete das
erreichte Ausmaß globalen Wirtschaftens mehrere Millionen Arbeitsplätze, die
wegen der Warenflut aus Billiglohnländern nicht mehr rentabel genug waren.
Die neuen, ebenfalls Millionen zählenden Jobs, die vor allem das vielgepriesene
Jobwunder der USA ausmachen, entstanden primär im Dienstleistungsbereich.
Schlechter bezahlt und weniger verläßlich sichern diese Jobs weder ein ausrei-
chendes Familieneinkommen, erfordern also einen Zweit-Job oder eine zweite
verdienende Person, noch ausreichende Rentenansprüche. Die Verlierer oder Ver-
liererinnen dieses Job-Wunders sind nicht nur ArbeiterInnen oder gering qualifi-
zierte Personen. Verloren haben auch die Mittelschichten bis hinauf in das Ma-
nagement. „Downsizing" oder Verschlanken der Betriebe (siehe Kasten „Die neuen
Überflüssigen") lautet die Devise der Firmen- und Kapitaleigner.
Auch Westeuropa haben die sozialen und ökologischen Folgen der globalisierten
Wirtschaft eingeholt. Nahezu 20 Millionen Arbeitslose in der Europäischen
Union, davon 4,5 Millionen allein in Deutschland, immer mehr Menschen, die
von Sozialhilfe abhängig werden oder aber ganz durch das soziale Netz fallen,
Jugendarbeitslosigkeit, krasse Zunahme geringfügig Beschäftigter – all dies sind
sicher keine Erfolgsmeldungen. Wessen Wohlstand also meinen die Staats- und
Regierungschefs, wenn sie von der Globalisierung als einer „Quelle der Hoffnung für die Zukunft" sprechen? Warum das Ganze, wenn die Globalisierung
doch offensichtlich in Nord und Süd, West und Ost mehr soziale und ökologische Probleme als Lösungen bewirkt?

…und GewinnerInnen

Ein Blick auf die Gewinnerseite der Globalisierung gibt Aufschluß: Zu den
Hauptakteuren der Globalisierung gehören uns allen bekannte transnationale
Konzerne. Solche Konzerne – wie Hoechst, General Motors, Daimler-Benz,

Adidas oder der Otto-Konzern – haben zwar nationale Wurzeln, agieren jedoch als Weltkonzerne. 1994 existierten ungefähr 37 000 solcher länderübergreifender Konzerne mit mehr als 200 000 Tochtergesellschaften. Lediglich das führende Hundert dieser transnationalen Konzerne leistete ein Drittel der 1994 im Ausland direkt investierten 2125 Milliarden Dollar. 1996 stieg die Gesamtsumme der Direktinvestitionen transnationaler Konzerne gar auf 2700 Milliarden Dollar. Der Umsatz von General Motors zum Beispiel übertrifft mit 134 Milliarden Dollar im Jahr 1994 das Bruttoinlandsprodukt von kleineren Industriestaaten wie Norwegen. Trotz dieser hohen Kapitalkonzentration in den Händen nur weniger transnationaler Konzerne beschäftigen diese weltweit aber nur zwei bis drei Prozent aller Beschäftigten: Seit 1980 stieg die Zahl der Beschäftigten bei transnationalen Konzernen von 60 Millionen auf ungefähr 80 Millionen Ende 1996 – ein Bruchteil der insgesamt weltweit Beschäftigten.

Ermöglicht wurde diese neue, fast perfekte Phase der Globalisierung unseres Wirtschaftssystems durch die technische Revolutionierung der Verkehrs-, Transport- und vor allem der Kommunikationssysteme: Erst die Möglichkeit, via Satellit mit ausgelagerten Produktions- oder Dienstleistungsstätten in kürzester Zeit kommunizieren zu können, machte zum Beispiel für europäische und deutsche Fluggesellschaften die Auslagerung des Rechnungswesens und des Controllings nach Indien interessant. Qualifiziertes Personal ist dort reichlich vorhanden und billig.

Unterstützt durch politische Öffnungen zugunsten des Devisen- und Kapitalverkehrs und durch Liberalisierung im Warenverkehr sind die transnationalen Konzerne zu weltumspannenden Akteuren geworden, die nur noch ihre ursprünglichen Wurzeln in einzelnen Nationen haben.

Was bedeuten diese Zahlen und Fakten? Wie sind die Nachrichten der Wirtschaftsseiten unserer Zeitungen einzuordnen, daß große Unternehmen wie Siemens oder Hoechst, aber auch zahllose andere, ihren Umsatz und ihre Gewinne von Jahr zu Jahr steigern, die nationalen Volkswirtschaften aber von einer Krise in die nächste taumeln?

Von einer „Abkoppelung" des Wirtschaftswachstums von der Arbeitsmarktentwicklung wird gerne gesprochen. Aber handelt es sich bei der beschriebenen Entwicklung nicht eher um eine (tendenzielle) Abkopplung der transnationalen Konzerne von den Volkswirtschaften? Trotz hoher Kapitaldichte hätten die transnationalen Konzerne allein nicht die Umsatzzahlen und Renditen aufzuweisen, die sie in den letzten Jahren erzielt haben. Massiv unterstützt wurden sie von den nationalen Staaten durch die entsprechenden politischen Maßnahmen. Ob die politischen Eliten sich so Standortvorteile und / oder Machtsicherung versprachen – sie machten sich zu Handlangern des privatwirtschaftlichen Wettbewerbs! Aktuelles Beispiel für den verlängerten politischen Arm der Großkonzerne stellt die Präsentation der amerikanischen Ziele für die Klimakonferenz Ende 1997 in Kyoto (Japan) durch Präsident Clinton dar: Clinton ließ keinen Zweifel daran, daß die Interessen der US-Industrie für ihn Vorrang haben vor einer entschiedenen Klimapolitik.

Die Klientel der transnationalen Konzerne und der Finanzwirtschaft vor Augen, machen die Äußerungen der eingangs zitierten Staats- und Regierungschefs der G7-Staaten Sinn: Der Wohlstand wird gesichert und vermehrt, der Handel ausgeweitet, neue Märkte in bevölkerungsreichen Gegenden erschlossen. Sozusagen als Durchsickerungseffekt könnte dann in einigen für die transnationalen Konzerne interessanten Entwicklungsländern auch der Lebensstan-

Zum Beispiel China

China gehört zu den bevölkerungsreichsten Regionen der Welt, die sich jüngst dem Weltmarkt geöffnet haben. Die Attraktivität Chinas beweisen nicht zuletzt die Auslandsinvestitionen. In den neunziger Jahren zog China ein Viertel aller in Entwicklungsländern getätigten Auslandsinvestitionen an sich, 1995 war es sogar ein Drittel.

Die ökologischen Folgen des Wirtschaftsbooms in China sind heute extrem. Sie könnten untragbar für die Menschheit werden. „Schon heute verbraucht China mehr Getreide, Fleisch, Dünger, Stahl und Kohle als die USA. (...) Äßen die Chinesen pro Kopf so viel Fisch wie die Japaner, der weltweite Fischfang müßte verdoppelt werden. Und würde jeder Einwohner der Volksrepublik nur halb soviel Strom verbrauchen wie ein Schweizer – 3500 Atommeiler müßten aus dem Boden gestampft werden." (Fritz Vorholz, Die Zeit, 4.4.1997)

Japan spürt schon heute die Folgen der chinesischen Politik und Wirtschaft: Saurer Regen aus China verpestet die japanische Luft, Chemikalien die japanischen Küstengewässer. Fünf der zehn am stärksten verpesteten Städte liegen in China: Shenyang, Peking, Shanghai, Kanton und Xian. Sauerstoffbars bieten mittlerweile nicht nur Drinks zur Erfrischung an, sondern auch „preiswerten" Sauerstoff per Atemmaske. Nicht nur die Luft, auch die größeren Flüsse leiden unter enormer Belastung. Schwermetalle und Phenole reduzieren nicht nur den Fischbestand, sondern wirken auch durch den auf den Feldern ausgebrachten Flußschlamm in den Nahrungsmitteln weiter.

Kurz: Die Umweltsituation in China ist katastrophal. „Die Ursache des Problems: zu viele Menschen, ausgestattet mit vielen Rohstoffen, aber veralteter Technik, vom westlichen Wohlstandsbazillus infiziert und von der Parteiführung zum Reichwerden ermuntert." (Fritz Vorholz, Die Zeit, 4.4.1997)

dard steigen. Auf die Spitze getrieben? Vielleicht. Aber sicher keine falsche Interpretation.

Globalisierung erweist sich vor dem Hintergrund der bisherigen Überlegungen als doppeldeutiger Begriff: Er bezeichnet zum einen vorherrschende Tendenzen in unserer Wirtschaft. Mit Unterstützung der herrschenden Politik stellt die Globalisierung aber auch einen Mythos dar, mit dem ein neues neoliberales Gesellschaftsprojekt durchgesetzt werden soll. Indem nahezu jede wirtschafts- oder sozialpolitische Entscheidung in den Kontext globaler Sachzwänge gestellt wird, überhöht die Politik den Prozeß der Globalisierung und gibt zugleich eigene Handlungsspielräume auf.

Geht uns die Arbeit aus?

Nord und Süd sind von Massenarbeitslosigkeit bedroht. Wer keine Arbeit hat, ist dazu verurteilt, „überflüssig" zu sein und den Weg in Armut und Marginalisierung anzutreten. Bei genauerem Hinsehen geht aber nur der Erwerbsarbeit die Arbeit aus. Grundlegende Arbeitsbereiche kommen hingegen gar nicht in den Blick, wenn Arbeit nur als Erwerbsarbeit gesehen wird. Aus dem Blick gerät vor allem die Tatsache, daß in der Regel Frauen die Hauptlast der Arbeit tragen. Vor dem Hintergrund geschlechtsspezifischer Arbeitsteilung fällt Frauen – oft zusätzlich zur Lohnarbeit – die Arbeit der Reproduktion und Subsistenzsicherung zu. Sie werden als erste in geringfügige Beschäftigungsverhältnisse oder den informellen Sektor abgedrängt, in die sogenannte „Überlebensökonomie". Im Prozeß der Globalisierung wird die altbekannte Form der geschlechtsspezifischen Arbeitsteilung wieder verschärft.

> „Gibt es jemanden, der noch mehr an Unterernährung leidet, der verzweifelter ist als ein Armer auf der untersten sozialen Ebene eines Entwicklungslandes?" – „Ja, seine Frau und oft seine Kinder."
> (Susan George, in: Nord-Süd-Blätter Nr. 2, 1994)

Wo „Entwicklung" noch die Hoffnung auf Umverteilung von Reichtum und Macht zugunsten der Armen beinhaltete, orientiert die „Globalisierung" die Handlungen des Staates darauf, den Besitzenden in ihrem Gerangel um internationalen Rang und Einfluß bessere Möglichkeiten zu verschaffen. Mit anderen Worten, es sind nicht die Bedürfnisse der Menschen, sondern die Rechte der Konzerne, die in der Ära der Globalisierung in das Zentrum von Politik treten.
(Sachs 1997b, S. 29)

Globalisierung und Regionalisierung: Die Verschuldungsfalle

Die beschriebene Globalisierung des Wirtschaftens führte bisher nicht zu einer Annäherung der Industrie- und der Entwicklungsländer in Süd und Ost. Im Gegenteil: Sie trug eher zu einer schlechten Regionalisierung bei. Die neunziger Jahre kennzeichnet eine Teilung der globalen Wirtschaft in vier Wirtschaftsräume oder -welten. Diese vier Wirtschaftsräume sind: die schon lange bekannte Erste Welt (westliche OECD-Länder mit den Zentren USA, Japan und EU); eine zweite Welt, die sich neu formiert hat aus den Schwellenländern vor allem in Osteuropa und Ostasien; eine dritte Welt, zu der die klassischen Entwicklungsländer wie zum Beispiel Indien gehören: diese Länder sind partiell in den Weltmarkt integriert, haben jedoch im Prinzip keine Chance, diese Teilnahme am Weltmarkt in eine sozial gerechtere Entwicklung zu verwandeln; und schließlich die vierte Welt der ärmsten Länder, „die immer mehr zu einer Fußnote weltwirtschaftlicher und weltpolitischer Entwicklungen werden". (Zukunftsfähig durch Solidarität 1997, S. 98)

Diese schlechte Form der Regionalisierung, die einer großen Anzahl südlicher Länder lediglich den Status eines geduldeten Anhängsels des globalen Wirtschaftens gewährt, hängt wesentlich mit der andauernden extremen Verschuldung vieler Südländer zusammen. Die Summe der Auslandsschulden aller Entwicklungsländer erreichte 1995 die gigantische Höhe von 2000 Milliarden Dollar. Im gleichen Jahr zahlten die verschuldeten Länder 224 Milliarden Dollar an Zinsen und Tilgungen, während sie lediglich 33 Milliarden Dollar Entwicklungshilfe-Zuschüsse aus dem Norden erhielten.

Nicht alle Entwicklungsländer trifft die Krise gleichermaßen. Manche – wie zum Beispiel Südkorea – kommen mit den Rückzahlungsmodalitäten offensichtlich ganz gut zurecht. Für alle aber gilt, daß sie durch die Verschuldung dem Regime der Gläubiger ausgeliefert sind. Und dieses Regime, das vor allem vom Internationalen Währungsfonds (IWF) gemanagt wurde, schrieb den Entwicklungsländern, die in Zahlungsschwierigkeiten kamen, Maßnahmen zur Strukturanpassung vor. Diese Strukturanpassungsprogramme dienten nicht – wie jede und jeder von den Einzelmaßnahmen leicht ablesen kann – einer sozialen Entwicklung, sondern allein der Anpassung des gesamten Landes an den Schuldendienst. Alle nationalen Strukturen sollten auf Schuldenbedienung ausgerichtet werden. Viele Länder haben sich seit 1982, dem Ausbruch der Schuldenkrise mit der Zahlungsunfähigkeit Mexikos, diesem internationalen Schuldenmanagement unterworfen. Kaum jemand zweifelt die Rechtmäßigkeit der Schulden an.

Trotzdem hat die Verarmung dieser Länder seit Beginn der Schuldenkrise enorm zugenommen.

Aber sie zahlen immer noch.

Die Strukturanpassungsprogramme haben die Exportproduktion in diesen Ländern verstärkt. Die intensive Export-Agrarwirtschaft hat aufgrund hohen Chemieeinsatzes und hohen Wasserbedarfs negative ökologische Folgen.

Aber sie zahlen immer noch.

Die Tropenwälder laufen Gefahr, nahezu komplett in Streichhölzer und Eßstäbchen für den Norden verwandelt zu werden.

Aber sie zahlen immer noch.

Die strukturelle Abhängigkeit, in der die Südländer von der Finanzherrschaft des Nordens stehen, trägt wesentlich zur Verhinderung einer zukunftsfähigen Entwicklung bei. Eine Lösung ist deshalb dringend notwendig, aber von offi-

Fallbeispiel

Die Konsequenzen der Auslandsschuld für die Indios in Chiapas

Vortrag von Samuel Ruiz García, Bischof von San Cristóbal de las Casas (gehalten auf der Zweiten Europäischen Ökumenischen Versammlung in Graz, 23.–29.6.1997)

In unserem Mexiko hat die Wirtschaftskrise 1982 auch zu einer großen Auslandsschuld geführt. Dieses Phänomen ist die Folge von zahlreichen Ursachen, die seit den siebziger Jahren wirksam waren: Nach einer schnellen Entwicklung veränderten sich die Preise der Rohstoffe und ihre Nachfrage in den industrialisierten Ländern. Dies war begleitet von einem großen Anstieg der Zinsen und einem gleichzeitigen langanhaltenden Anstieg des Dollars. Die Auslandsschuld in Mexiko entstand zu der Zeit, als die Erdölpreise unsere Zahlungskraft zu garantieren schienen. Der sogenannte „Erdölboom" (1978–1981) weckte bei allen falsche Erwartungen. Das Sinken der Ölpreise, der Anstieg der Zinsen und die kurze Darlehensfrist führten zu dem Punkt, an dem es fast unmöglich wurde, die eingegangenen Verpflichtungen zu erfüllen. So erklärte Mexiko 1982, daß es nicht in der Lage sei, bis Ende 1984 den Betrag von 24 Milliarden Dollar zurückzuzahlen. (Gegenwärtig beläuft sich unsere Schuld auf 150 Milliarden Dollar.)

Besonders ernst ist die Tatsache, daß die mexikanische Regierung (mit der Mehrzahl der verschuldeten Regierungen) behauptet, die Schuld sei vom ganzen Volk eingegangen worden, und es sei die Mehrheit, die sie zahlen müßte. Doch die Realität ist die, daß die Auslandsschuld Mexikos und der anderen Länder nicht mehr gezahlt werden kann. In dem Maße, wie ein Teil der Zinsen abbezahlt wird und die unterentwickelten Länder zahlen, desindustrialisieren sie sich und verschulden sich immer mehr.

Die Auslandsschuld führt zu politischen Härtemaßnahmen, die in Wahrheit Todesurteile für die unteren Klassen bedeuten und sich bis hin in die Mittelschichten auswirken, die vorher weniger davon betroffen waren. Das Volk bemerkt die zwangsläufige Verbindung zwischen der Zahlung der Auslandsschuld und der Verschlechterung der Lebens- und Arbeitsbedingungen. (...) Das Kriterium, mit dem alles gelenkt wird, ist folgendes: „Es besteht eine größere Verpflichtung gegenüber den Gläubigern als gegenüber der eigenen Bevölkerung."

Einige Zahlen lassen uns die Auswirkungen der Maßnahmen in Chiapas ahnen: Unter den 14 807 Geburten von 1994 ist der Prozentsatz der gestorbenen Kinder 73 Prozent, während der landesweite Prozentsatz bei 4,9 Prozent liegt. (...) Die sieben Krankheiten, die insbesondere die Bevölkerung von Chiapas betreffen, sind: Unterernährung, Anämie, Darminfektionen, Magentumore, pränatale Krankheiten, Tuberkulose, Infektionen der Atemwege; Chiapas steht an erster Stelle bei gemeldeten Todesfällen durch Cholera und Tuberkulose. Auf 100 000 Geburten sterben 177 Frauen (...).

Das Bild der Unterernährung der Indios ist besorgniserregend; unter ihr leiden in den Höhen von Chiapas und im Urwald 80 Prozent der Bevölkerung.

1970 belief sich in Chiapas der Anteil an Analphabeten über 15 Jahre auf 54,6 Prozent, 1990 belief er sich auf 69,6 Prozent.

zieller Seite nicht in Sicht. Die bisherigen Initiativen von Regierungs- oder multilateraler Seite, die die schönsten Namen trugen, waren in der Regel lediglich Kosmetik. Die nationalen Finanzhaushalte profitieren viel zu sehr vom regelmäßigen Finanzzuschuß aus dem Süden, als daß sie auf diesen freiwillig verzichten wollten.

Eine Verstärkung des öffentlichen Drucks, der den Skandal der Verschuldung entschieden brandmarkt, ist deshalb unerläßlich. Die Kampagne „Erlaßjahr 2000" will hierzu beitragen (siehe „Lösungsansätze").

Strukturanpassungen

Das Maßnahmenpaket, das jedem in Zahlungsschwierigkeiten geratenen Schuldnerland vom Internationalen Währungsfonds (IWF) auferlegt wird, folgt einem immer gleichen Grundmuster:

1. Abwertung der Inlandswährung: Mit dieser Maßnahme sollen Exporte verbilligt und Importe verteuert werden. Die Grundannahme, daß niedrigere Preise die Exporte erhöhen würden, geht jedoch oft nicht auf; das Land setzt zwar auf Exportproduktion (unter Vernachlässigung der Grundnahrungsmittelproduktion), kann diese jedoch oft nicht komplett absetzen, da die Nachfrage nicht entsprechend da war. Beispiel Kaffee: Jahrelang waren die Preise im Keller, da zu viele Länder zur Erwirtschaftung von Dollars auf den Kaffeeanbau setzten. Die Unternehmen des Nordens und die KaffeeliebhaberInnen profitierten. Die zweite Grundannahme, daß Importe in der Regel konsumtive Bedürfnisse befriedigten und deshalb unproduktiv seien, führt in der Durchsetzung zu Versorgungskrisen und zu Einbrüchen in der Produktion, da zum Beispiel Ersatzteile nicht importiert werden.

2. Kürzung der Staatsausgaben: Subventionen für Grundnahrungsmittel oder Bildung müssen gestrichen werden. Der öffentliche Dienst und Sozialleistungen müssen abgebaut werden. Der Staat hatte alle möglichen Bereiche (zum Beispiel Verkehr) zu privatisieren. Die Folgen dieses „Kaputt-Sparens" (Nuscheler 1996, S. 320) sind Arbeitslosigkeit und Verarmung weiter Teile der Bevölkerung, die sich die notwendigen Nahrungsmittel nun nicht mehr leisten können.

3. Auflagen zur Inflationsbekämpfung: Die Lohnsteigerungen müssen unter der Inflationsrate bleiben. Dies bedeutet konkret Reallohnsenkung. Löhne zu senken, die aber schon Hungerlöhne waren, bedeutet noch mehr Hunger. „Besteuerung der Reichen" als Auflage wird nicht formuliert.

4. Ordnungspolitik durch den IWF: Der IWF stellt nicht nur das Programm auf, sondern kontrolliert auch seine Umsetzung und greift im Zweifelsfall konkret in die wirtschafts- und gesellschaftspolitischen Entscheidungen der Schuldnerländer ein.

Zukunftsfähiges Deutschland –
ein Strukturanpassungsprogramm der anderen Art
„Was hat der Süden vom deutschen Strukturanpassungsprogramm? Was bedeuten mehr Regionalisierung statt Globalisierung, Dematerialisierung, regionales Stoffstrom-Management, ökologischer Landbau, ökologische Steuerreform oder Energie-Management für die armen Länder?
Global betrachtet sehr viel. Denn wie die Umweltbilanzen offenbaren, trägt der Süden schwer am „ökologischen Rucksack" seiner Exporte

nach Deutschland. Gemeint sind mit diesem Bild zum Beispiel die beim Rohstoffabbau anfallenden Abraumberge, das Abpumpen von Grundwasser oder die Bodenerosion infolge intensiver landwirtschaftlicher Nutzung. Ein Viertel der deutschen Importe stammten 1991 aus den Ländern des Südens. Der ökologische Rucksack aller deutschen Importe mußte aber zu 43 Prozent von der Dritten Welt getragen werden. Noch schwerer ist die Last beim Agrargüterimport: 30 Prozent der deutschen Einfuhren kommen aus dem Süden. Doch zwei Drittel der damit verbundenen ökologischen Schäden haben die armen Staaten zu schultern. Dies liegt an der überdurchschnittlichen Erosion. Das Verhältnis der Masse erodierten Bodens zur Masse der geernteten Rohstoffe ist bei den Importen von Südfrüchten fünfundzwanzigmal höher als auf deutschen Äckern.

Der grüne Konsument im „zukunftsfähigen Deutschland" wird dies durchschauen. Er braucht deshalb nicht auf Kakao, Bananen oder Tee zu verzichten, sondern nutzt zusammen mit den Händlern seinen Einfluß, eine ökologisch verträglichere Produktion in den Lieferländern durchzusetzen, hoffen die Autoren der Studie „Zukunftsfähiges Deutschland".
(Bosse-Brekenfeld 1995, S. 21f.)

Die gefährdete Demokratie

„Wenn die Gesunden und Kräftigen beginnen,

mißmutig auf die Kranken und Schwachen herabzuschauen,

wenn die Arbeitsbesitzer argwöhnen,

daß viele Arbeitslose gar nicht arbeiten wollen,

wenn die Erwerbstätigen den Rentnern ihren sorgenfreien Lebensabend neiden,

den sie mitfinanzieren, ohne sich selbst ähnliche Hoffnungen machen zu können,

wenn die öffentliche Meinung diesen Ressentiments nachgibt oder sie gar anfeuert,

dann ist das ein Zeichen der Schwäche, nicht der Stärke von Demokratien.

Ohne das Gefühl fragloser Zusammengehörigkeit,

ohne die Bereitschaft, andere immer wieder in Umstände zu setzen,

die den eigenen halbwegs gleichen,

koste dies auch einen Teil des persönlichen Wohlstands,

können Demokratien auf Dauer nicht gedeihen.

Erst verflüchtigt sich die Wahrnehmung der Wesensgleichheit,

dann, weil man im anderen nicht mehr sich selbst erkennt,

die tätige Anteilnahme an seinem Geschick

und zuletzt auch das Bedürfnis, Gleicher unter Gleichen zu sein.

Die Leidenschaft,

mit namenlosen anderen über Zeit und Raum hinweg zu kooperieren,

kühlt ab,

und mit der rapide fortschreitenden Zersplitterung der Gesellschaft

in immer neue Rand- und Sondergruppen beginnt

der Herbst der Demokratie."

(Wolfgang Engler, Frankfurter Rundschau, 20.9.1997)

> „Bemerkenswert ist, mit welch routinierter Strenge die Debatte über die Wirtschaft von jeder Diskussion über die Demokratie getrennt ist. Die Einkommensverteilung, die Zukunft des Sozialstaates, die Auswirkungen des neuen Weltmarktes, Probleme der Produktivität, die Frage der Beschäftigung und die neuen Arbeitsformen – all dies wird betrachtet, als handele es sich um Naturgesetze; als müsse die Politik sich der Wirtschaft anpassen, nicht die Wirtschaft der Politik. Wenn diese Fragen mit der demokratischen Praxis überhaupt in Verbindung gebracht werden, dann zumeist unter dem Vorzeichen von „Stabilität" – als bedeute jede Art von Wandel immer etwas Schlechtes."
> (Norman Birnbaum, Die Zeit, 24.10.1997)

Wenn sich im Prozeß der Globalisierung eine Klientelpolitik sondergleichen durchgesetzt hat, dann bleibt das nicht ohne Auswirkungen auf unser politisches System. Denn die sozialen Spaltungen, die durch die Globalisierung zumindest verstärkt, wenn nicht sogar neu angestoßen wurden, entzweien die Gesellschaft und führen zum „Herbst der Demokratie". In einer Gesellschaft, in der die Bürger und Bürgerinnen fast ausschließlich über Wahlbeteiligung am politischen System teilnehmen, zugleich aber nicht den Eindruck haben, mit ihrer Stimmabgabe Einfluß nehmen zu können, wird das politische System selbst fragwürdig. Die Folgen sind unter anderem zurückgehende Wahlbeteiligungen, Abdriften nach rechts oder die oft besprochene „Politikverdrossenheit". Zusätzliches Handicap für demokratische Beteiligung ist die Beschleunigung der globalisierten Wirtschaft. Entscheidungen unterliegen einem ungeheuren, den Kommunen oder öffentlichen Entscheidungsinstanzen von der Wirtschaft aufgezwungenen Zeitdruck: „Wenn die Teststrecke nicht hier in diesem Jahr gebaut werden kann, gehen wir eben woanders hin." Wettbewerbsfähigkeit hat Vorrang, Bürgerprotest kann sich unsere Wirtschaft nicht leisten!

Die demokratisch gewählten nationalen Politiker und Politikerinnen verweisen auf enge Handlungsspielräume aufgrund wirtschaftlicher Sachzwänge oder existierender übergeordneter Entscheidungsebenen wie zum Beispiel der Europäischen Union. Weitgehend fehlende parlamentarische Kontrolle auf europäischer Ebene wiederum macht die EU-Bürokratie zu „leichter handhabbaren Verhandlungspartnern ökonomischer Interessengruppen und multinationaler Konzerne" (Hirsch 1996, S. 139).

Auf globaler Ebene fehlt noch eine wirksame demokratische Ordnungspolitik, die die globalisierte Wirtschaft politischen Regeln unterwerfen könnte. Die Vereinten Nationen können dies ohne grundlegende Reformen nicht leisten. Diese negative Bestandsaufnahme soll nicht frustrieren oder pessimistisch stimmen. Die Zusammenhänge zu erkennen ist immer der notwendige erste Schritt zu ihrer ebenso notwendigen Veränderung. Entscheidend ist zu sehen, daß das kapitalistische Wirtschaftssystem schon immer ein Produkt sozial-politischer Auseinandersetzungen war. Es ist nicht vom Himmel gefallen und hat sich auch nicht automatisch bis zu dem Punkt entwickelt, an dem wir jetzt stehen. Es ist politisch bis zu einem gewissen Punkt formbar. Um soziale Spaltungen und Ausgrenzungen und die ökologischen Zerstörungen unserer Form des Wirtschaftens zu bekämpfen, muß diese Form grundlegend verändert werden. Wirtschaft und Politik sind zu demokratisieren. Bausteine zu einer solchen Veränderung finden Sie in den folgenden Überlegungen zu demokratischen Strukturveränderungen sowie in den Aspekten, die in den Lösungsansätzen benannt werden.

Es gibt keine Neutralität!
„Wenn uns ein Freund, der auf Reisen geht, ein Wertobjekt zur Aufbewahrung gibt, können wir eine solche Verantwortung mit Gründen ablehnen. Der Freund muß sich dann einen anderen suchen, der die Verantwortung zu übernehmen in der Lage ist. In diesem Fall ist unsere Haltung keineswegs verantwortungslos, sondern kann sogar der Ausdruck von Verantwortlichkeit sein. Aber unsere Verantwortung für die Bedingungen der Möglichkeit des menschlichen Lebens ist anders. Wir sind verantwortlich, auch wenn wir es nicht wollen, selbst wenn wir es nicht können. Lehnen wir die Verantwortung ab, werden wir sie nicht los, sondern sind verantwortungslos. Wir können zwischen Verantwortlichkeit und Verantwortungslosigkeit wählen, aber wir entkommen der Wahl nicht. Entweder machen wir uns verantwortlich für den Globus, oder wir nehmen teil an seiner Zerstörung."
(Hinkelammert 1997, S. 3f.)

Dritte Kammern für Nichtregierungsorganisationen: Baustein für eine zukunftsfähige Demokratie

Ökologische und soziale Probleme nehmen im ausgehenden 20. Jahrhundert weltweit zu. Die Wirtschaftsakteure und weite Teile der Politik reagieren mit dem Ruf nach Abbau sozialer Standards, Öffnung der Märkte und so weiter. Wirkliche Lösungskonzepte haben sie kaum vorzuweisen. Müssen die Strukturen des politischen Systems verändert werden, um ein zukunftsfähiges Wirtschafts- und Gesellschaftsmodell durchzusetzen? Mohssen Massarrat, Professor an der Universität Osnabrück, schlug für das politische System Deutschlands die Einrichtung einer dritten Kammer für Nichtregierungsorganisationen (NROs) neben Parlament und Bundesrat vor. Gestützt wird dieser Vorschlag von der zunehmenden Bedeutung und gesellschaftlichen Anerkennung der NROs: „Ihre Akzeptanz verdanken soziale Bewegungen ihrer Spontanität und Kreativität, ihrer Subversivität (Greenpeace), ihrer Sachkompetenz für Einzelanliegen und ihrer Offenheit, diese weitgehend wahrheitsgetreu und ohne Rücksicht auf Sonderinteressen dominanter Gruppen der Gesellschaft zu artikulieren." (Massarrat 1996, S. 49) Mehrere hunderttausend NROs – von spontanen Selbsthilfegruppen bis hin zu etablierten, kontinuierlich arbeitenden Gruppen – existieren weltweit. Allein im deutschsprachigen Raum zählt Massarrat rund 2500 NROs unterschiedlicher Größe. Der gesellschaftlichen Akzeptanz dieser Gruppen entspricht jedoch nicht der ihnen vom politischen System zugestandene Handlungsspielraum. Massarrat regt die NROs an, ihre strukturellen Schwächen zu überwinden und ihre strategische Kompetenz in politische Macht umzusetzen. Dies könnte im Rahmen der Einrichtung dritter Kammern zu gesellschaftlich relevanten Problemfeldern geschehen. Massarrat schlägt die Felder Umwelt und Entwicklung, Friedenssicherung, Arbeitslosigkeit und Frauen vor. Fehlentscheidungen des Parlaments und der Regierung könnten durch diese dritten Kammern korrigiert werden und der Legitimationsdruck für existentielle Entscheidungen erhöht werden. Die Kompetenzen dieser Kammern wären eingeschränkt auf das betreffende Problemfeld. Sie werden mit zeitlicher Begrenzung gewählt.

Viele Vorteile bietet diese Erweiterung der politischen Struktur: Zentrale Problemfelder könnten so unabhängiger von parteipolitischen Entscheidungen werden, die Partizipationsmöglichkeiten der BürgerInnen wären deutlich gestärkt und damit vermutlich auch deren Motivation zur aktiven politischen Gestaltung. Folgeeffekte könnten die parallele Umstrukturierung der Gemeindeordnungen sein, indem die zahlreichen runden Tische ebenfalls Einspruchs- und Initiativkompetenz erhalten.

Problematisch ist die Frage der Besetzung dieser dritten Kammern. Auswahlkriterien für die NROs und ihre RepräsentantInnen müssten erarbeitet werden, Mißbrauch durch Unbefugte verhindert werden. Zudem bestehe die Gefahr, schwerfällige bürokratische Prozesse zu verstärken.

Doch dürfte der Vorschlag trotz benannter Probleme reizvoll genug sein, um ihn zu konkretisieren.

„Der Charme des Ökorats"

So überschreibt Reinhard Loske, Mitautor der Studie „Zukunftsfähiges Deutschland", Überlegungen zur strukturellen Absicherung ökologischer Ziele. Ein ökologischer Rat mit Vetorechten gegenüber der Regierung, auf lange Zeit gewählt ohne Möglichkeit der Wiederwahl, könnte Langzeit-Perspektiven politisch wirksam machen. Würden ökologische Grundrechte in der Verfassung verankert, könnte auch ein Umweltgerichtshof oder das Verfassungsgericht über die Einhaltung der ökologischen Verfassungsziele wachen.

Die ökologische Grundorientierung wäre zusätzlich abzusichern durch eine Umstrukturierung der Regierung, die alle klimapolitisch relevanten Politikfelder (Energie, Verkehr, Land- und Forstwirtschaft) in das Umweltministerium oder ein neu einzurichtendes Infrastrukturministerium einordnen würde.

Demokratie als Lebensform

Nicht der Ökorat ist der Demokratie Chance, so entgegnet Andreas Szelenyi. Er stehe vielmehr in der Gefahr, lediglich eine „End-of-Pipe-Demokratie" darzustellen: Der ökologische Schaden, der durch das etablierte politische System angerichtet wird, kann durch einen nachgeordneten Ökorat nur nachträglich gemildert, aber nicht grundsätzlich vermieden werden. Szelenyi betont, daß es bei der ökologischen Frage primär um die Frage von Lebensformen und weniger um technologischen Umweltschutz geht. Er fordert eine „Demokratisierung der Demokratie":

„Demokratie ist (...) mehr als nur eine Regierungsform; Demokratie ist eine bestimmte Haltung und Einstellung zum Umgang mit Fragen des Gemeinwohls, ist politische Kultur. Diese ‚starke Demokratie' (...) geht davon aus, daß der Mensch zu kollektivistischem Denken fähig ist und nicht ausschließlich aus Eigennutz handelt. Eine solchermaßen motivierte Gesellschaft wäre eine Alternative zu einer durch sich selbst schwach gewordenen liberalen Demokratie, die das Private als höchstes Freiheitsrecht so vehement verteidigt, daß der Blick auf das Gemeinwesen verloren geht. (...) Erfährt der Bürger und die Bürgerin, daß ihre Entscheidungen tatsächlich unmittelbare Auswirkungen haben, für ihn selbst wie für das Gemeinwesen, erfahren sie ihre Rolle als Souverän neu. (...) Echte Partizipation, wie sie vielerorts bei der Umsetzung der lokalen Agenda 21 zumindest theoretischer Bestandteil ist, wird befürwortet und muß gestärkt werden. Je stärker aus diesen Beratungs- tatsächlich Entscheidungsgremien würden, desto eher wären sie Foren für ‚nachhaltige' Demokratie."
(Szelenyi 1996, S. 64f.)

Selbstregierung und sozialer Sinn

„Mit der (...) Vorstellung, die sich die meisten Menschen von der Demokratie machen, kommt man ihrer heutigen Gefährdung nicht auf die Spur. Man verbindet damit zumeist den Gedanken an freie und geheime Wahlen, persönliche Bewegungsfreiheit, Rechtssicherheit und eine unabhängige Presse. Es wäre ganz sicher verkehrt, darin bloß etwas Nebensächliches oder gar nur einen Schein zu erblicken, der die wirklichen Verhältnisse verschleiert. Jede große Demokratiebewegung, zuletzt die von 1989, hat auf diese Grundsätze gepocht, auf richtige Wahlen, unzensierte Meinungsäußerung, Versammlungs- und Reisefreiheit. Aber so unverzichtbar diese Güter für uns heutige Menschen sind, so hoch man sie zu Recht schätzt – besonders, wenn sie einem vorenthalten werden –, demokratisches Leben erschöpft sich in ihnen nicht. Um Demokratien mit Leben zu füllen, muß zweierlei hinzukommen (...): Selbstregierung, sozialer Sinn. Ohne Rechtsgarantien gibt es keine Möglichkeit, sich zusammenzuschließen. Ohne bürgerliche Zusammenschlüsse verkümmert der soziale Sinn."
(Wolfgang Engler, Frankfurter Rundschau, 20.9.1997)

Wasser – die Bedrohung einer globalen Ressource

Die Bedeutung des Wassers für das Leben spiegelt sich in Sprichwörtern vieler Völker. So heißt es in Usbekistan: „Wo das Wasser endet, endet auch die Welt." Oder im Nordosten Brasiliens: „Rio morto – povo morto / Stirbt der Fluß, so stirbt das Volk." Die Regionen, aus denen diese Sprichwörter stammen, sind sehr wasserarme Regionen. Usbekistan besteht zu 70 Prozent aus Wüsten und Halbwüsten, der Nordosten Brasiliens ist ein halbtrockenes Gebiet, in dem es manchmal jahrelang nicht regnet, und das stark vom Wasser des Rio São Francisco abhängt, der die ganze Region durchquert und seine Ufer mit fruchtbarem Schwemmland versorgt. Entsprechend seiner unmittelbar sinnlich spürbaren Bedeutung spielt das Wasser in allen großen Religionen, vom Hinduismus bis zum Christentum, eine wichtige Rolle.

Die Versorgung mit Wasser ist immer noch oder mittlerweile wieder verstärkt in weiten Teilen der Welt sehr gefährdet. Die Sorge um das Wasser brennt der Bevölkerung in vielen Ländern darum auch mehr unter den Nägeln als zum Beispiel die Sorge um das Klima, eine weitere globale Ressource.

Bewässerung

Landwirtschaft in wasserarmen Gebieten wird seit jeher von der lokalen Bevölkerung mit Hilfe der Feldbewässerung ermöglicht. Eine erstaunliche Vielfalt angepaßter Bewässerungsmethoden haben die Menschen aufgrund der vorgegebenen natürlichen Bedingungen entwickelt. Diese angepaßten Technologien konkurrieren mit der intensiven agroindustriellen Bewässerungswirtschaft. Der hohe Wasserbedarf der Bewässerungslandwirtschaft führte schon in vielen Gebieten – unter anderem in Kalifornien – zur Versalzung der Böden und Erschöpfung der Wasservorräte.

Fallbeispiel

„Lokale Ressourcen nutzen" – Bewässerungsanbau in Simbabwe

Sandig sind die Böden im Süden Simbabwes, von Niederschlägen nicht verwöhnt. Und doch hat eine Kleinbauern-Familie in dieser trockenen Gegend durch geschickte Ausnutzung der wenigen Regenfälle eine kleine, drei Hektar umfassende Oase geschaffen. Der Boden versorgt die elfköpfige Familie Phiri mit Gemüsen, Früchten und einheimischen Getreidesorten. Außerdem gibt die kleine Farm genügend her, um Federvieh und einige Rinder und Ziegen zu halten. Selbst während der Trockenheit, die die Region Anfang der neunziger Jahre heimsuchte, wuchs auf der Farm noch Gras und hatten die Brunnen noch Wasser. Die Familie Phiri überlebte in selbständiger Existenz auch die schwierige Phase der Trockenheit, weil sie konsequent – und im Unterschied zu den meisten anderen Kleinbauern – lokale Ressourcen nutzte. Zum einen ließ sie sich nicht zum Anbau von subventionierten Hochertragssorten wie zum Beispiel Hybridmais verleiten. Denn mit den in den Labors der internationalen Agrarforschung gezüchteten Hochertragssorten tun sich viele Kleinbauern schwer. Ohne ausreichend Geld für Dünger und Pestizide und mit nur wenig Wasser werfen die angeblichen Hochertragssorten längst nicht den Ertrag ab, den sich viele erhoffen. Familie Phiri hingegen schwört auf die lokalen Sorten, die an Klima und Bodenbedingungen angepasst sind und in Mischkulturen ohne Agrochemie auskommen. Der Anbau lokaler Sorten ist allerdings nur die Hälfte des Erfolgsrezeptes der kleinen Farm. Daß die lokalen Sorten so ertragreich sind, hängt vom ausgeklügelten Bewässerungssystem der Farm ab. Mit Terrassen, Steinwällen, Wasserlöchern und Gräben wird der Regen daran gehindert, auf dem abschüssigen Land einfach talwärts zu stürzen und dabei die Bodenkrume auszuwaschen. Der kostbare Regen versickert, aufgehalten von den „künstlichen Hindernissen", langsam im dicht bewachsenen Boden. Dieser kann so die Feuchtigkeit länger halten und die drei Brunnen auf den Feldern der Familie Phiri speisen. Aus diesen Brunnen gewinnt die Familie ihr Trinkwasser, und es reicht außerdem aus, gemeinsam mit dem in einem unterirdischen Tank aufgefangenen Brauchwasser, die Farm zu bewässern.

(nach: Frankfurter Rundschau, 29.7.97)

Fischfang

Doch Wasser wird nicht nur in der Landwirtschaft weltweit genutzt. Auch das Leben im Wasser ist für viele Menschen eine – mittlerweile gefährdete – Existenzgrundlage. Der Lebensunterhalt von ungefähr 100 Millionen Menschen im Süden hängt vom Fischfang ab. Dieser wird durch das gewaltige Anwachsen industrieller Fangmethoden gefährdet. Nach Angaben der FAO (1995) haben sich die Fischfänge in Meeren, Seen und Flüssen seit 1950 verfünffacht. Seit 1989 haben sie sich bei rund 100 Millionen Tonnen pro Jahr eingependelt. Die Fangmethoden werden aggressiver. Der Kampf um die letzten Meeresressourcen ist hart. (nach: Sax u.a. 1997, S. 38) Mittlerweile sind 70 Prozent der weltweiten Fischbestände überfischt: „Der Grund dafür ist eine verfehlte Fischereipolitik, vor allem die der EU. Als die europäischen Gewässer überfischt waren, wurde die Überkapazität der EU-Flotte nicht abgebaut, sondern die EU-Staaten suchten nach neuen Fanggründen. Diese fanden sie im Süden, in Gewässern außerhalb der traditionellen Drei-Meilen-Zone. Erst mit dem Seerechtsabkommen von 1982 wurde die Zone auf 200 Meilen erweitert und den EU-Fischern damit untersagt, diese Gewässer ökonomisch zu nutzen. Um ihren Fischern dennoch Zugang zu verschaffen, schließt die EU mit zahlreichen Dritte-Welt-Staaten Fischereiabkommen ab. Als Gegenleistung erhalten sie Finanz- und Entwicklungshilfe."
(Schneider 1997, S. 3)

Gestautes Wasser

Zahllose Staudämme wurden in diesem Jahrhundert bereits gebaut. Immer wieder wurde der Bau des „größten Wasserkraftwerks aller Zeiten" angekündigt. Jedes Projekt wurde bald von einem anderen in der Größendimension überholt. Die Ziele dieser Großprojekte lauten immer wieder Energieversorgung, Schutz vor Überschwemmungen, Schaffung eines Wasserreservoirs zur Bewässerung usw. Erreicht werden diese Ziele, wenn überhaupt, meist nur auf Zeit. Fehlplanungen, die nicht erwünschte Nebeneffekte wie Austrocknung oder Versandung des Stausees bewirken (Beispiel: Sobradinho-Staudamm in Brasilien), treten häufig auf. Ökologische Folgen werden oft nicht berücksichtigt. Ein abschreckendes, noch unvollendetes Beispiel ist der Jangtse-Staudamm in China.

Fallbeispiele

Das Dreischluchtenprojekt

Heftigste Kritik hat das Projekt der chinesischen Regierung ausgelöst, den Jangtse-Fluß aufzustauen und dort ein Sperrwerk gigantischen Ausmaßes zu errichten: 2,3 Kilometer lang und 175 Meter hoch soll der Dreischluchtendamm werden. Der Stausee soll sich über eine Strecke von 660 Kilometern Länge ausdehnen. 26 Generatoren erzeugen dann, so der Plan, 18 720 Megawatt Strom – und damit fast 10 Prozent des gegenwärtigen Stromverbrauchs in China. 17 Milliarden Dollar soll das Projekt offiziell kosten, 100 Milliarden Kosten werden real entstehen – so schätzen die KritikerInnen. Für das gewaltige Projekt sollen ungefähr 1,1 Millionen Menschen umgesiedelt werden – und verhelfen so 30 Millionen Menschen zu Sicherheit vor Überschwemmungen, betonen die Befürworter des Projekts.
(nach: Fritz Vorholz, DIE ZEIT, 4.4.1997)
Der Dreischluchtendamm und die ihm vorhergehende veränderte Flächennutzung der Ufergebiete des Flusses belegen die fundamentale Veränderung im Verhältnis der Chinesen zur Natur. Versuchten die Menschen früher, im Einklang mit der Natur zu leben, so greifen sie heute massiv in die Natur ein – oftmals sehr rücksichtslos. Diese Eingriffe schlagen auf die Menschen zurück. Denn der Jangtse, der Fluß, der jetzt wegen Bedrohung der AnwohnerInnen gestaut werden soll, war jahrhundertelang ein sehr ruhiger Fluß. Aber Rodungen am Oberlauf des Flusses sowie Trockenlegung riesiger Seen, die Speicherplätze für das Hochwasser waren, und fehlerhafte Flußregulierung machten Überschwemmungen zur permanenten Gefahr.
Die sozialen und ökologischen Folgen des geplanten Staudamms sind enorm: Da das Umsiedlungsgebiet kleiner als das geplante Überschwemmungsgebiet ist, kann die Zahl der betroffenen Bevölkerung in kurzer Zeit auf 2,5 Millionen Menschen steigen. Das ausgewählte Gebiet, in das die Umsiedlung erfolgen soll, war in der Geschichte ein Verbannungsgebiet beziehungsweise ein Versteck für politische Verfolgte. Die umsiedlungsunwilligen Menschen durch den Druck des steigenden Wassers schlicht zu vertreiben ist Bestandteil des Bauplans, denn die Umsiedlung soll erst zehn Jahre nach Fertigstellung des Damms abge-

schlossen sein. Solange wird die Stauung des Wassers aber nicht dauern.
Die ökologischen Folgen ergeben sich zum einen aus der Umsiedlung selbst. Das Ausweichen der Bevölkerung auch in die Bergregionen wird zu verstärkter Erosion führen. Ferner ist das Gebiet des Stausees von Erdbeben bedroht. Unter dem geplanten Stausee kreuzen sich geologische Verwerfungen. Seltene Tiere und Pflanzenarten, die es nur im Jangtse-Fluß gibt, werden bedroht. Internationale Kreditgeber wie die Weltbank oder die U.S.-Export-Import-Bank lehnten eine finanzielle Unterstützung des Projektes ab. Unternehmen aus den USA, Kanada, Japan, Deutschland, Italien und anderen Ländern beteiligen sich jedoch an dem Projekt, dessen Bau am 14. Dezember 1994 begonnen wurde.
(nach: Wang 1997, S. 343f.)

Wassermangel

„China leidet unter chronischem Wassermangel. Ähnlich wie beim Ackerland müssen 22 Prozent der Weltbevölkerung mit nur rund 8 Prozent des weltweit verfügbaren Süßwassers auskommen. Verstädterung, Industrialisierung, Waldvernichtung sowie Wasserverschwendung in Fabriken und in der Landwirtschaft haben das Problem verschärft – vor allem im besonders wasserarmen Norden Chinas." (Fritz Vorholz, DIE ZEIT, 4.4.1997) In Peking fördern 40 000 Brunnen das Lebenselixier aus immer größerer Tiefe – seit den fünfziger Jahren ist der Grundwasserspiegel im Stadtgebiet um durchschnittlich 18 Meter, stellenweise sogar um über 30 Meter abgesunken. Bodenabsenkungen und Schäden an Gebäuden und Straßen sind die Folge. Vorhandene Wasserreservoirs sind zum Teil schon ausgetrocknet, geplante neue Reservoirs stoßen zum Teil auf Widerstand der regionalen Bevölkerung, die sich für die Hauptstadt nicht „das Wasser abzwacken" lassen will. Im Pekinger Einzugsbereich, der zwölf Millionen Menschen umfaßt, sind neben den insgesamt 4000 Industriebetrieben die landwirtschaftlichen Betriebe die großen „Wasserfresser". Seit den fünfziger Jahren werden vor allem wasserintensive Sorten wie Naßreis statt der vordem dort angebauten unempfindlicheren Hirse- und Sorghum-Sorten angebaut. Doch auch in den privaten Haushalten ist der Wasserverbrauch mittlerweile auf etwa 100 bis 120 Liter pro Kopf und Tag angewachsen. Die Wasserversorgung wird

in Zukunft nur stabilisiert werden können, wenn Umorientierungen in der Agrarpolitik stattfinden sowie eine insgesamt effizientere Wassernutzung durchgesetzt werden kann.
(nach: Sternfeld 1997, S. 183–190)

Wasserverbrauch in Asien

„Den größten Anteil am Wasserverbrauch verzeichnet in Asien – wie auch weltweit – die Landwirtschaft. Aufgrund des hohen Anteils an Bewässerungsflächen macht sie in Asien durchschnittlich 86 Prozent des Wasserbedarfs aus. Weltweit beläuft sich dieser Wert auf 69 Prozent. Die privaten Haushalte in Asien beanspruchen hingegen nur 6 Prozent des Wassers, die Industrie nur 8 Prozent. Die nationalen Landwirtschaften von Afghanistan, Pakistan, Bangladesch, Indien, Nepal und Sri Lanka verzeichnen dabei Werte von 93 bis 99 Prozent des gesamten nationalen Wasserverbrauches. (…) Nachdem der hohe Anteil der Landwirtschaft am nationalen Wasserverbrauch erkannt ist, rücken Möglichkeiten zur Wassereinsparung ins Blickfeld, wie etwa optimierte Bewässerungstechniken und technische Einrichtungen sowie der Anbau ökologisch angepaßter Kulturpflanzen.
(…) Nach Berechnungen von UNDP weiß Thailand annähernd 90 Prozent seiner Bevölkerung mit Zugang zu sauberem Wasser versorgt. In Indien, Malaysia, den Philippinen und der Mongolei sind es über 70 Prozent, in China und Pakistan 70 Prozent, in Indonesien weniger als 60 Prozent, und in Kambodscha sind sogar nur 30 Prozent der Bevölkerung mit Zugang zu sauberem Wasser versorgt. Die Tragweite dieser statistischen Werte (…): schätzungsweise 80 Prozent aller Krankheiten und über ein Drittel aller Todesfälle in den Ländern der „Dritten Welt", zu denen die überwiegende Zahl der asiatischen Staaten zählen, sind auf den Konsum unsauberen Trinkwassers zurückzuführen. Der Grad der Sterblichkeit von Kindern unter fünf Jahren verhält sich daher genau umgekehrt proportional zum Anteil der Bevölkerung mit Zugang zu sauberem Trinkwasser: In ihren ersten Lebensjahren starben in Kambodscha von 1000 Kindern unter fünf Jahren annähernd 200, in Pakistan etwa 130, in Indonesien immerhin noch 80 und in China und Thailand etwa zwanzig Kinder."
(Hoffmann 1997, S. 22f.)

Wasserverbrauch in Deutschland

Der Bevölkerung im nördlichen Westeuropa ist die Versorgung mit Wasser (noch) selbstverständlich. Wasser ist in dieser regenreichen Region reichlich vorhanden, und zwar nicht nur saisonal, sondern gleichmäßig auf das ganze Jahr verteilt. Diese selbstverständliche Verfügbarkeit von Wasser für den alltäglichen Bedarf in Industrie und Haushalt sowie die bequeme Handhabung durch ein gut ausgebautes Wasserversorgungsnetz tragen zu einem unkontrollierten Wasserverbrauch bei. Verbrauchte eine deutsche Person 1950 noch 85 Liter pro Tag, so war dieser Verbrauch bis 1993 auf 145 Liter pro Tag angewachsen. Übertrumpft wurden die Deutschen allerdings noch von den SchweizerInnen: Sie lagen mit 180 Liter Wasserverbrauch pro Tag und Kopf im europäischen Vergleich an der Spitze.

„Für Deutschland läßt sich die Wasserkrise exakter berechnen als die Klimaveränderungen. Die Bundesrepublik, die reich an Wasser ist, steht vor dem Wassernotstand. Die deutsche Industrie verbraucht jährlich 16 Milliarden Kubikmeter Wasser. Die Landwirtschaft verseucht Grund- und Oberflächenwasser mit Pestiziden und Düngemitteln. Jeder von uns verbraucht achtmal soviel Wasser wie seine Großeltern vor 80 Jahren. Unser Wasser ist quantitativ und qualitativ bedroht. Es wird verschwendet, verschmutzt und vergiftet. Und unsere Kleider sind daran nicht ganz unbeteiligt: Alles in allem benötigt die bundesdeutsche Textilindustrie ein jährliches Abwasseraufkommen von 247 Millionen Kubikmetern. Das sind mehr als 60% des Wasserbedarfs des gesamten verbrauchsgüterproduzierenden Gewerbes."
(Hingst/Mackwitz 1996, S. 178)

Zentrale Krankheitssyndrome des Wassers

Um dem Ziel eines nachhaltigen Umgangs mit Süßwasser näher zu kommen, müssen die zentralen ökologischen Bedrohungen des Wassers ausgemacht werden. Der Wissenschaftliche Beirat „Globale Umweltveränderungen", der nach dem UN-Gipfel für Umwelt und Entwicklung von 1992 in Rio de Janeiro eingesetzt wurde, definierte als zentrale „Krankheits-Syndrome" des Wassers folgende vier:

Das Grüne-Revolution-Syndrom

Die rasche Modernisierung der Landwirtschaft im Süden mit der Einführung lokal nicht angepaßter Hochertragssorten und Bewässerungsanbau (= Grüne Revolution) führte zur Verarmung und Versalzung der Böden in vielen Ländern.

Das Aralsee-Syndrom

Großtechnische Maßnahmen wie Staudämme, große Bewässerungsprojekte und Infrastrukturmaßnahmen greifen in die Landschaft, den regionalen Wasserhaushalt und die Fließgeschwindigkeit von Gewässern stark ein und führen zum Verlust der regionalen Artenvielfalt.

Das Favela- oder São-Paulo-Syndrom

Das rasante, unkontrollierte Siedeln vieler Menschen am Rande der Städte beziehungsweise in den Slums der Städte beeinträchtigt die Gesundheit der dort lebenden Menschen beträchtlich durch mangelnde Wasserversorgung und -entsorgung.

Das Massentourismus-Syndrom

Eine Bedrohung der Süßwasserreserven liegt im zunehmenden Tourismus. In den Touristenzentren am Mittelmeer beispielsweise liegt der Wasserverbrauch für Pools, Gartenanlagen, Bad und WC heute bei 1000 Liter pro Tag und Besucher. Übertragen auf die gesamte Weltbevölkerung, „müßte die Menschheit jeweils innerhalb eines halben Jahres das gesamte Volumen aller Flüsse dieses Planeten leeren". (Sprenger, Frankfurter Rundschau, 29.7.1997)

Angesichts dieser zunehmenden Bedrohung der zur Verfügung stehenden Wassermenge verwundert es nicht, daß weltweit potentielle Konflikte um Wasser schwelen. Die Konflikte zwischen Israel und Jordanien um das Wasser des Jordan oder zwischen Pakistan und Indien um die Nutzungsrechte am Wasser des Indus und seiner Nebenflüsse (siehe Hoffmann 1997, S. 226f.) sind nur zwei Beispiele einer ganzen Reihe. Viele dieser Konflikte konnten zwar durch Vereinbarungen zwischen den Konfliktpartnern entschärft werden. Doch stellt sich das Problem bei zunehmendem Wasserbedarf beziehungsweise zunehmender Wasserverschmutzung immer wieder neu.

Migration

Während die nationalen Grenzen für Waren und Kapital immer durchlässiger werden, werden sie gegen die Schutz suchenden Menschen, deren Heimat zum Brennpunkt sozialer, politischer und/oder ökologischer Katastrophen wurde, immer stärker abgeschottet. Zugleich steigt die Zahl der Schutz und Sicherheit suchenden Menschen. 1996 lebten ungefähr 125 Millionen Menschen außerhalb ihres Geburtslandes. 24 Millionen dieser Menschen flohen vor Kriegen oder wurden wegen ihrer Nationalität, ihrer ethnischen Zugehörigkeit, ihrer Religion oder ihrer politischen Meinung verfolgt und gelten nach der

Definition der Vereinten Nationen als Flüchtlinge. Weitere 125 Millionen Menschen leben als Flüchtlinge in ihren Heimatländern. Der größte Teil der weltweiten Flüchtlinge bleibt in den Herkunftsregionen. Nur ein Bruchteil der außereuropäischen Flüchtlinge flieht nach Europa oder Nordamerika.

Daß Menschen ihre Heimat verlassen, ist kein neues Phänomen. Auf der Suche nach besseren Lebensmöglichkeiten fanden weltweit zu allen Zeiten Völkerwanderungen statt. Zwischen 1820 und 1930 verließen so etwa 40 Millionen Europäer und Europäerinnen ihre Heimat und emigrierten aus wirtschaftlichen Gründen nach Übersee („Wirtschaftsflüchtlinge"). Doch tritt im 20. Jahrhundert verstärkt die Flucht vor ökologischer Zerstörung neben die „klassischen" Fluchtursachen:

- In der Sahel-Zone südlich der Sahara zerstören Erosion und Ausbreitung der Sahara das traditionelle Gleichgewicht zwischen Nomaden und Bauern. Diese ökologische Veränderung bildet einen der Hintergründe für die ethnischen Konflikte und Bürgerkriege in der Region.
- In Bangladesch sind bis zu 19 Millionen Menschen jedes Jahr von Überschwemmungen betroffen. Fluchtziel vieler Menschen ist Indien.
- In den Erdölgebieten im Süden Nigerias sind Umweltzerstörungen aufgrund der Erdölförderung eine Ursache für neu entflammte ethnische Auseinandersetzungen.

Ökologische Veränderungen können zur Destabilisierung der regionalen oder nationalen Wirtschaft beitragen und so die ganze Gesellschaft in eine existenzielle Krise treiben. Es besteht also ein enges Wechselspiel zwischen Entwicklungs- und Umweltfragen. Ökologische Fluchtursachen sind deshalb oft nur schwer von anderen Fluchtursachen zu trennen. Von den Betroffenen werden sie jedenfalls häufig nicht als dominante Fluchtursache wahrgenommen oder thematisiert. Noch, denn die Prognosen sagen bei anhaltender globaler Umweltzerstörung ein gewaltiges Wachstum der Umweltflüchtlinge voraus: „Die Verarmung führt mit zu einem Raubbau an der Natur, der langfristig die natürlichen Lebensgrundlagen ganzer Regionen vernichtet. Die Umweltorganisation der Vereinten Nationen schätzt, daß 850 Millionen Menschen, die in solchen Gebieten leben, um ihren Lebensraum fürchten müssen."
(Asyl gewähren 1992, S. 7)

Kinderflüchtlinge

Eine besondere Problemgruppe unter den Flüchtlingen sind die Kinder. Die Zahl der von Krieg, Vertreibung, Armut und Umweltzerstörung betroffenen Kinder wächst mit der Zahl betroffener Familien. Für 1995 gingen vorsichtige Schätzungen von sechs bis zehn Millionen Kinderflüchtlingen weltweit aus. Kinder sind den körperlichen und seelischen Belastungen einer Flucht, eines Lebens in Flüchtlingslagern oder einer unerwünschten Existenz in den reichen Ländern am wenigsten gewachsen. Deklarationen und Konventionen zu Kinderrechten, die sich auch speziell mit der Situation von Kinderflüchtlingen auseinandersetzen, sind zwar von vielen Staaten unterzeichnet worden. So wurde 1989 das „Übereinkommen über die Rechte der Kinder", die Kinderkonvention der Vereinten Nationen, vorgelegt. Sie benennt das Recht auf Leben, das Recht auf elterliche oder vergleichbare Fürsorge, das Recht auf freie Meinungsbildung und -äußerung, das Recht auf Erhaltung der Gesundheit und auf Bildung, den Schutz vor Ausbeutung, Folter und Mißbrauch aller Art als zentrale Kinderrechte. In Artikel 22 nimmt sie auch Stellung zum Problem der Kinderflüchtlinge. Diese Konvention wurde von über 100 Staaten unter-

Umwelt und Migration

Ökologische Probleme und Veränderungen sind eine verbreitete Ursache für erzwungene Migrationsbewegungen. Die Erscheinungsformen solcher Veränderungen sind jedoch sehr verschieden. Sie können wie bei Katastrophen, beispielsweise Erdbeben oder Wirbelstürmen, plötzlich und unerwartet auftreten oder wie bei den langsam ablaufenden Prozessen der Desertifikation und Bodendegradation ganz allmählich einsetzen.

Menschen, die durch umweltbedingte Veränderungen ihren Wohnsitz aufgeben müssen, gelten im allgemeinen nicht als Flüchtlinge, selbst wenn sie gezwungen waren, eine internationale Grenze zu überschreiten und in ein anderes Land zu gehen. (...)

Umweltschäden und der daraus resultierende Wettbewerb um knappe Bodenschätze bilden oft die Wurzel von Konflikten, durch die Menschen vertrieben werden. So wurde die Rebellion der Zapatisten im mexikanischen Bundesstaat Chiapas, die 35 000 Menschen entwurzelte, zum Teil auf die wachsenden Probleme der Landbevölkerung zurückgeführt, die mit Entwaldung, Bodenerosion und -knappheit zu kämpfen hatte. Nach Ansicht zahlreicher Beobachter könnten in den nächsten Jahren zunehmend „Ressourcenkriege" ausbrechen – Kriege, in denen Staaten um die Kontrolle über Trinkwasser aus Flüssen und andere wertvolle Naturgüter kämpfen und die auch Flüchtlingsbewegungen auslösen.
(UNHCR, Zur Lage der Flüchtlinge in der Welt. Erzwungene Migration: Eine humanitäre Herausforderung, Bonn 1997, S. 29)

zeichnet. Deutschland entzog sich aber den ausländer- und asylrechtlichen Bindungen durch einen Auslegungsvorbehalt. Den derzeit 5000–6000 Kinderflüchtlingen in Deutschland kommt deshalb kein besonderer Schutz zu. Die Abschiebepraxis zum Beispiel unterscheidet nicht zwischen Kind oder Erwachsenem – in beiden Fällen ist sie hart.

Die weltweite Migration und Flucht hat jedoch nicht nur ökologische Ursachen, sie hat auch ökologische Konsequenzen. Wenn überhaupt jemand, dann sind die Menschen die Träger und Trägerinnen einer zukunftsfähigen Entwicklung. Der Aderlaß an Menschen, an festen sozialen Strukturen und lokalem ökologischem Wissen, den die Südländer erleiden, entzieht einer zukunftsfähigen Entwicklung einen wichtigen Teil ihrer Basis.

Asyl

„In den ersten Wochen hatte ich noch Hoffnung.
Hoffnung, daß der Richter mir glaubt.
Hoffnung, daß die Behörden mich anhören.
Hoffnung, daß es jenseits der Gitterstäbe noch jemanden gibt,
der sich mir zuwendet.
Die Hoffnungen sind zerplatzt.
Der Haß ist zerplatzt.
Die Sehnsucht nach Freiheit ist verschwunden.
Geblieben ist die Angst vor den Polizisten und
Sicherheitsbeamten im Land meiner Geburt.
Mir aber wurde gesagt: Angst ist nicht asylrelevant."
(Zeilen eines chinesischen Studenten aus der Abschiebehaft, der am 19.9.94 von Berlin nach
China abgeschoben wurde und seitdem verschollen ist; aus: Asyl in der Kirche, 1995)

Migration und Asyl gehören zusammen wie zwei Seiten einer Münze. Menschen, die ihre Heimat aufgeben, hoffen auf Aufnahme in einem anderen, nahen oder fernen Land. Sie sind angewiesen auf Schutz und Geborgenheit in einem Gastland – auf Zeit oder auf Dauer, je nach Entwicklung der Situation in ihrem Heimatland und dem Maß ihrer eigenen Integration im Gastland. Wenn auch nur ein Bruchteil der weltweiten Flüchtlinge um Asyl in den nördlichen Staaten bittet, so reagieren diese bereits mit der Abschottung ihrer Grenzen: So wohnten zum Beispiel in der Schweiz Ende 1995 insgesamt 24 581 anerkannte Flüchtlinge (weniger als 0,4 Prozent der Bevölkerung) und 100 864 De-facto-Flüchtlinge, deren Asylgesuch noch nicht entschieden war oder die aus humanitären Gründen aufgenommen oder noch nicht zurückgeschickt wurden (Sax 1997, S. 41).
Unter den AsylbewerberInnen stellen Frauen eine besonders benachteiligte Gruppe dar. Zu den allgemeinen Fluchtursachen treten bei ihnen geschlechtsspezifische Fluchtursachen: Politische Aktivität von Frauen wird oft mit sexueller Gewalt „abgestraft"; Frauen werden in die Verfolgung ihrer Partner oder Familienangehörigen einbezogen und inhaftiert, um der Gesuchten habhaft zu werden; Verfolgung von Minderheiten erfolgt oft in der Verfolgung und Vergewaltigung der Frauen dieser Minderheiten; Frauen werden wegen Mißachtung geschlechtsspezifischer Regeln zum Teil grausam bestraft: „Frauen werden in vielen Staaten Opfer von Praktiken, die nicht direkt vom jeweiligen Staat durchgeführt, aber teilweise gesetzlich geschützt oder zumindest gedul-

det werden. Hierzu gehören genitale Verstümmelungen, Zwangsverheiratungen, Kinderehen, Mitgiftmorde und Tötungen von Frauen mit der Begründung, auf diese Weise werde die Familienehre wiederhergestellt." Alle diese Gründe sind in Deutschland keine anerkannten Fluchtursachen. In der Regel werden frauenspezifische Verfolgungen als private Übergriffe durch Dritte gewertet, selbst wenn diese Dritte Staatsbedienstete sind, die Verfolgung im Dienst und geschützt vom Dienstherrn ausüben.
(nach: Verfolgte Frauen schützen. Aufruf von Pro Asyl, 1997)

> „Ich glaube, das Wertesystem eines Staates tritt brennpunktartig an seinen Grenzen in Erscheinung. Dem Besucher begegnet der Grenzbeamte als erster Repräsentant des Landes, in das er einreist. Dort, an den Grenzen, zeigt sich ihm in gleichsam verdichteter Gestalt, welches Maß an Freiheit ein Land auszeichnet und wieviel Schutz und Geborgenheit den Bürgern gewährt wird."
> (Wolfgang Schäuble 1990, zitiert nach: epd-Dritte-Welt-Information 7/8 1995, S. 4)

Fluchtursache Rüstungsexporte

Die meisten Kriege nach 1945 waren sogenannte Bürgerkriege. Waffen benötigten die kriegführenden Regime und Parteien also vor allem für die Absicherung nach innen, für die Unterdrückung von Opposition und die Verfolgung und Vertreibung von Minderheiten. Die Waffenlieferungen aus dem Norden ermöglichen diese Kriege: Die Regime können ihren Machterhalt mit modernen Waffen von Maschinengewehren über Kampfpanzer bis zu chemischen Waffen sichern. Es ist paradox: Westeuropa liefert Waffen in Krisengebiete, so zum Beispiel Deutschland an die Türkei oder die Schweiz an Indonesien, fördert so die bewaffneten Konflikte, weigert sich aber zugleich, die fliehenden Menschen als Flüchtlinge anzuerkennen. Der Kreislauf von Armut, Repression, Militarisierung, ökologischer Zerstörung und Flucht spitzt sich durch die Unterstützung des Nordens im Süden immer mehr zu.

> **Wider die Todes-Händler**
> Wir brauchen einen Verhaltenskodex für Waffenlieferanten
> Es ist eine Schande: Die fünf ständigen Mitglieder des UN-Sicherheitsrates – die Vereinigten Staaten, Rußland, China, Frankreich und Großbritannien – stellen 85 Prozent aller Waffen, die auf dem internationalen Markt geliefert werden. Dies ist nicht zu akzeptieren. Die wichtigen Mächte der Welt müssen endlich erkennen, daß sie keinen Frieden in der Welt schaffen können, wenn sie Waffenverkäufe wegen kurzfristiger Profite oder aus politischer Zweckmäßigkeit fördern.
> Die Unterstützung dieses Handels mit dem Tod bringt Verwüstung und Elend über unschuldige Zivilisten auf der ganzen Welt. Seit dem Ende des Zweiten Weltkriegs wurden die meisten Toten bei gewalttätigen Auseinandersetzungen in den unterentwickelten Staaten registriert. Es wundert nicht, daß die meisten dieser Konflikte durch Waffen angestachelt und genährt wurden, die aus den entwickelten Nationen kommen.
> Kuwait, Somalia, Bosnien, Ruanda, die Republik Kongo (früher Zaire) –

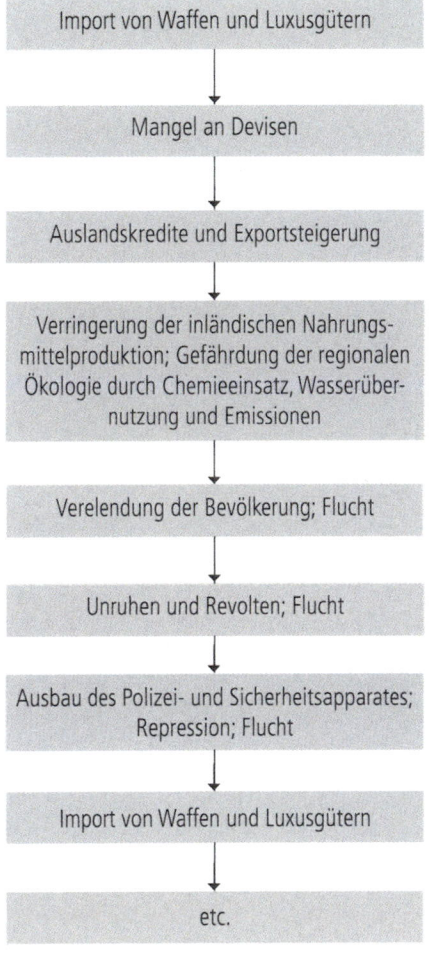

Import von Waffen und Luxusgütern

↓

Mangel an Devisen

↓

Auslandskredite und Exportsteigerung

↓

Verringerung der inländischen Nahrungsmittelproduktion; Gefährdung der regionalen Ökologie durch Chemieeinsatz, Wasserübernutzung und Emissionen

↓

Verelendung der Bevölkerung; Flucht

↓

Unruhen und Revolten; Flucht

↓

Ausbau des Polizei- und Sicherheitsapparates; Repression; Flucht

↓

Import von Waffen und Luxusgütern

↓

etc.

(nach: Stichworte zur Friedensarbeit, Nr. 1, Fluchtursache Rüstungsexporte, hg. v. Pax Christi im Bistum Aachen, 1992)

die Namensliste der Länder, die in diesem Jahrzehnt unter den Verheerungen eines bewaffneten Konflikts gelitten haben, ist viel zu lang.

Wir brauchen einen internationalen Verhaltenskodex für Waffenlieferungen. Fünfzehn Nobelpreisträger haben sich meinem Resolutionsentwurf angeschlossen. Wir fordern, daß waffenproduzierende Länder keine Waffen an Staaten verkaufen dürfen, die eine Diktatur sind, die gegen die Menschenrechte verstoßen oder Aggressionen gegen andere Nationen oder Völker führen.

Wir müssen damit beginnen, ein neues Sicherheitsparadigma zu entwickeln: menschliche Grundbedürfnisse wie Nahrung, Schutz, Gesundheitsfürsorge und persönliche Sicherheit müssen Vorrang vor der Anhäufung von Waffen haben.

Während wir uns dem nächsten Jahrhundert nähern, interessieren sich viele Staatsführer leider mehr für die expandierenden globalen Märkte als für Investitionen in Bildung, bezahlbare Wohnungen und Gesundheitsfürsorge. Allein 1996 gab die amerikanische Regierung den Waffenfabrikanten sieben Milliarden Dollar Subventionen, damit sie ihre Waren exportieren konnten. In der heutigen Welt, in der fast eine Milliarde Menschen weder lesen noch schreiben können, mehr als eine Milliarde keinen Zugang zu trinkbarem Wasser haben und 1,3 Milliarden weniger als einen Dollar am Tag verdienen, trägt der Waffenhandel dazu bei, Armut zu verewigen. Unsere Kinder brauchen Schulen, keine Panzer; Spielplätze, keine Gewehre; Krankenhäuser, keine Kampfflugzeuge. Menschliche Sicherheit, nicht nur nationale Sicherheit, muß unser Gebot für das 21. Jahrhundert sein. Der Verhaltenskodex kann dabei helfen.

(Oscar Arias, ehemaliger Präsident von Costa Rica und Träger des Friedensnobelpreises 1987; Quelle: DIE ZEIT, 15.8.1997)

Lösungsansätze

Zum Abschluß des Kapitels „Gesellschaftliches Zusammenleben" kann es nicht darum gehen, eine perfekte Lösung aller oft nur kurz angerissenen Problembereiche darzulegen, sozusagen in Form eines Aktionsprogramms. Der Anbruch des „goldenen Zeitalters" läßt sich leider nicht einfach beschließen oder am Schreibtisch erarbeiten. Das Fehlen von Patentrezepten macht unsere Situation ja gerade so schwierig und kann leicht dazu führen, sich von der Fülle der Probleme erschlagen zu fühlen. Trotzdem sind die vielen sinnvollen und perspektivenreichen Lösungsansätze und Initiativen, die sich letztlich um zukunftsfähige Entwicklung für alle bemühen, nicht zu verachten. Sie sind nicht lediglich Stückwerk, sondern setzen an zentralen Punkten der einzelnen Problembereiche an. Im folgenden sollen einige Möglichkeiten eines alternativen Umgangs mit dem Geld als dem zentralen Verkehrsmittel und Fetisch des Globalisierungswettlaufs benannt werden.

Nimm Platz am Tisch

Nimm Platz am Tisch, du hast ihn doch gedeckt.
Von heute ab wird auch die das Kleid tragen, die es genäht hat.
Heute, mittag um zwölf Uhr
Beginnt das goldene Zeitalter.

Wir fangen es an aus der Erwägung heraus
Daß ihr müd seid, Häuser zu bauen und
Nicht darin zu wohnen. Wir glauben
Ihr wollt jetzt das Brot essen, das ihr gebacken habt.

Mutter, dein Sohn soll essen.
Der Krieg ist abgesagt worden. Wir dachten
So sei es dir recht. Warum, fragten wir uns
Das goldene Zeitalter noch aufschieben?
Wir leben nicht ewig.

(Bertolt Brecht, 1981, S. 961)

„Saubere Gewinne" – eine Möglichkeit für viele

Das Geldvermögen (Spar- und Bausparneinlagen, Wertpapiere, Lebensversicherungen) der privaten Haushalte in Deutschland beläuft sich auf ungefähr 4,6 Billionen Mark (= 4 600 000 000 000 Mark) – so die Ergebnisse der Einkommens- und Verbrauchsstichprobe von 1993. Diese erfaßt zwar „nur" die Haushalte bis zu einem monatlichen Einkommen von 35 000 Mark (und klammert damit etwa 40 Prozent des privaten Geldvermögens aus), doch läßt sich aus diesen 4,6 Billionen Mark Geldvermögen der privaten Haushalte auf gut gefüllte Finanzpolster schließen. Gleichmäßig auf alle BürgerInnen verteilt, ergäbe diese Gesamtsumme ein Kapital von ungefähr 55 000 Mark pro Kopf. Zwar ist das gesparte Vermögen weit davon entfernt, so gleichmäßig verteilt zu sein. Trotzdem besitzt fast jeder Mensch in Deutschland eine kleine oder auch große Summe Erspartes, die auf Sparkonten, in Lebensversicherungen oder auch in Wertpapieren angelegt wird. Unbewußt werden viele so indirekt zu Gläubigern und Gläubigerinnen der verschuldeten Entwicklungsländer. Denn die Banken „arbeiten" mit den ihnen zur Verfügung gestellten Privatgeldern, und besonders die Großbanken tragen durch ihre Geschäftspolitik zur Verschuldung der Südländer und zur Kreditfinanzierung umweltzerstörender Großprojekte bei.

Die Mehrheit der Deutschen interessieren sich bei der Wahl der Geldanlage zur Zeit noch ausschließlich für die Sicherheit und die zu erwartende Höhe der Zinsen. Daß es mittlerweile eine Reihe von Möglichkeiten gibt, das Ersparte sicher und trotzdem unter Berücksichtigung ethischer und/oder ökologischer Kriterien anzulegen, ist vielen unbekannt. Dabei haben sich die Möglichkeiten alternativer Geldanlagen in den letzten Jahren sehr ausgeweitet. Nach einer Umfrage des Instituts für Markt, Umwelt und Gesellschaft (Hannover) waren allerdings nur zwei Prozent der Deutschen zu ethischen Geldanlagen „entschlossen", weitere 15 Prozent zeigten sich „interessiert". Fast 60 Prozent aller Deutschen hatten keinerlei Kenntnisse über ethische Geldanlagen. Im alternativen Bereich der Anlagemöglichkeiten lassen sich vor allem zwei Kategorien unterscheiden: Kennzeichen der ersten ist der Verzicht oder Teilverzicht auf Zinseinkommen. So gewährt die Ökumenische Entwicklungs-

Durchschnittliche private Geldvermögen 1993 nach Einkommensgruppen

monatl. Nettoeinkommen	Geldvermögen
weniger als 1000 DM	16 200 DM
3000–4000 DM	60 100 DM
7500–35 000 DM	196 800 DM
West-Haushalte:	136 000 DM
Ost-Haushalte:	42 000 DM

(Quelle: DIW; nach:
Frankfurter Rundschau, 6.11.1997)

EDCS – Investieren in Gerechtigkeit

Die Ökumenische Entwicklungsgenossen-schaft (EDCS = Ecumenical Development Cooperative Society) wurde 1975 mit dem Ziel gegründet, zu mehr wirtschaftlicher und sozialer Gerechtigkeit in dieser Welt beizu-tragen. Sie hat ihren Sitz im niederländischen Amersfoort und finanziert überwiegend Ent-wicklungsprojekte in der Dritten Welt. Ende 1996 hatte die Genossenschaft in Deutsch-land rund 6000 Einzelpersonen, 1520 kirch-liche Organisationen und 480 Gruppen oder Vereine als Mitglieder. Wer einen Anteils-schein im Wert von 500 Gulden (= 450 Mark) oder Teile eines Anteilscheins kauft, wird Mitglied in einem der EDCS-Förderkreise und unterstützt mit dem angelegten Geld die wirt-schaftliche Selbständigkeit kleiner Gruppen und Organisationen in der Dritten Welt. Die Förderkreise begleiten die Projektarbeit und informieren ihre Mitglieder und die Öffent-lichkeit über die geleistete Arbeit.

Den Unterschied zu einer kommerziellen Bank stellt EDCS in einem Faltblatt folgenderma-ßen dar:

- EDCS unterstützt Gruppen, die auf dem freien Kapitalmarkt keine Chance hätten. EDCS-Kredite sind günstiger als ortsüb-liche, der Zinssatz bleibt über die gesamte Laufzeit fix, die Partner sind an der Aus-arbeitung der Vertragsbedingungen be-teiligt. Die Menschen erhalten die Chan-ce, sich aus wirtschaftlicher Abhängigkeit zu befreien.

- Als AnlegerIn können Sie beobachten, was mit Ihrem Geld geschieht. Mit einem Anteilschein lernen Sie vieles über welt-wirtschaftliche Zusammenhänge, über Geld- und Machtverteilung und partizi-pieren unmittelbar an den Anstrengun-gen der ProjektpartnerInnen.

Gemeinden und Einzelpersonen, die an ei-ner Beteiligung an der Arbeit der EDCS inter-essiert sind, können sich an die regionalen Förderkreise wenden. Kontaktadressen aus Deutschland, der Schweiz und Österreich be-finden sich im Anhang.

genossenschaft in der Regel zwei Prozent Zinsen auf die angelegte Summe. Kennzeichen der zweiten Kategorie ist die Erwirtschaftung konventioneller Renditen im Rahmen bestimmter politischer Kriterien. Zu dieser Kategorie gehört die 1988 gegründete Ökobank, die ihre Geschäftspolitik vor allem an den Kriterien Frieden, Abrüstung, weltweite Gerechtigkeit, Umweltschutz, Ausstieg aus der Kernenergie und dem Abbau der Diskriminierung von Frau-en und AusländerInnen orientiert. Investitionen der Ökobank fließen vor al-lem in ökologisches Bauen, biologische Nahrungsmittelproduktion und umwelt- und sozialverträgliche Technologien. Neuerdings bietet die Ökobank auch Sparbriefe zugunsten des fairen Handels an.

Mit der Ökumenischen Entwicklungsgenossenschaft und der Ökobank sind zwei (sehr unterschiedliche) der zahlreichen Vertreterinnen im Bereich des ethi-schen Investments benannt.

Ethisches Investment ist ein wichtiger Schritt für die individuelle Verantwor-tung im Umgang mit dem eigenen Kapital und gegen die Anonymität der um die Welt streunenden spekulativen Geldanlagen. Es ist aber auch nur ein Schritt, wie das Institut SÜDWIND für Ökonomie und Ökumene betont:

„Ethisches Investment kann nur ein Anfang beim verantwortungsvollen Um-gang mit Geld sein. In Verbindung mit anderweitigen Aktionen und Prote-sten, der öffentlichen Diskussion über die Macht der Banken, dem Dialog mit Unternehmen über ihre ökologische und soziale Verantwortung, mit politi-scher Lobbyarbeit und dem Bemühen ‚kritischer Aktionäre‘, die transnationalen Konzerne zu einem ethisch verantwortungsvollen Wirtschaften anzuhalten, kann dennoch ein Prozeß des Umdenkens bei Verbrauchern und Verantwort-lichen in Politik und Wirtschaft in Gang gesetzt werden.“
(Boldt / Schneeweiß 1997, S. 7)

Kampagne „Erlaßjahr 2000 – Entwicklung braucht Entschuldung"

EDCS-Kriterien für die Kreditvergabe

- Das geförderte Projekt soll armen und benachteiligten Menschen nützen.
- Der Gewinn des Projektes soll vielen Menschen zugute kommen und darf nicht zur Bereiche-rung einiger weniger Organisatoren oder Investoren führen.
- Das Projekt soll zum sozialen und wirtschaftlichen Fortschritt der Gegend, in der es liegt, beitragen. Besondere Aufmerksamkeit soll dabei den ökologischen Auswirkungen gewidmet werden.
- Genossenschaftliche Strukturen werden vorrangig gefördert, weil sich die betroffenen Men-schen dadurch direkt an Durchführung und Management des Projektes beteiligen können. Bevorzugt werden solche Projekte gefördert, in denen Frauen die direkten Nutznießerinnen sind und in denen sie sowohl an Entscheidungsprozessen als auch an konzeptionellen Fragen über Aufbau und Arbeitsweise des Unternehmens, über dessen Organisation, Durchführung, Kontrolle und Bewertung beteiligt sind.
- Das Projekt soll wirtschaftlich lebensfähig sein und ein kompetentes Management und eine effiziente technische Leitung gewährleisten. Es soll sich innerhalb einer vernünftigen Zeitspan-ne selbst tragen, so daß eine Kapitalbeteiligung, ein Darlehen oder eine Bürgschaft der EDCS auslaufen kann.
- Es besteht eine Notwendigkeit für ausländische Finanzhilfe, die im Rahmen der jeweiligen Gesetzgebung möglich ist und mit der die PartnerInnen angemessen arbeiten können.

(aus: EDCS-Jahresbericht 1996, S. 10)

Weil die extreme Auslandsverschuldung vor allem in den ärmsten Ländern Leben und Entwicklung verhindert, haben kirchliche Hilfswerke, Verbände und entwicklungspolitische Initiativen nach biblischem Vorbild für das Jahr 2000 ein „Erlaßjahr" gefordert: Regelmäßiger Schuldenerlaß (Dtn 15, 1–6) sowie die Tradition der Rückkehr zum eigenen Land in jedem 50. Jahr, dem sogenannten Jobeljahr (Lev. 25,8–13), sollten sicherstellen, daß Arm und Reich nicht ständig weiter auseinanderdrifteten und schließlich die Gesellschaft sprengten. Alle 50 Jahre sollten verpfändete Güter zurückgegeben, Schulden erlassen und dem Schuldner das Land zurückgegeben werden. Das moderne nationale Konkurs- und Insolvenzrecht weist Verwandtschaft zu dieser Logik auf, insofern es unter Überschuldungssituationen einen Strich zieht, der allen Beteiligten einen Neuanfang ermöglicht.

Die Kampagne „Erlaßjahr 2000" möchte anknüpfend an die Tradition des Jobeljahres den verschuldeten ärmsten Ländern einen Neuanfang zum Jahr 2000 ermöglichen. Dieser soll aus zwei Komponenten bestehen: Zum einen werden den 30 ärmsten Ländern der Welt im Jahr 2000 ihre Schulden erlassen. Zum anderen sollen die internationalen Finanzbeziehungen mit einem dem nationalen nachgebildeten Insolvenzrecht ausgestattet werden. Verschuldete Staaten sollen nur noch zu Zahlungen verpflichtet werden können, die das Überleben der Bevölkerung nicht gefährden und die weitere Entwicklung des verschuldeten Landes nicht verhindern.

Die Initiatoren der Kampagne, zu denen unter anderem das Bischöfliche Hilfswerk MISEREOR gehört, hoffen, daß bis zum Jahr 2000 eine Massenbewegung entsteht, die von deutschen Banken und der deutschen Regierung wirksame Schuldenerleichterungen verlangt. Sie lädt Einzelpersonen, Basisgruppen, Initiativen, Kirchengemeinden und -kreise, Verbände und Landeskirchen zur Mitarbeit ein. „Die Kampagne erinnert daran, daß jede/r im Norden GläubigerIn von Menschen im Süden ist: als Inhaber eines Bankkontos und als BürgerIn eines Landes, das Hauptanteilseigner am Internationalen Währungsfonds / Weltbank ist und deren Politik entscheidend mitbestimmt."
(epd-Entwicklungspolitik 19/97, S. 17)

Erlaßjahr 2000
Appell

Ich finde mich nicht damit ab,
daß mehr als eine Milliarde Menschen die Jahrtausendwende in lebensbedrohender Armut erleben –
während ihre Länder wegen Auslandsschulden riesige Zahlungen an Regierungen, Banken und an die internationalen Finanzinstitutionen leisten.
Ich will,
daß diesen Menschen im Jahr 2000 ein schuldenfreier Neuanfang ermöglicht wird.
Ich fordere
deshalb von den Banken, der Bundesregierung und den internationalen Finanzinstitutionen einen umfassenden Erlaß der untragbaren Schulden armer Länder für das Jahr 2000.
Ich erwarte,
daß die durch den Schuldenerlaß freiwerdenden Mittel dazu verwendet werden,
die Möglichkeiten der Armen zur Selbsthilfe zu stärken.
Ich befürworte
ein völkerrechtlich verankertes Verfahren in Fällen schwerer Verschuldung armer Länder („internationales Konkurs-/Insolvenzrecht"),
damit der verhängnisvolle Kreislauf der Verschuldung durchbrochen werden kann.
(Appell der Kampagne „Erlaßjahr 2000")

Mit voller Fahrt in die Sackgasse?

> Machen wir doch eine ganz einfache Extrapolation. Wir haben heute auf der Welt 500 Millionen Privatwagen. Wir sind 5,3, vielleicht schon 5,4 Milliarden Menschen. In Ländern wie der Bundesrepublik kommt ein Auto auf etwas weniger als zwei Einwohner. Wenn wir dieses Ziel weltweit schon erreicht hätten – das ist doch der Zweck der ganzen Entwicklungspolitik –, dann hätten wir auf dem Planeten nicht 500 Millionen Autos, sondern zirka drei Milliarden. Und dann wären wir in wenigen Tagen alle tot.
> (José Lutzenberger, ehemaliger brasilianischer Umwelt-Staatssekretär, am 12. Mai 1995 in Bonn)

Ein Blick in die Geschichte

Um die heutige Verkehrssituation besser verstehen zu können, ist es sinnvoll, auf die vergangenen Jahrzehnte zurückzublicken. In einem bemerkenswerten Tempo ist das Automobil in diesem Jahrhundert zu einem Wunschobjekt geworden, um das sich so viel dreht. War es zu Beginn des Jahrhunderts noch ein Luxusartikel für wenige, so ist heute nicht mehr die Frage, ob ein Auto angeschafft wird, sondern welches.

Bereits nach dem Ersten Weltkrieg war die Stadtplanung in den großen Städten weitestgehend an dem Fortschrittssymbol der neuen Zeit orientiert. Vor allem in konservativen Kreisen galt die Großstadt als schlecht. Dem beachtlichen Bevölkerungszuwachs in der Stadt, der zu baulicher Verdichtung führte, wurde durch den Bau von Trabantenstädten und Vorortsiedlungen begegnet. In den zwanziger und dreißiger Jahren wurden vermehrt Generalbebauungspläne entwickelt, die den Trend fort-

Ein Daimler ist ein gutes Thier,
zieht wie ein Ochs, du siehst's allhier.
Er frißt nicht, wenn im Stall er steht,
er sauft nur, wenn die Arbeit geht.
Er drischt und sägt und pumpt dir auch,
wenn's Moos dir fehlt, was oft der Brauch.
Er kriegt nicht Maul-, nicht Klauenseuch,
er macht dir keinen dummen Streich.
Er nimmt im Zorn dich nicht aufs Horn,
verzehrt dir nicht dein gutes Korn.
Drum kaufe nur ein solches Thier,
dann bist versorgt du für und für.
(Reklamevers auf dem Cannstätter Volksfest)

setzten. Da das Automobil aber immer noch nur für wenige Menschen finanzierbar war, mußte auch das Schienennetz ausgebaut werden. 1924 fuhren in Deutschland 130 346 Autos, im Jahre 1932 waren es immerhin schon 489 270. Nur ein Prozent der Landbevölkerung war im Besitz eines Autos. Bereits ab 1930 wurde im städtischen Bereich kaum noch in die bestehenden Straßenbahnschienennetze investiert; die Geschichte der Streckenstillegungen reicht bis in die sechziger Jahre. Mehr und mehr entschieden sich die Kommunen für die Anschaffung moderner Omnibusse. Mit der Machtergreifung der Nationalsozialisten kam es dann zu der eigentlichen Wende in der Verkehrspolitik. Die Verheißung eines technischen Fortschritts in Harmonie mit der Volksgemeinschaft wurde von den meisten Bevölkerungsgruppen begeistert aufgenommen.

Mit dem Bau der Autobahnen und des Volkswagenwerks und einer autofreundlichen Verkehrsgesetzgebung setzte Hitler deutliche Zeichen der Motorisierung des Volkes. Über einen Sparvertrag konnten sich die Deutschen das Anrecht auf einen Volkswagen erwerben; ab 1940 gingen dann in Wolfsburg die für militärische Zwecke ausgestatteten Kübelwagen vom Band ...

Nach dem Kriegsende wurde die Förderung des Automobils nahtlos fortgesetzt, wobei Amerika als Vorbild galt. In der Phase des Wiederaufbaus spielte der Autoverkehr eine zentrale Rolle. Stadt- und Verkehrsplaner plädierten nach amerikanischem Vorbild für Cityringe, Stadtautobahnen und Parkhäuser. Die fünfziger und sechziger Jahre setzten die Politik, die dem Auto genügend Platz einräumt, konsequent fort. Rad- und Fußwege wurden für städtische Verkehrsknotenpunkte geopfert. 1960 gab es in der Bundesrepublik vier Millionen Pkw, 1970 waren es bereits 14 Millionen. Zusätzlicher Raum für die Autos mußte gewonnen werden. Bereits in den siebziger Jahren gab es in den Städten Probleme mit dem zunehmenden Verkehrsaufkommen. Menschen, die es sich leisten konnten, flohen vor Gestank und Lärm in ruhigere Wohngegenden.

Fallbeispiel

Freie Fahrt ins Chaos

Miles and more – die Deutschen fressen Kilometer, und die Verkehrsadern verklumpen bis zum Infarkt. Unsere Reisen und unsere täglichen Wege führen immer weiter: Wir kaufen nicht mehr bei Tante Emma an der Ecke, sondern im Supermarkt auf der grünen Wiese; wir ziehen in die Vorstadt und arbeiten in der City; die Firmen lagern Fertigungsstätten aus, reduzieren ihre Vorräte und lassen sich die Vorprodukte just in time per Lastwagen an die Maschinen liefern.

Zu Beginn der 60er Jahre legte jeder Bundesbürger in seinem Leben im Schnitt 400 000 Kilometer zurück; heute bringt er es auf fast 900 000. Nach einer Shell-Studie kam 1960 auf zehn Erwachsene in Deutschland ein Auto, 1970 waren es drei, 1980 fünf, und heute sind es sechs.

Die Massen und Mengen, die durchs Land bewegt werden, sind monströs:

- 914 Milliarden Kilometer legten die Deutschen 1996 insgesamt im Personenverkehr zurück, 6109mal die Strecke von der Erde bis zur Sonne.
- Über 411 Milliarden Kilometer liefen 1996 insgesamt die Frachten im Güterverkehr in Deutschland.

Die Folgen sind vor allem in den Ballungsräumen unübersehbar und unüberhörbar. Wer hier zur Hauptverkehrszeit mit dem Auto zehn Kilometer in der Stunde schafft, darf sich glücklich schätzen. Zum Beispiel in München: Rund 400 000 Menschen pendeln jeden Morgen und Abend im eigenen Auto in die Stadt und wieder hinaus; auf dem Mittleren Ring, der 28 Kilometer langen Hauptschlagader der Metropole, formieren sich täglich 140 000 Autos zur größten Blechlawine der Republik, einer Schlange, die Stoßstange an Stoßstange bis nach Bonn reichen würde. (...) Und es droht noch schlimmer zu kommen. Denn die Flut der Autos wird noch anschwellen. Derzeit gibt es 54,3 Millionen Kraftfahrzeuge in Deutschland, davon 41 Millionen Pkws. Allein ihre Zahl wird nach einer Prognose des Münchner Ifo-Instituts bis zum Jahre 2005 auf 43 Millionen steigen. Mehr noch: Die Integration Europas wird die Straßen des Transitlandes Deutschland zusätzlich verstopfen. Im Jahre 2005, so die Forscher, wird es 205 Millionen Autos in Europa geben, 36 Millionen oder 21 Prozent mehr als 1994. (...) Und: Der Lastwagen-Verkehr, so prognostizierte der ADAC 1992, werde bis zum Jahre 2010 um 95 Prozent zunehmen. Selbst der Automobilclub, der in den 70er Jahren noch für „Freie Fahrt für freie Bürger" warb, jammert mittlerweile in einer Studie alarmiert über den künftigen „Super-Stau ohne Ende".

(DIE WOCHE vom 28.3.1997)

Seitdem das Auto zum Besitz breiter Kreise der Bevölkerung gehörte, wuchs die Zahl der Stadtrandsiedlungen und Vororte, bei deren Planung nicht mehr sonderlich auf Faktoren wie Baudichte, Versorgungsleistungen und Arbeitsplatzangebote geachtet werden mußte, da alle Bewohner mobil waren. Neue Zwänge, das Auto auch tatsächlich zu benutzen, waren die Folge. In keinem anderen europäischen Land sind nach dem Krieg so viele Straßen gebaut worden wie in Deutschland. So entfallen heute auf je 1000 km² Fläche 700 km überörtlicher Fernstraßen. Nach der Wiedervereinigung kam es auch in den neuen Ländern zu einem sprunghaften Anwachsen des Verkehrs. Zeigten sich noch in der Vergangenheit Besucher der ehemaligen DDR erstaunt über den geringen Kraftfahrzeugverkehr, so ist bereits heute zu befürchten, daß sehr bald westliche Standards erreicht werden. In der Deutschen Demokratischen Republik lag das Verhältnis zwischen dem öffentlichen und dem individuellen Verkehr bei 40:60; in der alten Bundesrepublik lag es etwa bei 17:83. Ein Auto war in der DDR sehr teuer, zudem gab es enorme Wartezeiten, was zur Folge hatte, daß die vorhandenen Pkw gepflegt und geschont wurden. Für junge Menschen war ein eigenes Auto kaum erreichbar, Busse und Eisenbahnen waren nicht komfortabel, dafür aber bezahlbar, und das Streckennetz des öffentlichen Personennahverkehrs war hinreichend.

Nach der Wende meldeten Autohandel und Autoindustrie sehr bald Rekorde bei den Verkaufszahlen. Das bis dahin vernachlässigte Straßensystem war schlagartig völlig überlastet; im Jahre 1990 stieg die Zahl der Verkehrstoten um 75 Prozent im Vergleich zum Vorjahr! Gerade im ländlichen Raum werden durch die Finanzmittelknappheit viele Strecken des ÖPNV abgebaut; Nutzung bzw. Besitz von Autos wird auch auf diese Weise selbstverständlicher. Um mitreden bzw. mitfahren zu können, schrecken viele auch vor hoher Verschuldung nicht zurück.

Nachbarn voll im Trend

In der Schweiz kommen auf 10 000 Einwohnerinnen und Einwohner 4500 Personenwagen. In China sind es dagegen nur 58 Autos pro 10 000 Einwohner. Stellt man einen unmittelbaren Vergleich zwischen der Schweiz und China an, so würden demzufolge in einer chinesischen Stadt von der Größe Basels nur 1000 Autos fahren. 80 Prozent der Bevölkerung nehmen an einem Durchschnittstag am Verkehr teil und sind mobil, wobei 68 Prozent aller zurückgelegten Kilometer mit dem Auto gefahren werden und nur 20 Prozent mit öffentlichen Verkehrsmitteln. Das Auto ist also auch aus dem Leben der Schweizer kaum noch wegzudenken. Drei Viertel aller Haushalte verfügen hier über ein Auto, viele Haushalte sind sogar im Besitz mehrerer Fahrzeuge. Heute werden in der Schweiz sechsmal mehr Güter auf der Straße transportiert als noch im Jahr 1950. Der Güterverkehr verteilt sich nicht gleichmäßig auf das ganze Land; besonders betroffen sind die Alpenübergänge. Durchquerten 1979 244 000 Lastwagen die Alpen, erhöhte sich die Zahl in den letzten zehn Jahren auf fast 700 000.

> **Globalisierung des Warenverkehrs**
> Das Angebot der Einkaufszentren macht es deutlich: Immer mehr Waren stammen aus immer ferneren Ländern. Weil die Transportkosten verhältnismäßig gering sind, spielt es für die Preisgestaltung praktisch keine Rolle, ob unsere Äpfel aus der Ostschweiz oder aus Südafrika stammen.
> (Sax 1997, S. 129)

Das westliche Verkehrsmodell wird weltweit kopiert

In weiten Teilen der Welt wird exakt jener Autogesellschaft nachgeeifert, von der viele in den wohlhabenden Ländern momentan aus verschiedenen Beweggründen Abschied nehmen. Noch immer legen Entwicklungsexperten die Meßlatte für Fortschritt am westlichen Vorbild an. Das mag wohl damit zu tun haben, daß in einem Land, in dem die Freiheit der Bürger von der Frage abhängig gemacht wird, wie weit man auf der Autobahn das Gaspedal durchtreten darf, niemand den Entwicklungsländern diesbezüglich Vorschriften machen mag. So hat vor einigen Jahren ein Mitarbeiter der deutschen Botschaft in Kuala Lumpur, der Hauptstadt Malaysias, dem Land einen bemerkenswerten Entwicklungsstand bescheinigt. Auf die Frage, woran er das festmache, bemerkte er, Malaysia haben schon schöne Hotels und viele Autos! Unter Entwicklung im Süden wird also leider immer noch ein Nachholen der Erfolgsgeschichte der Industrieländer verstanden.

Nichts hat
den Menschen
so mobil gemacht
wie das
Automobil

Die Motorisierung hat unsere Welt verändert. Das Automobil wurde nicht nur ein entscheidender Träger des technischen Fortschritts. Es hat auch den wirtschaftlichen und sozialen Strukturen ein neues Gepräge gegeben. Wir verdanken dem Auto eine Mobilität, die uns heute als selbstverständlich erscheint, die wir für Arbeit und Beruf ebenso beanspruchen wie für Freizeit und Reisen. Rund 93% der im individuellen und öffentlichen Personenverkehr beförderten Personen fahren mit dem Auto. Die unbestrittenen Vorteile des Automobils gegenüber anderen Verkehrsträgern sind: Flexibilität in der Routenwahl, Komfort, Unabhängigkeit von Fahrplan und Witterung, die jederzeitige Verfügbarkeit, die Schnelligkeit und das Fahren von Haus zu Haus. Das Automobil ist zu einem unverzichtbaren Bestandteil unseres Lebens geworden. Nicht zu Unrecht bedeutet es Lebensqualität. (aus einem Werbetext der Daimler-Benz AG, Frankfurter Rundschau vom 11.9.1985)

Fallbeispiel

Schwerpunkt Straßenverkehr

Trotz verstärkter Bemühungen um die Förderung öffentlicher Transportmittel liegt auch in den Entwicklungsländern das Geld nach wie vor buchstäblich auf der Straße. Weltbank und nationale Entwicklungshilfegeber haben es lange Zeit mit Vorliebe in Asphalt verwandelt (...)

Fazit der Auto-Entwicklungspolitik: Gefördert wird eine Form von Verkehr, die energiepolitisch unsinnig und ökologisch gefährlich ist.

- Exportiert werden nicht nur westliche Straßenbaustandards, sondern auch überzüchtete Motoren, die zudem nur zehn bis zwanzig Prozent in Leistung umsetzen und den Rest in Schadstoffe und Abwärme verwandeln.
- Anstatt in billige und umweltverträgliche Massentransportmittel zu investieren, verschärfen Importe, die das Autofahren erst ermöglichen, die ohnehin schon hohe Schuldenlast. Für den Treibstoff- und Ersatzteilbedarf der 0,5 Prozent der Auto-Besitzer in Haiti muß das Land ein Drittel seines Importetats aufwenden.
- In Lateinamerika können sich nur 15 Prozent der Bevölkerung ein Bus- oder Bahnticket leisten. Dennoch fließt die Hälfte aller öffentlichen Investitionen in den Straßenbau.
- Weil sie den Fahrradverkehr aufhalten, sind energiesparende Fahrradrikschas in Manila, Djakarta und Dhakar verboten worden. Bei konsequenter Durchsetzung dieses Verbots würden allein in der Hauptstadt Bangladeshs mehr als 100 000 Menschen ihrer Einkommensgrundlage beraubt.

(aus: epd-Dritte-Welt-Information Nr. 5/6/92)

Die Lobpreisungen des Individualverkehrs stoßen natürlich sehr schnell an Grenzen; wenn Millionen auf Unabhängigkeit setzen, bleibt es nicht ohne Folgen.

Fallbeispiel
Santiago de Chile

Für die etwa 5 Mio. Menschen der Hauptstadt geht die stärkste Luftverschmutzung in Form von Ruß und Staub und sichtbaren Abgasen von privaten Bussen und vom Individualverkehr aus. Es gab bis in die 2. Jahreshälfte 1991 keine Zulassungsbeschränkung für die etwa 12 000 Busse (deren Zahl sich zwischen 1980 und 1988 verdoppelte) und keine Festlegung für die Buslinien, so daß sich auf den lukrativen Routen ins Stadtzentrum alle drängeln, dadurch teilweise äußerst schwach besetzt sind, endlose Staus verursachen und wegen nicht vorgeschriebener Filter und schlechter Benzin- und Dieselqualität die hohe Luftverschmutzung eine akute Gesundheitsgefährdung für die Bewohner aller Stadtviertel (auch der reichen) darstellt. Das Niveau an Schmutzpartikeln lag 1989 in Santiago neunmal über den WHO-Normen (WHO=Weltgesundheitsorgani-

Globale Produktionsstätten

Wir leben in einer bewegten Zeit. An der Schwelle zum zweiten Jahrtausend haben politische und ökologische Veränderungen Prozesse ausgelöst, denen sich die gesamte Weltwirtschaft, vor allem aber die Automobilindustrie stellen muß: Die neue europäische Architektur erfordert zunehmend ein globales unternehmerisches Handeln. Und die weltweite Verknappung von Ressourcen macht neue ökologische Autokonzepte notwendig. Volkswagen ist heute ein weltweit operierender, europäisch geprägter Konzern. Mit einem Jahresumsatz von rund 70 Milliarden Mark ist die Volkswagen-Gruppe der viertgrößte Automobilhersteller der Welt. Rund 3 000 000 Fahrzeuge werden jährlich in der ganzen Welt verkauft.

sation). Ohne daß dies den Stadtbewohnern hinreichend bewußt ist, geht die hohe Gesundheitsgefährdung von den verschiedenen Gasen aus, die durch den Autoverkehr und die industrielle Produktion freigesetzt werden. Der Monoxid-Gehalt in der Stadtluft lag schon 1989 dreimal so hoch wie die internationalen Standards der WHO. Zugleich ist – wie in allen großen Industriestädten – vor allem der Ausstoß an Stickoxiden durch den Automobilverkehr verantwortlich für die Gesundheitsgefährdung der Santiago-Bewohner. Die Stickoxide tragen entscheidend mit zur Bildung des photochemischen Smog in der Metropole bei. Smog ist mitverantwortlich für das Ansteigen von Herz- und Lungenerkrankungen und für die Bildung des giftigen Boden-nahen[sic] Ozons. Unterstützt wurde die dramatische Zuspitzung dieser Situation durch die völlige Abwesenheit der Verkehrspolitik während der Militärdiktatur und durch eine zu langsame und nur punktuelle Reaktion der neuen Regierung bzw. der offiziellen Kommission zur Entgiftung Santiagos. (Römpczyk 1994, S. 89–90)

Rund um den Globus, in 18 Ländern der Welt, werden Volkswagen produziert. Die einzelnen Teile, die sich präzise zu einem hochwertigen Auto zusammenfügen, werden in einem weltweiten Verbund angeliefert. Die Logistik für einen reibungslosen Produktionsablauf im internationalen Teamwork wird in Wolfsburg erarbeitet – auf daß später auch das winzigste Zubehör zur rechten Zeit am rechten Ort vorhanden ist. Und so funktioniert der Lieferverbund: Für die in Wolfsburg produzierten Modelle Golf und Vento kommen die Getriebe aus Kassel, die Motoren aus Salzgitter oder Chemnitz, die Achsen aus Braunschweig. Einen Golf zu fahren, kann aber auch bedeuten, daß sein Auspuff aus Bosnien-Herzegowina, seine Hinterachse aus Mexiko und die Alu-Felgen aus Kanada stammen.
(aus: Volkswagen – Wahrzeichen der Stadt Wolfsburg, Werbebroschüre des Konzerns)

Die rasche Motorisierung in den Entwicklungsländern und ihre Folgen
Allein in den Jahren 1970 bis 1980 war die Wachstumsrate des Pkw-Bestandes in der ägyptischen Hauptstadt Kairo mit 17,4 Prozent fünfmal höher als die Wachstumsrate der Bevölkerung. Dieser Trend bringt eine Reihe von Folgeproblemen mit sich, zum Beispiel städtebauliche Veränderungen.
Historisch bedeutsame Altstadtbereiche werden zerstört. So wurden beispielsweise beim Bau der großen Straße „Talabashi Jadesi" im Jahre 1988 vierhundert alte Häuser aus der Jahrhundertwende abgerissen. Die neue Straße zerstörte die bisher bestehenden sozialen Verbindungen mit einem Schlag.
In der tunesischen Stadt Monastir führte die einseitige Ausrichtung auf den Autoverkehr im Jahre 1986 zur völligen Veränderung der Altstadt; breite Straßen und gigantische Einkaufspassagen veränderten das bisherige Gesicht der Altstadt völlig.
In Maimana (Afghanistan) ist nach 220 Jahren autogerechter Planung von der alten Stadt fast nichts mehr übriggeblieben.
Aber auch die moderneren Stadtbereiche verlieren mit der dramatisch ansteigenden Motorisierung durch fehlende Park- und Stellplätze sowie durch alltägliche Staus an Attraktivität.
Die rasche Motorisierung hat auch negative wirtschaftliche Folgen. Autos bleiben in den Entwicklungsländern oft eine Luxusware; ihre Bewirtschaftung ist enorm kostenintensiv. Außerdem ist die totale Fixierung auf das Auto mit

einem hohen Verbrauch an Devisen verbunden; der Kraftstoff ist extrem teuer (die meisten Entwicklungsländer sind ölexportierende Länder).

> **Vorbildfunktion für die Dritte Welt?**
> Die westlichen Industrienationen bestimmen den weltweiten Konsumstandard und üben damit eine Vorbildfunktion für die Entwicklungsländer aus. Für die Automobilindustrie liegt es nahe, ihre Fahrzeugpalette angesichts der vorhandenen Überkapazitäten in gleicher oder nur leicht veränderter Bauweise in den Entwicklungsländern zu vermarkten. Jedes neue Modell ist schneller, PS-stärker und technisch aufwendiger als das Vorläufermodell. In den Entwicklungsländern, und nicht nur dort, wären für die Zwecke, in denen der Autoverkehr nicht entbehrlich ist, Fahrzeuge gefragt, die sparsamer, umweltfreundlicher, robuster und wartungsarmer sind.
> (Boldt 1995, S. 64)

Das Sündenregister des Verkehrs

Zum Beispiel Schadstoffe in der Luft

Der heutige Verkehr ist für einen beachtlichen Teil der Luftschadstoffausschüttungen (Emissionen) verantwortlich. Straßenverkehr verursacht deutlich höhere Emissionen als Schienenverkehr: dreimal mehr Kohlendioxide, einhundertvierundsiebzigmal mehr Kohlenmonoxide und fünfzigmal mehr Kohlenwasserstoffe. Wenn es auch zutrifft, daß geregelte Katalysatoren Emissionen reduzieren, so bleibt das Auto immer noch umweltschädlicher als die Bahn. Außerdem werden die Erfolge der Katalysatoren durch die wachsende Zahl von Pkw mit hohen PS-Leistungen und steigenden Kilometerleistungen aufgehoben. Jedes Jahr gelangen allein 2,2 Millionen Tonnen Stickoxide durch den Straßenverkehr in die Luft. Der direkte Zusammenhang zwischen Abgasbelastung und gesundheitlichen Beeinträchtigungen ist, anders als bei Unfällen, nicht so offenkundig. Folgen der Stickstoffoxidbelastung können sein:
- Bronchial- und Lungenerkrankungen
- Asthma und Krampfhusten (vor allem in den Ballungsräumen)

Alte Menschen und Kinder sind hier besonders betroffen.

Des weiteren entsteht bei unvollständiger Verbrennung fossiler Brennstoffe Kohlenmonoxid, und die gesundheitlichen Beeinträchtigungen bei vermehrtem Auftreten dieses Schadstoffes sind beachtlich:
- Verminderung der Sauerstoffaufnahme des Blutes
- eventuell Konzentrationsschwächen
- Kopfschmerzen
- Schwindel
- Übelkeit

Sehr hohe Kohlenmonoxidkonzentrationen (Smog) sind speziell für Herz- und Kreislaufkranke eine Gefahr.

Bodennahes Ozon bildet sich unter Mitwirkung ultravioletter Sonnenstrahlung aus Luftsauerstoff und Stickoxiden unter Beteiligung reaktionsfähiger Kohlenwasserstoffe. In München mißt man an mehr als 60 Tagen im Sommer Werte zwischen 120 und 260 Mikrogramm pro Kubikmeter Luft. Die Weltgesundheitsorganisation (WHO) hingegen empfiehlt einen Höchstwert um 100 Mikrogramm. Bei Überschreiten eines Wertes von 300 Mikrogramm kommt es zum photochemischen Smog. Im Vergleich zur Jahrhundertwende ist die Ozonbelastung heute fünfmal höher. Lagen die Durchschnittswerte vor 90 Jahren noch bei 20 Mikrogramm, betragen sie heute um 100 Mikrogramm. Ozon kann weit in die Atemwege vordringen, weil es schwer wasserlöslich ist. Weitere mögliche gesundheitliche Beeinträchtigungen sind:

* Schleimhautreizungen
* Tränen- und Hustenreiz sowie Halskratzen
* Atem-, Herz- und Kreislaufbeschwerden
* Asthmaanfälle
* Allergien

Ozon-Dauerbelastung kann unter Umständen krebserregend sein.

Stäube durch Brems- und Reifenabrieb von Fahrbahnbelag und metallischen Bremsteilen reizen die Atemorgane und können zu Erkrankungen der Atemwege führen. Über 200 000 m³ Reifenabrieb geraten jedes Jahr in die Straßengräben und die Kanalisation. Bei jedem Bremsvorgang gelangen kleine Mengen Asbestabrieb in die Umwelt, ca. 10 Tonnen jährlich. Diese kleinen Fasern können sich in das Lungengewebe bohren und bei ausreichender Konzentration auch zu tödlichen Erkrankungen führen.

Durch Tanken und aus Autoabgasen werden pro Jahr 50 000 Tonnen Benzol in die Umwelt abgestoßen. Zwar wird an den Tankstellen durch neue Techniken (Gas-Pendel-Technik) Benzol wieder aufgefangen und zurückgeführt, aber es bleibt klar ein Risiko der Verdunstungen an den Fahrzeugen. Benzol ist bekannt als einer der giftigsten Stoffe! Gesundheitliche Folgen können sein:

* Blut- und Chromosomenschäden
* Abnahme der roten Blutkörperchen
* Hautblutungen
* Leukämie und Knochenmarkschädigungen

Nach neuesten Erkenntnissen haben Großstädter doppelt soviel Benzol im Blut wie Bewohner mittlerer und kleiner Städte, wobei gerade die Anwohner verkehrsreicher Straßen häufig an bösartigen Lungentumoren erkranken.

Pro Jahr gelangen 100 000 Tonnen Rußpartikel in die Luft; hierbei ist in erster Linie der Ausstoß durch Dieselmotoren als Ursache zu nennen. Die Oberfläche des Rußkernes enthält krebserregende Substanzen.

Die unmittelbare Gesundheitsschädigung durch den heutigen Verkehr ist in der Fachwelt umstritten, da erst bei weitaus höheren Konzentrationen, als sie im Straßenverkehr verursacht werden, Schädigungen beobachtet wurden. Dennoch:

Milliarden atmen schlechte Luft

„Nach Angaben der Weltgesundheitsorganisation atmen weltweit etwa zwei Drittel der rund zwei Milliarden Stadtbewohner eine Luft, die eine gesundheitlich problematische Konzentration von Schadstoffen enthält. Besonders hoch ist die Luftbelastung in dicht bebauten Gebieten, weil die Abgase in den Straßenschluchten nur langsam abziehen. An vielbefahrenen Straßenkreuzungen wird der Grenzwert von Benzol um ein Vielfaches überschritten. Sauerstofftankstellen für Fußgänger sind in Mexico City, einer Stadt mit hohem Verkehrsaufkommen und horrenden Schadstoffgehalten, heute bereits Realität.

Hinzu kommt, daß neben der chronischen Belastung über längere Zeit Schadstoffe aus dem Straßenverkehr – und weitere kommen aus anderen Quellen (Industrie, Haushalte) noch hinzu – niemals allein, sondern kombiniert auftreten und sich gegenseitig verstärken oder potenzieren können. Die Wirkun-

gen von Kombinationseffekten auf die Gesundheit ist allerdings eines der größten Probleme in der umweltmedizinischen Forschung."
(Kolakowski 1995, S. 70)

Zum Beispiel Lärm

Mittlerweile ist es auf einem Zehntel der Gesamtfläche der Bundesrepublik durch den Lärm so laut geworden, daß die Gesundheit der dort lebenden Bevölkerung gefährdet ist:
In der letzten Zeit fand die Lärmbekämpfung eher passiv statt, indem man zum Beispiel Schallschutzfenster einbaute. Bisherige Maßnahmen der Automobilindustrie sorgten nur graduell für Linderung. Während der Geräuschpegel im Fahrzeuginnenraum zu den üblichen technischen Daten (wie Höchstgeschwindigkeit, Motorenstärke etc.) gehört, scheint die Lärmentwicklung nach außen für die Automobilhersteller von untergeordneter Bedeutung zu sein. Effektive Lärmreduzierung läßt sich eigentlich nur durch Senkung des Verkehrsaufkommens und Geschwindigkeitsbegrenzungen (Tempo 30) erreichen.

Lärmbelästigung durch Verkehr nimmt zu
Studie: Jedes Jahr 2000 Todesopfer in Deutschland
Leipzig (dpa). Die Lärmbelästigung in Deutschland wird wegen des wachsenden Verkehrsaufkommens weiter ansteigen.
Im Jahr 2005 wird mehr als jeder Fünfte nachts einem Geräuschpegel von 55 Dezibel ausgesetzt sein. 1992 betrug dieser Anteil an der Bevölkerung 18 Prozent. Das sagte Ulf Krüger, Chefingenieur bei der Dresdner Firma Hamann Consult, gestern am Rande der Automesse in Leipzig. Bei über 45 Dezibel in der Nacht sei ungestörtes Schlafen nicht mehr möglich. Psychische und physische Beeinträchtigungen wie Gefäßverengungen, Störungen des Mineralhaushalts und vermehrte Ausschüttungen von Streßhormonen seien die Folgen. Für Schlafzimmer sei ein Pegel von 30 Dezibel die Obergrenze. Nach Auskunft Krügers gibt es Studien, die belegen, daß jedes Jahr in Deutschland 2000 Menschen an den Auswirkungen von Verkehrslärm sterben. – „Untersuchungen zeigen, daß das Herzinfarkt-Risiko in Wohngebieten mit großer Lärmbelastung deutlich höher liegt als in ruhigen Regionen", sagte der Ingenieur. – „Viele Menschen unterschätzen die Beeinträchtigung durch Lärm. Auch wenn der Mensch Geräusche im Schlaf nicht wahrnimmt, so werden sie doch vom Organismus als Störung empfunden."
(aus: Aachener Nachrichten vom 12.4.1997)

Zum Beispiel Flächenverbrauch

Das Auto hat einen immensen Bedarf an Verkehrsfläche. Die Wohnbebauung macht in Deutschland ein Viertel dessen aus, was der Verkehr an Fläche beansprucht. Ein Autofahrer benötigt:
* 10mal mehr Fläche als ein Benutzer öffentlicher Verkehrsmittel
* 13mal mehr als ein Fahrradfahrer
* 17mal mehr als ein Bahnfahrer
* 50mal mehr Fläche als ein Fußgänger

In der Schweiz benötigt der Verkehr rund zwei Prozent der gesamten Fläche des Landes, das entspricht 86 300 Hektaren, mehr als die Fläche des Kantons Jura oder 23mal die Fläche des Kantons Basel-Stadt. Diese Fläche ist zu einem großen Teil versiegelt und als Lebensraum für Tiere und Pflanzen verloren. In der Bundesrepublik haben 200 000 km Autobahnen, Bundes-, Staats- und Kreisstraßen, 320 000 km Gemeindestraßen und 250 000 km land- und forstwirtschaftliche Wege einen Großteil der zusammenhängenden Lebensräume zerschnitten. In einigen Bundesländern und vor allem in den waldreichen neuen Ländern nimmt der Straßenbau bei der Vernichtung von Waldflächen eine traurige Vorreiterrolle ein.

Zum Beispiel Klima

Durch die Verbrennung von kohlenstoffhaltigem Material wird Kohlendioxid freigesetzt; Veränderungen der Anteile an Treibhausgasen beeinflussen den Wärmehaushalt der Erde, die Atmosphäre heizt sich auf. Man kann mit Recht von einem Treibhaus sprechen, da Kohlendioxid und Wasserdampf den Wärmeschutz der Erde bilden, ohne den die Temperatur −180° Celsius betrüge. Dem Glasdach eines Treibhauses vergleichbar, lassen Kohlendioxid und Wasserdampf die Sonnenstrahlen ungehindert passieren, sie absorbieren jedoch die in die Atmosphäre entweichende langwellige Wärmestrahlung und reflektieren sie zum Erdboden zurück (das entspricht dem natürlichen Treibhauseffekt).

An einem einzigen Tag wird weltweit mehr Erdöl, Kohle und Erdgas verbraucht, als sich in 1000 Jahren bilden konnte!

Rund 190 Millionen Tonnen Kohlendioxid pustet der Verkehr jährlich in die Luft, wodurch das Weltklima angeheizt wird. Aber nur etwa die Hälfte des derzeit freigesetzten Kohlendioxids kann von den natürlichen Speichern (Atmosphäre, Ozean, Biosphäre, Sedimente) gebunden werden. Bereits in unseren Tagen deuten viele Anzeichen darauf hin, daß eine Klimakatastrophe droht:

- der weltweite Temperaturanstieg in der oberen Ozonschicht,
- die Zunahme des Wasserdampfgehaltes in den Tropen in den letzten drei Jahrzehnten,
- der Anstieg des Meeresspiegels um fast 20 cm in den letzten hundert Jahren,
- ein Abschmelzen der Gebirgsgletscher um ca. 50 Prozent seit 1850,
- die Zunahme tropischer Wirbelstürme,
- abnehmende Niederschläge in der Sahelzone und
- extreme Trockenzeiten in ansonsten regenreichen Regionen der Erde.

Die Ozonschicht ist von besonderer Bedeutung für den Strahlenhaushalt der Erde. Sie absorbiert die energiereiche Strahlung der Sonne und setzt sie in Wärme um. Da die Ozonschicht bis heute weltweit zwischen zwei und zehn Prozent

---

Fallbeispiel Brasilien: Zerstörung von Lebensräumen durch Rohstoffgewinnung für Automobile

Carajás – das ist in seinem Zentrum das größte Eisenerzlager der Welt. Man schätzt das Vorkommen auf 18 Milliarden Tonnen hochwertigen Eisenerzes. Carajás ist aber auch die Stätte riesiger Bauxitvorkommen. Auf der Ausbeutung dieser beiden Rohstoffe liegt das Hauptgewicht des Carajásprojektes. Daneben sind auch andere Bodenschätze entdeckt worden, die ebenfalls gefördert werden sollen: Kupfer, Nickel, Mangan, Zinnstein und darüber hinaus noch Gold, Silber, Molybdän, Wismut und Zink. (…) Eine Schlüsselrolle bei der industriellen Erschließung spielt die Energiegewinnung aus dem gewaltigen Wasserkraftpotential Amazoniens. Um Strom für die energieintensive Produktion von Aluminium und die Ausbeutung der Erzlagerstätten zu gewinnen, wurde der Tucurui-Staudamm mit einer Kapazität von 8000 Megawatt errichtet. Schon vor dem Schließen der Schleusen 1984 machten warnende Stimmen auf die zu erwartende ökologische Katastrophe aufmerksam: Da der üppig wuchernde Regenwald nicht abgeholzt worden war, befürchtete man, daß die abgestorbene Vegetation im Stausee fault und giftige Gase bildet. Durch die Überwucherung der Seeoberfläche mit Wasserhyazinthen erwartete man neben einer Behinderung der Schiffahrt eine Verringerung der Fischbestände. Der erhöhte Säuregehalt des Wassers könnte (…) zu Korrosionsschäden an den Kraftwerksturbinen führen, der Ufersaum werde zu einer Brutstätte für Krankheitserreger. (…) Opfer des 4,7 Milliarden US-Dollar teuren Wasserkraftwerks sind auch mehrere indianische Völker, die vom „Land ihrer Väter" vertrieben wurden. (…) Was das Eisenerz angeht, hat die brasilianische Erzbaugesellschaft bereits Abnahmeverträge für über 24 Millionen Tonnen abgeschlossen. Zu einem Vorzugspreis erhalten z. B. Japan und Europa – davon die BRD 5,9 Millionen Tonnen – das brasilianische Erz. (…) Die Vernichtung der schützenden Urwaldvegetation durch den Tagebau legt riesige Flächen frei. Der empfindliche Wasserkreislauf des Ökosystems Regenwald wird zerstört, es kommt zu Veränderungen des Grundwasserspiegels, der Boden wird durch den ungehindert aufprallenden Regen weggespült – Schäden, die nie wieder gutzumachen sind.

(BUND 1988, S. 33–38)

abgenommen hat, ist die Erde einer erhöhten UV-Strahlung ausgesetzt. Stickoxidausstöße von Autos tragen nachweislich zu einer Zerstörung der Ozonschicht bei, indem sie mit dem Ozon chemische Reaktionen eingehen. Dadurch sind unter anderen zahlreiche Nutz- und Kulturpflanzen (Getreide, Soja, Spinat, Erbsen), die gegen höhere UV-Strahlung empfindlich sind, stark gefährdet.

Zum Beispiel Müll

Bis ein Auto produziert und am Ende wieder entsorgt ist, sind durchschnittlich 25 Tonnen Müll angefallen. Selbst bei der Verschrottung ist fast ein Viertel des Gesamtgewichts nicht zu verwerten und muß demzufolge als Sondermüll gelten. Allein in der Schweiz müssen jährlich 270 000 Altfahrzeuge entsorgt werden. Schon der Betrieb von Autos und Straßen ist in der Schweiz für über 150 000 Tonnen Sondermüll jährlich verantwortlich (Blei-Akkus, Altöle sowie schwermetall- und ölhaltige Schlämme).
Von zwei Millionen Kraftfahrzeugen, die jährlich verschrottet werden, wird jedes dritte im Ausland entsorgt, weil dort die Umweltauflagen oft nicht so hoch sind.

Zum Beispiel Waldsterben

Seit geraumer Zeit ist bekannt, daß nur noch ein Drittel der Wälder in der Bundesrepublik als gesund zu bezeichnen sind. Tannen und Eichen führen die Tabelle der geschädigten Bäume mit 51 bzw. 45 Prozent an. Schuld ist vor allem der saure Regen, der entsteht, wenn Stickoxide und Schwefeldioxide mit der Luftfeuchtigkeit oder dem Regen reagieren. Dieser saure Regen beeinträchtigt die Stoffwechselvorgänge der Pflanzen, zerstört Blätter, Nadeln und Wurzeln, und auch der Boden wird belastet.

Zum Beispiel Verkehrsunfälle

Jeder zweite Bundesbürger wird im Laufe seines Lebens im Straßenverkehr verletzt, jeder fünfzigste stirbt an den Folgen des Unfalls. Eine halbe Million Menschen wurde seit 1953 in der Bundesrepublik im Straßenverkehr getötet, 17,5 Millionen wurden verletzt. Von Jahr zu Jahr kommen 10 000 Tote und 450 000 Verletzte dazu, wobei vermeintlich schwächere Verkehrsteilnehmer (Fußgänger, Radfahrer, Kinder und ältere Menschen) am stärksten betroffen sind. Kaum eine andere zivile technische Entwicklung hat bislang so hohe Opfer gefordert.

> Fazit
> Die Auswirkungen des gigantischen Straßenverkehrs auf unser Leben sind gewaltig, auch wenn sich die meisten längst daran gewöhnt haben. Die Motorisierung unseres Lebens, das scheinbar grenzenlose Bedürfnis nach Mobilität und die dafür bereitgestellten Straßen haben fast alle Bereiche unseres Lebens schleichend verändert. Doch zumindest die ökologischen Folgen dieser Mobilität sind nicht zukunftsfähig. Vielleicht ist dies ein hinreichender Grund, über den „Sinn" dieses Mobilitätskonzeptes nachzudenken.
> (Dritte Welt Haus u.a. 1997, S. 65)
>
> Und auch mit Blick auf die Entwicklungsländer fällt eine Bilanz eher negativ aus:

Die autozentrierte Entwicklung schadet der „Dritten Welt". Der zu zahlende Preis ist höher als der wirtschaftliche Nutzen, und die Folgekosten sind teilweise katastrophal. Die Verschuldung der Länder steigt, traditionelle Beförderungstechniken werden vernachlässigt. Außerdem profitiert nur eine Minderheit vom Auto, der Rest erstickt in Abgasen und wird abgekoppelt, da sie sich nie ein eigenes Auto werden leisten können. Besonders betroffen ist der ländliche Raum. Unzureichende

Beförderungsmöglichkeiten behindern die Wirtschaft eines Landes, beschränken den Zugang zu Schule und Krankenhäusern und isolieren einen Großteil der Bevölkerung vom politischen und gesellschaftlichen Leben. Vor allem der Zugang zu den regionalen Märkten ist für die Menschen im ländlichen Raum nötig. Traditionelle und billige Transportmittel müssen gefördert werden. Solange das internationale Geld in große Industrieprojekte investiert wird, werden die Lebens- und Produktionsbedingungen im ländlichen Raum immer schwieriger. Landflucht ist die Folge.
(Bundesstelle der KLB 1993, S. 69–70)

Umdenken ist gefragt
Ohne ein Umdenken in den Industriestaaten wird das nachahmende Konsumverhalten in den Entwicklungsländern kaum zu ändern sein. Warum sollen ausgerechnet die Menschen in den Entwicklungsländern zugunsten der globalen Umwelt weiter Verzicht üben, wenn die reichen Industriestaaten nicht mit gutem Beispiel vorangehen?
Nur durch die wirtschaftliche Rückständigkeit und Armut in den reichen Ländern der Erde (...) wurde bisher eine weltweite Klimakatastrophe verhindert. Die Menschen in den Entwicklungsländern konnten sich unseren Lebensstandard, Energieverbrauch und Motorisierungsgrad einfach nicht leisten.
(Boldt 1995, S. 64–65)

Das Auto und die soziale Spaltung
Ein Fünftel der Weltbevölkerung benutzt vier Fünftel aller Autos. Das Auto ist ein hervorragender Indikator für die Spaltung der Welt. (...) 1 Prozent der Dritte-Welt-Bevölkerung hat ein Auto, 46 Prozent sind es im Norden. (...)
Wenn man auf 50 Jahre Entwicklung nach dem Krieg zurückschaut, so gab es ein ins Auge stechendes Ereignis: 50 Jahre Entwicklung haben zur Entstehung einer globalen Mittelklasse geführt; einer Konsumentenklasse, die schwerpunktmäßig im Norden konzentriert ist – im Süden aber immer mehr Gewicht bekommt.
Nord und Süd haben eigentlich aufgehört, geographische Kategorien zu sein. Es werden immer mehr sozioökonomische Kategorien, die jene feine Linie beschreiben, welche zwei große Gruppen voneinander trennt, im Norden wie im Süden. (...) Das Auto ist das materielle Symbol der globalen Mittelklasse. Insofern ist das Auto noch viel deutlicher als bei uns im Süden mehr als nur ein Transportmittel. Es ist ein kulturelles Symbol. (...) Die forcierte Motorisierung ist immer eine Kolonisierung,

eine Besetzung gemeinsamer Räume. Die Straße, die ja ein Lebensraum ist, wo der Bettler wie der Pilger umhergeht, die von Fußgängern, Radfahrern, Karren benutzt wird, also die Vielzwecknutzung hat, wird langsam und erzwungenermaßen in eine Monopolnutzung überführt. (...) Es tut sich systematisch eine Schlucht zwischen den Zielen, den Bildern, den Phantasiewelten des guten Lebens und den Mitteln und Ressourcen im weitesten Sinne des Wortes auf. Diese ständig wachsende, sich aufspaltende Kluft ist eine der Grundursachen vieler Krisen in der Welt heute und für das Auflodern von Fundamentalismus. Warum ist das Auto ein so magisches Objekt? Ich glaube, daß es einen strukturellen Grund dafür gibt, der die Tragödie nur noch deutlicher macht. Das Auto zeigt seine Kräfte auf einer Vorderbühne, während seine Kosten auf einer Hinterbühne abgewickelt werden. Wenn jemand, der selten ein Auto sieht, plötzlich eines fahren kann, ist das Auto natürlich ein faszinierendes Gerät, weil es die Kräfte ungeheuer vergrößert. Es ist überhaupt keine Frage, daß damit Gefühle in Beschlag genommen werden und müssen; auf der anderen Seite liegt der Witz des Autos darin, daß die Kraft, die es kostet, nicht sichtbar wird. Die Herstellungs- und die Folgekosten des Autos sind nicht sichtbar.
(Sachs 1995, S. 133–135)

Über den Wolken muß das Chaos wohl grenzenlos sein

Die Welt liegt uns zu Füßen. 1993 meldeten die deutschen Flughäfen Rekord, 94,4 Millionen Passagiere wurden gezählt, und die Tendenz ist steigend: Bei gleichbleibenden Rahmenbedingungen, so errechnete das Bundesverkehrsministerium, wird der Flugverkehr bis zum Jahre 2010 um bis zu 150 Prozent zunehmen. Die Liberalisierung des himmlischen Marktes führte zu wahren Luftschlachten der Airlines. Die Preise purzeln, so daß die Deutschen immer häufiger ins Flugzeug steigen, um Urlaub (knapp die Hälfte aller Flüge verfliegen Touristen) zu machen oder um Geschäftstermine (ein Viertel buchen Geschäftsleute) wahrzunehmen. Immerhin 54 Prozent der aus unserem Land startenden Flüge gehen über eine Distanz von maximal 1000 Kilometer; solche Strecken könnten aber auch durchaus mit anderen Verkehrsmitteln zurückgelegt werden, beispielsweise mit der Bahn. Rund 170 Millionen Tonnen Treibstoff verdüste die zivile Luftfahrt 1990. In den vergangenen zwölf Jahren wuchs der Kraftstoffverbrauch trotz sparsamerer Triebwerke um 73 Prozent, die Jets beanspruchen heute gut 13 Prozent des Welttreibstoffverbrauchs, und 94 Prozent der Weltbevölkerung hat noch nie ein Flugzeug von innen gesehen. Selbst im reichen Deutschland sind 43,6 Prozent noch nie geflogen. Bis zur Jahrtausendwende sollen in den Ausbau von Flughäfen 65 Milliarden Mark fließen.

Fallbeispiel
Branchenführer
Heute gehört die Lufthansa mit einem Anteil von 4,1 Prozent am Weltluftverkehr wieder zu den Großen ihrer Branche: Sie bedient 250 Ziele in 87 Ländern und setzt 213 Flugzeuge ein, mit einem Durchschnittsalter von sechs Jahren übrigens eine der jüngsten und umweltfreundlichsten Flotten der Welt. Gemessen an der Zahl der beförderten Passagiere belegte Lufthansa 1995 im internationalen Vergleich Platz 2, im internationalen Frachtluftverkehr nahm Lufthansa Cargo den ersten Rang ein. Im Schnitt startet oder landet alle 27 Sekunden irgendwo in der Welt ein Flugzeug des Lufthansa-Konzerns.
Der Lufthansa-Konzern beschäftigt derzeit 58 000 Mitarbeiter. Seine Flugzeuge beförderten 1995 insgesamt 40,7 Millionen Passagiere und fast 1,6 Millionen Tonnen Fracht und Post.
(Lufthansa – Zahlen, Daten, Fakten, Köln 1996)

Luftfracht

Nicht nur der Mensch läßt sich über die Meere tragen. Was das Herz der Menschen in den wohlhabenderen Nationen begehrt, transportieren die Fluggesellschaften der Welt zu uns: Obst, Fleisch, Fisch, Gemüse, Kleidung aus aller Welt.

Vier Liter Kerosin verbrennen zum Beispiel für ein Kilogramm kalifornischer Weintrauben. Wer macht sich schon klar, daß für ein Kilogramm Kiwis aus Neuseeland 8,6 Liter Kerosin verbrannt werden und 27 Kilogramm Kohlendioxid, 10,7 Kilogramm Wasser und 187 Gramm Stickoxide dabei entstehen? Jahr für Jahr werden ca. 113 600 Tonnen Luftpost (in jeder Nacht kreisen 25 Postflieger über unserem Himmel) zwischen deutschen Flughäfen transportiert, damit Briefe und Karten auch am nächsten Tag ihr Ziel erreichen; innerhalb Deutschlands werden täglich 16 Millionen Briefe mit dem Flugzeug befördert.

Uns geht die Luft aus

Die Gesamtbelastungen aus den Kohlendioxidemissionen des Luftverkehrs sind von 10,1 Millionen Tonnen (1980) auf 19,3 Millionen Tonnen gestiegen; bis zum Jahre 2010 ist mit einem Anstieg auf 28,7 Millionen Tonnen zu rechnen. Da nun aber Flugzeuge Schadstoffe wie Kohlendioxid, Stickoxide und andere Substanzen in großer Höhe abgeben, ist die Auswirkung auf das Klima bedeutend höher einzuschätzen als bei Verkehrsträgern, die erdgebunden unterwegs sind.

> „Die Lufthansa-Aktie ist eine sexy Aktie, da steckt Musik drin…"
> (J. Weber vom Vorstand der Lufthansa zur Privatisierung, in der „Tagesschau" vom 28.9.1997)

Mit jedem Start verbrennt pro Minute bis zu eine halbe Tonne Kerosin, wobei soviel Stickoxid entsteht wie in 300 000 Ölheizungen. Pro Kilogramm Kerosin werden 3,15 Kilogramm Kohlendioxid, 1,244 Kilogramm Wasser und 20 Gramm Stickoxide in die Luft geblasen. Somit kamen allein im Jahre 1990 550 Millionen Tonnen Kohlendioxid, 220 Millionen Tonnen Wasserdampf, 3,5 Millionen Tonnen Stickoxide und 180 000 Tonnen Schwefeldioxid zusammen. Die Folgen sind dramatisch:

- Der Treibhauseffekt wird angetrieben.
- Dort, wo das Ozon lebenswichtig ist – in der Stratosphäre –, wird es von den Stickoxiden der Flugmotoren zerstört.

Fallbeispiel

Kohlendioxid-Schleudern

Besonders auf Kurzstrecken, die in niedrigen Höhen zurückgelegt werden, sind die Flieger regelrechte Kohlendioxid-Schleudern. Pro Fluggast gab die Deutsche Lufthansa 1989 einen Kerosin-Verbrauch von 6,6 Litern je 100 Kilometer an – für Kurzstrecken von zehn Litern. Auf Strecken bis 400 Kilometer blasen die Maschinen pro Fluggast zehnmal mehr Kohlendioxid in die Luft als ein Reisebus.

Ein 13-Stunden-Flug: So wie 4,5 Jahre Autofahren

Nimmt man nun noch den Trend und berücksichtigt, daß die Triebwerkgase hoch oben erheblich mehr Unheil bewirken, liegt das Fazit des Wuppertaler Klimaexperten Dr. Karl Otto Schallaböck nahe: Bald nach dem Jahr 2000 wird der Luftverkehr der Deutschen klimaschädlicher sein als der Autoverkehr.

Ein Linienflug über 15 000 Kilometer nach Tokio entspricht in der Klimawirksamkeit etwa dem 4,5fachen der durchschnittlichen Pkw-Nutzung eines Jahres. Von allen Verkehrsträgern hat das Flugzeug den höchsten spezifischen Energieverbrauch. Bei voller Auslastung mißt der Verbrauch bei Bahn+Bus am niedrigsten.

(aus: BUND 1994, S. 7)

Fallbeispiel

Ziele für ein zukunftsfähiges Deutschland

Eine Neuorientierung unserer Gesellschaft mit Blick auf ein zukunftsfähiges Niveau muß eingeleitet werden. Für das Jahr 2010 gibt die Studie „Zukunftsfähiges Deutschland" folgende Ziele vor, die in einem langfristigen Prozeß erreicht werden sollen:

- Der gesamte Energieverbrauch soll um 30 Prozent reduziert werden.
- Der Autoverkehr soll um 50 Prozent reduziert werden.
- Im Schienenverkehr wird eine Steigerung um 300 Prozent auf das Vierfache empfohlen.
- Im Rohstoffverbrauch wird eine Verminderung um 25 Prozent angestrebt.

Gegen jede Vernunft?

- 88,8 Prozent der Deutschen sind überzeugt, daß Fliegen der Umwelt schadet, und selbst 84,5 Prozent der Vielflieger glauben, daß diese Art zu reisen die Umwelt beeinträchtigt.
- 78,1 Prozent der Bundesbürger würden hin und wieder Flugreisen unterlassen.
- 83,8 Prozent der Deutschen sagen, daß sie auf Flugreisen unter 700 Kilometern verzichten können.

Wege aus der Krise

Der Weichensteller

„Guten Tag", sagte der kleine Prinz.

„Guten Tag", sagte der Weichensteller.

„Was machst du da?" sagte der kleine Prinz.

„Ich sortiere die Reisenden nach Tausenderpaketen", sagte der Weichensteller. „Ich schicke die Züge, die sie fortbringen, bald nach rechts, bald nach links."

Und ein lichterfunkelnder Schnellzug, grollend wie der Donner, machte das Weichenstellerhäuschen erzittern.

„Sie haben es sehr eilig", sagte der kleine Prinz. „Wohin wollen sie?"

„Der Mann von der Lokomotive weiß es selbst nicht", sagte der Weichensteller.

Und ein zweiter blitzender Schnellzug donnerte vorbei, in entgegengesetzter Richtung.

„Sie kommen schon zurück?" fragte der kleine Prinz …

„Das sind nicht die gleichen", sagte der Weichensteller. „Das wechselt."

„Waren sie nicht zufrieden dort, wo sie waren?"

„Man ist nie zufrieden dort, wo man ist", sagte der Weichensteller.

Und es rollte der Donner eines dritten funkelnden Schnellzuges vorbei.

„Verfolgen diese die ersten Reisenden?" fragte der kleine Prinz.

„Sie verfolgen gar nichts", sagte der Weichensteller. „Sie schlafen da drinnen oder sie gähnen auch. Nur die Kinder drücken ihre Nasen gegen die Fensterscheiben."

„Nur die Kinder wissen, wohin sie wollen", sagte der kleine Prinz. „Sie wenden ihre Zeit an eine Puppe aus Stoff-Fetzen, und die Puppe wird ihnen sehr wertvoll, und wenn man sie ihnen wegnimmt, weinen sie …"

„Sie haben es gut", sagte der Weichensteller.

(Saint-Éxupéry 1979, S. 53–54)

Die Kosten der Mobilität

Wenn wir uns das Verkehrsbudget vor Augen führen, wird es uns vielleicht leichter fallen, Änderungen in die Wege zu leiten. Auf den ersten Blick erscheint das Autofahren kostengünstiger, da man, abgesehen vom Tanken, das Geld nicht unmittelbar aus der Tasche ziehen muß. Daueraufträge und Einzugsermächtigungen lassen uns die Kosten vergessen. Dabei müssen wir im Durchschnitt von monatlichen Kosten in Höhe von 554,00 DM ausgehen! Listen wir doch einmal auf:

1. Feste Kosten:
* Kfz-Versicherungen
* Rechtsschutzversicherung (Autoanteil)
* Kfz-Steuern
* TÜV, ASU
* Garagenmiete
* Wertverlust
* Sonstiges

Summe?

2. Instandhaltung:
* Wartung (Ölwechsel, Zündkerzen, Reifen, ...)
* Reparaturen
* Autopflege
* Sonstiges

Summe?

3. Kosten der Benutzung:
* Kraftstoff
* Parkgebühren
* Strafzettel
* Sonstiges

Summe?

Errechnen Sie doch einmal die monatlichen/jährlichen Kosten. Ein teurer Spaß, oder? Und dann haben wir die oben genannten Schäden noch nicht berücksichtigt.

Wenn wir zu einem neuen Umgang mit dem Auto gelangen wollen, ist es sinnvoll, daß wir uns mit unserem Verständnis von Mobilität beschäftigen.

Umkehr im Verkehr

Worte sollen uns Inhalte vermitteln; doch wie oft sind sie mehrdeutig, mißverständlich, individuell verschieden ausgelegt? Das fängt schon beim strapazierten Ausdruck Fortschritt an. Im Sinne des Fortschritts werden uns viele Dinge verkauft. Magnetschnellbahnen, Großflughäfen, Katalysatoren etc. Mobilität um jeden Preis – Beschleunigung ist Trumpf, Zeit ist Geld.

Fortschritt, Fort-Schritt, fort wovon? Von uns selbst? Schnell in die Freizeit, ins Grüne, in den Urlaub – koste es, was es wolle – Ressourcen, Energie, Geld. Die Folgen: die bekannten und unbekannten gigantischen Kostenverschiebungen vom Heute zum ungewissen Morgen. (...) So hatte das Wort Tempo zum Beispiel noch vor rund 200 Jahren die Bedeutung „im rechten Zeitmaß – zum rechten Zeitpunkt". Erst die allgemeine Verfügbarkeit von Zeitmessern, die „Zeitverknappung", einhergehend mit Industrialisierung und Eisenbahnnetz, führten dazu, daß jedes Kind heutzutage „tempo, tempo" mit „schneller, schneller" gleichsetzt.

Im Etymologischen Wörterbuch findet sich unter „mobil" die Bedeutung: beweglich, einsatzbereit, vom lateinischen mobilis = beweglich abgeleitet. Mitte des 18. Jh. wurde daraus in Deutschland noch die militärische Bedeutung „marschbereit, einsatzbereit". Auch das Wort Mobilmachung weckt nicht gerade angenehme Assoziationen. Das Fremdwörterbuch führt unter Mobilität an:

1. Beweglichkeit wirtschaftlicher Werte, geistige Beweglichkeit, außerdem eine soziale Mobilität: „Bewegung von Menschen innerhalb sozialer Klassen, Schichten, Gruppen und Generationen, auch für Häufigkeit des Wohnort- und Arbeitsstellenwechsels."

Verkehrtes beim Verkehr?

Unter „Verkehr" finden wir die Bedeutung „Handelsverkehr, Umsatz, Vertrieb von Waren (...), Verbindung, Gemeinschaft mit jemandem und das Hinundhergehen und -fahren in der Öffentlichkeit, Beförderung bzw. Bewegung von Personen, Flugzeugen, Gütern, Nachrichten auf dafür vorgesehenen Wegen". Noch interessanter die ursprüngliche Bedeutung des Verbs dazu aus dem mittelhochdeutschen „verkeren" = umkehren, umwandeln, verändern. Und aus „vorkeren" = verändern, wechseln, entsteht im 18. Jh. der Sinn „sich aus handwerklicher Arbeit einen Verdienst schaffen, gewerbliche Erzeugnisse vertreiben, (Geld) unter die Leute bringen, umsetzen, anlegen, Handel treiben".

Mögen wir lernen, etwas von diesen alten Inhalten des „Verkehrens" wieder mit Leben zu füllen, Umkehren zuzulassen und zu üben, wo es Sinn macht, Destruktives umzuwandeln, kreativ und lebensspendend gestalten.

(G. Graupner in: Wohnung + Gesundheit 9/96 – Nr. 80, S. 56)

Tip

Der persönliche Mobilitätstest

Die Katholische Landjugendbewegung (Bad Honnef) bietet ihren Mitgliedern einen ausführlichen Fragenkatalog an, um in Erfahrung zu bringen, welches Verständnis und welche Praxis von Mobilität jeden persönlich kennzeichnet.

1. Was ist Mobilität für Dich?
- Mittel zum Zweck
- Bewegung ist für mich Leben
- Das Erlebnis steht im Vordergrund
- Gesehenwerden ist entscheidend
2. Welche Hilfsmittel wären Dir am liebsten?
- keines (am liebsten alles zu Fuß)
- das Rad
- das Auto
- Bus, Bahn, ... (ÖPNV)
3. Ist dieses auch das am häufigsten benutzte Hilfsmittel?
4. Wie schätzt Du Deine Fahrplankenntnisse ein?
5. Wie hoch sind Deine Fahrtkosten?
6. Wie oft nutzt Du Dein Auto für den Weg zur Arbeit/Schule, für den Haushalt (Besorgungen), für die Freizeit?
7. Würdest Du gerne die Atmoshpäre in Bus und Bahn verbessern?
8. Wann fährst Du mit dem Fahrrad?
9. Gehst Du in Deiner Freizeit zu Fuß?
(geänderte bzw. gekürzte Version)

Ein Anstoß zur Selbstbesinnung
Das meiste ist den meisten schon bekannt.
„AUTOS TÖTEN WÄLDER" schrieben Autofahrer
auf die Straßen vor der Stadt.

Nicht nur Wälder,
auch die Stadtgärten vom Feierabend und die
Obstbäume mit ihren saftigen Früchten
werden uns fehlen.
Luft, Wasser und Erde
weichen vor unserer Herrschaft zurück.

Autos töten Tiere,
Leben jahrmillionenalten Werdens.

Autos töten Menschen,
zehntausend bald in jedem Jahr
allein bei uns im Land,
davon sind tausend Kinder,
Jahr für Jahr umsonst geliebt.

250 000 Menschen sterben weltweit jährlich in den industrialisierten Ländern, Opfer dieses Straßenverkehrs. Das ist die Zahl der Todesopfer von Hiroshima im Jahr 45.
Jeder zweite von uns wird im Laufe seines Lebens bei einem Verkehrsunfall verletzt, sagt die Statistik.

Warst Du schon dabei?

„AUTOS TÖTEN WÄLDER!" schrieben die Autofahrer
kritisch auf die Straßen vor der Stadt,
– doch töten Autos niemals
ohne Autofahrer, ohne uns.

Warum ist es so schwer, uns selbst darin zu sehen?
Wo stehen wir als Kritiker?
Fahren wir nur kritisch mit?
Wie jeder Autofahrer, Gegner nur
der Überzahl von andern Autofahrern?
Die den Weg versperren, oder rasen,
die Luft verpesten,
lärmen, grad vor unserem Haus?
Leichtsinnig und dazu unnötig fahren?
Welche Kritik meinen wir?
In welcher Tradition stehen wir?
Was bindet uns?
Das laßt uns bedenken.
Was bindet uns?
(Sonn 1987, S. 120–121)

Keine Zeit gewonnen
Unsere eigene Erfahrung zeigt deutlich, daß Autofahrer nichts an Zeit
gewinnen; sie stecken genausoviel Zeit in die Mobilität wie Menschen,
die sich ohne Auto fortbewegen. Der Zeitgewinn wird in die Länge der
Fahrtstrecke reinvestiert. Mit der Einführung von schnelleren Geräten
explodieren die Aktionsräume.
(Sachs 1995, S. 136)

Zum Unterschied von Zweckmobilität und Erlebnismobilität

Zweckmobilität ist bestimmt vom Ankommen, die Überwindung einer vorgegebenen Distanz ist erforderlich, um an den Arbeitsplatz oder in die Wohnung zu gelangen. Gewünscht werden hierbei natürlich kürzeste Entfernungen bzw. hohe Geschwindigkeiten, um möglichst schnell alles hinter sich zu
bringen. Von Erlebnis kann nicht die Rede sein, die lästige Strecke wird überwunden, als notwendiges Übel angesehen.
Bei der Erlebnismobilität hat das Unterwegssein an sich seinen Wert; der Zeit-
faktor spielt kaum eine Rolle, wir sind unterwegs, weil die Neugier, die Sehnsucht, Lustbedürfnisse oder auch Fluchtmotive uns treiben. Auf der Suche
nach den Reizen des Neuen sind wir bestrebt, neue Erfahrungen zu machen,
Erlebnisse zu haben und Erkenntnisse zu sammeln.
Bei diesen beiden Möglichkeiten, mobil zu sein, hat das Auto in den letzten
Jahrzehnten alle Rekorde gebrochen, es ist zu einer Selbstverständlichkeit geworden. Geschwindigkeit, Bequemlichkeit und Flexibilität, die durch den
Individualverkehr möglich sind, werden zum Maßstab dessen, was auch in
Zukunft verlangt wird. Der Verkehr wurde so zu einem der größten Verbrau-
cher des Umweltraums. Die Deutschen sind rastlos unterwegs! 1992 haben

die 81 Millionen Bundesbürger per Auto, per Bus, mit dem Zug, mit dem Flugzeug oder aber auch zu Fuß insgesamt 948,2 Milliarden Kilometer zurückgelegt. Jede Stunde haben sie fast 2700mal die Erde umkreist. Dabei fällt ein beträchtlicher Teil der Wege nicht unter die sogenannten Sachzwänge; 24 Prozent der absolvierten Strecken galten Beruf und Ausbildung, zu 17 Prozent waren es Geschäftsreisen, 11 Prozent der Wege galten Einkäufen, und der Rest geht auf das Freizeitkonto mit 48 Prozent. Stolze 76 Prozent dieser enormen Kilometerleistung wurden mit dem Auto absolviert. Dabei hat es sich als Irrweg erwiesen, durch schnellere Fortbewegung Zeit gewinnen zu wollen! Heute machen wir durchschnittlich 2–3 Wege pro Tag und sind dafür rund eine Stunde unterwegs. In der Nachkriegszeit war es ähnlich, nur lagen damals die Entfernungen bei 1–2 Kilometern, heute sind unsere Wege zehnmal so weit.

Kurze Wege zu hohen Kosten
70 Prozent aller Autofahrten werden in einem Entfernungsbereich bis zu 10 km zurückgelegt, 23 Prozent aller Fahrten sind sogar kürzer als 2 km, 45 Prozent aller Pkw-Fahrten liegen unter 5 km.

> Glaubenskriege
> Wo keine Maßnahmen in Sicht sind, die Verkehrsflut einzudämmen, wo ungezügelt dem Götzen Auto Opfer gebracht werden, bildet sich Gegenwehr. Radikale Ablehnung des Autos und in Folge auch seiner Fahrer steht dem „Ja zum Motorsport" – auf unseren Straßen – gegenüber. Fundamentalistische Standpunkte der totalen Autoablehnung führen nicht weiter, beinhalten keine Lösungsansätze vor Ort (wo nämlich die Opfer zu beklagen sind). Die Erlösungsvorstellung, man müsse bloß das Auto abschaffen und die Verkehrsprobleme seien gelöst, erspart sich die Mühe, den Teufel im Detail zu bekämpfen. Das Auto an sich ist aber weder gut noch schlecht; entscheidend ist der Gebrauch, den wir von ihm machen. Die Vision vom totalen Ausstieg aus der automobilen Gesellschaft ist keine Vision. Die Ablehnung des Autos ist genauso konzeptionslos wie die krause Asphaltierungspolitik der jeweiligen Verkehrsminister. Bis heute fehlt der Verkehrspolitik ein utopischer Charakter, der mehr ist als die Vorstellung, mit der Bahn Tempo 250 erreichen oder unterirdisch mit dem Auto Städte durchqueren zu können. Neue Verkehrspolitik benötigt positive, überzeugende Botschaften, mit denen sich Menschen identifizieren können, will sie erfolgreich sein. Die Vorstellungen bisheriger Verkehrspolitik hatten den Charme und die Überzeugungskraft eines Teerkochers. Gerade von alternativen Konzepten wird man daher mehr erwarten dürfen als das bloße Nein zum Auto. Denn diese Haltung erübrigt natürlich auch Überlegungen, wie man Menschen zum Umsteigen auf öffentliche Verkehrsmittel bewegen kann, wie der gegebene Autoverkehr besser zu regeln sein wird, wie man Verkehrsteilnehmer durch Öffentlichkeitsarbeit erreicht und zu weniger destruktiven Verhaltensweisen bewegt.
> (Hilgers 1992, S. 129–130)

Ökotechnologie

In den vergangenen Jahren wurde intensiv an Alternativen zum bisherigen Auto gearbeitet. Wie bereits erwähnt, hat das steigende Verkehrsaufkommen den Rückgang von Schadstoffen durch die Einführung des Katalysators wieder aufgehoben; da er seine Betriebstemperatur erst ab etwa 2 km erreicht, ist seine Wirkung bei einer hohen Prozentzahl von Fahrten gleich Null. Solarmobile beziehen ihre Energie von der Sonne. Bis zum heutigen Tag haben die auf dem Markt erhältlichen Modelle immer noch gravierende Nachteile: Die Fahrzeuge haben ein zu hohes Gewicht (Batterien), der Aktionsradius ist sehr eingeschränkt. Elektrofahrzeuge haben keine unmittelbaren Emissionen, der störende Motorenlärm entfällt. In Schweizer Kurorten oder auf der Insel Rügen wird ihr Einsatz intensiv erprobt. Die für den Antrieb erforderliche Energie muß aber auch von Kraftwerken produziert werden; das Emissionsproblem wäre somit nur verlagert. Mit Erdgas betriebene Fahrzeuge sind mit Blick auf die Abgaswerte sehr günstig; sie geben 70 Prozent weniger Stickoxide, 60 Prozent weniger Kohlenwasserstoffe und kaum Ruß ab. Auf diese Weise betriebene Busse verkehren in Thailand und Australien, bei uns in Deutschland werden sie in manchen Kommunen erprobt.

Ziele einer Verkehrszukunft

Verkehrsplaner, die sich intensiv mit der Zukunftsfähigkeit beschäftigen, haben Ziele für den Verkehr des Jahres 2000 formuliert. Hierbei gehen sie davon aus, daß ihre Vorschläge zunächst auf wenig Gegenliebe bei Vertretern der Wirtschaft, in der Politik und auch bei den Konsumentinnen und Konsumenten stoßen werden; sie setzen aber auf die dahinterstehende Logik, die in mittlerer Zukunft durchaus breite Zustimmung finden dürfte. Die vier wichtigsten Ziele sind:

Vorrang der Langsamen vor den Schnellen
Vorrang der Schwachen vor den Starken
Vorrang der Nichtmotorisierten vor den Motorisierten
Vorrang der Nähe vor der Ferne

Fallbeispiel

Das Auto der Zukunft: sauber, leise und gemächlich

Auf einer Tagung der Evangelischen Akademie in Bad Boll entwarfen Umweltschützer, Gewerkschafter, Verkehrsplaner und Vertreter der Automobilindustrie das „Auto der Zukunft".

Es transportiert vier Personen samt Gepäck mit 2,5 Litern Kraftstoff 100 Kilometer weit. Der Motor (wahlweise mit Benzin-, Diesel-, Elektro- oder Hybridantrieb) beschleunigt mit 20 Kilowatt Leistung in 33 Sekunden auf 120 Kilometer in der Stunde. Die beim Bremsen freigesetzte Energie wird zurückgewonnen. Lärm und Schadstoffausstoß sind gemäß dem tatsächlich möglichen Stand der Technik reduziert. Ökobilanz, Lebensweganalyse und elektronische Abstandsmeldung: serienmäßig.

So könnte das Auto der Zukunft aussehen. Die 25 Autoren der Studie sagen einen jährlichen Markt von bis zu 1,3 Millionen „Ökoautos" voraus, also rund ein Drittel der derzeitigen Pkw-Produktion. Bei vergleichbarem Absatz würde der Preis nicht über dem herkömmlicher „Spritsaurier" liegen. Taxifahrer, die jährlich 150 000 Kilometer zurücklegen, könnten allein durch geringeren Treibstoffverbrauch etwa 15 000 Mark einsparen.

Zu einem umweltverträglicheren Autokonzept gehören auch:
- die saubere Herstellung („clean production"), die schon bei der Rohstoffgewinnung beginnt;
- der optimale Betrieb (vor allem durch langlebige Konstruktion);
- die gesicherte Entsorgung (Modulbauweise und Wiederverwendung gebrauchter Teile).

Zudem fordert die Initiative auch einen „anderen Verkehr" mit Kernpunkten wie Entschleunigung, Verkehrsvermeidung und „Carsharing".

Ob die Verbraucher die Autoindustrie zum Umdenken zwingen werden, scheint fraglich, auch wenn das skizzierte Auto schon heute technisch machbar wäre: Bei der Greenpeace-Aktion „Stillgelegt" konnten sich von den 470 000 Förderern, die sich ansonsten ja als Umweltschutzelite verstehen, gerade mal 4000 dazu durchringen, ihren Wagen einen einzigen Monat lang zu parken.

(aus: Pressemitteilungen der Evangelischen Akademie Bad Boll, Juli 1994)

Salz in der Suppe
Nun geht es sicher nicht darum, diese Prinzipien unverständig und stur in die Praxis zu überführen, vielmehr – durch das Wort „Vorrang" signalisiert – um Orientierungen, die die Gewichte richtig setzen. Bei

Radfahren ist...

... am Morgen der aufgehenden Sonne entgegenfahren mit Hautkontakt zur rauhen Luft, das ist mein allerliebster Morgenimpuls.

... schon bei dem geringsten Gefälle den Rausch der Geschwindigkeit live zu erleben.

... Kontakt zu haben zu den Menschen auf der Straße. Ein Gruß, ein Flirt, ein Gespräch und manchmal ein bißchen Zeit, die mir ein netter Mensch schenkt, weil der Reifen platt ist, die Kette abgesprungen oder sich sonstige ungute Zwischenfälle ereignet haben.

... meine Entscheidungsfreiheit grenzenlos auszunutzen, um immer die landschaftlich schönere Strecke zu wählen.

... keine Parkplatzprobleme zu haben, weil ich am Bahnhof immer noch eine Lücke zwischen zwei Fahrrädern entdecke.

... meine eigene Kraft zu entdecken, die mich ans Ziel führt.

... mit letzter Kraft den Berg hinaufzutreten und dann belohnt werden mit einem herrlichen Ausblick und dem guten Gefühl im Bauch, diese meterhohe Herausforderung bezwungen zu haben.

(Lioba Scheibel in: Land fährt fair 1993, S. 61)

Fallbeispiel

Gute Argumente

Sechs von zehn aller Pkw-Fahrten im Binnenverkehr sind ausschließlich subjektiv an den Pkw gebunden, es gibt also in diesem Fall keine Sachzwänge zur Nutzung des Autos. Ein beachtlicher Teil dieser Fahrten ist kurz. Vier von zehn Fahrten sind nicht länger als drei Kilometer. Für jede dieser Fahrten gibt es im Schnitt anderthalb Alternativen (Öffentlicher Personennahverkehr, Fahrrad, zu Fuß); das Rad könnte ein Drittel dieser Pkw-Fahrten ersetzen.

(Ergebnisse des 2. Bonner Fahrradkongresses, 6./7.9.1993)

spielsweise kommt es auch im Gegensatzpaar Nähe-Ferne wohl darauf an, die Entwicklungsrichtung zu korrigieren, um wieder auf den Boden der Tatsachen zu gelangen. Man muß keineswegs den Kontakt zur großen weiten Welt einstellen, wenn man die große Bedeutung der Nähe einsieht und empfiehlt, die Nutzungsmöglichkeiten der Nähe und in der Nähe auf Kosten der Ferne zu fördern: Etwas Salz in der Suppe ist ganz gut, und man wird nicht ohne Not darauf verzichten wollen. Aber offenbar wird die Suppe nicht immer besser, wenn wir die eigentliche Substanz Schritt für Schritt reduzieren und im Gegensatz immer mehr Salz zugeben.

(Petersen/Schallaböck 1995, S. 270)

Fußgänger und Radfahrer – die vergessenen Verkehrsteilnehmer

Die eigenen Füße bieten ein enormes Mobilitätspotential: immer verfügbar, gratis und frei von Emissionen. Der Anteil der Fußgänger im Berufsverkehr ist gleich hoch wie der Anteil der Bus- und Bahnbenutzer. Insgesamt aber werden die Fußgänger in den offiziellen Statistiken kaum berücksichtigt.

Über das Gehen

Wer geht, sieht im Durchschnitt anthropologisch und kosmisch mehr, als wer fährt (...). Ich halte den Gang für das Ehrenvollste und Selbstverständlichste in dem Manne, und bin der Meinung, daß alles besser gehen würde, wenn man mehr ginge. Man kann fast überall bloß deswegen nicht recht auf die Beine kommen und auf den Beinen bleiben, weil man zu viel fährt. Wer zuviel in dem Wagen sitzt, mit dem kann es nicht ordentlich gehen. Das Gefühl dieser Wahrheit scheint unaustilgbar zu seyn. Wenn die Maschine stecken bleibt, sagt man doch noch immer, als ob man recht sehr tätig dabei wäre: Es will nicht gehen. (...) Wo alles zuviel fährt, geht alles sehr schlecht: man sehe sich nur um! So wie man im Wagen sitzt, hat man sich sogleich einige Grade von der ursprünglichen Humanität entfernt. Man kann niemand mehr fest und rein ins Angesicht sehen, wie man soll: man thut nothwendig zuviel, oder zu wenig.

Fahren zeigt Ohnmacht, Gehen Kraft.

(Seume 1839, S. 4f.)

Fußgängerstädte in den Entwicklungsländern

Die meisten Fußgängerstädte in der Dritten Welt sind in den letzten Jahren zu fußgängerfeindlichen Zonen degradiert worden: Istanbul, Kairo, Tunis und Teheran sind dafür nur einige Beispiele. Hier wurden Fußgänger durch die Invasion der motorisierten Verkehrsmittel wortwörtlich an den Rand gedrängt. Dennoch haben sie speziell in den Metropolen der Entwicklungsländer nicht an Bedeutung verloren. 60–80 Prozent aller Ortswechsel werden dort zu Fuß vorgenommen. Gerade bei geringeren Reiseweiten bis zu 5 km sind die eigenen Füße konkurrenzlos. In den Industrieländern ist die Reiseweite zu Fuß auf ca. 500 m zurückgegangen!

Das Rad als Zukunftsfaktor in den Entwicklungsländern
Die nationale Transportpolitik in der Dritten Welt kann effektiver gestaltet werden, indem die Politik auf die Bedürfnisse der verarmten Mehrheit eingeht. Wo die Bezahlbarkeit eines Transportmittels ein Problem darstellt, sollten günstige Kredite Abhilfe schaffen. Regierungen müßten die heimische Fahrradindustrie unterstützen. Auch in den ländlichen Regionen ist die Pedalkraft ein unverändert wichtiger Faktor. Wer heute in der Entwicklungshilfe die Möglichkeiten des Fahrrads wieder in den Mittelpunkt der Überlegungen stellt, leistet in nationaler und globaler Hinsicht Zukunftsarbeit.

Fallbeispiel Kuba
Infolge ausbleibender Öllieferungen nach dem Zusammenbruch des Ostblocks hat man sich auf der Insel auf das Fahrrad als Verkehrsmittel besonnen. So wurden allein 1990 eineinhalb Millionen Räder in Einzelteilen aus China importiert. Zur gleichen Zeit setzte der Bau eigener Fahrradfabriken ein; ein landesweites Netz von Fahrrad-Servicezentren, der Bau von großzügigen Radspuren und die raumplanerische Integration des Radverkehrs in die städtischen Transportsysteme folgten als weitere Maßnahmen. Die Umstellung führte auf Kuba auch zu einem öffentlichen Bewußtsein für die ökologischen Vorteile.

Fallbeispiel Jugendhilfe Ostafrika
Seit 1992 sammelt die Jugendhilfe Geld für Fahrradpatenschaften; die Spenden werden nach Uganda überwiesen und vor Ort zum Kauf eines Rades verwendet, das für die Menschen dort im Verhältnis zu ihrem Einkommen kaum erschwinglich wäre. In der Stadt Jinja wurde zudem eine Fahrrad-Entleihstation für Jugendliche eingerichtet. Mehr als 2200 gespendete Fahrräder wurden mittlerweile durch die Jugendhilfe an Barfußärzte, mobile Krankenschwestern, Frauengruppen, Bauern oder arbeitslose Jugendliche verteilt. Den Bauern zum Beispiel erleichtert das Rad den Weg zu den weiter entfernten Feldern bzw. den Transport ihrer Produkte zu den lokalen Märkten. Frauen nutzen die Räder beim Transport von Wasserbehältern, und arbeitslose Jugendliche können als Transporteure ein eigenes Einkommen erwirtschaften. Die Idee findet auch in anderen Regionen Freunde.

Wieviel Auto braucht der Mensch?
Car-sharing am Beispiel Aachen
Seit 1990 gibt es in Aachen (260 000 Einwohner) das Projekt des Stadtteilautos, da man zu der Überzeugung gelangt ist, daß längst nicht jeder einen eigenen Wagen haben muß. Diese Idee hat bis heute 600 Autofahrer überzeugt. Durch das Modell des Car-sharing steht immer ein Pkw zur Verfügung, wenn er tatsächlich benötigt wird. Ein privater Pkw schluckt nach Berechnungen des ADAC 8000 DM im Jahr, Kosten, die man mit dem Stadtteilauto auf immerhin gut 7000 DM, in Kombination mit Bahn, Bus und Taxi sogar auf 5100 DM senken kann. Experten gehen davon aus, daß solche Projekte sich für Autofahrer lohnen, die weniger als 10 000 km im Jahr fahren. Schon so mancher Autofan konnte mittelfristig überzeugt werden. Natürlich hat das Projekt seine Grenzen: Wer täglich zwischen Aachen und der Eifel pendeln muß und nicht auf Bus oder Bahn umsteigen kann, für den lohnt es sich nicht. Die Kosten für die einzelnen Fahrten setzen sich aus einer Zeitpauschale (ab 3,50 DM pro Stunde) und einem Kilometergeld (ab 38 Pfennig) zusammen. Wichtig für einen reibungslosen Ablauf ist die präzise Arbeit bzw. Abstimmung in der Buchungszentrale. Auf 15 Standorte verteilt stehen 22 Wagen zur Verfügung. Die Benutzer müssen sich um nichts kümmern; in den Pauschalkosten sind Sprit, Reparaturkosten und Nebenkosten enthalten. Lediglich ein Fahrtenbuch muß geführt werden. Das Prinzip ist klar und überzeugend; lediglich drei von 600 Nutzern stiegen innerhalb eines Jahres aus, weil sie das Verfahren zu umständlich fanden. Bereits 1948 in Zürich erfunden, boomt nun das Projekt Stadtteilauto. Durch den Anschluß an den Europäischen Car-Sharing-Verband sind die Nutzer in über 300 Städten mobil. Theoretisch könnten 7000 Aachener mit dem Stadtteilauto besser fahren. Die Straßen in der Domstadt wären weniger verstopft, die Luft in der Region wäre dann um 6400 Tonnen Kohlendioxid sauberer, die Müllberge würden um 91 200 Tonnen Schrott erleichtert. Für 2,5 Millionen Autofahrer in der Bundesrepublik wäre Car-sharing eine günstige Alternative – ein Projekt mit Zukunft!

Autofrei wohnen – das Beispiel Bremen
Nach vierzehnjährigen Bemühungen verschiedener Initiativen wurde am nördlichen Stadtrand Bremens 1989 ein Randstreifen für eine umweltverträgliche Wohnbebauung freigegeben. Seit 1992 wird hier an der Verwirklichung des ersten autofreien Wohnviertels in Deutschland gearbeitet. Seit 1997 stehen hier 210 Miet- und Eigentumswohnungen. Am Rande der Siedlung sind Stellplätze für Stadtteilautos und Besucherfahrzeuge. Radwege führen in die Stadt, die Anbindung über Bus und Bahn wird ausgebaut, einkaufen kann man ganz in der Nähe. Nach ersten Umstellungsschwierigkeiten konnte sich die Mehrheit der Anwohner für die neue Lebensweise begeistern, sie berichteten einstimmig von mehr Ruhe, einer größeren inneren Gelassenheit und von entspannter Nachbarschaft. Besucherinnen und Besucher reagierten regelrecht infiziert auf die andere Lebensform. Das Projekt fand und findet bundesweit Interessenten und Nachahmer, was als Ausdruck einer tiefen Sehnsucht nach solchen Lebensformen zu werten ist.

Anforderungen an die Bahn mit Zukunft

Wenn bis zum Jahr 2010 die Vervierfachung des Schienenverkehrs erreicht werden soll, so bedarf es grundlegender Neuerungen. Die Bahn wird zukunftsträchtig bzw. konkurrenzfähig, wenn:

- alle Bahnhöfe gut erreichbar (3–6 km) und mit einem attraktiven Angebot des regionalen öffentlichen Personennahverkehrs (besonders auf dem Land!) kombiniert sind;
- kürzere Anschlußzeiten realisiert werden;
- Frequenzerhöhung (abends und am Wochenende) erreicht wird;
- neue, komfortable, umweltschonende Schienenfahrzeuge zum Einsatz kommen;
- das Tarifangebot günstig (unter Berücksichtigung der Umwelt- und Sozialverträglichkeit) und überschaubar ist;
- die Bahnhofsgebäude ansprechender gestaltet werden;
- Pünktlichkeit und Zuverlässigkeit gesichert sind;
- die Wettbewerbsfähigkeit und Konkurrenzfähigkeit mit anderen Verkehrssystemen langfristig gesichert werden.

Flugverkehr der Zukunft

Der BUND fordert: „Kehren wir auf die Erde zurück! Fliegen, das war ein alter Menschheitstraum, dem nicht nur der Schneider von Ulm zum Opfer fiel!" Konkret wird angeregt:

- Strecken bis 500 km sollen mit der Bahn gefahren werden;
- für Kerosin soll eine längst fällige Mineralölsteuer erhoben werden;
- schärfere Abgasgrenzwerte sollen international verpflichtend werden;
- keine weiteren Flughäfen sollen gebaut werden;
- Warteschleifen vor der Landung sollen reduziert werden;
- die Flughöhen sollen zum Schutz der Stratosphäre gemindert werden;
- Flugzeuge sollen nicht schneller als 400–500 km/h fliegen;
- der Warentransport per Luftfracht soll zugunsten von Schiff und Schiene aufgegeben werden;
- Nachtflüge sollen gestoppt werden;
- Tiefflüge sollen verboten werden;
- Hyperschallflugzeuge sollen nicht weiterentwickelt werden;
- der innerdeutsche Luftpostverkehr soll auf die Schiene verlagert werden.

Die Entwicklung der automobilen Gesellschaften ist in lokaler und globaler Hinsicht aus dem Ruder geraten; zu hoch sind soziale, ökologische und auch ökonomische Opfer. Zwar wird es speziell bei uns nicht leicht sein, Alternativen zum Statussymbol Auto zu entwickeln, jedoch haben zahlreiche Initiativen und Verbände in der Bundesrepublik damit begonnen, Wege aus der Sackgasse einzuschlagen. Ihre Empfehlungen können der Beginn einer Wende sein.

Ausblick

Gedanken zu einer neuen Verkehrskultur
Das Beispiel Salzburg

Das Verkehrsgeschehen wird von jedem einzelnen von uns mitbestimmt. Ausgehend von dieser These ist die Frage zulässig, ob die Verkehrsprobleme auch durch andere als die derzeit vorherrschenden Denkmuster zur Mobilität und Nutzung von Verkehrsmitteln sowie zum mitmenschlichen Umgang im Verkehrsgeschehen angegangen werden können. Das Verkehrsforum hat diese Frage bejaht. Die darüber angestellten Überlegungen schlagen sich jedoch eher in Fragen als in fertigen Antworten nieder. Als ein wichtiger Maßstab für die Qualität einer neuen Verkehrskultur wurde beispielhaft der Umgang mit den schwächeren VerkehrsteilnehmerInnen genannt. Welche Aufmerksamkeit und welche Chancen haben z. B. behinderte MitbürgerInnen, langsame und alte Menschen, lebhafte und unaufmerksame Kinder?

Welches Verständnis von Freiheit herrscht vor? Ist Freiheit der Spielraum, der gesetzlich nicht ausdrücklich verboten oder durch anwesende Polizisten abgesichert ist, oder ist Freiheit ein Gestaltungsraum mit fließenden Grenzen, bestimmt durch Respekt vor dem Nächsten, Rücksichtnahme und Hineinversetzen in die Lage des anderen?

Ist uns Menschen bewußt, daß wir im eigenen Interesse verpflichtet sind, Natur und Umwelt mit all ihren vielfältigen Lebensformen vor Beeinträchtigung und Zerstörung zu bewahren, um unsere eigenen Lebensgrundlagen zu erhalten? Haben künftige Generationen einen Anspruch auf nachhaltige Lösungen der Verkehrsprobleme, die ihnen auch in zwanzig, fünfzig oder hundert Jahren eigene Gestaltungsmöglichkeiten eröffnen?

Sind wir uns der Tatsache bewußt, daß punktuelles Handeln auf dieser Welt globale Auswirkungen hat? Umwelt, Klima und Lebensbedingungen sind auf dieser Erde so vernetzt, daß punktuelle Eingriffe oder Beeinträchtigungen globale Klimaveränderungen bewirken können. Muß dies nicht auch ein Denkanstoß für eine neue Verkehrs-Kultur sein?

Welche Rolle spielt der Verzicht in dieser Kultur? Gibt es einen Verzicht, der vielleicht kein Verlust, sondern ein Gewinn ist? Müll gar nicht erst entstehen lassen ist immer sinnvoller als Mülltrennung und aufwendiges Recycling. Kann das analog auch für den Verkehr gelten? Sind wir uns gerade in diesem Punkt als BürgerInnen eines wirtschaftlich und sozial hoch entwickelten Landes bewußt, daß unser Verhalten Vorbild für Menschen in weniger entwickelten Ländern ist?

Sitzen wir vielleicht in einer selbstgebauten Falle, wenn wir Wohlstand, Wachstum und Fortschritt immer nur materiell und als Besitz verstehen? Ist nicht Lebensqualität wichtiger als rein materiell ausgerichteter Lebensstandard? Welche Elemente von Lebensqualität müßten in das Bild eines „neuen Wohlstandes" einfließen?

Wie könnte eine Verkehrs-Kultur aussehen, die sich statt am Produkt an der Funktion orientiert, also nicht am „Auto", sondern am „Fahren" (egal womit), nicht am Besitz („mein Auto"), sondern an der Nutzung (z. B. „Autoteilen")?

Sind wir der herrschenden Kultur der Schnelligkeit, ja geradezu der Hektik, wirklich hilflos ausgeliefert? Wie lernt man Gemächlichkeit entdecken und Langsamkeit genießen? Gibt es so etwas wie Schönheit in der Mobilität? Wie lernt man „Mobil im Kopf"-Werden, d.h. Mobilitäts-Alternativen zu denken?

Wie könnte eine Verkehrs-Kultur aussehen, die von der größtmöglichen Gesundheit des Menschen ausgeht, also nicht nach noch mehr Bequemlichkeit strebt, sondern – angesichts der sonst schon so bequemen Lebens- und Arbeitsbedingungen – nach eigener körperlicher Bewegung? Wie vermittelt man Freude und Genuß am Zufußgehen und Radfahren?

Was hindert uns, das Auto auf die Funktion als Transportmittel zurückzuführen? Ist es nicht vielfach ein Statussymbol und oft auch eine Droge? Durch welche anderen, harmloseren Statussymbole ließe es sich ersetzen?

Schlanksein gilt etwas bei uns; Tausende stürzen sich in Diäten und Fastenkuren. Wie kann man „Autoschlank"-Sein gesellschaftlich hoffähig machen und die Menschen veranlassen, sich in „Autodiäten" und „Autofasten" zu stürzen? (…)

Wir brauchen ein neues Bild für die Zukunft, eine Vision, die so verlockend ist, daß viele bereit sind, daran zu arbeiten und sie mitzutragen. Natürlich scheinen Visionen zunächst realitätsfern zu sein. Trotzdem bleibt die Frage offen, ob nicht die Orientierung des Handelns an der momentanen Realität Wege in die Zukunft verbaut, anstatt sie zu öffnen.

Visionen sind weder abhängig von politischen Mehrheiten, noch haben sie einen Markt, der sich nach Angebot und Nachfrage richtet. Ihr einziger Markt ist der der Überzeugung und der höheren Einsicht. Man kann sich nur dann, wenn man die Notwendigkeit dafür einsieht, auf den Weg machen. (…)

(Verkehrsforum Salzburg in den Empfehlungen zum Verkehrsleitbild der Stadt Salzburg 1996, S. 39–40)

Tips in Kurzform

- Fahren Sie probeweise zwei Wochen mit öffentlichen Verkehrsmitteln zur Arbeit!
- Regen Sie in Ihrer Firma das Jobticket an!
- Erstellen Sie eine Liste von Ausflugszielen in Ihrer Umgebung, die Sie problemlos mit Bus und Bahn erreichen können!
- Gründen Sie Pendlergemeinschaften!
- Planen Sie Einkaufsfahrten mit der ganzen Familie, um doppelte Wege zu vermeiden!
- Überlegen Sie, mit wem Sie das Auto teilen könnten!
- Praktizieren Sie konsequent autofreie Tage bzw. Wochenenden!
- Kontrollieren Sie den Reifendruck alle 14 Tage (Rollwiderstand frißt Energie)!
- Lassen Sie Vergaser und Zündung regelmäßig nachstellen (optimaler Verbrauch)!
- Halten Sie sich freiwillig an Tempo 80 bzw. 100!
- Kaufen Sie (wenn nötig) das sparsamste Auto!
- Fahren Sie Ihren Wagen, bis er aus Altersgründen verschrottet werden muß!
- Benutzen Sie für innerdeutsche und innereuropäische Strecken die Bahn, nicht das Flugzeug!
- Suchen Sie Urlaubsmöglichkeiten, die Sie mit der Bahn erreichen können!
- Stimmen Sie Festlichkeiten mit den gültigen Fahrplänen ab!
- Organisieren Sie nötigenfalls Sonderbusse und -Züge!
- Nutzen Sie die Fahrradmitnahmemöglichkeiten der Deutschen Bahn!
- Kaufen Sie sich eine Bahncard (50 Prozent Ermäßigung)!
- Fahren Sie Kurzstrecken nur mit dem Rad!
- Werden Sie Mitglied in einem Fahrradclub (zum Beispiel Ortsgruppe des ADFC)!
- Nutzen Sie Gepäckbusse an verkaufsoffenen Samstagen!
- Erkundigen Sie sich über die Angebote der Mitfahrzentralen!
- Fahren Sie bei Familienfeiern u. ä. mit Sammeltaxen!
- Nutzen Sie das Park&Ride-Angebot in den Städten!
- Informieren Sie sich über autofreie Wohnprojekte!
- Gehen Sie bei Ihren Kindern mit gutem Beispiel voran: Lassen Sie den Wagen stehen, wann immer es möglich ist!
- Engagieren Sie sich in Initiativen zur Wohnumfeldverbesserung!
- Nehmen Sie Einfluß auf lokale Parteien (Verbesserung des Radwegenetzes)!
- Bleiben Sie mit Freundinnen und Freunden im Gespräch über Verkehrsalternativen!
- Kritisieren Sie schriftlich überzogene Automobilwerbung!
- Unterstützen Sie Fahrradprojekte in den Entwicklungsländern!

Nachwort

> Ein letztes Tänzchen, bevor die Titanic sinkt?
> Auf viele Menschen wirkt die Fülle der schlechten Nachrichten und die
> Größe der Probleme dermaßen unverkraftbar, daß sie eher zu Verzweif-
> lung oder Hilflosigkeit neigen, als sich aufrütteln zu lassen. Objektiv
> bestehende Bedrohungen werden aus dem Bewußtsein geblendet und
> damit als beständige Mahnung zur Umkehr neutralisiert. Die globalen
> Trends und die immer wieder vorgestellten Szenarien künftiger Ent-
> wicklungen regen offenbar weniger zum präventiven Handeln als zum
> resignativen Rückzug ins Private an. Kassandra verliert den Wettbe-
> werb mit den Marktschreiern aufgesetzter Sorglosigkeit. Ehe die Tita-
> nic sinkt, wird noch einmal richtig gefeiert.
> Es gibt gewiß das Problem der sachlichen und moralischen Überforde-
> rung. In der Tat kann sich nicht jeder um alle Probleme dieser Erde
> kümmern. (…) Sicher haben die Gefühle der Ohnmacht und Hilflosig-
> keit damit etwas zu tun, daß nicht alle Zusammenhänge erforscht und
> bekannt sind. (…) Klar scheint jedoch zu sein, daß nicht gewartet wer-
> den kann, bis der letzte Zweifel (…) beseitigt ist, da dann der Zeitpunkt
> für notwendige Entscheidungen und Kurskorrekturen wahrscheinlich
> bereits verpaßt ist.
> (Hermle 1994, S. 125–126)

Sicherlich ist dieses Weltkursbuch nicht das erste Buch, das die globalen Sze-
narien thematisiert, und es gibt berechtigte Zweifel daran, daß Bücher allein
bzw. deren Lektüre die Welt verändern können. Immerhin ist seit fast dreißig
Jahren die Zahl der mahnenden Publikationen so groß, daß ganze Bibliotheken damit gefüllt werden könnten. An dem nötigen Wissen fehlt es also nicht.
Was aber nützt Fachwissen überhaupt, wenn es nur die Köpfe von Experten
und von denen erreicht, die seit Jahr und Tag emsig in der Umweltschutz-
oder Dritte-Welt-Bewegung aktiv sind? Natürlich gibt es die Medien, die uns
eine Fülle von Informationen zur Verfügung stellen, aber es ist kein Geheim-
nis, daß der Alltag seine eigenen Gesetze hat: Negativmeldungen werden aus
Gründen des Selbstschutzes ausgeblendet, um handlungsfähig zu bleiben. So
tritt auch das Weltkursbuch nicht mit dem Anspruch an, nun endlich kompak-
tes Wissen über den desolaten Zustand unserer Erde mit einem Paukenschlag in
das Bewußtsein der Leserinnen und Leser zu transportieren; die Entscheidung,
einen Blick hineinzuwerfen, fällen immer noch sie/Sie! Das Weltkursbuch will
vielmehr an einen Prozeß anknüpfen, der mit Erscheinen der Studie „Zukunftsfähiges Deutschland" begann; das überwältigende Interesse an diesem an-
spruchsvollen Lesestoff, der immerhin stolze 420 Seiten umfaßt, ließ deutlich
werden, daß das Bedürfnis, über mögliche Wendeszenarien informiert zu werden, erfreulich und ermutigend hoch ist.

> **Hase und Igel**
> Der britische Sozialwissenschaftler Fred Hirsch hat in seinem Buch „Soziale Grenzen des Wachstums" gezeigt, daß die Glückssuche auf dem Weg des gesteigerten Konsums nicht nur für Angehörige der untersten Schicht, sondern letztlich für alle vergeblich ist und daß Wirtschaftswachstum daran nichts ändern kann. Zum Verständnis dieser Tatsachen muß man zwischen Konsumgütern, die zum Leben notwendig und nützlich sind, die dem Wohnen, Kleiden, Essen, Vergnügen dienen, und solchen unterscheiden, die letztlich nur deshalb nachgesucht werden, weil sie Eindruck machen, den eigenen Status „demonstrieren". Hirsch nennt diese Güter Positionsgüter. Als Beispiel möge das größere und teurere Auto dienen, die Fernreise, die Wohnung im Grünen, der teure (oder teuer aussehende) Schmuck. Diese Güter dienen im allgemeinen als Luxuswaren, sie sind nur deshalb begehrt, weil sie lediglich wenigen erreichbar sind. Die Werbung freilich verspricht immer wieder, derartige Luxusgüter vielen zugänglich zu machen. Je mehr ihr das aber gelingt, um so geringerer ist deren relativer Wert. (…) Der Wettlauf nach Positionsgütern entspricht dem zwischen Hase und Igel. Der Igel, den der aufstrebende Hase einholen will, ist immer schon da, und der Hase läuft sich dabei zu Tode.
> (I. Fetscher in: Steffen 1996, S. 158–159)

Einige Reaktionen auf die Studie waren dergestalt, daß konkrete Anregungen, anschauliche Bilder und internationale Vergleiche gewünscht wurden. So trägt auch dieses Buch den Haupttitel, der Inhalt und Anliegen auf den ersten Blick transparent machen soll. Es ist ein Buch über den Kurs, den die Erde derzeit eingeschlagen hat, und hierbei sind die ausführlichen Passagen zur Wirklichkeit in der sogenannten Dritten Welt wieder einmal Indiz dafür, daß hier im besonderen Maße Handlungsbedarf besteht. Bei allen derzeitigen Krisen in den Industrienationen wäre es immer noch töricht, zum Beispiel die Armut in Afrika mit der neuen Armut bei uns auf eine Stufe stellen zu wollen.

Das Weltkursbuch ist aber auch ein Buch, das Impulse geben kann, welcher Kurs zukünftig eingeschlagen werden könnte. Diese Hinweise sind manchmal durch direkte Gegenüberstellungen oder durch Fallbeispiele bzw. Modellprojekte offensichtlich, manchmal ergeben sie sich erst nach interpretierendem Lesen; dies gilt besonders für die vielen literarischen Texte.

> **Quelle der Zerstörung**
> Konsum ist aber nicht nur Ausdruck von Freiheit, sondern auch eine Quelle der Zerstörung. Dabei sind wir, die Verbraucherinnen und Verbraucher in den Ländern der Ersten Welt, Opfer und Nutznießer dieser Entwicklung. Opfer, weil auch unsere Lebensqualität leidet, wenn unsere Atemluft von unseren eigenen Autos und unseren Kraftwerken vergiftet wird. Opfer, weil die vielen in Industrie und Landwirtschaft eingesetzten Chemikalien zu immer mehr Allergien oder Unfruchtbarkeit führen. Doch im Gegensatz zu den meisten Menschen in der Zweiten oder Dritten Welt sind wir auch Nutznießer. Denn wir profitieren von einer ungerechten Weltwirtschaftsordnung.
> (Verbraucher-Initiative in: Steffen 1996, S. 216)

Wer von der Lektüre die endgültigen Antworten erwartet hat, mag nun enttäuscht sein. Das Weltkursbuch versteht sich vielmehr als Angebot, auf der Grundlage einer fundierten Information eigenständige Entscheidungen fällen zu können. In der entwicklungspolitischen und umweltpolitischen Debatte wird die Frage, wie nun verbindlich und wirksam auf die globalen Herausforderungen reagiert werden kann bzw. muß, sehr heftig diskutiert.

Das Märchen vom süßen Brei

Es war einmal ein armes, frommes Mädchen, das lebte mit seiner Mutter allein, und sie hatten nichts mehr zu essen. Da ging das Kind in den Wald, und da begegnete ihm eine alte Frau, die wußte seinen Jammer schon und schenket ihm ein Töpfchen, zu dem sollt' es sagen: „Töpfchen, koche", so kochte es süßen Hirsebrei, und wenn es sagte „Töpfchen, steh", so hörte es wieder auf zu kochen. Das Mädchen brachte den Topf seiner Mutter heim, und nun waren sie ihrer Armut und ihres Hungers ledig und aßen süßen Brei, sooft sie wollten.

Auf eine Zeit war das Mädchen ausgegangen, da sprach die Mutter: „Töpfchen, koche", da kocht es, und sie ißt sich satt; nun will sie, daß das Töpfchen wieder aufhören soll, aber sie weiß das Wort nicht. Also kocht es fort, und der Brei steigt über den Rand hinaus und kocht immerzu, die Küche und das ganze Haus voll und das zweite Haus und dann die Straße, als wollt's die ganze Welt satt machen, und es ist die größte Not, und kein Mensch weiß sich da zu helfen. Endlich, wie nur noch ein Haus übrig ist, da kommt das Kind heim und spricht nur: „Töpfchen, steh", da hört es auf zu kochen; und wer wieder in die Stadt wollte, der mußte sich durchessen.
(Gebrüder Grimm 1960, S. 325)

So dienen die Texte als Diskussionsgrundlage, mit welchen Mitteln, auf welchen Wegen ein zukunftsfähiges Deutschland erreicht werden kann. Daß dabei der entwicklungspolitische Gesichtspunkt in den Mittelpunkt der Betrachtungen gerückt wurde, ist mit Blick auf die Herausgeberschaft nur konsequent.

Die Wahl der Dinge

In der Wahl der Dinge, mit denen man lebte, wirkte ein winziger Teil der Schöpferkraft, in der Gestaltung der Umwelt zeigte sich die eigene Gestalt. Manchen neu gekauften Dingen wurde die Eigenart ihres Besitzers sogleich wie ein Stempel aufgedrückt, wie die Hüte der Männer zeigten sie vom ersten Tage an ein unverwechselbares Gesicht. Andere standen jahrelang auf dem kalten Linoleum, Edelholz und spiegelndes Glas, nichts weiter, und wuchsen doch schließlich auch ein, durch die Spuren der Kinderhände, durch Schrammen und Flecke, durch die Vergänglichkeit, der niemand entgeht. Es gab Häuser, in denen niemals etwas fortgetan wurde und wo die Zimmer Trödelläden glichen, und andere, wo die Zeugnisse der Vergangenheit lange gesiebt wurden, bis der verwöhnteste Kunstgeschmack nichts mehr auszusetzen fand. Hier wurde die Form angebetet, dort die Empfindung, die noch die Laune des Ahnen der eigenen Laune gesellt. Und während in der einen Wohnung die Dinge sich zurückhaltend benahmen, gebärdeten sie sich wohl

---

anderswo mit fröhlicher Unbekümmertheit und übten gar am dritten Orte eine beklemmende fürchterliche Tyrannei… Gab es denn nicht wirklich zu viele Dinge auf der Welt? Die Städte waren voll davon, ein ungeheueres Warenlager, eine beständige Riesenausstellung, die ihren Wert und ihre Zweckmäßigkeit mit funkelnden Spruchbändern in den Nachthimmel schrieb. Aber dies alles ging doch an unserem Auge und Ohr vorüber, in die Tiefe des Bewußtseins hat nur weniges wirklich Aufnahme gefunden. Da war ein uralter Kompaß, dessen zitternde Nadel in dem Herzen des Kindes die drängende Unruhe des Weltwanderers erweckte, ein Kärtchen, auf dem aus zwölf feinen Schlitzen in der Zeichnung eines Gartens wie eine Vision südlicher Lebensstile zwölf frucht-tragende Orangenbäumchen traten. (…) Die geraden Armlehnen des hohen Holzstuhles hatten an ihren Enden sanfte Kerben, in die man die Finger legen und die man immer wieder ertasten konnte, das Tier oder die Blume in der Tiefe des Suppentellers war mit den Jahren zu etwas Besonderem geworden, zu einem Sinnbild des Tiers oder der Blume überhaupt.
(Kaschnitz 1989, S. 22ff.)

Leserinnen und Leser werden hoffentlich von der Lektüre dieses Buches profitieren. Wenn die Beschäftigung mit den einzelnen Bedarfsfeldern auch nur in einem Punkt ein Umdenken bewirkt, Initiative geweckt haben sollte, so ist sicherlich ein weiterer Schritt in Richtung Zukunftsfähigkeit getan. Es gibt Beobachter, die in der vielleicht symbolhaften Veränderung des Konsumverhaltens keinen ausreichenden Schritt sehen; sie fordern die Veränderung der nationalen bzw. internationalen Spielregeln. Bevor eine solche Veränderung „von oben" aus der Not der Stunde heraus geboren wird, bleibt immer noch Zeit, über alternative Handlungsweisen nachzudenken.

Schließlich möchten Autorin und Autor es nicht versäumen, darauf hinzuweisen, daß uns als Christen in dem globalen Konflikt sicherlich eine besondere Aufgabe zuteil wird, der wir uns mit Phantasie stellen wollen.

Unbequem sein

Die Kirche muß dafür eintreten, daß die Industriestaaten ihre gegebene wirtschaftliche und technische Überlegenheit nicht zum Nachteil der Entwicklungsländer ausnutzen oder frühere koloniale Abhängigkeiten aufrechterhalten bzw. neue schaffen. (…) Die Kirche hat heute in besonderer Weise die Möglichkeit, aber auch die Aufgabe, unbequeme Wahrheiten und Forderungen vor der Öffentlichkeit auszusprechen. Die Synode ruft deshalb alle Mitglieder der Kirche in der Bundesrepublik auf – wo immer sie als einzelne, in Gemeinden, Gruppen, Verbänden oder Institutionen Gelegenheit haben –, sich besonders für jene Staaten und Völker einzusetzen, die nicht in der Lage sind, ihre gerechten Ansprüche ausreichend geltend zu machen.
(Synodenbeschluß aus dem Jahre 1975)

Adressenverzeichnis

zu Kapitel 1: Wohnen

Wissenschaftsladen Bonn e. V.
Buschstr. 85
53113 Bonn

Die Verbraucher Initiative
Breite Str. 51
53111 Bonn

Weltwirtschaft, Ökologie und
Entwicklung – WEED
Berliner Platz 1
53111 Bonn

Verband Entwicklungspolitik
deutscher Nichtregierungsorganisationen
Kennedybrücke 4
53225 Bonn

zu Kapitel 2: Ernährung

gepa
Gesellschaft zur Förderung der Partnerschaft mit der Dritten Welt e. V.
Talstraße 20
58322 Schwelm

Food First FIAN Deutschland
Overwegstr. 31
44625 Herne

Deutsche Welthungerhilfe
Adenauerallee 134
53113 Bonn

Brot für die Welt
Stafflenbergstr. 76
70184 Stuttgart

BUKO-Agrokoordination
Nernstweg 32–34
22765 Hamburg

TransFair International e. V.
Remigiusstr. 21
50937 Köln

Dritte-Welt-Haus
August-Bebel-Str. 62
33602 Bielefeld

Gen-ethisches Netzwerk e. V.
Schönweider Straße 3
12055 Berlin

Bioland – Verband für organisch-
biologischen Landbau e. V.
Barbarossastr. 14
73066 Uhingen

zu Kapitel 3: Bekleidung

Christliche Initiative Romero
Kardinal von Galen Ring 45
48149 Münster

Südwind. Institut für Ökumene
und Ökonomie
Lindenstr. 58–60
53721 Siegburg

Erklärung von Bern (EvB)
Quellenstrasse 25
Postfach 177
CH-8031 Zürich

Dachverband FairWertung
Hüttmannstr. 52
45143 Essen

Arbeitskreis Cotton (AK-C)
Ein Bündnis von Verbraucher-, Kul-
tur-, Entwicklungs- und Um-
weltorganisationen sowie Natur-
textilanbietern
Koordination: Pestizid Aktions-
Netzwerk (PAN) e. V.
Nernstweg 32
22765 Hamburg

Arbeitskreis Naturtextil e. V.
Haussmannstr. 1
70188 Stuttgart

Double Income Projects
Forchstr. 40
CH-8032 Zürich

zu Kapitel 4: Gesundheit

Ökologischer Ärztebund
Erik Petersen
Braunschweiger Str. 53 b
28205 Bremen

Verein Demokratischer Ärztinnen
und Ärzte (VDÄÄ)
Kurfürstenstr. 18
60486 Frankfurt am Main

Wendland – Kooperative
ErzeugerInnen – VerbraucherInnen
– Genossenschaft
für ökologische Produktion e. G.
Monika Baumgartner
Konkordiastr. 2
30449 Hannover

free clinic Heidelberg e. V.
Rohrbacher Str. 87
69115 Heidelberg

Sekretariat für Zukunftsforschung
(SFZ)
Leithestr. 37–39
45886 Gelsenkirchen

Medico International
Obermainanlage 7
60314 Frankfurt am Main

Erklärung von Bern
siehe Kapitel 3

zu Kapitel 5: Bildung

Wissenschaftsladen Bonn e. V.
siehe Kapitel 1

Bund für Umwelt und Naturschutz
(BUND)
Im Rheingarten 7
53225 Bonn

MISEREOR
Bischöfliches Hilfswerk
Mozartstr. 9
52064 Aachen

Brot für die Welt
siehe Kapitel 2

zu Kapitel 6: Freizeit

Deutsche Gesellschaft für Freizeit
Bahnstr. 4
40699 Erkrath

Arbeitsgemeinschaft beruflicher und
ehrenamtlicher Naturschutz
Konstantinstr. 110
53179 Bonn

Tu Was
Bahnhofstr. 10
85567 Grafing

Konsum und Umwelt
WWF Schweiz
Postfach
CH-8010 Zürich

BUND-Arbeitskreis Freizeit, Sport,
Tourismus
Bund für Umwelt und Naturschutz
(BUND)
siehe Kapitel 5

zu Kapitel 7: Gesellschaftliches Zusammenleben

Förderkreise der EDCS (Ökumenische Entwicklungsgenossenschaft)

In Deutschland:
Deutsche Förderkreise der EDCS
Adenauerallee 37
53113 Bonn

In Österreich:
EDCS Austria
Berggasse 7
A-1090 Wien

In der Schweiz:
EDCS deutsche Schweiz
Schleifenhalde
CH-3508 Arni / Bern

Kampagne „Erlaßjahr 2000"
Südwind e. V.
Lindenstraße 58–60
53721 Siegburg

Koordinationsbüro „Entwicklung
braucht Entschuldung"
c/o Kindernothilfe
Düsseldorfer Landstraße 180
47249 Duisburg

Arbeitsgemeinschaft Dritte-Welt-
Läden (AG3WL)
Geschäftsstelle
Elisabethenstr. 51
64283 Darmstadt

EZA Dritte-Welt
Regionalstelle Wien
Obere Amtshausgasse 38
A-1050 Wien

Pax Christi
Deutsches Sekretariat
Postfach 1345
61103 Bad Vilbel

zu Kapitel 8: Verkehr

Verkehrsclub von Deutschland
(VCD)
Eifelstr. 2
53119 Bonn

Umweltbundesamt
Postfach 330022
144191 Berlin

Allgemeiner Deutscher Fahrrad-
Club e. V.
Postfach 107747
28077 Bremen

Bund für Umwelt und Naturschutz
(BUND)
siehe Kapitel 5

European carsharing
Feldstr. 13 b
28203 Bremen

Stadtteilauto
Carsharing GmbH
Alexanderstr. 69–71
52062 Aachen

Weitere Adressen finden sich im
„Who is Who in der entwicklungs-
politischen Bildungsarbeit in den
Ländern der Bundesrepublik
Deutschland"
(WORLD UNIVERSITY SERVICE,
Wiesbaden 1997)

Bibliotheken

Internationale Bibliothek für
Zukunftsfragen
Robert-Jungk-Stiftung
Imbergstr. 2
A-5020 Salzburg

Wissenschaftsladen Bonn e. V.
Buschstr. 85
53113 Bonn

Bei den hier genannten Bibliotheken
können Sie umfangreiches Material
zu allen Themenbereichen einsehen.

Literaturverzeichnis

Abholz, H. u. a.: Jahrbuch für kritische Medizin 25. Weltgesundheit. Hamburg 1995

Akademie der Katholischen Landjugend in Zusammenarbeit mit dem KLJB-Bundesvorstand (Hg.): Ökosause ohne Pause. Anleitung zur Ökologisierung der Verbandsarbeit. Werkbrief für die Landjugend Nr. 96. Rhöndorf 1994

Aktion „Brot für die Welt" (Hg.): Mahlzeit 1996. Nahrung für alle. 2. überarbeitete Auflage. Stuttgart 1997

Aktionshandbuch Dritte Welt (hg. vom Bundeskongreß entwicklungspolitischer Aktionsgruppen). Stuttgart 1994

Allgemeine Deutsche Lehrerzeitung. Zeitschrift der Bildungsgewerkschaft GEW. Frankfurt am Main 10/1997. S. 6–10

Altner, G. u. a. (Hg.): Jahrbuch Ökologie 1996. München 1995

Amado, J.: Die Auswanderer vom São Francisco. Wuppertal 1985 (Peter Hammer)

Arbeitsgemeinschaft der Umweltbeauftragten in den Gliedkirchen der Evangelischen Kirche in Deutschland (Hg.): Bewahrung der Schöpfung praktisch 5. Verkehr. Frankfurt am Main 1992

Arens-Azevedo, U. / Hamm, M.: Fast Food – Slow Food. Plädoyer für eine neue Esskultur. Reinbek bei Hamburg 1992 (Rowohlt)

Asyl gewähren, dem Frieden dienen: Positionspapier der Pax Christi (hg. von Pax Christi). Bad Vilbel 1992

Asyl in der Kirche: Eine Entscheidungshilfe für katholische Kirchengemeinden (hg. von Pax Christi). Bad Vilbel 1995

Augen auf beim Kleiderkauf: Kampagne für Arbeiterinnen in der internationalen Bekleidungsindustrie. Aktionsmappe von Terre des Femmes/Deutschland zum 25.11.1996 und zum 8.3.1997

Badinter, E.: Die Mutterliebe. Geschichte eines Gefühls vom 17. Jahrhundert bis heute. Bonn 1991

Beck, U.: Champagnerfreie Zone, in: Die ZEIT Nr. 37 vom 8.9.1995

Becker, C. / Job, H. / Witzel, A.: Tourismus und nachhaltige Entwicklung. Grundlagen und praktische Ansätze für den mitteleuropäischen Raum. Darmstadt 1996 (Wissenschaftliche Buchgesellschaft)

Becker, J.: Freier Informationsfluß oder kulturelle Abhängigkeit. Die Internationale Informationsordnung am Ende des 20. Jahrhunderts, in: Übernationale Vernetzung – das demokratische Salz in der Weltinformationsordnung (DGB-Materialien Nr. 45). Düsseldorf 1995. S. 4–10

Beikircher, K.: Ich weiß es noch wie heute, in: Deutsche Welthungerhilfe 1993, S. 178–179

Boff, L. / Arruda, M.: Bildung und Entwicklung im Hinblick auf die integrale Demokratie, in: Entwicklung mit menschlichem Antlitz. Die Dritte und die Erste Welt im Dialog, hg. v. Klaus M. Leisinger u. Vittorio Hösle. München 1995. S. 89–102

Boldt, K. / Schneeweiß, A.: Saubere Gewinne. Über den ethisch verantwortungsvollen Umgang mit Geld (= epd-Dritte-Welt-Information. Arbeitsblätter für Unterricht. Diskussion und Aktion. 6/1997)

Boldt, K.: ... und der folgenreichen Expansion eines Sektors. Zu den Auswirkungen herrschender Entwicklungspolitik, in: Evangelische Akademie Bad Boll 1995. S. 47–65

Bös, M. / Stegbauer, Ch.: Schnell endet die virtuelle Weltreise an neu errichteten Grenzen. Warum das Internet nicht auf den Weg zu einer einheitlichen Weltkultur führt, in: epd Entwicklungspolitik 2–3/1997. S. d26–d28 (aus: Frankfurter Rundschau 29.11.1996)

Bosse-Brekenfeld, P.: Zukunftsfähiges Deutschland, in: epd Entwicklungspolitik 21/1995. S. 19–23

Brand, K.-W. (Hg.): Nachhaltige Entwicklung. Eine Herausforderung an die Soziologie (Soziologie und Ökologie; Bd. 1). Opladen 1997

Braßel, F. / Windfuhr, M.: Welthandel und Menschenrechte. Bonn 1995 (J.W.W. Dietz Nachfolger)

Brecht, B.: Die Gedichte. Frankfurt am Main 1981 (Suhrkamp)

Bujanowski, A. / Braungart, M.: Primitives Produkt-Design: Gesundheitsgefährdende Chemikalien aus Produkten des alltäglichen Gebrauchs, in: Arzt und Umwelt 10, 4/97, S. 305–307

Bund für Umwelt und Naturschutz Deutschland e.V. (BUND) (Hg.): Autofreies Wohnen. Argumente. Bonn 1994

Bund für Umwelt und Naturschutz Deutschland e.V. (BUND) (Hg.): LUFTVERKEHR t. Letzter Aufruf vor dem Abflug in den Klimakollaps. Argumente. Bonn 1994

Bund für Umwelt und Naturschutz Deutschland e.V. (BUND) (Hg.): Tomaten aus dem Designer-Studio ... und andere Kunst-Stücke der Gentechnik. Argumente. Bonn 1993

Bund für Umwelt und Naturschutz Deutschland e.V. (BUND) (Hg.): Wie Weltbankmacht die Welt krank macht. Umweltzerstörungen durch Weltbankprojekte. Köln 1988

Bund für Umwelt und Naturschutz in Deutschland, Landesverband NW e.V. (BUND) (Hg.): BEISSREIN. Ein Beitrag im Rahmen der Lebensmittelkampagne des AgrarBündnis e.V. Ratingen und Bonn o. J.

Bundesstelle der KLJB (Hg.): Land fährt fair. Zur Verkehrssituation in ländlichen Gebieten. Werkbrief für die Landjugend Nr. 90. Rhöndorf 1993 (Landjugendverlag)

Bundesstelle der KLJB (Hg.): Suchbuch – Der Natur auf der Spur. Werkbrief der Landjugend Nr. 83. Rhöndorf 1991

Bundesvorstand der KLJB Deutschland e.V. (Hg.): Alles eine Frage des Stils. Unsere Gesellschaft der Lebensstile. Bad Honnef 1995

Bundesvorstand der KLJB Deutschland e.V. (Hg.): Kann denn Kaufen Sünde sein. Anregungen für einen zukunftsfähigen Lebensstil. Bad Honnef 1996

Bundesvorstand der KLJB Deutschland e.V. (Hg.): Wenn Dich der Hunger packt. Hunger, Armut und die Interessen des Geldes. Bad Honnef 1995

Burwitz, H. / Koch, H. / Krämer-Badoni: Leben ohne Auto. Neue Perspektiven für eine menschliche Stadt. Reinbek bei Hamburg 1992

Cooper, M.: Die Wegweiser deuten nach Mexiko-City, in: der überblick 1/1995. S. 16

Cramer, S.: E-Mail gestützte Solidarität. Ein elektronisches Tagebuch über den „Fenway Fall" zwischen Goslar, Philippinen und der Börse von Vancouver, in: epd-Entwicklungspolitik 10/1997. S. 21–25

Dangschat, J. „Sustainable City – Nachhaltige Zukunft für Stadtgesellschaften", in: Brand 1997, S. 169-191

Das, S.: Gesundheit als Zielorientierung, in: Wohnung und Gesundheit 12/95 – Nr. 77, S. 45

de Jesus, C. M.: Tagebuch der Armut. Das Leben in einer brasilianischen Favela. Bornheim-Merten 1983

Deller, K. /Spangenberg, J.: Schlüsselindikatoren für Zukunftsfähigkeit. Schlechtes Zeugnis für Deutschland, in: epd Entwicklungspolitik 14/1997. S. 23–27

Der Oberstadtdirektor der Stadt Bonn, Planungs- und Bauderzernat/ Bauverwaltungsamt (Hg.): 2. Bonner Fahrradkongreß am 6./7. September 1993 in der Stadthalle Bonn-Bad Godesberg. Dokumentation. Bonn 1994

Deutsche Welthungerhilfe (Autor: Wagner, M.): Guten Appetit – Schlechten Hunger. Bonn 1996

Deutsche Welthungerhilfe (Hg.): Hunger. Ein Report. Bonn 1993 (J.H.W Dietz Nachfolger)

Die Städte verlassen? Urbanisierung und Umwelt in Südostasien, in: epd Entwicklungspolitik 16/1995. S. 25–29

Die VERBRAUCHER INITIATIVE e.V. (Hg.): Konsumwende – mehr Wohlstand für alle? Herausforderungen für eine öko-soziale Verbraucherpolitik. Kongreßreader. Bonn 1996

Diefenbacher, H. u. a.: Nachhaltige Wirtschaftsentwicklung im regionalen Bereich. Ein System von ökologischen, ökonomischen und sozialen Indikatoren, in: epd Entwicklungspolitik 14/1997. S. d7–d14

Dritte Welt Forum Aachen/Miteinander Teilen Eupen/Mondiaal Centrum Maastricht (Hg.): Die Euregio – Jenseits des Tellerrands. Multimedia-Ausstellung zum Thema „Dritte Welt und wir im Dreiländereck". Begleitkatalog. Aachen 1996

Dritte Welt Haus Bielefeld – Brasiliengruppe (Hg.): Kinderarbeit und Orangensaft. Wir importieren Kinderarbeit aus Brasilien. Bielefeld 1995

Dritte Welt Haus Bielefeld / Bund für Umwelt und Naturschutz in Deutschland / Misereor (Hg.): Entwicklungsland Deutschland. Umkehr zu einer global zukünftigen Entwicklung. Ein Schaubilderbuch. Wuppertal 1997

EDCS (Ökumenische Entwicklungsgenossenschaft): Jahresbericht 1996. Amersfoort 1997

Engler, W.: So wäre es denn dreierlei, Was Demokratien zusammenhält. Über globalen Kapitalismus sowie Bürgerrechte, Selbstregierung und sozialen Sinn (in Auszügen in Frankfurter Rundschau, 20.9.1997, dokumentiert)

Enzensberger, H. M.: Gedichte 1955–1970. Sechste Auflage. Frankfurt am Main 1981 (Suhrkamp)

epd-Dritte-Welt-Information 16/17/96: Nachhaltigkeit – Ein Modell für die Landwirtschaft der Zukunft

epd-Dritte-Welt-Information 19/20/95: Dem Hunger keine Chance? Die unsichere Ernährung der Weltbevölkerung

epd-Dritte-Welt-Information 5/6/92: „Auto-zentrierte" Sackgasse. Auch im
  Süden: Verkehr verkehrt

Erklärung von Bern (Hg.): Kleider und Mode. Bei uns und in der Dritten
  Welt. Zürich 1986

Erklärung von Bern (Hg.): Let's go fair. Für gerecht produzierte Sportschu-
  he. Dokumentation EvB-Magazin 1/1997

Erklärung von Bern (Hg.): Unser täglich Fleisch. So essen wir die Welt kaputt. Zürich 1992

Erklärung von Bern / Greenpeace / Schulstelle der Hilfswerke (Hg.): Kleider
  – Mode – Märkte: Unterrichtseinheit. Zürich 1996. 2. aktualisierte Auflage

Esquivél, J.: Paradies und Babylon. Guatemaltekische Visionen und Gebete.
  Wuppertal 1985 (Peter Hammer)

Europäische Jugendakademie (Hg.): Die Schule der Zukunft. Zukunfts-
  werkstätten als Methode der Friedenserziehungg. Erfahrungen eines
  Workshops. Villach o. J.

European Fair Trade Association (Hg.): FAIR TRADE Jahrbuch 1995. Gent
  1996

Evangelische Akademie Bad Boll (Hg.): Autos der Zukunft – Zukunft der
  Region. Tagung am 27. August 1994. Stuttgart 1994

Evangelische Akademie Bad Boll (Hg.): Grüne Schlüsselqualifikationen.
  Schule und Bildungspolitik zwischen alten Zwängen und neuen Leitbildern auf dem Weg in eine lebens- und liebenswerte Zukunft? Tagung für
  Interessierte aus Schule, Schulverwaltung, Bildungs- und Kommunalpoli-
  tik vom 6.–8. Mai 1996 in der Evangelischen Akademie Bad Boll. Materialien 7/96. Bad Boll 1996

Evangelische Akademie Bad Boll (Hg.): Verträgliche Mobilität für alle.
  Entwicklungspolitik und die vergessenen Verkehrsmittel. Tagung vom
  16.–17. Oktober 1995 in der Evangelischen Akademie Bad Boll.
  Protokolldienst 39/95. Bad Boll 1995

Evangelische Akademie Baden (Hg.): Zukunft für die Erde. Nachhaltige
  Entwicklung als Überlebensprogramm. 3 Bände. Herrenalber Protokolle
  109–111. Karlsruhe 1996

Evangelisch-Katholische Kommission für Telefonseelsorge (Hg.): Auf Draht
  24. Bonn 1993

Fadenlauf: Ökologische, gesundheitliche und soziale Aspekte des Textil-
  konsums (Foliensatz). Hg. von der Stiftung Verbraucherinstitut,
  Carnotstr. 5, 10587 Berlin 1997

Falk, R.: Sustainable Germany: Zukunftskursbuch oder naive Blaupause?
  (WEED. Informationsbrief Weltwirtschaft & Entwicklung. 11/95. S. 1,
  4f.)

Fluchtursache Rüstungsexporte: Stichworte zur Friedensarbeit. Nr. 1. Hg. v.
  Pax Christi im Bistum Aachen. Aachen 1992

Flusser, V.: Medienkultur. Frankfurt am Main 1997 (Bollmann)

Förch, M.: Arbeitende Kinder in Nicaragua, in: der überblick. Zeitschrift
  für ökumenische Begegnung und internationale Zusammenarbeit. Hamburg 1/1996. S. 114–118

Franziskaner Mission 3/1997. Werl 1997

Freie Produktionszonen – grenzenlose Gewinne: Nr. 46 der Materialien des DGB-Bildungswerkes Nord-Süd-Netz. Düsseldorf. August 1996

Freire, P.: Erziehung als Praxis der Freiheit. Beispiele zur Pädagogik der Unterdrückten. Reinbek bei Hamburg 1982

Freire, P.: Pädagogik der Unterdrückten. Bildung als Praxis der Freiheit. Reinbek bei Hamburg 1985

Freire, P.: Brief über Erziehung und Demokratie, in: Entwicklung mit menschlichem Antlitz: die Dritte und die Erste Welt im Dialog, hg. von Klaus M. Leisinger und Vittorio Hösle. München 1995. (C.H.Beck) S. 103–113

Fues, T.: Wandlungsfeld „Energie und Verkehr", in: epd-Entwicklungspolitik 14/1997. S. 15f.

Geht uns die Arbeit aus: Nord-Süd-Blätter Nr. 2, hg. von Pax Christi. Bad Vilbel 1994

Gershon, D. / Gilman, R.: Das GAP-Handbuch für einen neuen Lebensstil. Wie Sie in sieben Monaten die Ökobilanz Ihres Haushalts verbessern und dabei Spass haben! Zürich 1994

Goldschmidt, D.: Demokratisierung von Wissen – Das Gefälle von Nord und Süd, in: epd 18/19 1995.

Grän, C.: Hunger macht Krieg, in: Deutsche Welthungerhilfe 1993, S. 27–31

Grießhammer, R.: Mehr virtuell als reell. Die Rolle der Telekommunikation für eine nachhaltige Entwicklung, in: Ökologie der Informationsgesellschaft (= Politische Ökologie 49). München 1996 (Gesellschaft für ökologische Kommunikation). S. 51–54

Grimm, J. u. W.: Der süße Brei, in: Kinder- und Hausmärchen. Zweiter Band. Frankfurt am Main 1974, S. 77

Gütschow, K. / Leitzmann, C.: Die Ernährungslage in Entwicklungsländern, in: Spektrum der Wissenschaft. Dossier Welternährung 2/97, S. 24–29

Haas-Rietschel, H.: Teufelskreis: Arme Kinder im reichen Land, in: Erziehung und Wissenschaft.

Hanesch, W. u. a.: Armut in Deutschland. Der Armutsbericht des DGB und des Paritätischen Wohlfahrtsverbandes. Reinbek bei Hamburg 1994

Harrison, P.: Die Zukunft der Dritten Welt. „The Third World Tomorrow". Reinbek bei Hamburg 1984 (Rowohlt, © Harrison)

Hauchler, I. (Hg): Globale Trends 1996. Fakten, Analysen, Prognosen. Frankfurt am Main 1995

Hax-Schoppenhorst, T.: Der schnelle Biß und seine Folgen, in: Jahrbuch der Absatz- und Verbrauchsforschung, hrsg. von der Gesellschaft für Konsum-, Markt- und Absatzforschung e.V. (GfkNürnberg), 37. Jahrgang, 4/1991, S. 368–373

Hax-Schoppenhorst, T. / Ferenschild, S.: Müll. Explizit. Materialien für Unterricht und Bildungsarbeit 38. Unkel/Rhein u. Bad Honnef 1992

Hax-Schoppenhorst, T. / Pater, S.: Hungern für den Weltmarkt. Explizit. Materialien für Unterricht und Bildungsarbeit 41. Unkel/Rhein u. Bad Honnef 1992

Herkenrath, N.: MISEREOR soll die Armen der Dritten Welt unterstützen – warum mischt es sich dann in die Diskussionen um ein „zukunftsfähiges Deutschland" ein? Manuskript. Aachen 1996

Hermle, R.: Entwicklung für den Norden. Nachdenken über umwelt- und sozialverträgliche Veränderungen in Deutschland, in: Röscheisen 1994, S. 117–131

Hilgers, M.: Total abgefahren. Psychoanalyse des Autofahrens. Freiburg im
Breisgau 1992 (Herder)

Hingst, W. / Mackwitz, H.: Reiz-Wäsche. Unsere Kleidung: Mode. Gifte.
Öko-Look. Frankfurt am Main, New York 1996

Hinkelammert, F. J.: Mord ist Selbstmord: Vom Nutzen, der in der Begrenzung des Nutzenkalküls besteht. Unveröffentlichter Vortrag, gehalten auf
dem Pax-Christi-Kongreß 1997 in Ellwangen

Hinner, M.: Bittere Pillen: Zur Rolle der deutschen Pharma-Industrie in Brasilien, in: Franziskaner Mission 2/1994, S. 21–24

Hirsch, J.: Der nationale Wettbewerbsstaat. Staat, Demokratie und Politik
im globalen Kapitalismus. Berlin, Amsterdam 1996

Hirsch, J.: Mythos Globalisierung, in: links 7/8 1995, S. 23–26

Hoffmann, T. (Hg.): Wasser in Asien. Elementare Konflikte. Osnabrück
1997 (Secolo)

Hoffmann, W.: Freizeit und Tourismus. Was ist ökologisch und sozial noch
vertretbar?, in: Forum 47, Kirchliches Umweltmagazin. Düsseldorf,
Recklinghausen, Detmold 1996, S. 16–18

Hölling, G. / Petersen, E. (Hg.): Zukunft der Gesundheit. Frankfurt am
Main 1995 (Mabuse)

Hoplitschek, E. / Scharpf, H. / Thiel, F. (Hg.): Urlaub und Freizeit mit der
Natur. Das praktische Handbuch für ein umweltschonendes Freizeitverhalten. Stuttgart, Wien, Bern 1991 (Thienemanns Verlag)

Huster, E.-U.: Neuer Reichtum und alte Armut. Düsseldorf 1993

Hütz-Adams, F.: Kleider machen Beute. Deutsche Altkleider vernichten afrikanische Arbeitsplätze (texte 5. hg. v. Südwind e.V.). Siegburg 1995

Imfeld, A.: Zucker. Zürich 1983 (Unionsverlag)

Imfeld, A.: Hunger und Hilfe. Provokationen. Zürich 1985

Informationsdienst des Evangelischen Pressedienstes (epd) (Hg.): Zukunftsfähige Mobilität. Sozialwort Tourismus. Nord-Süd-Manifest. Heft 5/95.
Frankfurt am Main 1997

Kafka, P. in: „Natur" 6/81, S. 82

Kampagne „Gut statt Gen" (Hg.): Genmanipulierte Lebensmittel? Nein
danke! Grundlagen, Argumente, Lexikon. Basel 1995

Kaschnitz, M. L.: Gesammelte Werke. Band 7. Frankfurt am Main 1989
(Insel)

Keller, S.: Ökologie im Gesundheitswesen. Initiative gefragt – gegen den
Müllberg aus dem Gesundheitsbetrieb, in: Dr. med. Mabuse Nr. 74, Ok-
tober/November 1991, Frankfurt 1991, S. 25–27

Kinderarbeit in der Teppichindustrie: Ursachen. Formen. Lösungsansätze
(epd-Dritte-Welt-Information. Arbeitsblätter für Unterricht. Diskussion
und Aktion. 13–15/96). Frankfurt am Main 1996

Kinderflüchtlinge in Deutschland. Leben im Wartesaal: epd-Dritte-Welt-Information 7/8/1995

Kleidung aus der Weltfabrik: Nr. 49 der Materialien des DGB-Bildungswerkes Nord-Süd-Netz. Düsseldorf. Dezember 1996

Kleidung im Geschäft: Des Handels Wandel – Eine Ausgabe der Kampagne „Saubere" Kleidung. Siegburg 1996

Kolakowski, P.: Das Beispiel Verkehr, in: Stiftung Verbraucherinstitut 1995, S. 64ff.

Kolumbus, Ch.: Bordbuch. Frankfurt a. M. 1981

Kommunales Wirtschaften für das Leben: Ein Leitfaden für PresbyterInnen zur Umsetzung einer lokalen Agenda 21, hg. v. SÜDWIND (= Materialien Nr. 5). Siegburg 1997

Konvention der Weltläden: Kriterien für den Alternativen Handel, hg. v. AG3WL. Darmstadt 1996

Krämer, W.: Wir kurieren uns zu Tode. Rationierung und Zukunft in der modernen Medizin. Frankfurt am Main 1997 (Campus)

Kranke Umwelt – Kranke Menschen: Ernährung, Verkehr, Innenraumprodukte. Tendenzen & Alternativen, hg. v. Stiftung Verbraucherinstitut. Berlin 1995

Kraus, J. / Sackstetter, H. / Wentsch, W. (Hg.): Auto, Auto über alles? Nachdenkliche Grüße zum Geburtstag. Freiburg im Breisgau 1987 (Dreisam Verlag)

Landesstelle der Katholischen Landjugend Bayerns e.V. (Hg.): Schlußverkauf. Wege zum Umgang mit Konsum. Ausgabe 1990/IV

Landeszentrale für politische Bildung Baden-Württemberg (Hg.): Umweltgerechte Zukunft. Entwicklung und Wandel in Nord und Süd. Dokumentation. Stuttgart 1997

Launer, E.: Datenhandbuch Süd-Nord. Göttingen 1992

Lernen, Helfen, Handel(n): Fakten und Argumente für die Aktion 3. Welt-Handel, hg. v. aej und BDKJ. Hannover 1995

Linz, M.: Publik-Forum 1/1998, S. 8

Loske, R.: Der Charme des Ökorats. Die politischen Reformvorschläge der Studie „Zukunftsfähiges Deutschland", in: Politische Ökologie 46/1996. München 1996. S. 53–56

Lowe, M. D.: Das Fahrrad. Verkehrsmittel für einen kleinen Planeten. Worldwatch Paper Band 1. Schwalbach/Ts. 1992

Magistrat Verkehrsplanung der Stadt Salzburg (Hg.): Empfehlungen des Verkehrsforums zum Verkehrsleitbild der Stadt Salzburg und beispielhafte Maßnahmen zur Umsetzung. Dokumentation der Arbeitsergebnisse. Schriftenreihe zur Salzburger Stadtplanung. Heft 30. Salzburg 1996

Malley, J.: Von Ressourcenschonung derzeit keine Spur. Die Auswirkungen der Computerisierung auf die Umwelt, in: Ökologie der Informationsgesellschaft (= Politische Ökologie 49). München 1996 (Gesellschaft für ökologische Kommunikation). S. 46–50

Markl, H.: Nicht Armut und Askese, sondern vernunftgeleitete Lebenskunst (Dokumentation Frankfurter Rundschau, 18.9.1995)

Massarrat, M.: Baustein für eine Demokratie der Zukunft. Dritte Kammern für Nichtregierungsorganisationen, in: Politische Ökologie 46/1996. München 1996. S. 49–52

Mies, M. / Shiva, V.: Ökofeminismus. Beiträge zur Praxis und Theorie. Zürich 1995

Miethig, M.: Die Tochter als Opfer für ein bißchen Luxus. Ein Projekt gegen sexuelle Ausbeutung von Kindern und Jugendlichen in Thailand, in: Frankfurter Rundschau, 25.10.1997

Misereor (Hg.): Ernährung. Ein Recht für alle. Unkel/Rhein 1997 (=Misereor 1997a)

Misereor (Hg.): Zukunftsfähig durch Solidarität: Visionen brauchen Fahrpläne. Aachen 1997 (=Misereor 1997b)

Misereor / BUND (Hg.): Zukunftsfähiges Deutschland: Ein Beitrag zu einer global nachhaltigen Entwicklung. Eine Studie des Wuppertal Instituts im Auftrag von BUND und MISEREOR. Kurzfassung. Bonn 1995

Misereor / BUND (Hg.): Zukunftsfähiges Deutschland: ein Beitrag zu einer global nachhaltigen Entwicklung. 4. Auflage. Basel, Boston, Berlin 1997

Möbel: Mitbewohner für kurze Zeit? Dossier 42, hg. v. Verbraucherinitiative Bonn e.V. Bonn 1997

Musiolek, B. (Hg.): Ich bin chic, und Du mußt schuften. Frauenarbeit für den globalen Modemarkt. Frankfurt am Main 1997

Norrenberg, P.: Handbüchlein zur Gründung und Leitung von ArbeiterinnenVereinen. Mainz 1881

Nuscheler, F.: Lern- und Arbeitsbuch Entwicklungspolitik. Bonn 1996 (4. neubearbeitete Auflage)

O' Grady, R.: Kampf der Kinderprostitution. Die ECPAT-Kampagne. Unkel/Rhein 1996

Ökologischer Ärztebund (Hg.): Die Verantwortung des Arztes für die Zukunft. Wege einer ökologischen Medizin. Frankfurt am Main o. J.

Oltersdorf, U. / Weingärtner, L.: Handbuch der Welternährung. Die zwei Gesichter der globalen Nahrungssituation. Herausgegeben von der Deutschen Welthungerhilfe. Bonn 1996 (J.W.W. Dietz Nachfolger)

Opaschowski, H. W.: Pädagogik der freien Lebenszeit. 3. Auflage. Opladen 1996 (Leske + Budrich)

Paasche, H.: Die Forschungsreise des Afrikaners Lukanga Mukara ins Innerste Deutschlands. Bremen 1993 (Donat)

Pater, S. / Raman, A.: Organhandel. Ersatzteile aus der Dritten Welt. Göttingen 1991

Peikert-Flaspöhler, C.: Stellenangebot. 2. Auflage. Limburg 1982 (Lahn-Verlag)

Petersen, R. / Schallaböck, K. O.: Mobilität für morgen. Chancen einer zukunftsfähigen Verkehrspolitik. Berlin, Basel, Boston 1995

Philombe, R.: Ein befremdlicher Fremder, in: Schaffernicht 1983, S. 54 (Verlag Atelier im Bauernhaus)

Pilz, B.: Zum Beispiel: Alternativer Handel. Göttingen 1993

Plenzdorf, U.: Die neuen Leiden des jungen W. Frankfurt am Main 1973

Preisendörfer, P.: Der Bequemlichkeit erlegen. Die Diskrepanz zwischen Umweltbewußtsein und Umweltverhalten, in: Lebensstil oder Stilleben. Lebenswandel durch Wertewandel (= Politische Ökologie Special. München 1993). S. 48–51

Présente. Bulletin der Christlichen Initiative Romero 2/97: Bildung für alle. Münster 1997

Profit ohne Grenzen: Freie Produktionszonen in Mittelamerika. Broschüre, hg. v. Ökumenisches Büro für Frieden und Gerechtigkeit e.V. München 1996

Reimers, S.: „Wir brauchen einen Reichtumsbericht". Die Kirche, der Mittelstand und die Armut, in: der überblick 1/95

Röben, B. / Wilß, C. (Hg.): Verwaschen und verschwommen. Fremde Frauenwelten in den Medien. Frankfurt am Main 1996 (Brandes&Apsel)

Robert-Jungk-Bibliothek für Zukunftsfragen (Hg.): Zukunftsfähiger Wohlstand. Die Grenzen des Ökosystems „Erde". Nachhaltigkeit und Umweltraum. Wege der wirtschaftlichen Umsteuerung. Konsumgesellschaft am Prüfstand. Nachhaltige Lebensstile. Salzburg 1996

Römpczyk, E.: Chile – Modell auf Ton. Unkel/Rhein und Bad Honnef 1994

Röscheisen, R. (Hg.): Nord-Süd-Politik an der Schwelle zum nächsten Jahrtausend. Unkel/Rhein und Bad Honnef 1994 (Horlemann)

Roth, E.: Der Wunderdoktor. München 1954 (C. Wanser)

Sachs, W.: Die vier E's. Merkposten für einen maß-vollen Wirtschaftsstil, in: Lebensstil oder Stilleben. Lebenswandel durch Wertewandel (= Politische Ökologie 33. Sept./Okt. 1993). München 1993. S. 69–72

Sachs, W.: Unterm Rad: Holzwege, Sackgassen und Ausfahrt Zukunft. Automobilisierung, Ökologie und Entwicklungspolitik, in: Protokolldienst 39/95 der Evangelischen Akademie Bad Boll 1995, S. 132–137

Sachs, W.: Sustainable Development. Zur Politischen Anatomie eines internationalen Leitbildes (in: epd-Entwicklungspolitik 1/97. d1–11) (= Sachs 1997a)

Sachs, W.: Ökologie. Gerechtigkeit und das Ende der Entwicklung, in: epd Entwicklungspolitik 15/16 1997. S. 27–32 (= Sachs 1997b)

Saibold, H.: Das Private ist politisch. Gesellschaftliches Engagement und privates Konsumverhalten, in: Politische Ökologie. Sonderheft 6: Vorsorgendes Wirtschaften. Frauen auf dem Weg zu einer Ökonomie der Nachhaltigkeit (hg. von Busch-Lüty u. a.). München 1994. S. 64–67

Saint-Exupéry, A. de: Der kleine Prinz. Düsseldorf 1979 (Karl Rauch)

Salazar-Volkmann, C.: Den Kindern eine Chance geben. Kinderarbeit in Lateinamerika, in: der überblick. Zeitschrift für ökumenische Begegnung und internationale Zusammenarbeit. Hamburg. 1/1997. S. 113–116

Sander, I. „Die Städte verlassen? Urbanisierung und Umwelt in Südostasien", in: epd-Entwicklungspolitik 16/95, S. 25–29

Sax, A. / Haber, P. / Wiener, D.: Das Existenzmaximum. Grundlagen für eine zukunftsfähige Schweiz. Herausgegeben von Ökomedia und der Erklärung von Bern. Zürich 1997

Schaffernicht, C.: Dieser Tag voller Vulkane. Ein Dritte-Welt-Lesebuch. Bremen 1983 (Verlag Atelier im Bauernhaus)

Scheibel, L.: Radfahren ist…, in: Land fährt fair 1993, S. 61

Schernus, R.: Abschied von der Kunst des Indirekten. Umwege werden nicht bezahlt – Implikationen und Folgen der Ökonomisierung des Sozialen, in: Soziale Psychiatrie. Rundbrief der Deutschen Gesellschaft für Soziale Psychiatrie e.V., 21. Jahrgang, Heft 3, September 1997, S. 4–10

Schneider, H.: Plünderer der Meere. Die EU-Politik bedroht weltweit die Fischbestände, in: Wolfgang Kreissl-Dörfler. (Hg.): SüdNordReport No. 5/Oktober 1997. Brüssel. S. 3

Schneider, M.: Die Kunst des Wartens und der Vorfreude. Zur Ökologie der Zeit in Landwirtschaft und Ernährung: Ein Plädoyer für mehr Gemütlichkeit beim Züchten und Essen, in: Die Zeit Nr. 1, 29. Dezember 1995, S. 26

Sekretär der Deutschen Bischofskonferenz (Hg.): Der Beitrag der katholischen Kirche in der Bundesrepublik für Entwicklung und Frieden. Ein Beschluß der Gemeinsamen Synode der Bistümer in der Bundesrepublik Deutschland. Heftreihe: Synodenbeschlüsse 13. Bonn 1975

Seume, J. G.: Mein Sommer. Sämtliche Werke Band 3. Leipzig 1839

Sonn, J.: Ein Anstoß zur Selbstbesinnung, in: Kraus, J. u. a. 1987, S. 120–121

Spiegel special Nr. 8/1995: TV Total. Macht und Magie des Fernsehens. Hamburg 1995

Sprenger, Ute: Die Krankheitsbilder unseres blauen Planeten (Frankfurter Rundschau, 29.7.1997)

Steffen, D. (Hg.): Welche Dinge braucht der Mensch? Hintergründe, Folgen und Perspektiven der heutigen Alltagskultur. Katalogbuch zur gleichnamigen Ausstellung. Herausgegeben im Auftrag des Deutschen Werkbundes Hessen. 2. Auflage. Frankfurt am Main 1996 (Anabas)

Sternfeld, E.: Die Beijinger Wasserkrise, in: Wasser in Asien. Elementare Konflikte, hg. v. Thomas Hoffmann. Osnabrück 1997. S. 183–190

Stiftung Verbraucherinstitut (Hg.): Kranke Umwelt – Kranke Menschen. Ernährung, Verkehr, Innenraumprodukte. Tendenzen & Alternativen. Berlin 1995 (Stiftung Verbraucherinstitut, Carnotstr. 5, 10587 Berlin)

Stock, C. (Hg.): Trouble in Paradise. Tourismus in die Dritte Welt. Düsseldorf 1997

Strey, G.: Freizeit – auf Kosten der Natur? Andere Formen, Umwelt zu erfahren. Frankfurt am Main 1991

Strohbusch, F. / Terpinc, B.: Zum Beispiel Altkleider. Göttingen 1995

Süß, P.: Vom Schrei zum Gesang. Brasilianische Meditationen. Wuppertal 1985 (Peter Hammer)

Szelenyi, A.: Demokratie als Lebensform. Die Zukunftsfähigkeit der zivilen Gesellschaft, in: Politische Ökologie 46/1996. S. 63–66

TexMix: Ein bunter Reiseführer durch die Welt der Textilien, hg. v. Erklärung von Bern. Mai 1995

Thich Nhat Hauh: Das Wunder der Achtsamkeit. Einführung in die Meditation. Zürich 1988 (Theseus)

Thielmann, W.: Telefonseelsorge heute: Ein Thermometer der Gesellschaft, in: Diakonie Report 4/97, S. 4–6

Todorov, T.: Die Eroberung Amerikas. Das Problem des Anderen. Frankfurt am Main 1985

Totschicke Kleidung: Zu welchem Preis? Weltweite Bekleidungsproduktion und unser Kleiderkonsum, hg. v. Christliche Initiative Romero. Münster 1996

Transfair e.V. Köln (Hg.): Schokolade. Materialien zu Kakao und Zucker aus fairem Handel. Köln 1996

Verfolgte Frauen schützen (Aufruf von: Deutscher Frauenrat und Pro Asyl). Frankfurt am Main 1997

Völker, P.: Internationale Gewerkschaftssolidarität? Das Beispiel: Solidaritätsfonds für demokratische Medien in der Welt, in: Übernationale Vernetzung – das demokratische Salz in der Weltinformationsordnung (DGB-Materialien Nr. 45). Düsseldorf 1995. S. 26f.

Vom Baumwollfeld zur Altkleiderkiste – Jugend und Kleidung: Eine Arbeitshilfe von und für Jugendliche, hg. v. Ev. Jugend im Rheinland und Kath. Studierende Jugend im Bistum Trier. Trier 1997

Vorholz, F.: Eine Last für die Menschheit. Führt der Aufbruch Chinas in die Moderne zur ökologischen Katastrophe? In: Die Zeit, 4.4.1997. S. 27f.

Vorlaufer, K.: Tourismus in Entwicklungsländern. Möglichkeiten und Grenzen einer nachhaltigen Entwicklung durch Fremdenverkehr. Darmstadt 1996 (Wissenschaftliche Buchgesellschaft)

Voß, C.: Kann denn Mode „öko" sein? Einkaufsleitfaden Naturtextilien, mit Listen der Einkaufsquellen, hg. v. Wissenschaftsladen Bonn e.V. Bonn 1995

Wallner, P.: Das „Kurzstrecken-Essen"– ein wichtiger Beitrag zur Verkehrsvermeidung, in: Arzt und Umwelt 10, 4/97, S. 284

Wang, W.: Das Drei-Schluchten-Staudammprojekt am Jangtsekiang, in: Wasser in Asien. Elementare Konflikte, hg. v. Thomas Hoffmann. Osnabrück 1997. S. 343–355

Warsewa, G.: Moderne Lebensweise und ökologische Korrektheit. Zum Zusammenhang von sozialem und ökologischem Wandel, in: Brand, Karl-Werner (Hg.): Nachhaltige Entwicklung. Eine Herausforderung an die Soziologie (Soziologie und Ökologie; Bd. 1). Opladen 1997. S. 195–210

Was ist Globalisierung? Dritte Welt Information. Arbeitsblätter für Unterricht, Diskussion und Aktion 1/2 1997, hg. von Gemeinschaftswerk der Evangelischen Publizistik

Weltwirtschaft: Ein Grundkurs für MitarbeiterInnen im Weltladen, hg. v. Konferenz der GruppenberaterInnen der A3WH. o. O. Februar 1997

Wiedersheim, R. (Hg.): Gesundheit und Krankheit in der Welt. Eine medizinische Weltreise. Darmstadt 1997 (Wissenschaftliche Buchgesellschaft)

WohnBund-Beratung NRW GmbH Bochum (Hg.): Gutachten „Wohnen ohne eigenes Auto" Bremen-Hollerland. Bochum 1993

Wohnen in Gift: Ratgeber Umwelt, hg. von Verein für Konsumenteninformation Österreich u. Stiftung Warentest. Wien, Berlin 1995

Wohnen und Bauen: Konsum & Umwelt, info 14.5.96, hg. von WWF Schweiz. Zürich 1996

Zahn, V.: Umweltschutz in der Allgemeinpraxis, in: Der Allgemeinarzt 9/1993, S. 552–554

Wir danken allen Verlagen, Herausgebern und Autoren für die freundlichen Abdruckgenehmigungen.

Der Herausgeber
Das Bischöfliche Hilfswerk MISEREOR e. V. fördert seit 40 Jahren Entwicklungsprojekte und -prozesse in Afrika, Asien und Lateinamerika. Es unterstützt Projekte nach dem Grundsatz „Hilfe zur Selbsthilfe" und setzt sich auch in Deutschland und Europa für die Rechte der Armen in der sogenannten Dritten Welt ein. Misereor, Postfach 14 50, D-52015 Aachen

Autorin und Autor
Dr. Sabine Ferenschild ist Theologin und Soziologin, seit 1990 Mitglied der Nord-Süd-Kommission bei Pax Christi, Mitarbeiterin beim Ökumenischen Netz Rhein-Mosel-Saar e.V.

Thomas Hax-Schoppenhorst, Pädagoge und Dozent an den Rheinischen Kliniken in Düren, ist Mitbegründer der Brasilien-Koordination „MANDACARU".

Leitbilder für die Zukunft

Eine umwelt- und wirtschafts-politische Studie, die den Stand-ort Deutschland auf seine „Sus-tainability" hin untersucht. Das Buch beschränkt sich nicht nur auf das Aufzeigen der gegenwär-tigen Situation, sondern entwirft Leitbilder für die Zukunft. Zentrale Themen sind u.a.:

- Energieversorgung
- Verkehr
- Wirtschaftsstruktur
- Arbeit
- Soziale Sicherung

Das ressourcen- und energieinten-sive Wohlstandsmodell der Indu-strieländer ist weder zukunftsfähig noch verallgemeinerbar: Zu viele Naturgüter werden verbraucht, und hohe Schadstoffmissionen ver-ändern das Klima und verschmut-zen die Weltmeere. Wie aber müß-te zukunftsfähiges Leben und Wirtschaften in einem Industrie-land wie Deutschland aussehen? Wie bekommen Länder des Südens bessere Entwicklungschancen, wie bleiben die natürlichen Lebens-grundlagen erhalten?
Mitarbeiter des Wuppertal Insti-tuts haben im Auftrag von MISEREOR und BUND diese Fra-gen untersucht. In diesem Buch tragen sie die aktuellen Daten zu-sammen, schätzen Werte für einen tragfähigen Umweltverbrauch ab und entwickeln Leitbilder und Empfehlungen für Politik, Wirt-schaft und Gesellschaft.

„... hat gute Chancen, zur grünen Bibel der Jahrtausendwende zu werden..."
DER SPIEGEL

Zukunftsfähiges Deutschland
Ein Beitrag zu einer global nachhaltigen Entwicklung
Herausgegeben von BUND und MISEREOR
4., überarbeitete und erweiterte Auflage
450 Seiten, 54 Abbildungen. Broschur
ISBN 3-7643-5711-8

Zukunftsfähiges Deutschland
Der Film zum Thema
Eine Focus-film Produktion von Carl A. Fechner
Regie: Rüdiger Mörsdorf
43 Minuten. Betacam SP/VHS
ISBN 3-7643-5369-4

Der Weg zur ökologischen Steuerreform

Endlich eine allgemeinverständliche Einführung in den Themenkomplex Ökologische Steuerreform! Herausgegeben von den führenden deutschen Natur- und Umweltschutzverbänden.

Im Spannungsfeld von Massenarbeitslosigkeit und zunehmenden Umweltproblemen findet die Forderung, den Faktor Arbeit von Steuern und Abgaben zu entlasten und dafür den Umwelt- und Energieverbrauch zu verteuern, immer mehr Anhänger.

Kein Wunder, denn die bisherige Umweltpolitik stößt an ihre Grenzen. Sie verkommt zu einem gigantischen Reparaturbetrieb, ohne die eigentlichen Ursachen der ökologischen Krise anzugehen. Mit der Ökologischen Steuerreform soll diese Sackgasse überwunden und das Steuersystem für Umweltverbesserungen nutzbar gemacht werden.

Die Autoren erklären die Grundidee und machen deutlich, daß mit einer Ökologischen Steuerreform neue Arbeitsplätze geschaffen und Umweltprobleme gelöst werden können. Ohne daß dafür insgesamt die Steuern erhöht werden müssen!

Ein Standardwerk für alle, die beim Thema Ökologische Steuerreform mitreden und Entscheidungen nicht nur Experten und Politikern überlassen wollen.

Carsten Krebs, Danyel T. Reiche, Martin Rocholl
Herausgegeben von: Deutscher Naturschutzring (DNR), Bund für Umwelt und Naturschutz (BUND), Naturschutzbund (NABU)
Die Ökologische Steuerreform Was sie ist. Wie sie funktioniert. Was sie uns bringt
160 Seiten, 20 sw-Abbildungen
Broschur
ISBN 3-7643-5840-8

Der Club of Rome: Visionen für die Gesellschaft der Zukunft

25 Jahre nach Erscheinen von „Die Grenzen des Wachstums" und 30 Jahre nach Gründung des Clubs erscheint die erste umfassende Biographie des berühmten internationalen Denkerzirkels.

Frühjahr 1968: In Rom treffen sich 36 europäische Wirtschaftsführer und Wissenschaftler. Ihr Ziel: Sie wollen ein tieferes Verständnis wecken für die Wechselwirkungen des komplizierten Geflechts von Problemen politischer, kultureller, wirtschaftlicher und ökologischer Art, für das sie den Begriff „Weltproblematik" prägen. In Anleh-

nung an ihren ersten Tagungsort nennen sie sich fortan Club of Rome. 1972 erscheint der erste Bericht an den Club of Rome, „Die Grenzen des Wachstums", der mittlerweile zum Weltbestseller und Öko-Klassiker avanciert ist. Der Denkerzirkel selbst entwickelt sich zu einer weltweiten Instanz, deren Statements bis heute international beachtet werden.
Jürgen Streich ist eine kritische Würdigung des Club of Rome gelungen, die nicht nur die biographischen Daten zusammenfaßt und kommentiert, sondern in der sowohl Club-Mitglieder selbst als auch Prominenz aus Politik und Kultur zu Wort kommt.

Jürgen Streich
30 Jahre Club of Rome
Anspruch · Kritik · Zukunft
312 Seiten, 25 sw-Abb.
Broschur
ISBN 3-7643-5652-9

Die Grenzen des Wachstums sind erreicht!

Ziel dieses neuen Berichtes ist es, die Öffentlichkeit und Politiker dazu zu drängen, jetzt Schritte zu unternehmen, einen besseren „Kompaß" für unsere Gesellschaft zu entwerfen.

Wir leben in einem Paradox: Während die Natur verfällt, belegen die wichtigsten wirtschaftlichen Indikatoren, daß es uns gut geht und weiteres Wachstum möglich ist. Politiker und Öffentlichkeit lassen sich von verlokkenden Wachstumsraten irreleiten.
Der Club of Rome fordert zum Umdenken auf: Die Grenzen des Wachstums sind erreicht. Das Verspielen der Zukunft darf nicht länger als Wohlstandsgewinn deklariert werden.

Wouter van Dieren
Mit der Natur rechnen
Der neue Club-of-Rome-Bericht
Vom Bruttosozialprodukt zum Ökosozialprodukt
300 Seiten, 22 sw-Abbildungen.
Broschur
ISBN 3-7643-5173-X

Weiterführende Literatur

Christine Ax
Das Handwerk der Zukunft
Leitbilder für nachhaltiges
Wirtschaften
264 Seiten mit 20 Farb- und 10 sw-
Abbildungen. Broschur
ISBN 3-7643-5674-X

Philipp Axt, Thomas Höfer,
Klaus Vestner (Hrsg.)
Ökologische Gesellschaftsvisionen
Kritische Gedanken am Ende
des Jahrtausends
Mit Beiträgen von Franz Alt,
Thilo Bode, Ludwig Bölkow,
Andreas Troge u.a.
286 Seiten, 44 sw-Abb.
Broschur
ISBN 3-7643-5417-8

Peter Hennicke
**Solarwasserstoff – Energieträger
der Zukunft?**
Eine Diskussion über langfristige
Strategien
162 Seiten, 15 sw-Abb. Broschur
ISBN 3-7643-5216-7

Peter Hennicke, Dieter Seifried
Das „Einsparkraftwerk" –
eingesparte Energie neu nutzen
360 Seiten, 30 sw-Abbildungen
Gebunden mit Schutzumschlag
ISBN 3-7643-5418-6

Friedrich Hinterberger, Fred Luks,
Marcus Stewen
Ökologische Wirtschaftspolitik
Zwischen Ökodiktatur und
Umweltkatastrophe
342 Seiten mit 25 sw-Abbildungen
Broschur
ISBN 3-7643-5366-X

Harry Lehmann, Torsten Reetz
Zukunftsenergien
Strategien einer neuen Energiepolitik
282 Seiten, 36 sw-Abbildungen und
20 Tabellen. Broschur
ISBN 3-7643-5144-6

Sascha Müller-Kraenner,
Christiane Knospe
Klimapolitik
Handlungsstrategien zum Schutz
der Erdatmosphäre
240 Seiten. Broschur
ISBN 3-7643-5419-4

Rudolf Petersen,
Karl Otto Schallaböck
Mobilität für morgen
Chancen einer zukunftsfähigen
Verkehrspolitik
376 Seiten, 29 Farbabbildungen
Gebunden mit Schutzumschlag
ISBN 3-7643-5214-0

Wolfgang Sachs (Hrsg.)
Der Planet als Patient
Über die Widersprüche globaler
Umweltpolitik
290 Seiten. Broschur
ISBN 3-7643-5058-X

Friedrich Schmidt-Bleek
**Wieviel Umwelt braucht
der Mensch?**
MIPS – Das Maß für ökologisches
Wirtschaften
304 Seiten mit 10 Farbfotos und
35 zweifarbigen Grafiken
Gebunden mit Schutzumschlag
ISBN 3-7643-2959-9

Mathis Wackernagel, William Rees
Unser ökologischer Fußabdruck
Wie der Mensch Einfluß auf
die Umwelt nimmt
200 Seiten mit 67 sw-Abb.
Broschur
ISBN 3-7643-5660-X

Ernst Ulrich von Weizsäcker
Grenzen-los?
Jedes System braucht Grenzen -
aber wie durchlässig müssen
diese sein?
406 Seiten mit 43 sw-Abbildungen
Gebunden mit Schutzumschlag
ISBN 3-7643-5666-9

Ernst Ulrich von
Weizsäcker (Hrsg.)
Umweltstandort Deutschland
Argumente gegen die
ökologische Phantasielosigkeit
344 Seiten, 53 Strichabbildungen
Broschur
ISBN 3-7643-5057-1

Wenn Sie detaillierte Informationen
wünschen, senden wir Ihnen gerne
unseren Prospekt Ökologie kosten-
los zu.
Birkhäuser Verlag AG
P.O. Box 133
CH-4010 Basel
Fax: +41 / 61 / 205 07 92
e-mail: promotion@birkhauser.ch
Internet: http://www.birkauser.ch

**Alle Bücher erhalten Sie in Ihrer
Buchhandlung!**

Made in the USA
Las Vegas, NV
12 November 2024

11567616R00131